突泉县玉米品种精细化气候区划

唐红艳　张超群　牛　冬　李　彬
高家宝　张亚军　项群壹　唐志娟　著

U0347862

气象出版社
China Meteorological Press

内 容 简 介

本书针对农民选择玉米品种缺乏精细化科学指导、越区种植造成的产量和品质不稳定导致减产减收的突出问题，综合考虑山地、丘陵地形的热量差异、灌溉能力差异和农户管理水平差异，提供突泉县 188 个行政村、464 个自然屯玉米品种优选方案，为科学选择玉米品种，提高农民收入提供气象保障，力求从根本上解决品种多、农民选种难的问题。同时介绍了突泉县自然地理和气候特点、农业气候资源变化特征、玉米生长发育的适宜气象条件和指标、区域站气候数据重建技术、玉米品种精细化气候区划原理、确定区划指标原则以及玉米品种精细化气候区划指标等。

本书可为从事相关业务、科研人员提供参考和借鉴。

图书在版编目（C I P）数据

突泉县玉米品种精细化气候区划 / 唐红艳等著. --
北京：气象出版社，2024.1
　ISBN 978-7-5029-8139-6

　Ⅰ．①突… Ⅱ．①唐… Ⅲ．①玉米－品种－气候区划
－突泉县 Ⅳ．①S513.029.2②S162.222.64

中国国家版本馆CIP数据核字(2023)第245685号

突泉县玉米品种精细化气候区划
Tuquan Xian Yumi Pinzhong Jingxihua Qihou Quhua

出版发行：气象出版社

地　　址：北京市海淀区中关村南大街 46 号　**邮政编码**：100081
电　　话：010-68407112（总编室）　010-68408042（发行部）
网　　址：http://www.qxcbs.com　　**E-mail**：qxcbs@cma.gov.cn
责任编辑：马　可　王子淇　　　　　**终　　审**：张　斌
责任校对：张硕杰　　　　　　　　　**责任技编**：赵相宁
封面设计：艺点设计
印　　刷：北京中石油彩色印刷有限责任公司
开　　本：787 mm×1092 mm　1/16　　**印　　张**：15
字　　数：378 千字　　　　　　　　**彩　　插**：1
版　　次：2024 年 1 月第 1 版　　　　**印　　次**：2024 年 1 月第 1 次印刷
定　　价：85.00 元

前　言

农业气候资源利用不充分是制约农业准确选种、避灾减损和稳产高产的关键问题和产业短板。本书针对农民选择适宜种植品种缺乏精细化科学指导，越区种植造成的产量和品质不稳定导致减产减收的突出问题，融合了气候数据、玉米品种生物特性数据、农业地理空间信息等数据资源，利用推算出的村屯级气候资源与玉米品种生物学特性资料进行科学匹配，提供农民直达田间地块的玉米品种优选方案。

突泉县位于大兴安岭东南麓集中连片脱贫地区，处于东北玉米种植带的西北边缘区，玉米单产低且不稳。玉米是突泉县最主要农作物，播种面积191万亩，占全县粮食作物播种面积的77%，总产量达到20.33亿斤，占全县粮食总产量的84%（2021年），是当地农民收入的主要来源。受大兴安岭山脉影响，突泉县南北≥10 ℃活动积温差超过1000 ℃·日，立体气候特征明显，特别是中北部乡镇，热量资源不足是制约玉米稳产、农民增收的重要因素。部分农民为了追求高产，没有充分考虑水热等气候资源和自身投入及生产管理水平，盲目选择生育期长、产量高的玉米品种，造成越区种植，正常年份还可获得一定产量，但成熟度不够，增产不增收；遇到生长季低温冷害、干旱导致玉米发育期延迟的年份或者秋季霜冻偏早年份，因不能正常成熟造成产量、品质下降，商品粮等级降低，导致农民收入大幅下降，严重年份甚至出现投入成本大于收入的现象，存在因灾返贫、因灾致贫风险。经过中国气象局持续帮扶和突泉县干部群众的共同努力，2020年全县实现了整体脱贫。由于玉米生产在当地农民收入中的重要性，玉米越区种植不仅是影响巩固脱贫攻坚成果、实施乡村振兴战略的不利因素，甚至可能造成部分脱贫群众出现返贫致贫。

玉米越区种植的本质是种植者没有合理充分利用农业气候资源选择适宜种植的品种。提高农业气候资源利用效率，不仅是农民增产增收、提升农业生产效益的重要途径，也是保障国家粮食安全的重要手段和措施。为了发挥气象趋利避害作用，针对农民选择玉米品种缺乏精细化科学指导，以及越区种植造成的产量和品质不稳定导致减产减收的突出问题，本书综合考虑突泉县山地、丘陵地形的热量差异、灌溉能力差异和农户管理水平差异，利用推算出的村屯级气候资源与玉米品种生物学特性资料的科学匹配，提供突泉县188个行政村、464个自然屯玉米品种优选方案，为科学选择玉米品种，提高农民收入提供气象保障，最大限度降低因减产减收造成的损失，实现脱贫地区农民群众增产增收，巩固脱贫攻坚成果，助力乡村振兴，力求从根本上解决品种多、农民选种难的问题。该项技术作为中国气象局定点帮扶突泉县"守护丰产行动"重要举措，为高效利用气候资源实现增产增收，最大限度避免因越区种植造成产量和品质下降提供技术支撑,为精细化气象服务在乡村振兴工作中的落地提供了典型示范。

本书是兴安盟突泉县乡村振兴气象服务专项建设成果,主要面向农业气象业务科研人员、农业技术推广人员、合作社、玉米种植户等。全书共分7章,第1章介绍突泉县自然地理概况、季节气候特征、主要农业气象灾害及其发生规律以及1961—2020年农业气候资源时空变化特征。第2章介绍突泉县玉米全生育期适宜气象条件和指标。第3章介绍突泉县玉米品种布局现状及存在问题。第4章介绍1991—2020年区域站气候数据重建技术,利用重建的区域气象观测站气候数据构建突泉县热量资源模拟模型以及模型检验。第5章介绍突泉县玉米品种精细化气候区划的原理、确定区划指标的原则以及玉米品种精细化气候区划指标。第6章介绍突泉县玉米品种精细化气候区划使用指南。第7章介绍突泉县玉米品种精细化气候区划成果,提供突泉县188个行政村、464个自然屯不同耕地类型的玉米品种优选方案。

各章节主要执笔人如下:第1章由唐红艳、牛冬、李彬执笔;第2章由唐红艳执笔;第3章由唐红艳、张超群执笔;第4～6章由唐红艳执笔;第7章由唐红艳、高家宝、牛冬、张亚军、项群壹、唐志娟执笔。统稿由唐红艳完成。

本书在编写过程中,得到中国气象局应急减灾与公共服务司、内蒙古自治区气象局、内蒙古自治区生态与农业气象中心、兴安盟气象局以及兴安盟各级农业部门的大力支持,在此一并表示感谢!

书中难免有不足之处,敬请读者批评指正。

作者

2023年7月

目 录

前言

第1章　突泉县自然地理概况 ··· 1
　1.1　自然地理概况 ··· 1
　1.2　气候概述 ··· 2
　1.3　季节气候特征 ··· 2
　1.4　主要农业气象灾害及其发生规律 ··· 3
　1.5　农业气候资源变化特征 ··· 5

第2章　突泉县玉米生长发育的气象条件和适宜指标 ······································· 12
　2.1　玉米播种期适宜农业气象条件及指标 ··· 12
　2.2　玉米播种至出苗期适宜农业气象条件及指标 ······································· 12
　2.3　玉米三叶至拔节期适宜农业气象条件及指标 ······································· 13
　2.4　玉米拔节至抽雄期适宜农业气象条件及指标 ······································· 13
　2.5　玉米抽雄、开花至吐丝期适宜农业气象条件及指标 ··································· 14
　2.6　玉米灌浆期适宜农业气象条件及指标 ··· 14
　2.7　玉米乳熟至成熟期适宜农业气象条件及指标 ······································· 14
　2.8　玉米收割晾晒期适宜气象条件及指标 ··· 15

第3章　突泉县玉米品种布局现状及存在问题 ··· 16
　3.1　抗旱减灾能力弱导致玉米单产低、总产不稳定 ······································· 16
　3.2　中北部地区玉米越区种植影响产量 ··· 16
　3.3　东南部部分地区热量资源浪费影响增产效益 ··· 16

第4章　突泉县热量资源推算模型的建立与检验 ··· 17
　4.1　资料与研究方法 ··· 17
　4.2　突泉县热量资源推算模型的建立与检验 ··· 17
　4.3　突泉县气候资源基础数据集的建立 ··· 20

第5章　突泉县玉米品种精细化气候区划的原理及指标 ····································· 21
　5.1　玉米品种精细化气候区划的原理 ··· 21
　5.2　确定区划指标的原则 ··· 21
　5.3　玉米品种精细化气候区划指标 ··· 22

第 6 章　突泉县玉米品种精细化气候区划使用指南 ·········· 23

6.1　适宜种植和搭配种植品种选择 ·········· 23

6.2　新品种引进应用 ·········· 23

第 7 章　突泉县玉米品种精细化气候区划成果 ·········· 24

7.1　突泉镇 ·········· 24

7.2　六户镇 ·········· 55

7.3　东杜尔基镇 ·········· 107

7.4　永安镇 ·········· 123

7.5　水泉镇 ·········· 156

7.6　宝石镇 ·········· 169

7.7　学田乡 ·········· 190

7.8　九龙乡 ·········· 212

7.9　太平乡 ·········· 220

第1章 突泉县自然地理概况

1.1 自然地理概况

突泉县位于内蒙古自治区东北部、兴安盟中南部,地处大兴安岭东南麓、科尔沁草原南端,西南部连接科尔沁右翼中旗,北邻科尔沁右翼前旗,东部与吉林省洮南市接壤。突泉县(北纬45°11′~46°05′,东经120°44′~122°10′)东西长 120 千米,南北宽 114 千米,国土面积 4889.5 平方千米,辖 6 镇 3 乡,即突泉镇、六户镇、东杜尔基镇、永安镇、水泉镇、宝石镇、学田乡、九龙乡、太平乡,另有 1 个农场即东杜尔基国营农场。2020 年,突泉县总人口 31.5 万,其中农业人口 25.4 万。

突泉县地处大兴安岭中段东南坡的浅山丘陵地区,东北—西南走向的大兴安岭贯穿境内西北部,造成地形由东南向西北阶梯状抬升的地势,形成西北部山区、中部浅山丘陵区、南部平原区,即"北山、中丘、南平原"的地形特点,最高海拔 1392.1 米,最低海拔 185.5 米,相对高度差 1206.6 米(图 1)。

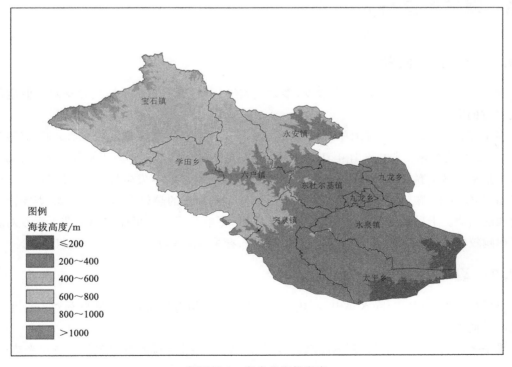

[彩]图 1 突泉县海拔高度

图 1 表明,突泉县海拔高度由东南向西北递增,东南部平原边缘在 200 米以下,西北部山区超过 1000 米。其中,太平乡和水泉镇东南部海拔高度在 200 米以下,突泉镇、太平乡、水泉

镇、九龙乡、东杜尔基镇和六户镇、永安镇南部地区海拔高度在 200～400 米，六户镇、永安镇和学田乡、宝石镇东南部地区海拔高度在 400～600 米，宝石镇西北部地区海拔高度在 600～1400 米，最高达到 1392 米。

突泉县主要以农业为主，全县耕地面积 266 万亩①，其中水浇地 80 万亩左右。农作物主要有玉米、高粱、绿豆、大豆、谷子、马铃薯等。2019 年粮食作物播种面积 245.643 万亩，粮食总产量达 23.6 亿斤②。其中，玉米播种面积 175.089 万亩，占粮食作物的 71%，玉米总产量 19.1 亿斤，单产 544 公斤③/亩。高粱播种面积 27 万亩，占 11%；绿豆 16 万亩，占 7%；大豆 14 万亩，占 6%。

1.2　气候概述

突泉县属于中温带大陆性季风气候，四季分明。由于受大兴安岭地形影响，构成境内自东南向西北节节抬升的地势，造成热量资源自东南向西北依次递减、水分资源自东南向西北依次递增的格局，立体气候特征明显，水热矛盾突出，地区间差异最大的是热量资源的分布。以 1991—2020 年气候标准统计值为准（下同），突泉县年平均气温 6.1 ℃，≥10 ℃ 活动积温 3063.1 ℃·日，日最低气温＞2 ℃无霜期 144 天，年降水量 393.9 毫米，全年日照时数 2928.4 小时。光照充足，雨热同季，适宜发展农牧林业生产。

1.3　季节气候特征

1.3.1　春季气候特征

春季（3—5 月）气温变化大、降水少，多大风天气、干旱频率高。干旱是春季对农业生产影响最严重的灾害。

春季气温回升较快，3—4 月平均每天升温 0.35 ℃左右。春季平均气温为 7.7 ℃，日最低气温≤2 ℃的平均终霜日期在 5 月 4 日。春季降水量 51.6 毫米，占全年降水量的 13%，大部分年份降水量不能满足春播需要。春季干旱发生频率高，几乎每年都有发生且覆盖范围最广，尤其 20 世纪 90 年代以来，春旱发生的频率和程度有逐渐增多和加重的趋势。2008 年以来，春季降水量有增加的趋势。干旱是春季最突出的农业气象灾害，影响玉米适时早播和抓全苗。春季对农业生产影响较大的气象灾害还有阶段性低温、倒春寒、春季霜冻等，应重点关注并加以防范。

1.3.2　夏季气候特征

夏季（6—8 月）温热、降水集中、雨热同季，旱、涝、雹均有发生，干旱是夏季对农业生产影响最严重的灾害。

夏季平均气温为 22.2 ℃，夏季降水量为 285.0 毫米，占全年降水量的 72%。夏季光热充足，

---

① 1 亩≈0.0667 公顷，下同。
② 1 斤＝500 克，下同。
③ 1 公斤＝1000 克，下同。

水分资源欠缺,经常发生夏季干旱,尤其伏旱的影响造成的损失巨大。夏季干旱平均每 3 年发生 1 次,每 5～6 年发生 1 次大旱。伏旱发生在玉米需水关键期,玉米开花、抽穗期如遇干旱会造成玉米授粉不良、灌浆不足,严重影响玉米产量,因此也叫"卡脖旱"。夏季一旦发生干旱对农业生产造成的损失也是最大的。另外夏季还需关注冰雹、洪涝(山洪)、低温冷害等气象灾害。

1.3.3　秋季气候特征

秋季(9—11 月)降温快、霜冻偏早,降水逐渐减少、光照充足。

秋季气温急剧下降,平均每天降温 0.33 ℃左右。伴随冷空气活动,初霜降临偏早年份大田作物易遭受霜冻危害。秋季平均气温 6.0 ℃,日最低气温≤2 ℃的平均初霜日期在 9 月 26 日。秋季降水量 51.9 毫米,占全年降水量的 13%。虽然也发生干旱,但对农牧业生产影响不大。如果发生夏秋连旱,对农牧业生产造成的损失比较严重。秋季需要重点关注霜冻对玉米灌浆成熟的影响,尤其春季晚播的玉米发育期偏晚,贪青晚熟,容易遭受霜冻袭击,造成玉米灌浆停止或者受冻死亡,严重影响玉米产量和品质。

1.4　主要农业气象灾害及其发生规律

影响突泉县玉米的主要气象灾害有干旱、暴雨洪涝、低温冷害、霜冻等,其中,对农业生产影响最严重的是干旱。

1.4.1　干旱

干旱是由水分支出大于水分收入而造成的水分短缺现象。农业干旱是指农业生长季内因长期无雨,造成土壤缺水,农作物生长发育及产量受到影响,导致减产减收。干旱是兴安盟农牧业生产中影响最严重、造成损失最大的气象灾害之一。

(1)干旱分类

突泉县一年四季都可能发生干旱,按季节划分为春旱(4 月至 5 月)、夏旱(6 月至 8 月中旬)、伏旱(7 月中旬至 8 月中旬)、秋旱(8 月下旬至 9 月)、春夏连旱、夏秋连旱、春夏秋连旱等,以伏旱、春夏秋连旱对农牧业生产造成的危害最大。

(2)干旱发生规律

突泉县每年都有不同程度的干旱发生,对农业生产造成较大影响。其中,春旱发生频率最高、覆盖范围最广,几乎每年都发生不同程度春旱。2004 年干旱造成突泉县受灾人口 21 万余人,农作物受灾面积 10 万余公顷,成灾面积 97953 公顷,绝产面积 52280 公顷,直接经济损失 2.27 亿元。无论是春旱、夏旱还是秋旱,发生次数的空间分布都呈东南多、西北少的特征。20 世纪 90 年代以来,干旱频率有增加的趋势,程度有加重的趋势。

(3)干旱影响

春季干旱对农业生产造成的影响主要表现在推迟农作物播种期、播种进度缓慢、作物出苗不齐,导致农作物全生育期缩短,遇秋季霜冻早的年份还容易遭受霜冻危害而减产。夏季干旱对农牧业生产造成的影响主要表现在农作物不能正常生长发育,因旱导致减产减收,甚至绝产绝收。伏旱发生时正值作物生长旺季,也是农作物需水关键期,是玉米等作物开花、抽穗、灌浆期,会使作物授粉不良、灌浆不足,严重影响作物产量。秋季干旱使作物灌浆不充分,千粒重下降,作物提前枯萎,牧草提前枯黄。严重的干旱不仅给农牧业生产造成巨大损失,还会导致人畜饮水困难。

1.4.2 暴雨洪涝灾害

24 小时降雨量达到或超过 50 毫米,或者 12 小时降水量达到或超过 30 毫米的都称之为暴雨,24 小时降雨量达到或超过 100 毫米为大暴雨,24 小时降水量达到或超过 250 毫米为特大暴雨,连续 3 天日(24 小时)降雨量达到或超过 50 毫米就为连续暴雨。

暴雨导致的洪涝灾害,是由于降水强度大引起水道急流、山洪暴发、河水泛滥而形成洪水致灾或者连续降水导致的积水灾害,造成农业或其他财产损失和人员伤亡的一种灾害。兴安盟地区由于山坡地多,发生洪涝灾害的频率较高,而单纯的涝灾比较少见。突泉县西北部为浅山丘陵区,坡度大,植被覆盖度低,遇暴雨易形成洪涝,对人民生命财产安全和农业生产造成不同程度影响。2016 年 6 月 22 日的暴雨造成全县农田被淹,部分房屋和蔬菜大棚倒塌。据当地民政部门调查,此次强对流天气造成全县受灾面积 27419 公顷,受灾人口 73469 人,直接经济损失 2.1 亿元。

(1)暴雨洪涝发生规律

突泉县洪涝灾害发生频率空间分布呈中部高、南北低的特点,一般每 4～5 年发生 1 次洪涝灾害。

洪涝灾害的发生不仅取决于降水量和降水强度,还取决于所处地区的地形地势,突泉县平原地区很少发生山洪,而山地、丘陵地区发生相对多。

(2)暴雨洪涝影响

洪涝灾害对农业生产的影响主要以冲毁农田为主,造成粮食减产,甚至绝产。洪涝灾害也能造成房屋毁损、倒塌,冲毁铁路、公路、桥涵、堤防等,人、牲畜被困或死亡,给人民的生命财产造成严重损失。暴雨山洪还会造成水土流失,大量地表径流造成草场农田被严重冲刮,导致水蚀危害加重。

1.4.3 霜冻

霜冻是指在作物生长季节里,夜间土壤和植株表面的温度下降到 0 ℃或 0 ℃以下,使植株体内水分冻结而产生伤害的现象。通常以日最低气温≤2 ℃作为霜冻指标。霜冻与霜不同,霜是近地面空气中的水汽达到饱和,并且地面温度多数情况下低于 0 ℃,在物体上直接凝华而成的白色冰晶,有霜冻时不一定有白霜。

(1)霜冻分类

突泉县霜冻依据出现的季节划分为春霜冻和秋霜冻。春季最后一场霜冻称为终霜冻,秋季最早一场霜冻称为初霜冻,终霜冻的最后一天称为终日,初霜冻的第一天称为初日。终霜冻后一日至初霜冻前一日这段没有霜冻的时期称为无霜期,也是突泉县大田农作物的生长期。

(2)霜冻发生规律

突泉县秋霜冻出现在 9—10 月,春霜冻出现在 4—5 月。统计结果表明,20 世纪 50 年代至 70 年代春季霜冻平均终日均出现在 5 月中旬,20 世纪 80 年代至今出现在 5 月上旬,而秋霜冻初日变化不明显。

突泉县春季终霜日由东南向西北逐渐推迟,秋季初霜日由东南向西北逐渐提前,而无霜期由西北向东南逐渐延长。由于气候变暖,春季最低气温升高,导致春季霜冻终日有逐渐提前的趋势,秋季最低气温的升高使得秋季霜冻初日有推迟的趋势,因而无霜期延长的趋势更加明显。

(3)霜冻影响

霜冻的危害对象以种植业为主,春霜冻多发生在喜温作物的出苗(移栽)之后,而秋霜冻则发生在作物成熟之前。春霜冻可造成幼苗受冻生长缓慢,轻者温度回升后幼苗能够恢复生长,重者造成幼苗完全结冰呈半透明状,化冻后倒折枯死。一般地下部分有土壤保护作物不会冻死,温度回升后还能够长出新叶,但缩短了作物生长期。秋霜冻会导致作物受害或停止生长,突泉县最受其影响的作物是玉米,会造成玉米灌浆受阻或停止,产量和质量都受到影响。霜冻的危害除了使作物直接受害外,无霜期缩短,还限制了热量资源的充分利用。

1.4.4 低温冷害

低温冷害是指在农作物生长季节,长时间持续0℃以上低温,造成喜温作物生长发育延迟,后期遭遇低温不能正常成熟,或者短时期内出现气温下降到作物生长发育所需临界温度值以下,严重时造成作物生理功能受到危害的现象。前者称为延迟型冷害,后者称为障碍型冷害,二者兼备时则称为混合型冷害。

(1)低温冷害发生规律

根据1971—2009年39年的气象资料统计,突泉县发生低温冷害频率为8次,平均每5~6年发生1次。从年代分布看,20世纪70和80年代共发生低温冷害7次,20世纪90年代只发生1次低温冷害,2001—2009年没有发生低温冷害。这也说明20世纪90年代以来由于气候变暖,尤其春季气温的升高使低温冷害发生次数明显减少。

(2)低温冷害影响

低温冷害主要威胁喜温作物玉米和水稻。延迟型低温冷害常发生在春季苗期,造成的影响主要以延迟农作物生长发育为主,导致作物发育期延迟,秋季霜冻前不能正常成熟而影响作物产量和质量。障碍型低温冷害主要发生在作物开花授粉期间,阻碍作物结实器官的形成,导致不能正常结实而影响产量。低温冷害在兴安盟虽然不经常发生,但一旦发生则对农业生产危害严重,造成粮食大幅度减产。

1.5 农业气候资源变化特征

1.5.1 热量资源空间变化特征

"≥10℃活动积温"是衡量一个地区热量资源多少的主要指标。1991—2020年突泉气象观测站≥10℃初日在4月29日,终日在10月2日,≥10℃活动积温3063.1℃·日。图2表明,突泉县≥10℃活动积温由东南向西北递减,东南部平原超过3000℃·日,西北部山区小于2000℃·日,东南部和西北部≥10℃活动积温相差超过1000℃·日,立体气候特征明显。其中,突泉镇、太平乡、水泉镇东南部地区≥10℃活动积温超过3200℃·日,突泉镇、太平乡、水泉镇西北部和东杜尔基镇、九龙乡、六户镇、永安镇、学田乡部分地区≥10℃活动积温为2800~3200℃·日,六户镇、永安镇、学田乡东南部大部分地区和宝石镇东南部部分地区≥10℃活动积温为2400~2800℃·日,学田乡西北部、宝石镇大部≥10℃活动积温为2000~2400℃·日,宝石镇西北部少部分地区≥10℃活动积温小于2000℃·日。

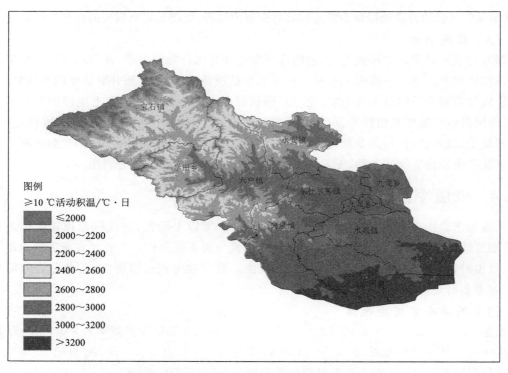

[彩]图 2　突泉县≥10 ℃活动积温空间分布特征

随着气候变暖,突泉地区热量资源呈增加趋势,如图 3 所示,大部分地区≥10 ℃活动积温增加 200 ℃·日以上(1991—2020 年与 1971—2000 年相比)。

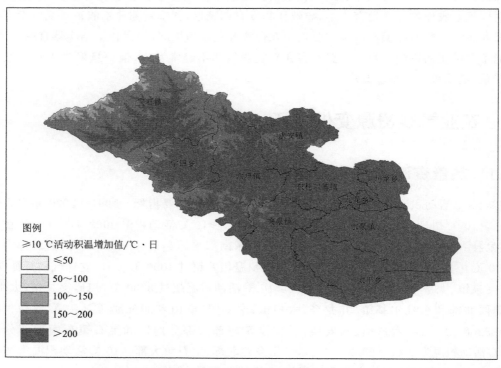

[彩]图 3　突泉县≥10 ℃活动积温增加幅度

1.5.2　热量资源时间变化特征

热量资源主要体现在年平均气温、≥10 ℃活动积温和无霜期日数。以 1990 年为界,分析前后 30 年的变化发现,突泉县热量资源明显增加。

（1）年平均气温变化特征

突泉县 1961—2020 年 60 年年平均气温变化趋势见图 4。由图可见,年平均气温在波动中呈逐渐上升趋势(通过了 $\alpha=0.01$ 的显著性检验),温度随年代升高的线性拟合倾向率为 0.312 ℃/10 年,R^2 达到 0.4245,说明温度的线性增长趋势比较明显。

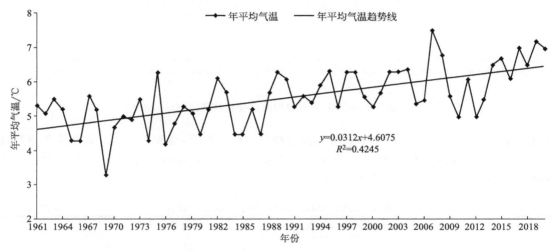

图 4　突泉县年平均气温时间变化特征(1961—2020 年)

1991—2020 年与 1961—1990 年前后 30 年相比,年及各季节平均气温均呈升高趋势。升温最明显的是春季,平均气温升高 1.26 ℃,其次是冬季,气温升高 0.99 ℃,夏季气温升高 0.91 ℃,升温幅度最小的是秋季,气温升高 0.78 ℃(表 1)。

表 1　1961—2020 年平均气温变化特征　　　　　　　　单位:℃

	年平均最高	春季	夏季	秋季	冬季
1961—1990 年	5.07	6.42	21.25	5.22	−12.61
1991—2020 年	6.05	7.68	22.16	6.00	−11.62
1991—2020 年与 1961—1990 年相比	0.98	1.26	0.91	0.78	0.99

（2）平均最高、最低气温变化特征

分析突泉县 60 年平均最高气温和最低气温变化趋势(图 5)可以看出,最高气温和最低气温都在波动中呈升高趋势,其中最低气温升高趋势明显(通过了 $\alpha=0.01$ 的显著性检验),最低气温变化率是 0.433 ℃/10 年,R^2 达到 0.599,说明最低气温的线性增长趋势比较明显。最高气温虽然也有升高趋势,但升高趋势缓慢(未通过 $\alpha=0.01$ 的显著性检验),最高气温变化率 0.213 ℃/10 年,明显小于最低气温的变化率 0.433 ℃/10 年。

1991—2020 年与 1961—1990 年前后 30 年相比,年及各季节最高气温和最低气温均呈升高趋势,最低气温的升温幅度普遍大于最高气温的升温幅度。最低气温升幅为 0.89～1.66 ℃,

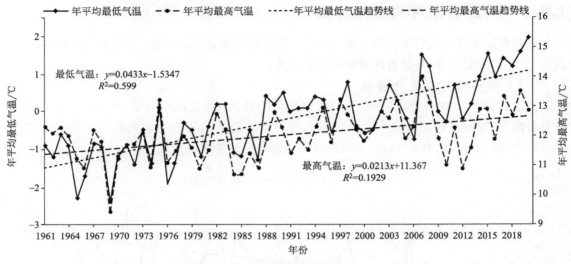

图 5　突泉县平均最高、最低气温时间变化特征(1961—2020 年)

最高气温升幅为 0.48～0.94 ℃。最低气温升幅最大的是春季,达到 1.66 ℃,其次是冬季升高 1.28 ℃,秋季升幅最小为 0.89 ℃。最高气温升幅最大的也是春季,升高 0.94 ℃,其次是夏季升高 0.89 ℃,秋季升幅最小,为 0.48 ℃(表 2,表 3)。

表 2　1961—2020 年平均最低气温变化特征　　　　　　　　　　　　单位:℃

	年平均最低	春季	夏季	秋季	冬季
1961—1990 年	−0.84	−0.73	15.47	−0.64	−17.45
1991—2020 年	−0.02	0.93	16.50	0.25	−16.17
1991—2020 年与 1961—1990 年相比	1.26	1.66	1.03	0.89	1.28

表 3　1961—2020 年平均最高气温变化特征　　　　　　　　　　　　单位:℃

	年平均最高	春季	夏季	秋季	冬季
1961—1990 年	11.64	13.7	27.12	12.09	−6.35
1991—2020 年	12.39	14.64	28.01	12.57	−5.63
1991—2020 年与 1961—1990 年相比	0.75	0.94	0.89	0.48	0.72

　　表 2 和表 3 说明,60 年来,平均最低气温各季节升温幅度普遍大于平均最高气温和平均气温的升温幅度,以春季和冬季升温幅度最大,说明在温度的升高趋势中平均最低气温的贡献较大,最低气温中又属春季最低气温贡献最大。

（3）日平均气温≥10 ℃初、终日及活动积温变化特征

　　突泉县通常以日平均气温≥10 ℃活动积温作为玉米生长发育的热量指标。春季日平均气温≥10 ℃,标志着当地大田作物普遍开播,日平均气温≥10 ℃初、终日持续期适于当地农作物生长发育,俗称作物生长期。日平均气温≥10 ℃活动积温是衡量地区热量资源的重要指标,不仅制约农作物生长期的长短,而且直接影响农作物的生长发育和产量形成。

　　突泉县日平均气温≥10 ℃初日一般出现在 4—5 月,平均日期为 4 月 29 日,终日出现在 9—10 月,平均日期为 10 月 2 日,≥10 ℃活动积温 3063.1 ℃·日。

突泉县 1961—2020 年 60 年年≥10 ℃活动积温变化趋势见图 6。由图可见,≥10 ℃活动积温在波动中呈逐渐上升趋势(通过了 $\alpha=0.01$ 的显著性检验),≥10 ℃活动积温随年代升高的变化率为 72.213(℃·日)/10 年,R^2 达到 0.332,说明≥10 ℃活动积温的线性增长趋势比较明显。

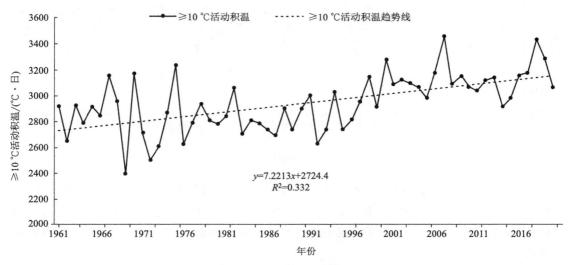

图 6　突泉县≥10 ℃活动积温时间变化特征(1961—2020 年)

以 1990 年为界,分析前后 30 年的变化发现,突泉县≥10 ℃活动积温明显增加。1991—2020 年与 1961—1990 年相比,≥10 ℃活动积温增加 231.1 ℃·日,≥10 ℃初日提前 3 天、终日推迟 4 天,≥10 ℃持续日数延长 7 天(表 4)。分析表明,60 年来,突泉县呈现出≥10 ℃初日逐渐提前、≥10 ℃终日逐渐推迟的趋势,≥10 ℃活动积温明显增加。

表 4　1961—2020 年突泉县≥10 ℃活动积温变化特征

	≥10 ℃初日日序	≥10 ℃终日日序	≥10 ℃积温(℃·日)
1961—1990 年	122.7	271.1	2832.0
1991—2020 年	119.4	274.7	3063.1
1991—2020 年与 1961—1990 年相比	−3	+4	231.1

2000 年以来,≥10 ℃活动积温超过 3000 ℃·日的年份有 7 年,占到 85%,说明 2000 年以来,热量资源增加趋势明显,且有加速增加的趋势。

(4)日最低气温≤2 ℃初、终日及无霜期变化特征

突泉县一般以日最低气温≤2 ℃作为玉米霜冻指标,依据出现的季节划分为春霜冻和秋霜冻。终霜冻后一日至初霜冻前一日间的无霜期是玉米生长期。

突泉县终霜冻一般出现在 4—5 月,1991—2020 年平均日期为 5 月 3 日。初霜冻出现在 9—10 月,平均日期为 9 月 26 日,平均无霜期为 145 天。

突泉县 1961—2020 年 60 年年无霜期变化趋势见图 7。由图可见,无霜期在波动中呈逐渐延长趋势,无霜期随年代延长的变化率为 2.739 天/10 年,R^2 达到 0.1954,未通过 0.01 显著性水平,说明无霜期的线性增长趋势不显著。

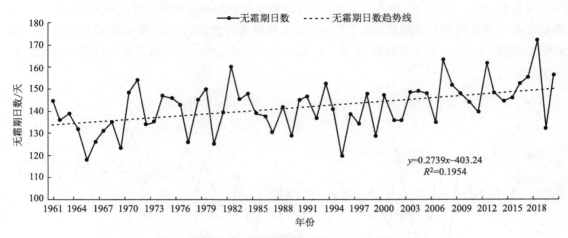

图 7　突泉县无霜期日数变化特征(1961—2020 年)

以 1990 年为界,分析前后 30 年的变化发现,突泉县日最低气温>2 ℃无霜期明显延长。1991—2020 年与 1961—1990 年相比,日最低气温≤2 ℃终日提前 6 天、初日推迟 1 天,无霜期延长 7 天(表 5)。60 年来,突泉县呈现出春季终霜日逐渐提前、秋季初霜日逐渐推迟的趋势,无霜期呈延长趋势。

表 5　1961—2020 年突泉县初终霜日期及无霜期变化特征

	≤2 ℃终日日序	≤2 ℃初日日序	>2 ℃无霜期日数/d
1961—1990 年	129.2	267.6	138.5
1991—2020 年	123.2	268.6	145.4
1991—2020 年与 1961—1990 年相比	-6	+1	+7

2000 年以来,无霜期日数超过 140 天的年份有 16 年,占到 80%,只有 4 年无霜期日数少于 140 天。2010—2020 年的 11 年间,无霜期日数超过 140 天的年份有 9 年,占到 90%。这说明 2000 年以来,无霜期日数延长趋势明显,且有加速延长的趋势。

1.5.3　降水量变化特征

(1)降水量空间变化特征

突泉县 1991—2020 年平均降水量 393.9 毫米,空间分布呈东南少、西北多的趋势,由东南向西北呈减少趋势。其中,东南部的突泉镇、太平乡、水泉镇东南部部分地区降水量少于 350 毫米,突泉镇、太平乡、水泉镇西北部部分地区、东杜尔基镇、六户镇、永安镇、学田乡东南部地区降水量为 350~400 毫米,东杜尔基镇、六户镇、永安镇、学田乡、宝石镇部分地区降水量为 400~450 毫米,宝石镇西北部少部分地区降水量超过 450 毫米(图 8)。

(2)降水量时间变化特征

1961—2020 年突泉县年降水量变化趋势不明显(图 9),5 阶多项式拟合 R^2 系数仅为 0.104,t 检验未通过显著性水平,说明降水量的波动是气候自然波动的结果。由图 9 可见,1961—1970 年降水量呈减少趋势,为少雨时期,平均降水量为 374.2 毫米,1971—1980 年、1981—1990 年和 1991—2000 年降水量呈增加趋势,为多雨时期,平均降水量分别为 383 毫

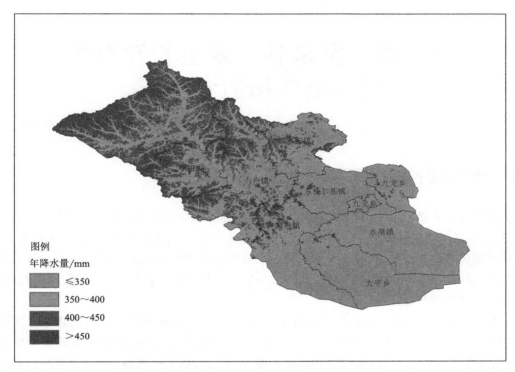

[彩]图 8　突泉县年降水量空间分布特征

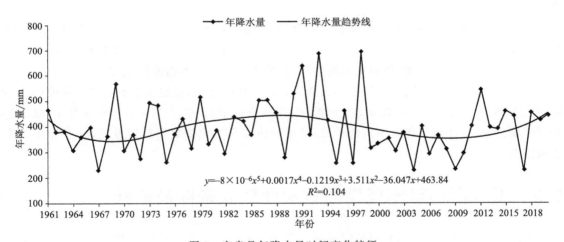

图 9　突泉县年降水量时间变化特征

米、417.9 毫米和 444.0 毫米,2001—2010 年降水量呈减少趋势,平均降水量为 317.8 毫米,
2011—2020 年降水量又呈增加趋势,平均降水量为 420.0 毫米。

1961 年以来,最大年降水量出现在 1998 年,为 692.7 毫米,最少降水量出现在 2017 年,
为 226.3 毫米,最大值约为最小值的 3 倍,而且极端降水事件都出现在最近 20 多年,说明干旱
和洪涝呈趋多趋势。

第 2 章　突泉县玉米生长发育的气象条件和适宜指标

2.1　玉米播种期适宜农业气象条件及指标

突泉县春玉米播种期一般在 4 月下旬至 5 月上旬。影响突泉县玉米适时播种的主要气象因素是水、热条件(地温和浅层土壤水分)。由于地温偏低,过早播种容易造成玉米粉种,不但浪费种子还需要重新播种;过晚播种既浪费前期热量资源,缩短玉米生长期,秋季还容易遭受霜冻危害,影响玉米产量和品质。浅层土壤水分缺乏时播种不易发芽出苗,浅层土壤过湿时播种容易造成缺氧而延迟发芽。

突泉县一般以 10 厘米地温稳定通过 8 ℃初日作为大田玉米适宜播种期指标。当地温稳定回升后,有灌溉条件的耕地就能适时早播,争取更长的生长期,避免或减轻秋季霜冻的危害;没有灌溉条件的耕地,当土壤相对含水率达到 60% 以上时可以播种,而土壤相对含水率不足 50% 时就需要人工抗旱播种,否则只能靠天等雨、贻误农时,或改种短生育期的杂粮作物。

适宜气象条件及指标:春季气温稳定回升早,稳定通过 8 ℃初日偏早(4 月 15 日—4 月 25 日);春季第一场接墒雨适时(4 月 15 日—5 月 5 日),土壤相对含水率(0~20 厘米)在 60%~80%,有利于玉米适时早播,争取更长的生长期,避免或减轻秋季霜冻的危害。

不利气象条件及指标:春季气温回升晚或长时间持续低温,稳定通过 8 ℃初日偏晚(5 月 5 日—5 月 15 日);第一场接墒雨偏晚,土壤相对含水率低于 60%,不利于玉米种子发芽,或高于 90% 土壤过湿(低洼地),无法下地播种,即使播种也容易造成缺氧而延迟发芽,甚至粉种造成缺苗断垄。

2.2　玉米播种至出苗期适宜农业气象条件及指标

玉米播种到出苗的间隔时间与期间温度条件关系密切。在一定的温度范围内,随着温度的升高出苗速度加快,出苗时间缩短。温度为 10~12 ℃时需 18~20 天出苗,15~18 ℃时需 8~10 天出苗,大于 20 ℃则只需 5~6 天出苗。

突泉县春玉米出苗期一般在 5 月中下旬。影响突泉县玉米出苗的主要气象因素是水、热条件,即温度和浅层(0~20 厘米)土壤水分。温度高时出苗快,但苗不壮,温度持续偏低延迟种子发芽出苗;土壤水分充足时种子发芽出苗快,土壤水分不足时种子发芽率低,甚至不发芽,影响出苗率。

适宜气象条件及指标:日平均气温为 15~18 ℃时有利于玉米种子正常发芽出苗;0~20 厘米土壤相对含水率 60%~80% 有利于玉米出全苗,苗齐苗壮。

不利气象条件及指标：日平均气温超过 25 ℃时虽然有利于加快出苗速度，但不利于形成壮苗，日平均气温持续低于 5 ℃时延迟玉米出苗；农田土壤相对含水率低于 50％时发生春旱，会造成玉米出苗困难，缺苗断垄。

2.3　玉米三叶至拔节期适宜农业气象条件及指标

突泉县春玉米三叶期一般在 5 月末，拔节期一般在 7 月上中旬。三叶至拔节期为玉米营养生长期。

影响突泉县玉米幼苗生长的主要气象因素仍然是水、热条件，即温度和土壤水分。在一定温度范围内，温度越高，生长越快。此期间温度高、土壤水分充足，玉米幼苗生长速度加快，缩短玉米营养生长期，发育期提前；此期间持续低温并伴随多雨，或者高温伴随干旱，都会使幼苗生长发育缓慢，延长玉米营养生长期，玉米发育期延迟。玉米苗期有一定的抗低温能力，在五叶期以前遇到 −3～−2 ℃短期霜冻不至于冻死，只要加强田间管理，幼苗在短期内尚能恢复生长，对产量不致造成明显影响。

适宜气象条件及指标：日平均气温 15～25 ℃，0～30 厘米土壤相对含水率 60％～80％。

不利气象条件及指标：日平均气温低于 10 ℃或高于 30 ℃不利于玉米生长发育。长时间温度偏低形成低温冷害，延缓玉米发育；高温伴随干旱容易灼伤玉米叶片。0～30 厘米土壤相对含水率低于 50％会发生不同程度的干旱，影响玉米生长发育，延缓玉米发育期；0～30 厘米土壤相对含水率高于 90％时，由于土壤水分过多，空气相对减少，会产生渍害，导致玉米根部受害，甚至死亡。

2.4　玉米拔节至抽雄期适宜农业气象条件及指标

突泉县玉米拔节期一般在 7 月上中旬，抽雄期一般在 7 月下旬至 8 月上旬，拔节至抽雄期的日数为 20 天左右，是玉米开始生殖生长的时期。

玉米拔节到抽雄期间隔时间与温度关系密切。日平均气温在 22.3 ℃时需要 35 天，25.6 ℃时只需 22 天。拔节到抽穗期温度过高，会使幼穗分化期相应缩短，分化的小穗和小花数减少，果穗也短；温度持续偏低会造成玉米低温冷害，延迟玉米发育期或导致减产。此时期也是玉米需水量最多的时期和水分敏感期。这个时期缺水，幼穗发育不好，果穗小。严重缺水时，玉米发生"卡脖子旱"，雄穗抽不出来。

适宜气象条件及指标：日平均气温 22～25 ℃（比正常年份 7 月平均气温偏高），0～30 厘米土壤相对含水率 70％～90％。夜间降雨，白天转晴，光照充足，温度升高，土壤相对含水率高，有利于玉米旺盛生长和雄穗的正常分化。

不利气象条件及指标：日平均气温低于 18 ℃持续 4 天以上，形成低温冷害，延迟玉米发育期；日平均气温高于 30 ℃不利于玉米生殖器官的形成。0～30 厘米土壤相对含水率低于 60％，会不同程度地造成玉米减产，土壤相对含水率低于 40％，会使抽雄吐丝出现的间隔日期延长，导致不能充分授粉，部分雌穗不能形成或不能抽丝，形成空秆，严重影响玉米产量。

2.5 玉米抽雄、开花至吐丝期适宜农业气象条件及指标

突泉县玉米抽雄期一般在7月下旬至8月上旬,开花、吐丝期一般在8月上旬,抽雄到吐丝期间隔10天左右。

温度和降水量对玉米开花、吐丝影响较大,是玉米一生中要求温度较高的时期。高温干旱导致花期不协调,授粉不良,秃尖缺粒严重,籽粒不饱满,品质差,产量低;低温和阴雨会影响花药的开裂。

适宜气象条件及指标:光、热充沛,水分充足,光、热、水匹配协调,天气晴朗,有微风。玉米抽雄开花期适宜温度为25～26 ℃,适宜的0～30厘米土壤相对含水率为70%～80%,空气相对湿度为70%左右。

不利气象条件及指标:当气温低于18 ℃或者高于38 ℃时玉米不开花;当气温高于30 ℃、空气相对湿度小于60%时,开花甚少;当气温高于32 ℃、空气相对湿度小于30%时,花粉粒1～2小时即丧失生活力。0～30厘米土壤相对含水率低于60%时,会出现不同程度的干旱,导致严重减产。

2.6 玉米灌浆期适宜农业气象条件及指标

突泉县玉米吐丝期一般在8月上旬,乳熟期一般在9月上旬,此期俗称玉米灌浆期,持续1个月左右。

玉米灌浆前期温度需偏高,灌浆后期温度可略偏低些,气温日较差大有利于有机物质的积累和向果穗的籽粒运转。如果日平均气温高于25 ℃或低于16 ℃,就会影响细胞中淀粉酶的活动,不利于养分向籽粒运输和积累,结实也不饱满,导致籽粒灌浆不良,出现瘪粒。当气温降至20 ℃,籽粒灌浆速度缓慢;当气温达到16 ℃时,灌浆速度急剧下降;13 ℃时玉米灌浆仍可缓慢进行。日平均气温高于25 ℃,若又遇干旱,则容易造成高温逼熟而减产;而若气温过低则容易出现秋霜冻造成玉米停止灌浆,甚至死亡,影响玉米产量及品质。

玉米灌浆期间对水分的需要量略有减少,这时期的需水量占总需水量的25%～30%,此期间缺水将使籽粒不饱满、百粒重下降。

适宜气象条件及指标:日平均气温20～24 ℃,土壤相对含水率70%～80%。气温日较差大,有利于有机物质合成和向果穗籽粒运送。

不利气象条件及指标:伴有干旱的高温天气(25 ℃以上)以及持续的低于16 ℃的低温天气,都将明显抑制玉米灌浆,不利于提高产量,籽粒品质也将下降。

2.7 玉米乳熟至成熟期适宜农业气象条件及指标

突泉县玉米乳熟期一般在9月上旬,成熟期在9月下旬,乳熟到成熟期间隔20天左右。

玉米乳熟期以后籽粒基本定型,对水分的要求逐渐减少,土壤水分对产量的影响也越来越小,而此时当地降水量也逐渐减少。如果前期降水量充足,此时没有降水也能够满足玉米成熟需求。这个时期玉米对光、热条件要求较高,需要充足的光照和适宜的温度来保证玉米的成熟

度,温度过高会加速玉米成熟,秋季早霜冻会影响玉米产量及质量,使产量锐减,品质降低。

适宜气象条件及指标:秋高气爽,光照充足,降水日数少。日平均气温 18～25 ℃,0～30 厘米土壤相对含水率 50%～60% 为宜。

不利气象条件及指标:伴有前期伏旱或秋季干旱的持续高温天气和秋霜冻偏早都不利于玉米正常成熟和稳产高产。

2.8　玉米收割晾晒期适宜气象条件及指标

当地玉米收割从 9 月下旬后期开始,一直到 10 月下旬基本结束,持续近 1 个月。玉米收割晾晒期间要求温度偏高、日照充足、无降水,有利于加快玉米收割进度和晾晒。此期间当地日平均气温不到 10 ℃,温度下降快,日照充足,累计降水量不足 20 毫米。

适宜气象条件及指标:日平均气温偏高,光照充足,无降水。日平均气温 15～20 ℃,日最低气温在 5 ℃ 以上;0～30 厘米土壤相对含水率小于 50%。有利于玉米收割和晾晒。

不利气象条件及指标:连阴雨天气不利于大田玉米的收割和晾晒,温度过低不利于晾晒和籽粒脱水。

第3章 突泉县玉米品种布局现状及存在问题

3.1 抗旱减灾能力弱导致玉米单产低、总产不稳定

突泉县耕地面积的60％属于坡耕地,坡耕地上种植的大部分农作物是玉米,缺乏水利设施和水源条件。水分条件好的年份坡耕地玉米长势较好,能够获得较高产量,而干旱年份坡耕地玉米生长发育及产量都受到严重影响,严重干旱年份可能导致绝产绝收,给农业生产及农民造成较大经济损失。1998年突泉县全年降水量692.7毫米,玉米单产339千克/亩,总产量达到6.4亿斤,而属于干旱年份的2009年降水量只有235.1毫米,玉米单产218.5千克/亩,总产量5.9亿斤。突泉县每年都会发生不同程度的干旱,干旱年份坡耕地只能靠天吃饭。抗旱减灾能力弱,是突泉县粮食产量和玉米产量不稳定的主要原因之一。

3.2 中北部地区玉米越区种植影响产量

同全球气候变化趋势一致,突泉县气候也呈现变暖趋势,近几年尤为明显。气候变暖在一定程度上增加了玉米生长期,但也增加了农业生产的风险性。由于气候变暖,突泉县玉米种植带向西向北扩大。在玉米种植面积扩大的过程中,农民为了追求高产而盲目越区种植生育期长的玉米品种,特别是一些生产管理水平较低的农户,不顾生产能力和管理水平,盲目攀比种植生育期长的高产品种,希望获得较高的产量,增加收入,虽然有些年份产量确实提高了,但很多年份玉米成熟度明显不够,商品粮等级较低,遇到严重干旱年或早霜年,秋季玉米不能正常成熟,降低玉米产量和品质。这不仅影响了农业经济效益和农民收入,对将玉米作为原材料的农产品加工企业的经济效益也有一定影响。越区种植不仅没有增加收入,有的年份还会导致减产减收。

3.3 东南部部分地区热量资源浪费影响增产效益

位于突泉县东南部的突泉镇、太平乡、水泉镇东南部地区≥10 ℃活动积温超过3200 ℃·日,突泉镇、太平乡、水泉镇西北部地区≥10 ℃活动积温2800～3200 ℃·日。受气候变暖影响,上述地区≥10 ℃活动积温增加200 ℃·日以上(1991—2020年与1971—2000年相比)。百姓并没有充分知悉气候变暖所带来的热量资源,选择玉米品种仍靠过去的经验,选择生育期相对较短的玉米品种,浪费了部分热量资源,没有实现最大限度合理利用气候资源来增加产量和收入。

第4章　突泉县热量资源推算模型的建立与检验

4.1　资料与研究方法

4.1.1　资料

气象数据：1991—2020 年突泉县区域站及周边其他旗县、呼伦贝尔、通辽和吉林白城、洮南、镇赉和通榆，黑龙江齐齐哈尔、龙江、甘南、泰来等大兴安岭东南麓 45 个气象观测站≥10 ℃活动积温数据，大地形基本一致。

玉米品种数据：突泉县和周边旗县近几年推广种植和引进（审定认定）的玉米品种生物学特性资料，包括生育期、所需积温、无霜期、产量等，来源于兴安盟各旗县农业部门和种子经销商。

地理信息数据：突泉县各乡镇、村屯地理信息数据，由突泉县气象局提供。

4.1.2　研究方法

采用多元回归统计方法，应用气象观测站和突泉区域气象观测站 1991—2020 年的气候统计值，建立稳定≥10 ℃活动积温与经度、纬度和海拔高度的空间分布模型，利用未参与建立模型的区域气象观测站进行检验。将推算出的各村屯≥10 ℃活动积温（精细化至自然村）与玉米品种所要求的≥10 ℃活动积温进行合理匹配，依据农业气候相似原理和建立的玉米品种区划指标进行玉米品种精细化气候区划。

4.1.3　技术路线

以各地（乡镇、村屯）地理参数为基础，以突泉县玉米为对象，以热量资源推算模型和玉米品种精细化气候区划指标为手段，以友好的交互界面为媒介，通过编程对所选择地点的气候要素与玉米品种生物学特性资料匹配比较，给出乡镇、行政村、自然村屯的可灌溉平地、无灌溉平地、阳坡、阴坡玉米适宜种植品种和搭配种植品种优选方案。

4.2　突泉县热量资源推算模型的建立与检验

4.2.1　突泉县区域站数据的插补和延长

截至 2021 年 10 月，突泉县共有 34 个气象观测站，包含单雨量站 9 个、区域自动气象观测站 25 个。区域自动气象观测站中的 7 个站自 2019 年开始有数据，只有 18 个站数据可用于建立模型。

对突泉县内区域自动站观测数据相对完整的 18 个站进行数据整理,将逐日平均温度缺测资料进行插补,使区域站逐日平均温度成为完整序列。统计 2016—2020 年区域站逐年≥10 ℃初、终日期和≥10 ℃活动积温,建立区域站 2016—2020 年≥10 ℃活动积温平均值序列。

根据气象学、气候学原理,气候要素的时空分布具有一定的规律性,大气环流所影响的范围是很大的,在同一大气环流形势控制下,两个邻近台站的同一气象要素值的差值变化很小,几乎为一常数。温度、湿度、气压等都具有相应差值稳定的特点,宜采用差值订正方法。利用突泉国家气象观测站数据,将突泉区域站 2016—2020 年≥10 ℃活动积温短序列数据订正为1991—2020 年气候平均值,弥补只有 1 个国家气象观测站的现状,为提高气候资源模型精度奠定数据基础。

4.2.2　突泉县热量资源推算模型的建立

利用 45 个气象观测站数据,包括突泉 9 个乡镇站、9 个村站,周边其他旗县、呼伦贝尔、通辽和吉林白城、黑龙江齐齐哈尔等大兴安岭东南麓 27 个国家气象观测站 1991—2020 年的数据,采用多元回归方法,选择不同数量、不同站组合的方法建立热量资源推算模型集,取其误差最小的一种组合方式作为推算模型,建立以突泉县为重点、辐射大兴安岭东南麓脱贫地区的热量资源推算模型。最终确定利用 30 个站建立的方程最优,误差最小。

建立的推算模型如下:

$$Y = 23384.207 - 128.14x_1 - 90.299x_2 - 2.131x_3$$

式中,x_1、x_2、x_3 分别为经度、纬度和海拔高度。

$R = 0.995$,$R^2 = 0.990$,模型通过 0.0001 的显著性检验。

4.2.3　突泉县热量资源模拟模型的检验

利用建立模型的 30 个站模型模拟结果与≥10 ℃活动积温实况数据进行比较,统计分析绝对误差和相对误差,见表 6。

表 6　模型回代检验结果

模拟站	≥10 ℃活动积温/(℃·日)	模拟值/(℃·日)	绝对误差/(℃·日)	相对误差/%
龙江	2909.01	2921.18	12.17	0.42
甘南	2844.97	2836.22	8.75	0.31
齐齐哈尔	2969.28	2913.26	56.02	1.89
泰来	3062.12	3079.67	17.55	0.57
鄂伦春	1983.70	2059.22	75.52	3.81
博克图	1796.10	1781.20	14.90	0.83
扎兰屯	2669.90	2670.08	0.18	0.01
莫力达瓦旗	2693.70	2640.10	53.60	1.99
阿荣旗	2735.40	2712.05	23.35	0.85
胡尔勒	2757.30	2813.34	56.04	2.03
扎赉特旗	3027.00	3016.83	10.17	0.34

续表

模拟站	≥10 ℃活动积温/(℃·日)	模拟值/(℃·日)	绝对误差/(℃·日)	相对误差/%
乌兰浩特	3075.50	2998.36	77.14	2.51
突泉	3063.10	3042.94	20.16	0.66
巴雅尔吐胡硕	2565.10	2556.44	8.66	0.34
扎鲁特旗	3360.40	3302.74	57.66	1.72
舍伯吐	3360.10	3385.71	25.61	0.76
科左中旗	3300.10	3291.51	8.59	0.26
开鲁县	3366.90	3392.78	25.88	0.77
通辽市	3416.20	3398.68	17.52	0.51
科左后旗	3256.40	3280.63	24.23	0.74
白城	3146.79	3193.48	46.69	1.48
洮南	3223.97	3231.44	7.47	0.23
镇赉	3135.48	3160.31	24.83	0.79
通榆	3251.26	3248.97	2.29	0.07
永安镇	2895.72	2843.54	52.18	1.80
九龙乡	3042.40	3038.21	4.19	0.14
东杜尔基镇	3007.60	3058.10	50.50	1.68
六户镇	2912.68	2941.26	28.58	0.98
水泉镇	3023.18	3054.11	30.93	1.02
学田乡	2771.10	2757.18	13.92	0.50
平均值	**2954.08**	**2953.99**	**28.51**	**1.00**

　　模型回代检验绝对误差平均值 28.5 ℃,最大相对误差出现在鄂伦春,为 3.81%,最小相对误差出现在扎兰屯,为 0.01%,平均相对误差只有 1%,说明模型回代检验效果非常理想,可以用作突泉县≥10 ℃活动积温推算模型。

　　在突泉县的南部、中部、北部分别选取没参与建立模型的 3 个站作为模拟站,检验模型的精度。选取南部六户镇巨力村、中部水泉镇德泉村、北部宝石镇宝山村 3 个区域站作为模拟站,模拟检验结果见表 7。

表 7　≥10 ℃活动积温模拟检验结果

		实况值/(℃·日)	模拟值/(℃·日)	绝对误差/(℃·日)	相对误差/(℃·日)
站名	六户镇巨力村	2744.10	2673.79	70.31	2.56
	水泉镇德泉村	3105.30	3162.91	57.61	1.86
	宝石镇宝山村	2605.80	2611.57	5.77	0.22
平均值		**2818.40**	**2816.09**	**44.56**	**1.55**

　　模拟检验绝对误差平均值 44.56 ℃,最大相对误差 2.56%,最小相对误差 0.22%,平均相对误差只有 1.55%,相比之前只利用国家站建立模型精度大幅度提高,模型检验结果比较理想,可用于突泉县≥10 ℃活动积温的精细化模拟。

4.3 突泉县气候资源基础数据集的建立

　　基于气候资源推算模型和地理信息数据,计算 1991—2020 年突泉县 188 个行政村、464 个自然屯气候要素值,建立突泉县精细到行政村、到自然屯的气候资源基础数据集,为进一步开展精细化农业气象服务奠定基础。

第5章 突泉县玉米品种精细化气候区划的原理及指标

种子是农业的"芯片",选择适宜当地气候条件的农作物品种是农业丰收的基础,如果品种选择的不合适或者不是最适宜当地的品种,会造成产量和品质下降,减产减收,或者增产不增收,影响商品粮等级,以致影响农民收入,不利于巩固脱贫攻坚成果。

5.1 玉米品种精细化气候区划的原理

农业生产都是在自然环境中进行的,在土壤一定的条件下,气候条件决定了某个作物品种是否适宜在一个地区种植,而热量条件又是决定作物品种布局的最主要因素。从全球来看,年平均气温和无霜期决定了气候带的分布和物种随气候带变化的带状分布;就北方雨养农作区而言,≥10 ℃活动积温和无霜期就基本决定了一个地区能够种植什么作物、适宜种植什么品种,因此热量条件(≥10 ℃活动积温和无霜期)是北方农作物品种布局的首要限制因子。

玉米作为突泉县的主要农作物,其播种面积占全县粮食作物播种面积的70%以上,其产量占全县粮食总产量的80%左右。由于地形地势的影响,全县热量资源差异明显,不同地区生产力水平差异也较大,造成不同地区甚至相邻两地玉米适宜种植品种的差异。突泉县属于半干旱易旱雨养农作区,素有十年九春旱之说,不能灌溉的坡耕地占60%左右,这部分耕地抗灾能力弱。春季降水量的多少以及第一场接墒雨的早晚,直接影响农作物的春播下种和正常生长发育,也是产量形成的一个重要限制因子。春季第一场接墒雨偏晚的年份(有的年份甚至偏晚近一个月),尽管热量条件非常好,但由于土壤墒情差无法播种,这部分耕地只能选择生长期短的早熟玉米品种,才能保证秋季霜冻之前正常成熟。因此,耕地能否灌溉是进行玉米品种精细化布局的另一重要因素。本章以热量条件作为一级指标,水分条件(区分灌溉和非灌溉地块)作为二级指标进行玉米品种精细化气候区划。对于水分条件能够满足玉米生长发育需求的水浇地,热量条件决定适宜种植品种;对于无灌溉条件的平地和坡耕地,则分别按照水分缺乏程度,适当降低适宜品种对热量资源的要求,以保障在多数年份能够正常成熟,实现最大限度地利用气候资源并最大限度地减少因不能正常成熟造成的减产减收损失。

5.2 确定区划指标的原则

突泉县属于浅山丘陵地区,北部以山地为主,中部以丘陵为主,南部主要为平原地区,耕地中有三分之二为山坡地。从热量条件看,阳坡地>平地耕地>阴坡耕地;从水分条件考虑,坡耕地的自然降水径流量较大,保水性能差,加上阳坡耕地土壤蒸散要大于平地耕地和阴坡耕地,因此土壤水分通常表现为平地好于坡地,阴坡地好于阳坡地。综合考虑水热条件,有灌溉条件的平地水热条件最好,没有灌溉条件的平地次之,阳坡地再次之,阴坡地水热条件最差。

在同等气象条件下,选择同一日期播种玉米,在有灌溉条件的平地上播种所选品种生长期应最长,其次为没有灌溉条件的平地和阳坡地,而在阴坡地上播种所选品种生长期应最短。

5.3 玉米品种精细化气候区划指标

适宜种植品种是指某玉米品种在一地区种植时,80%的年份能够正常成熟,而且能够最大限度利用气候资源,发挥品种生产潜力获得理想产量,这样的品种就是当地的适宜种植品种。

搭配种植品种是指某玉米品种在一地区种植虽然能够正常成熟,但一些年份不能正常成熟造成减产减收,或者一些年份正常成熟了却浪费了一部分热量资源,因此这些品种只能作为该地区的搭配种植品种。品种正常成熟所需≥10℃活动积温高于适宜种植品种的称为"向上搭配品种";品种正常成熟所需≥10℃活动积温低于适宜种植品种的称为"向下搭配品种"。地力好、农机具齐全、生产管理水平较高的农户,可选择当地的向上搭配品种种植,以获取更高的产量和收益;地力差,或者缺乏农机具,不能及时播种,生产管理水平较低的农户,可选择当地的向下搭配品种种植,以降低风险,获取稳定的产量和收益,避免大幅度减产减收对生活造成影响。

不适宜种植品种是指玉米品种在某一地区种植时,40%以上年份不能正常成熟。

依据玉米品种对热量的要求及当地农业灌溉条件分类建立了玉米品种精细化气候区划指标(表8)。

表8 不同生产力条件下玉米品种精细化气候区划指标

地块类型	当地≥10℃活动积温与品种所需积温差值/(℃·日)
有灌溉平地适宜种植指标	100≤积温差值<200
有灌溉平地搭配种植指标	200≤积温差值<280 或者 60≤积温差值<100
无灌溉平地适宜种植指标	160≤积温差值<260
无灌溉平地搭配种植指标	260≤积温差值<340 或者 100≤积温差值<160
阳坡地适宜种植指标	230≤积温差值<330
阳坡地搭配种植指标	330≤积温差值<410 或者 160≤积温差值<230
阴坡地适宜种植指标	250≤积温差值<350
阴坡地搭配种植指标	350≤积温差值<430 或者 180≤积温差值<250

第6章 突泉县玉米品种精细化气候区划使用指南

6.1 适宜种植和搭配种植品种选择

通过选择地块所在乡镇、村(屯),可以得到当地不同条件耕地的适宜种植品种和搭配种植品种。这里得到的适宜种植和搭配种植品种,主要是根据当地热量条件(≥10 ℃活动积温)与品种所需活动积温的匹配确定的。实际上,在相同活动积温条件下,其他因素也会制约适宜品种的选择,比如土壤类型、土壤肥力、病虫害、生产投入、农机具条件以及耕作管理水平等。因此,对于一家一户具体的耕地来说,还需要在给出的适宜种植和搭配种植品种中进一步筛选。比如,有的品种喜水肥,肥力差、地力薄的地块就不太适宜;有的品种易感某种病(虫)害,而当地又是该病(虫)害的易发区,则该品种就不是可选择的适宜种植品种。再比如,耕作管理水平高、能够及时进行田间管理等农事活动的,可以选择适宜品种中活动积温偏高的品种,而耕作管理水平差,或者缺乏农机具和劳动力的,选择适宜种植品种中活动积温偏低点的则更合适。搭配种植品种的选择也是这样,地力好、耕作管理水平高的可以选择向上搭配品种,这样可以获得更高的产量和收入,而地力差或者耕作管理水平低的就应选择向下搭配品种为宜,这样可以最大限度地降低风险,在现有条件下获得相对较好的收益,避免因不能正常成熟而造成的减产减收。

另外,这里给出的适宜种植和搭配种植品种均是在适宜早播的前提下,即 10 厘米地温稳定通过 8 ℃、水分条件满足玉米发芽出苗要求。如果推迟播种应适当选择生育期略偏短的品种,保证玉米正常成熟并获得理想产量。

6.2 新品种引进应用

近十几年来,玉米新品种的培育和引进速度加快,应及时补充和更新品种,淘汰不再种植的品种,保证农民使用最新的查询结果。由于图书形式的限制,一经印刷就难以再对品种资料进行更新,用户可以按照以下方法确定新品种是否适宜自家耕地种植或者是否可以搭配种植。

本书中给出了每个行政村、自然屯所在地≥10 ℃活动积温的多年平均值,用本村(屯)的≥10 ℃活动积温多年平均值减去新引进品种的≥10 ℃活动积温,再按照表8的指标进行对比,就能知道新品种在自家耕地上是否适宜种植。比如,某个村的≥10 ℃活动积温是 2560 ℃·日,新引进的品种需要≥10 ℃活动积温 2450 ℃·日,当地≥10 ℃活动积温减去品种需要≥10 ℃活动积温为 110 ℃·日,对照指标,该品种是当地有灌溉平地的适宜种植品种,是无灌溉平地的向上搭配种植品种。具体到某一户人家,还要结合自家的耕地肥力、农机具、投入情况以及耕作管理水平等确定是否是适宜种植或者可以搭配种植品种。

第7章 突泉县玉米品种精细化气候区划成果

本书按照突泉镇、六户镇、东杜尔基镇、永安镇、水泉镇、宝石镇、学田乡、九龙乡、太平乡的先后顺序给出突泉县6镇3乡、188个行政村、464个自然屯的玉米品种精细化气候区划查询结果(不包括突泉镇城区部分行政村)。查询结果包括乡镇名称、行政村名称、自然屯名称、所在地≥10℃活动积温、地块类型、玉米品种优选结果。≥10℃活动积温计算结果均为自然屯所在地的热量,如果自然屯面积较大,南北、东西距离较远或者地块类型不一致,应根据自家地块类型适当调整玉米种植品种。

7.1 突泉镇

(1)新生村 太平屯(≥10℃活动积温3001.1℃·日)

可灌溉平地适宜种植品种:兴丰7号 德美1号 丰田101

可灌溉平地向上搭配品种:辰诺501 丰田101

可灌溉平地向下搭配品种:先玉335 吉东81 龙雨6016 科泰925

无灌溉平地适宜种植品种:先玉335 吉东81 龙雨6016 科泰925

无灌溉平地向上搭配品种:兴丰7号 德美1号 丰田101 辰诺501

无灌溉平地向下搭配品种:兴丰978 大民803 D399 宏硕738

阳坡适宜种植品种: 龙雨6016 大民803 科泰925 D399 宏硕738

阳坡向上搭配品种: 兴丰978 先玉335 吉东81

阳坡向下搭配品种: 兴丰66 龙生19 金田1 旺禾8 大民309 先玉1331
　　　　　　　　　　先玉335 中地9988 翔玉319 杜育311 中元999
　　　　　　　　　　宏博66 瑞普909

阴坡适宜种植品种: 龙雨6016 大民803 科泰925 D399 宏硕738

阴坡向上搭配品种: 兴丰978 先玉335 吉东81

阴坡向下搭配品种: 兴丰66 和育188(吉审玉) 龙生19 金田1 大民309
　　　　　　　　　　先玉1331 先玉335 旺禾8 中地9988 翔玉319
　　　　　　　　　　杜育311 中元999 宏博66 瑞普909

(2)新生村 自有屯(≥10℃活动积温2927.8℃·日)

可灌溉平地适宜种植品种:先玉335 吉东81 龙雨6016 科泰925

可灌溉平地向上搭配品种:德美1号 辰诺501

可灌溉平地向下搭配品种:兴丰978 龙生19 大民803 先玉335 D399 中地9988
　　　　　　　　　　　　翔玉319 杜育311 宏硕738 宏博66 瑞普909

无灌溉平地适宜种植品种:龙雨6016 大民803 科泰925 D399 宏硕738

无灌溉平地向上搭配品种:兴丰978 先玉335 吉东81

无灌溉平地向下搭配品种：兴丰 66　龙生 19　金田 1　旺禾 8　大民 309　先玉 1331
　　　　　　　　　　　　　　先玉 335　中地 9988　翔玉 319　杜育 311　中元 999
　　　　　　　　　　　　　　宏博 66　瑞普 909

阳坡适宜种植品种：　　　　兴丰 66　龙生 19　金田 1　大民 309　先玉 1331　先玉 335
　　　　　　　　　　　　　　旺禾 8　中地 9988　翔玉 319　杜育 311　中元 999　宏博 66
　　　　　　　　　　　　　　瑞普 909

阳坡向上搭配品种：　　　　兴丰 978　先玉 335　吉东 81　大民 803　科泰 925
　　　　　　　　　　　　　　龙雨 6016　D399　宏硕 738

阳坡向下搭配品种：　　　　兴垦 2　和育 188（吉审玉）　先科 1

阴坡适宜种植品种：　　　　兴丰 66　和育 188（吉审玉）　龙生 19　金田 1　旺禾 8
　　　　　　　　　　　　　　大民 309　先玉 1331　先玉 335　中地 9988　翔玉 319
　　　　　　　　　　　　　　杜育 311　中元 999　宏博 66　瑞普 909

阴坡向上搭配品种：　　　　兴丰 978　大民 803　D399　宏硕 738

阴坡向下搭配品种：　　　　兴垦 2　先科 1　罕玉 3　罕玉 5　宏博 691

（3）新生村　团结屯（≥10℃活动积温 2995.3℃·日）

可灌溉平地适宜种植品种：德美 1 号　辰诺 501

可灌溉平地向上搭配品种：兴丰 7 号　丰田 101

可灌溉平地向下搭配品种：先玉 335　吉东 81　龙雨 6016　科泰 925

无灌溉平地适宜种植品种：先玉 335　吉东 81　龙雨 6016　科泰 925

无灌溉平地向上搭配品种：兴丰 7 号　德美 1 号　丰田 101　辰诺 501

无灌溉平地向下搭配品种：兴丰 978　大民 803　D399　宏硕 738

阳坡适宜种植品种：　　　　龙雨 6016　大民 803　科泰 925　D399　宏硕 738

阳坡向上搭配品种：　　　　兴丰 978　先玉 335　吉东 81

阳坡向下搭配品种：　　　　兴丰 66　龙生 19　金田 1　旺禾 8　大民 309　先玉 1331
　　　　　　　　　　　　　　先玉 335　中地 9988　翔玉 319　杜育 311　中元 999
　　　　　　　　　　　　　　宏博 66　瑞普 909

阴坡适宜种植品种：　　　　兴丰 978　龙生 19　大民 803　先玉 335　D399　中地 9988
　　　　　　　　　　　　　　翔玉 319　杜育 311　宏硕 738　宏博 66　瑞普 909

阴坡向上搭配品种：　　　　先玉 335　吉东 81　龙雨 6016　科泰 925

阴坡向下搭配品种：　　　　兴丰 66　和育 188（吉审玉）　金田 1　旺禾 8　大民 309
　　　　　　　　　　　　　　先玉 1331　中元 999

（4）新生村　小四队（≥10℃活动积温 2995.3℃·日）

可灌溉平地适宜种植品种：德美 1 号　辰诺 501

可灌溉平地向上搭配品种：兴丰 7 号　丰田 101

可灌溉平地向下搭配品种：先玉 335　吉东 81　龙雨 6016　科泰 925

无灌溉平地适宜种植品种：先玉 335　吉东 81　龙雨 6016　科泰 925

无灌溉平地向上搭配品种：兴丰 7 号　德美 1 号　丰田 101　辰诺 501

无灌溉平地向下搭配品种：兴丰 978　大民 803　D399　宏硕 738

阳坡适宜种植品种：　　　　龙雨 6016　大民 803　科泰 925　D399　宏硕 738

阳坡向上搭配品种：　　　兴丰 978　　先玉 335　　吉东 81

阳坡向下搭配品种：　　　兴丰 66　　龙生 19　　金田 1　　旺禾 8　　大民 309　　先玉 1331

先玉 335　　中地 9988　　翔玉 319　　杜育 311　　中元 999

宏博 66　　瑞普 909

阴坡适宜种植品种：　　　兴丰 978　　龙生 19　　大民 803　　先玉 335　　D399　　中地 9988

翔玉 319　　杜育 311　　宏硕 738　　宏博 66　　瑞普 909

阴坡向上搭配品种：　　　先玉 335　　吉东 81　　龙雨 6016　　科泰 925

阴坡向下搭配品种：　　　兴丰 66　　和育 188（吉审玉）　　金田 1　　旺禾 8　　大民 309

先玉 1331　　中元 999

（5）新生村　半拉山屯（≥10 ℃活动积温 3008.7 ℃·日）

可灌溉平地适宜种植品种：丰田 101　　辰诺 501

可灌溉平地向上搭配品种：兴丰 7 号　　德美 1 号

可灌溉平地向下搭配品种：先玉 335　　吉东 81　　龙雨 6016　　科泰 925

无灌溉平地适宜种植品种：先玉 335　　吉东 81　　龙雨 6016　　科泰 925

无灌溉平地向上搭配品种：兴丰 7 号　　德美 1 号　　丰田 101　　辰诺 501

无灌溉平地向下搭配品种：兴丰 978　　大民 803　　D399　　宏硕 738

阳坡适宜种植品种：　　　龙雨 6016　　大民 803　　科泰 925　　D399　　宏硕 738

阳坡向上搭配品种：　　　兴丰 978　　先玉 335　　吉东 81

阳坡向下搭配品种：　　　兴丰 66　　龙生 19　　金田 1　　旺禾 8　　大民 309　　先玉 1331

先玉 335　　中地 9988　　翔玉 319　　杜育 311　　中元 999

宏博 66　　瑞普 909

阴坡适宜种植品种：　　　龙雨 6016　　大民 803　　科泰 925　　D399　　宏硕 738

阴坡向上搭配品种：　　　兴丰 978　　先玉 335　　吉东 81

阴坡向下搭配品种：　　　兴丰 66　　和育 188（吉审玉）　　龙生 19　　金田 1　　旺禾 8

大民 309　　先玉 1331　　先玉 335　　中地 9988　　翔玉 319

杜育 311　　中元 999　　宏博 66　　瑞普 909

（6）宏发村　双合屯（≥10 ℃活动积温 3015.4 ℃·日）

可灌溉平地适宜种植品种：丰田 101　　辰诺 501

可灌溉平地向上搭配品种：兴丰 7 号　　德美 1 号

可灌溉平地向下搭配品种：先玉 335　　吉东 81　　龙雨 6016　　科泰 925

无灌溉平地适宜种植品种：德美 1 号　　辰诺 501

无灌溉平地向上搭配品种：兴丰 7 号　　丰田 101

无灌溉平地向下搭配品种：兴丰 978　　先玉 335　　吉东 81　　大民 803　　科泰 925

龙雨 6016　　D399　　宏硕 738

阳坡适宜种植品种：　　　兴丰 978　　先玉 335　　吉东 81　　大民 803　　科泰 925

龙雨 6016　　D399　　宏硕 738

阳坡向上搭配品种：　　　德美 1 号　　辰诺 501

阳坡向下搭配品种：　　　龙生 19　　先玉 335　　中地 9988　　翔玉 319　　杜育 311

宏博 66　　瑞普 909

阴坡适宜种植品种：　　　大民 803　科泰 925　龙雨 6016　D399　宏硕 738

阴坡向上搭配品种：　　　兴丰 978　先玉 335　吉东 81

阴坡向下搭配品种：　　　兴丰 66　龙生 19　金田 1　旺禾 8　大民 309　先玉 1331

　　　先玉 335　中地 9988　翔玉 319　杜育 311　中元 999

　　　宏博 66　瑞普 909

（7）红星村　贾家屯（≥10 ℃活动积温 3139.9 ℃·日）

可灌溉平地适宜种植品种：郑单 958

可灌溉平地向上搭配品种：郑单 958

可灌溉平地向下搭配品种：兴丰 7 号　丰田 101

无灌溉平地适宜种植品种：兴丰 7 号　丰田 101

无灌溉平地向上搭配品种：郑单 958

无灌溉平地向下搭配品种：德美 1 号　辰诺 501

阳坡适宜种植品种：　　　丰田 101　辰诺 501

阳坡向上搭配品种：　　　兴丰 7 号　德美 1 号

阳坡向下搭配品种：　　　先玉 335　吉东 81　龙雨 6016　科泰 925

阴坡适宜种植品种：　　　德美 1 号　辰诺 501

阴坡向上搭配品种：　　　兴丰 7 号　丰田 101

阴坡向下搭配品种：　　　先玉 335　吉东 81　龙雨 6016　科泰 925

（8）红星村　丁家屯（≥10 ℃活动积温 3119.2 ℃·日）

可灌溉平地适宜种植品种：郑单 958

可灌溉平地向上搭配品种：郑单 958

可灌溉平地向下搭配品种：兴丰 7 号　德美 1 号　丰田 101　辰诺 501

无灌溉平地适宜种植品种：兴丰 7 号　丰田 101

无灌溉平地向上搭配品种：郑单 958

无灌溉平地向下搭配品种：德美 1 号　辰诺 501

阳坡适宜种植品种：　　　德美 1 号　辰诺 501

阳坡向上搭配品种：　　　兴丰 7 号　丰田 101

阳坡向下搭配品种：　　　先玉 335　吉东 81　龙雨 6016　科泰 925

阴坡适宜种植品种：　　　德美 1 号　辰诺 501

阴坡向上搭配品种：　　　兴丰 7 号　丰田 101

阴坡向下搭配品种：　　　兴丰 978　先玉 335　吉东 81　大民 803　科泰 925

　　　龙雨 6016　D399　宏硕 738

（9）红星村　泡子屯（≥10 ℃活动积温 3121.3 ℃·日）

可灌溉平地适宜种植品种：郑单 958

可灌溉平地向上搭配品种：郑单 958

可灌溉平地向下搭配品种：兴丰 7 号　德美 1 号　丰田 101　辰诺 501

无灌溉平地适宜种植品种：兴丰 7 号　丰田 101

无灌溉平地向上搭配品种：郑单 958

无灌溉平地向下搭配品种：德美 1 号　辰诺 501

阳坡适宜种植品种：　　　德美 1 号　辰诺 501
阳坡向上搭配品种：　　　兴丰 7 号　丰田 101
阳坡向下搭配品种：　　　先玉 335　吉东 81　龙雨 6016　科泰 925
阴坡适宜种植品种：　　　德美 1 号　辰诺 501
阴坡向上搭配品种：　　　兴丰 7 号　丰田 101
阴坡向下搭配品种：　　　兴丰 978　先玉 335　吉东 81　大民 803　科泰 925
　　　　　　　　　　　　龙雨 6016　D399　宏硕 738

（10）红星村　关家屯（≥10 ℃活动积温 3154.1 ℃·日）
可灌溉平地适宜种植品种：郑单 958
可灌溉平地向上搭配品种：郑单 958
可灌溉平地向下搭配品种：兴丰 7 号　丰田 101
无灌溉平地适宜种植品种：兴丰 7 号　丰田 101
无灌溉平地向上搭配品种：郑单 958
无灌溉平地向下搭配品种：德美 1 号　辰诺 501
阳坡适宜种植品种：　　　丰田 101　辰诺 501
阳坡向上搭配品种：　　　兴丰 7 号　德美 1 号
阳坡向下搭配品种：　　　先玉 335　吉东 81　龙雨 6016　科泰 925
阴坡适宜种植品种：　　　丰田 101　辰诺 501
阴坡向上搭配品种：　　　兴丰 7 号　德美 1 号
阴坡向下搭配品种：　　　先玉 335　吉东 81　龙雨 6016　科泰 925

（11）福胜村　郝家屯（≥10 ℃活动积温 3061.4 ℃·日）
可灌溉平地适宜种植品种：兴丰 7 号　丰田 101
可灌溉平地向上搭配品种：郑单 958
可灌溉平地向下搭配品种：德美 1 号　辰诺 501
无灌溉平地适宜种植品种：丰田 101　辰诺 501
无灌溉平地向上搭配品种：兴丰 7 号　德美 1 号
无灌溉平地向下搭配品种：先玉 335　吉东 81　龙雨 6016　科泰 925
阳坡适宜种植品种：　　　先玉 335　吉东 81　龙雨 6016　科泰 925
阳坡向上搭配品种：　　　兴丰 7 号　德美 1 号　丰田 101　辰诺 501
阳坡向下搭配品种：　　　兴丰 978　大民 803　D399　宏硕 738
阴坡适宜种植品种：　　　先玉 335　吉东 81　龙雨 6016　科泰 925
阴坡向上搭配品种：　　　德美 1 号　辰诺 501
阴坡向下搭配品种：　　　兴丰 978　龙生 19　大民 803　先玉 335　D399　中地 9988
　　　　　　　　　　　　翔玉 319　杜育 311　宏硕 738　宏博 66　瑞普 909

（12）福胜村　罗家屯（≥10 ℃活动积温 3034.3 ℃·日）
可灌溉平地适宜种植品种：兴丰 7 号　德美 1 号　丰田 101
可灌溉平地向上搭配品种：郑单 958
可灌溉平地向下搭配品种：辰诺 501　丰田 101
无灌溉平地适宜种植品种：德美 1 号　辰诺 501

无灌溉平地向上搭配品种:兴丰 7 号　　丰田 101

无灌溉平地向下搭配品种:兴丰 978　　先玉 335　　吉东 81　　大民 803　　科泰 925

　　　　　　　　　　　　　龙雨 6016　　D399　　宏硕 738

阳坡适宜种植品种:　　　先玉 335　　吉东 81　　龙雨 6016　　科泰 925

阳坡向上搭配品种:　　　德美 1 号　　辰诺 501

阳坡向下搭配品种:　　　兴丰 978　　龙生 19　　大民 803　　先玉 335　　D399　　中地 9988

　　　　　　　　　　　　翔玉 319　　杜育 311　　宏硕 738　　宏博 66　　瑞普 909

阴坡适宜种植品种:　　　兴丰 978　　先玉 335　　吉东 81　　大民 803　　科泰 925

　　　　　　　　　　　　龙雨 6016　　D399　　宏硕 738

阴坡向上搭配品种:　　　德美 1 号　　辰诺 501

阴坡向下搭配品种:　　　龙生 19　　先玉 335　　中地 9988　　翔玉 319　　杜育 311

　　　　　　　　　　　　宏博 66　　瑞普 909

（13）溪柳村　溪柳屯（≥10 ℃活动积温 2952.1 ℃·日）

可灌溉平地适宜种植品种:德美 1 号　　辰诺 501

可灌溉平地向上搭配品种:兴丰 7 号　　丰田 101

可灌溉平地向下搭配品种:兴丰 978　　先玉 335　　吉东 81　　大民 803　　科泰 925

　　　　　　　　　　　　龙雨 6016　　D399　　宏硕 738

无灌溉平地适宜种植品种:兴丰 978　　先玉 335　　吉东 81　　大民 803　　科泰 925

　　　　　　　　　　　　龙雨 6016　　D399　　宏硕 738

无灌溉平地向上搭配品种:德美 1 号　　辰诺 501

无灌溉平地向下搭配品种:龙生 19　　先玉 335　　中地 9988　　翔玉 319　　杜育 311

　　　　　　　　　　　　宏博 66　　瑞普 909

阳坡适宜种植品种:　　　兴丰 978　　龙生 19　　大民 803　　先玉 335　　D399　　中地 9988

　　　　　　　　　　　　翔玉 319　　杜育 311　　宏硕 738　　宏博 66　　瑞普 909

阳坡向上搭配品种:　　　先玉 335　　吉东 81　　龙雨 6016　　科泰 925

阳坡向下搭配品种:　　　兴丰 66　　兴垦 2　　和育 188（吉审玉）　　金田 1　　旺禾 8

　　　　　　　　　　　　大民 309　　先科 1　　先玉 1331　　中元 999

阴坡适宜种植品种:　　　兴丰 978　　龙生 19　　大民 803　　先玉 335　　D399　　中地 9988

　　　　　　　　　　　　翔玉 319　　杜育 311　　宏硕 738　　宏博 66　　瑞普 909

阴坡向上搭配品种:　　　先玉 335　　吉东 81　　龙雨 6016　　科泰 925

阴坡向下搭配品种:　　　兴丰 66　　兴垦 2　　和育 188（吉审玉）　　金田 1　　旺禾 8

　　　　　　　　　　　　大民 309　　先科 1　　先玉 1331　　中元 999

（14）黎明村　永利屯（≥10 ℃活动积温 3141.4 ℃·日）

可灌溉平地适宜种植品种:郑单 958

可灌溉平地向上搭配品种:郑单 958

可灌溉平地向下搭配品种:兴丰 7 号　　丰田 101

无灌溉平地适宜种植品种:兴丰 7 号　　丰田 101

无灌溉平地向上搭配品种:郑单 958

无灌溉平地向下搭配品种:德美 1 号　　辰诺 501

阳坡适宜种植品种：　　　丰田 101　辰诺 501
阳坡向上搭配品种：　　　兴丰 7 号　德美 1 号
阳坡向下搭配品种：　　　先玉 335　吉东 81　龙雨 6016　科泰 925
阴坡适宜种植品种：　　　德美 1 号　辰诺 501
阴坡向上搭配品种：　　　兴丰 7 号　丰田 101
阴坡向下搭配品种：　　　先玉 335　吉东 81　龙雨 6016　科泰 925

（15）黎明村　永吉屯（≥10 ℃活动积温 3125 ℃·日）
可灌溉平地适宜种植品种：郑单 958
可灌溉平地向上搭配品种：郑单 958
可灌溉平地向下搭配品种：兴丰 7 号　德美 1 号　丰田 101　辰诺 501
无灌溉平地适宜种植品种：兴丰 7 号　丰田 101
无灌溉平地向上搭配品种：郑单 958
无灌溉平地向下搭配品种：德美 1 号　辰诺 501
阳坡适宜种植品种：　　　德美 1 号　辰诺 501
阳坡向上搭配品种：　　　兴丰 7 号　丰田 101
阳坡向下搭配品种：　　　先玉 335　吉东 81　龙雨 6016　科泰 925
阴坡适宜种植品种：　　　德美 1 号　辰诺 501
阴坡向上搭配品种：　　　兴丰 7 号　丰田 101
阴坡向下搭配品种：　　　兴丰 978　先玉 335　吉东 81　大民 803　科泰 925
　　　　　　　　　　　　龙雨 6016　D399　宏硕 738

（16）黎明村　永祥屯（≥10 ℃活动积温 3114.3 ℃·日）
可灌溉平地适宜种植品种：郑单 958
可灌溉平地向上搭配品种：郑单 958
可灌溉平地向下搭配品种：兴丰 7 号　德美 1 号　丰田 101　辰诺 501
无灌溉平地适宜种植品种：兴丰 7 号　丰田 101
无灌溉平地向上搭配品种：郑单 958
无灌溉平地向下搭配品种：德美 1 号　辰诺 501
阳坡适宜种植品种：　　　德美 1 号　辰诺 501
阳坡向上搭配品种：　　　兴丰 7 号　丰田 101
阳坡向下搭配品种：　　　先玉 335　吉东 81　龙雨 6016　科泰 925
阴坡适宜种植品种：　　　德美 1 号　辰诺 501
阴坡向上搭配品种：　　　兴丰 7 号　丰田 101
阴坡向下搭配品种：　　　兴丰 978　先玉 335　吉东 81　大民 803　科泰 925
　　　　　　　　　　　　龙雨 6016　D399　宏硕 738

（17）平原村　平安屯（≥10 ℃活动积温 3187 ℃·日）
可灌溉平地适宜种植品种：郑单 958
可灌溉平地向上搭配品种：郑单 958
可灌溉平地向下搭配品种：郑单 958
无灌溉平地适宜种植品种：郑单 958

无灌溉平地向上搭配品种：郑单 958

无灌溉平地向下搭配品种：兴丰 7 号　　德美 1 号　　丰田 101　　辰诺 501

阳坡适宜种植品种：　　　兴丰 7 号　　丰田 101

阳坡向上搭配品种：　　　郑单 958

阳坡向下搭配品种：　　　德美 1 号　　辰诺 501

阴坡适宜种植品种：　　　兴丰 7 号　　德美 1 号　　丰田 101

阴坡向上搭配品种：　　　郑单 958

阴坡向下搭配品种：　　　辰诺 501　　丰田 101

（18）红卫村　张家店（≥10 ℃活动积温 3085.7 ℃·日）

可灌溉平地适宜种植品种：兴丰 7 号　　丰田 101

可灌溉平地向上搭配品种：郑单 958

可灌溉平地向下搭配品种：德美 1 号　　辰诺 501

无灌溉平地适宜种植品种：丰田 101　　辰诺 501

无灌溉平地向上搭配品种：兴丰 7 号　　德美 1 号

无灌溉平地向下搭配品种：先玉 335　　吉东 81　　龙雨 6016　　科泰 925

阳坡适宜种植品种：　　　德美 1 号　　辰诺 501

阳坡向上搭配品种：　　　兴丰 7 号　　丰田 101

阳坡向下搭配品种：　　　兴丰 978　　先玉 335　　吉东 81　　大民 803　　科泰 925

　　　　　　　　　　　　龙雨 6016　　D399　　宏硕 738

阴坡适宜种植品种：　　　先玉 335　　吉东 81　　龙雨 6016　　科泰 925

阴坡向上搭配品种：　　　兴丰 7 号　　德美 1 号　　丰田 101　　辰诺 501

阴坡向下搭配品种：　　　兴丰 978　　大民 803　　D399　　宏硕 738

（19）常发村　于家洼子（≥10 ℃活动积温 3010.3 ℃·日）

可灌溉平地适宜种植品种：丰田 101　　辰诺 501

可灌溉平地向上搭配品种：兴丰 7 号　　德美 1 号

可灌溉平地向下搭配品种：先玉 335　　吉东 81　　龙雨 6016　　科泰 925

无灌溉平地适宜种植品种：德美 1 号　　辰诺 501

无灌溉平地向上搭配品种：兴丰 7 号　　丰田 101

无灌溉平地向下搭配品种：兴丰 978　　先玉 335　　吉东 81　　大民 803　　科泰 925

　　　　　　　　　　　　龙雨 6016　　D399　　宏硕 738

阳坡适宜种植品种：　　　兴丰 978　　先玉 335　　吉东 81　　大民 803　　科泰 925

　　　　　　　　　　　　龙雨 6016　　D399　　宏硕 738

阳坡向上搭配品种：　　　德美 1 号　　辰诺 501

阳坡向下搭配品种：　　　龙生 19　　先玉 335　　中地 9988　　翔玉 319　　杜育 311

　　　　　　　　　　　　宏博 66　　瑞普 909

阴坡适宜种植品种：　　　龙雨 6016　　大民 803　　科泰 925　　D399　　宏硕 738

阴坡向上搭配品种：　　　兴丰 978　　先玉 335　　吉东 81

阴坡向下搭配品种：　　　兴丰 66　　龙生 19　　金田 1　　旺禾 8　　大民 309　　先玉 1331

　　　　　　　　　　　　先玉 335　　中地 9988　　翔玉 319　　杜育 311　　中元 999

宏博 66　瑞普 909

（20）大营子村　大营子屯（≥10℃活动积温 3045.9℃·日）

可灌溉平地适宜种植品种：兴丰 7 号　德美 1 号　丰田 101

可灌溉平地向上搭配品种：郑单 958

可灌溉平地向下搭配品种：辰诺 501　丰田 101

无灌溉平地适宜种植品种：德美 1 号　辰诺 501

无灌溉平地向上搭配品种：兴丰 7 号　丰田 101

无灌溉平地向下搭配品种：先玉 335　吉东 81　龙雨 6016　科泰 925

阳坡适宜种植品种：　　　先玉 335　吉东 81　龙雨 6016　科泰 925

阳坡向上搭配品种：　　　德美 1 号　辰诺 501

阳坡向下搭配品种：　　　兴丰 978　龙生 19　大民 803　先玉 335　D399　中地 9988

　　　　　　　　　　　　翔玉 319　杜育 311　宏硕 738　宏博 66　瑞普 909

阴坡适宜种植品种：　　　兴丰 978　先玉 335　吉东 81　大民 803　科泰 925

　　　　　　　　　　　　龙雨 6016　D399　宏硕 738

阴坡向上搭配品种：　　　德美 1 号　辰诺 501

阴坡向下搭配品种：　　　龙生 19　先玉 335　中地 9988　翔玉 319　杜育 311

　　　　　　　　　　　　宏博 66　瑞普 909

（21）平川村　刘家屯（≥10℃活动积温 3170.6℃·日）

可灌溉平地适宜种植品种：郑单 958

可灌溉平地向上搭配品种：郑单 958

可灌溉平地向下搭配品种：兴丰 7 号　丰田 101

无灌溉平地适宜种植品种：郑单 958

无灌溉平地向上搭配品种：郑单 958

无灌溉平地向下搭配品种：兴丰 7 号　德美 1 号　丰田 101　辰诺 501

阳坡适宜种植品种：　　　兴丰 7 号　德美 1 号　丰田 101

阳坡向上搭配品种：　　　郑单 958

阳坡向下搭配品种：　　　辰诺 501　丰田 101

阴坡适宜种植品种：　　　丰田 101　辰诺 501

阴坡向上搭配品种：　　　兴丰 7 号　德美 1 号

阴坡向下搭配品种：　　　先玉 335　吉东 81　龙雨 6016　科泰 925

（22）前进村　前修善屯（≥10℃活动积温 3141.3℃·日）

可灌溉平地适宜种植品种：郑单 958

可灌溉平地向上搭配品种：郑单 958

可灌溉平地向下搭配品种：兴丰 7 号　丰田 101

无灌溉平地适宜种植品种：兴丰 7 号　丰田 101

无灌溉平地向上搭配品种：郑单 958

无灌溉平地向下搭配品种：德美 1 号　辰诺 501

阳坡适宜种植品种：　　　丰田 101　辰诺 501

阳坡向上搭配品种：　　　兴丰 7 号　德美 1 号

阳坡向下搭配品种：　　　先玉 335　吉东 81　龙雨 6016　科泰 925

阴坡适宜种植品种：　　　德美 1 号　辰诺 501

阴坡向上搭配品种：　　　兴丰 7 号　丰田 101

阴坡向下搭配品种：　　　先玉 335　吉东 81　龙雨 6016　科泰 925

（23）前进村　南窑屯（≥10 ℃ 活动积温 3197 ℃·日）

可灌溉平地适宜种植品种：郑单 958

可灌溉平地向上搭配品种：郑单 958

可灌溉平地向下搭配品种：郑单 958

无灌溉平地适宜种植品种：郑单 958

无灌溉平地向上搭配品种：郑单 958

无灌溉平地向下搭配品种：兴丰 7 号　丰田 101

阳坡适宜种植品种：　　　兴丰 7 号　丰田 101

阳坡向上搭配品种：　　　郑单 958

阳坡向下搭配品种：　　　德美 1 号　辰诺 501

阴坡适宜种植品种：　　　兴丰 7 号　德美 1 号　丰田 101

阴坡向上搭配品种：　　　郑单 958

阴坡向下搭配品种：　　　辰诺 501　丰田 101

（24）前进村　后修善屯（≥10 ℃ 活动积温 3147.7 ℃·日）

可灌溉平地适宜种植品种：郑单 958

可灌溉平地向上搭配品种：郑单 958

可灌溉平地向下搭配品种：兴丰 7 号　丰田 101

无灌溉平地适宜种植品种：兴丰 7 号　丰田 101

无灌溉平地向上搭配品种：郑单 958

无灌溉平地向下搭配品种：德美 1 号　辰诺 501

阳坡适宜种植品种：　　　丰田 101　辰诺 501

阳坡向上搭配品种：　　　兴丰 7 号　德美 1 号

阳坡向下搭配品种：　　　先玉 335　吉东 81　龙雨 6016　科泰 925

阴坡适宜种植品种：　　　德美 1 号　辰诺 501

阴坡向上搭配品种：　　　兴丰 7 号　丰田 101

阴坡向下搭配品种：　　　先玉 335　吉东 81　龙雨 6016　科泰 925

（25）平新村　平新屯（≥10 ℃ 活动积温 3170.6 ℃·日）

可灌溉平地适宜种植品种：郑单 958

可灌溉平地向上搭配品种：郑单 958

可灌溉平地向下搭配品种：兴丰 7 号　丰田 101

无灌溉平地适宜种植品种：郑单 958

无灌溉平地向上搭配品种：郑单 958

无灌溉平地向下搭配品种：兴丰 7 号　德美 1 号　丰田 101　辰诺 501　丰田 101

阳坡适宜种植品种：　　　兴丰 7 号　德美 1 号

阳坡向上搭配品种：　　　郑单 958

阳坡向下搭配品种：	辰诺 501　丰田 101
阴坡适宜种植品种：	丰田 101　辰诺 501
阴坡向上搭配品种：	兴丰 7 号　德美 1 号
阴坡向下搭配品种：	先玉 335　吉东 81　龙雨 6016　科泰 925

（26）平新村　南场子屯（≥10 ℃活动积温 3176.3 ℃·日）

可灌溉平地适宜种植品种：郑单 958

可灌溉平地向上搭配品种：郑单 958

可灌溉平地向下搭配品种：兴丰 7 号　丰田 101

无灌溉平地适宜种植品种：郑单 958

无灌溉平地向上搭配品种：郑单 958

无灌溉平地向下搭配品种：兴丰 7 号　德美 1 号　丰田 101　辰诺 501

阳坡适宜种植品种：　兴丰 7 号　德美 1 号　丰田 101

阳坡向上搭配品种：　郑单 958

阳坡向下搭配品种：　辰诺 501　丰田 101

阴坡适宜种植品种：　丰田 101　辰诺 501

阴坡向上搭配品种：　兴丰 7 号　德美 1 号

阴坡向下搭配品种：　先玉 335　吉东 81　龙雨 6016　科泰 925

（27）常青村　葛家屯（≥10 ℃活动积温 3207.7 ℃·日）

可灌溉平地适宜种植品种：郑单 958

可灌溉平地向上搭配品种：郑单 958

可灌溉平地向下搭配品种：郑单 958

无灌溉平地适宜种植品种：郑单 958

无灌溉平地向上搭配品种：郑单 958

无灌溉平地向下搭配品种：兴丰 7 号　丰田 101

阳坡适宜种植品种：　兴丰 7 号　丰田 101

阳坡向上搭配品种：　郑单 958

阳坡向下搭配品种：　德美 1 号　辰诺 501

阴坡适宜种植品种：　兴丰 7 号　丰田 101

阴坡向上搭配品种：　郑单 958

阴坡向下搭配品种：　德美 1 号　辰诺 501

（28）永胜村　洪家屯（≥10 ℃活动积温 3153.5 ℃·日）

可灌溉平地适宜种植品种：郑单 958

可灌溉平地向上搭配品种：郑单 958

可灌溉平地向下搭配品种：兴丰 7 号　丰田 101

无灌溉平地适宜种植品种：兴丰 7 号　丰田 101

无灌溉平地向上搭配品种：郑单 958

无灌溉平地向下搭配品种：德美 1 号　辰诺 501

阳坡适宜种植品种：　丰田 101　辰诺 501

阳坡向上搭配品种：　兴丰 7 号　德美 1 号

阳坡向下搭配品种：　　　先玉 335　吉东 81　龙雨 6016　科泰 925

阴坡适宜种植品种：　　　丰田 101　辰诺 501

阴坡向上搭配品种：　　　兴丰 7 号　德美 1 号

阴坡向下搭配品种：　　　先玉 335　吉东 81　龙雨 6016　科泰 925

（29）柳河村　温家屯（≥10 ℃活动积温 3164.2 ℃·日）

可灌溉平地适宜种植品种：郑单 958

可灌溉平地向上搭配品种：郑单 958

可灌溉平地向下搭配品种：兴丰 7 号　丰田 101

无灌溉平地适宜种植品种：郑单 958

无灌溉平地向上搭配品种：郑单 958

无灌溉平地向下搭配品种：兴丰 7 号　德美 1 号　丰田 101　辰诺 501

阳坡适宜种植品种：　　　兴丰 7 号　德美 1 号　丰田 101

阳坡向上搭配品种：　　　郑单 958

阳坡向下搭配品种：　　　辰诺 501　丰田 101

阴坡适宜种植品种：　　　丰田 101　辰诺 501

阴坡向上搭配品种：　　　兴丰 7 号　德美 1 号

阴坡向下搭配品种：　　　先玉 335　吉东 81　龙雨 6016　科泰 925

（30）柳河村　付家屯（≥10 ℃活动积温 3147.8 ℃·日）

可灌溉平地适宜种植品种：郑单 958

可灌溉平地向上搭配品种：郑单 958

可灌溉平地向下搭配品种：兴丰 7 号　丰田 101

无灌溉平地适宜种植品种：兴丰 7 号　丰田 101

无灌溉平地向上搭配品种：郑单 958

无灌溉平地向下搭配品种：德美 1 号　辰诺 501

阳坡适宜种植品种：　　　丰田 101　辰诺 501

阳坡向上搭配品种：　　　兴丰 7 号　德美 1 号

阳坡向下搭配品种：　　　先玉 335　吉东 81　龙雨 6016　科泰 925

阴坡适宜种植品种：　　　德美 1 号　辰诺 501

阴坡向上搭配品种：　　　兴丰 7 号　丰田 101

阴坡向下搭配品种：　　　先玉 335　吉东 81　龙雨 6016　科泰 925

（31）新发村　杜家屯（≥10 ℃活动积温 3007.5 ℃·日）

可灌溉平地适宜种植品种：丰田 101　辰诺 501

可灌溉平地向上搭配品种：兴丰 7 号　德美 1 号

可灌溉平地向下搭配品种：先玉 335　吉东 81　龙雨 6016　科泰 925

无灌溉平地适宜种植品种：先玉 335　吉东 81　龙雨 6016　科泰 925

无灌溉平地向上搭配品种：兴丰 7 号　德美 1 号　丰田 101　辰诺 501

无灌溉平地向下搭配品种：兴丰 978　大民 803　D399　宏硕 738

阳坡适宜种植品种：　　　龙雨 6016　大民 803　科泰 925　D399　宏硕 738

阳坡向上搭配品种：　　　兴丰 978　先玉 335　吉东 81

阳坡向下搭配品种：　　兴丰 66　龙生 19　金田 1　旺禾 8　大民 309　先玉 1331
　　　　　　　　　　　先玉 335　中地 9988　翔玉 319　杜育 311　中元 999
　　　　　　　　　　　宏博 66　瑞普 909
阴坡适宜种植品种：　　龙雨 6016　大民 803　科泰 925　D399　宏硕 738
阴坡向上搭配品种：　　兴丰 978　先玉 335　吉东 81
阴坡向下搭配品种：　　兴丰 66　和育 188（吉审玉）　龙生 19　金田 1　旺禾 8
　　　　　　　　　　　大民 309　先玉 1331　先玉 335　中地 9988　翔玉 319
　　　　　　　　　　　杜育 311　中元 999　宏博 66　瑞普 909

（32）立新村　胜利屯（≥10 ℃活动积温 3104.3 ℃·日）
可灌溉平地适宜种植品种：郑单 958
可灌溉平地向上搭配品种：郑单 958
可灌溉平地向下搭配品种：兴丰 7 号　德美 1 号　丰田 101　辰诺 501
无灌溉平地适宜种植品种：兴丰 7 号　德美 1 号
无灌溉平地向上搭配品种：郑单 958
无灌溉平地向下搭配品种：辰诺 501　丰田 101
阳坡适宜种植品种：　　德美 1 号　辰诺 501
阳坡向上搭配品种：　　兴丰 7 号　丰田 101
阳坡向下搭配品种：　　兴丰 978　先玉 335　吉东 81　大民 803　科泰 925
　　　　　　　　　　　龙雨 6016　D399　宏硕 738
阴坡适宜种植品种：　　德美 1 号　辰诺 501
阴坡向上搭配品种：　　兴丰 7 号　丰田 101
阴坡向下搭配品种：　　兴丰 978　先玉 335　吉东 81　大民 803　科泰 925
　　　　　　　　　　　龙雨 6016　D399　宏硕 738

（33）永保村　永保屯（≥10 ℃活动积温 3127.1 ℃·日）
可灌溉平地适宜种植品种：郑单 958
可灌溉平地向上搭配品种：郑单 958
可灌溉平地向下搭配品种：兴丰 7 号　德美 1 号　丰田 101　辰诺 501
无灌溉平地适宜种植品种：兴丰 7 号　丰田 101
无灌溉平地向上搭配品种：郑单 958
无灌溉平地向下搭配品种：德美 1 号　辰诺 501
阳坡适宜种植品种：　　德美 1 号　辰诺 501
阳坡向上搭配品种：　　兴丰 7 号　丰田 101
阳坡向下搭配品种：　　先玉 335　吉东 81　龙雨 6016　科泰 925
阴坡适宜种植品种：　　德美 1 号　辰诺 501
阴坡向上搭配品种：　　兴丰 7 号　丰田 101
阴坡向下搭配品种：　　兴丰 978　先玉 335　吉东 81　大民 803　科泰 925
　　　　　　　　　　　龙雨 6016　D399　宏硕 738

（34）永保村　永久屯（≥10 ℃活动积温 3131.3 ℃·日）
可灌溉平地适宜种植品种：郑单 958

可灌溉平地向上搭配品种:郑单 958

可灌溉平地向下搭配品种:兴丰 7 号　丰田 101

无灌溉平地适宜种植品种:兴丰 7 号　丰田 101

无灌溉平地向上搭配品种:郑单 958

无灌溉平地向下搭配品种:德美 1 号　辰诺 501

阳坡适宜种植品种:　　丰田 101　辰诺 501

阳坡向上搭配品种:　　兴丰 7 号　德美 1 号

阳坡向下搭配品种:　　先玉 335　吉东 81　龙雨 6016　科泰 925

阴坡适宜种植品种:　　德美 1 号　辰诺 501

阴坡向上搭配品种:　　兴丰 7 号　丰田 101

阴坡向下搭配品种:　　先玉 335　吉东 81　龙雨 6016　科泰 925

（35）东方红村　戴家窑屯（≥10 ℃活动积温 2966.5 ℃·日）

可灌溉平地适宜种植品种:德美 1 号　辰诺 501

可灌溉平地向上搭配品种:兴丰 7 号　丰田 101

可灌溉平地向下搭配品种:兴丰 978　先玉 335　吉东 81　大民 803　科泰 925

　　　　　　　　　　　　龙雨 6016　D399　宏硕 738

无灌溉平地适宜种植品种:先玉 335　吉东 81　龙雨 6016　科泰 925

无灌溉平地向上搭配品种:德美 1 号　辰诺 501

无灌溉平地向下搭配品种:兴丰 978　龙生 19　大民 803　先玉 335　D399　中地 9988

　　　　　　　　　　　　翔玉 319　杜育 311　宏硕 738　宏博 66　瑞普 909

阳坡适宜种植品种:　　兴丰 978　龙生 19　大民 803　先玉 335　D399　中地 9988

　　　　　　　　　　　翔玉 319　杜育 311　宏硕 738　宏博 66　瑞普 909

阳坡向上搭配品种:　　先玉 335　吉东 81　龙雨 6016　科泰 925

阳坡向下搭配品种:　　兴丰 66　和育 188（吉审玉）　金田 1　旺禾 8　大民 309

　　　　　　　　　　　先玉 1331　中元 999

阴坡适宜种植品种:　　兴丰 978　龙生 19　大民 803　先玉 335　D399　中地 9988

　　　　　　　　　　　翔玉 319　杜育 311　宏硕 738　宏博 66　瑞普 909

阴坡向上搭配品种:　　先玉 335　吉东 81　龙雨 6016　科泰 925

阴坡向下搭配品种:　　兴丰 66　兴垦 2　和育 188（吉审玉）　金田 1　旺禾 8

　　　　　　　　　　　大民 309　先科 1　先玉 1331　中元 999

（36）东方红村　小泡子屯（≥10 ℃活动积温 2921.7 ℃·日）

可灌溉平地适宜种植品种:先玉 335　吉东 81　龙雨 6016　科泰 925

可灌溉平地向上搭配品种:德美 1 号　辰诺 501

可灌溉平地向下搭配品种:兴丰 978　龙生 19　大民 803　先玉 335　D399　中地 9988

　　　　　　　　　　　　翔玉 319　杜育 311　宏硕 738　宏博 66　瑞普 909

无灌溉平地适宜种植品种:龙雨 6016　大民 803　科泰 925　D399　宏硕 738

无灌溉平地向上搭配品种:兴丰 978　先玉 335　吉东 81

无灌溉平地向下搭配品种:兴丰 66　龙生 19　金田 1　旺禾 8　大民 309　先玉 1331

　　　　　　　　　　　　先玉 335　中地 9988　翔玉 319　杜育 311　中元 999

宏博 66　瑞普 909

阳坡适宜种植品种：　　　兴丰 66　龙生 19　金田 1　旺禾 8　大民 309　先玉 1331

先玉 335　中地 9988　翔玉 319　杜育 311　中元 999

宏博 66　瑞普 909

阳坡向上搭配品种：　　　兴丰 978　先玉 335　吉东 81　大民 803　科泰 925

龙雨 6016　D399　宏硕 738

阳坡向下搭配品种：　　　兴垦 2　和育 188（吉审玉）　先科 1

阴坡适宜种植品种：　　　兴丰 66　和育 188（吉审玉）　龙生 19　金田 1　旺禾 8

大民 309　先玉 1331　先玉 335　中地 9988　翔玉 319

杜育 311　中元 999　宏博 66　瑞普 909

阴坡向上搭配品种：　　　兴丰 978　大民 803　D399　宏硕 738

阴坡向下搭配品种：　　　兴垦 2　先科 1　罕玉 3　罕玉 5　宏博 691

（37）东合村　刘八沟屯（≥10 ℃活动积温 2883.8 ℃·日）

可灌溉平地适宜种植品种：兴丰 978　先玉 335　吉东 81　大民 803　科泰 925

龙雨 6016　D399　宏硕 738

可灌溉平地向上搭配品种：德美 1 号　辰诺 501

可灌溉平地向下搭配品种：龙生 19　先玉 335　中地 9988　翔玉 319　杜育 311

宏博 66　瑞普 909

无灌溉平地适宜种植品种：兴丰 978　龙生 19　大民 803　先玉 335　D399　中地 9988

翔玉 319　杜育 311　宏硕 738　宏博 66　瑞普 909

无灌溉平地向上搭配品种：先玉 335　吉东 81　龙雨 6016　科泰 925

无灌溉平地向下搭配品种：兴丰 66　兴垦 2　和育 188（吉审玉）　金田 1　旺禾 8

大民 309　先科 1　先玉 1331　中元 999

阳坡适宜种植品种：　　　兴丰 66　和育 188（吉审玉）　龙生 19　金田 1　旺禾 8

大民 309　先玉 1331　先玉 335　中地 9988　翔玉 319

杜育 311　中元 999　宏博 66　瑞普 909

阳坡向上搭配品种：　　　兴丰 978　大民 803　D399　宏硕 738

阳坡向下搭配品种：　　　兴垦 2　先科 1　罕玉 3　罕玉 5　宏博 691

阴坡适宜种植品种：　　　兴丰 66　兴垦 2　和育 188（吉审玉）　金田 1　旺禾 8

大民 309　先科 1　先玉 1331　中元 999

阴坡向上搭配品种：　　　兴丰 978　龙生 19　大民 803　先玉 335　D399　中地 9988

翔玉 319　杜育 311　宏硕 738　宏博 66　瑞普 909

阴坡向下搭配品种：　　　罕玉 3　罕玉 5　宏博 691

（38）东合村　小北沟屯（≥10 ℃活动积温 2895 ℃·日）

可灌溉平地适宜种植品种：兴丰 978　先玉 335　吉东 81　大民 803　科泰 925

龙雨 6016　D399　宏硕 738

可灌溉平地向上搭配品种：德美 1 号　辰诺 501

可灌溉平地向下搭配品种：龙生 19　先玉 335　中地 9988　翔玉 319　杜育 311

宏博 66　瑞普 909

无灌溉平地适宜种植品种:兴丰 978　龙生 19　大民 803　先玉 335　D399　中地 9988

翔玉 319　杜育 311　宏硕 738　宏博 66　瑞普 909

无灌溉平地向上搭配品种:先玉 335　吉东 81　龙雨 6016　科泰 925

无灌溉平地向下搭配品种:兴丰 66　和育 188(吉审玉)　金田 1　旺禾 8　大民 309

先玉 1331　中元 999

阳坡适宜种植品种:　　兴丰 66　和育 188(吉审玉)　龙生 19　金田 1　旺禾 8

大民 309　先玉 1331　先玉 335　中地 9988　翔玉 319

杜育 311　中元 999　宏博 66　瑞普 909

阳坡向上搭配品种:　　兴丰 978　大民 803　D399　宏硕 738

阳坡向下搭配品种:　　兴垦 2　先科 1　罕玉 3　罕玉 5　宏博 691

阴坡适宜种植品种:　　兴丰 66　兴垦 2　和育 188(吉审玉)　金田 1　旺禾 8

大民 309　先科 1　先玉 1331　中元 999

阴坡向上搭配品种:　　兴丰 978　龙生 19　大民 803　先玉 335　D399　中地 9988

翔玉 319　杜育 311　宏硕 738　宏博 66　瑞普 909

阴坡向下搭配品种:　　罕玉 3　罕玉 5　宏博 691

(39) 东合村　小上沟屯(≥10 ℃ 活动积温 2895 ℃·日)

可灌溉平地适宜种植品种:兴丰 978　先玉 335　吉东 81　大民 803　科泰 925

龙雨 6016　D399　宏硕 738

可灌溉平地向上搭配品种:德美 1 号　辰诺 501

可灌溉平地向下搭配品种:龙生 19　先玉 335　中地 9988　翔玉 319　杜育 311

宏博 66　瑞普 909

无灌溉平地适宜种植品种:兴丰 978　龙生 19　大民 803　先玉 335　D399　中地 9988

翔玉 319　杜育 311　宏硕 738　宏博 66　瑞普 909

无灌溉平地向上搭配品种:先玉 335　吉东 81　龙雨 6016　科泰 925

无灌溉平地向下搭配品种:兴丰 66　和育 188(吉审玉)　金田 1　旺禾 8　大民 309

先玉 1331　中元 999

阳坡适宜种植品种:　　兴丰 66　和育 188(吉审玉)　龙生 19　金田 1　旺禾 8

大民 309　先玉 1331　先玉 335　中地 9988　翔玉 319

杜育 311　中元 999　宏博 66　瑞普 909

阳坡向上搭配品种:　　兴丰 978　大民 803　D399　宏硕 738

阳坡向下搭配品种:　　兴垦 2　先科 1　罕玉 3　罕玉 5　宏博 691

阴坡适宜种植品种:　　兴丰 66　兴垦 2　和育 188(吉审玉)　金田 1　旺禾 8

大民 309　先科 1　先玉 1331　中元 999

阴坡向上搭配品种:　　兴丰 978　龙生 19　大民 803　先玉 335　D399　中地 9988

翔玉 319　杜育 311　宏硕 738　宏博 66　瑞普 909

阴坡向下搭配品种:　　罕玉 3　罕玉 5　宏博 691

(40) 东合村　董家窑屯(≥10 ℃ 活动积温 2941.3 ℃·日)

可灌溉平地适宜种植品种:先玉 335　吉东 81　龙雨 6016　科泰 925

可灌溉平地向上搭配品种:兴丰 7 号　德美 1 号　丰田 101　辰诺 501

可灌溉平地向下搭配品种：兴丰 978　大民 803　D399　宏硕 738

无灌溉平地适宜种植品种：兴丰 978　先玉 335　吉东 81　大民 803　科泰 925

　　　　　　　　　　　　　龙雨 6016　D399　宏硕 738

无灌溉平地向上搭配品种：德美 1 号　辰诺 501

无灌溉平地向下搭配品种：龙生 19　先玉 335　中地 9988　翔玉 319　杜育 311

　　　　　　　　　　　　　宏博 66　瑞普 909

阳坡适宜种植品种：　　　兴丰 978　龙生 19　大民 803　先玉 335　D399　中地 9988

　　　　　　　　　　　　翔玉 319　杜育 311　宏硕 738　宏博 66　瑞普 909

阳坡向上搭配品种：　　　先玉 335　吉东 81　龙雨 6016　科泰 925

阳坡向下搭配品种：　　　兴丰 66　兴垦 2　和育 188（吉审玉）　金田 1　旺禾 8

　　　　　　　　　　　　大民 309　先科 1　先玉 1331　中元 999

阴坡适宜种植品种：　　　兴丰 66　龙生 19　金田 1　旺禾 8　大民 309　先玉 1331

　　　　　　　　　　　　先玉 335　中地 9988　翔玉 319　杜育 311　中元 999

　　　　　　　　　　　　宏博 66　瑞普 909

阴坡向上搭配品种：　　　兴丰 978　先玉 335　吉东 81　大民 803　科泰 925

　　　　　　　　　　　　龙雨 6016　D399　宏硕 738

阴坡向下搭配品种：　　　兴垦 2　和育 188（吉审玉）　先科 1

（41）东发村　大连屯（≥10 ℃活动积温 2534.5 ℃·日）

可灌溉平地适宜种植品种：兴丰 818　兴丰 17　兴丰 3　丰垦 139　罕玉 336　利单 656

　　　　　　　　　　　　　C1563　吉单 27　丰垦 009　华北 140　德禹 201

可灌溉平地向上搭配品种：罕玉 3　罕玉 5　宏博 691　金山 22　宏博 391

可灌溉平地向下搭配品种：兴丰 68　兴丰 58　丰垦 219　丰垦 008　罕玉 33

无灌溉平地适宜种植品种：兴丰 68　兴丰 58　兴丰 818　丰垦 139　丰垦 219　丰垦 008

　　　　　　　　　　　　　罕玉 33　德禹 201

无灌溉平地向上搭配品种：兴丰 17　兴丰 3　罕玉 336　利单 656　C1563　吉单 27

　　　　　　　　　　　　　丰垦 139　丰垦 009　华北 140

无灌溉平地向下搭配品种：丰垦 008　丰垦 219　登科 29　禾田 1 号　先玉 1409

　　　　　　　　　　　　　登海 19

阳坡适宜种植品种：　　　兴丰 68　兴丰 58　丰垦 219　丰垦 008　罕玉 33　登海 19

阳坡向上搭配品种：　　　兴丰 818　丰垦 139　德禹 201

阳坡向下搭配品种：　　　丰垦 008　丰垦 219　登科 29　禾田 1 号　先玉 1409

阴坡适宜种植品种：　　　丰垦 008　丰垦 219　登科 29　禾田 1 号　先玉 1409

　　　　　　　　　　　　登海 19

阴坡向上搭配品种：　　　兴丰 68　兴丰 58　兴丰 818　丰垦 139　丰垦 219

阴坡向下搭配品种：　　　丰垦 008　罕玉 33　德禹 201

（42）东发村　富有屯（≥10 ℃活动积温 2583.6 ℃·日）

可灌溉平地适宜种植品种：兴丰 17　兴丰 3　罕玉 336　C1563　吉单 27　丰垦 139

　　　　　　　　　　　　　利单 656　丰垦 009　华北 140　金山 22　宏博 391

可灌溉平地向上搭配品种：兴垦 2　先科 1　罕玉 3　罕玉 5　宏博 691

可灌溉平地向下搭配品种:兴丰 818　丰垦 139　德禹 201

无灌溉平地适宜种植品种:兴丰 818　兴丰 17　兴丰 3　罕玉 336　丰垦 139　利单 656

C1563　吉单 27　丰垦 009　华北 140　德禹 201

无灌溉平地向上搭配品种:金山 22　宏博 391

无灌溉平地向下搭配品种:兴丰 68　兴丰 58　丰垦 219　丰垦 008　罕玉 33　登海 19

阳坡适宜种植品种:　　　兴丰 68　兴丰 58　兴丰 818　丰垦 139　丰垦 219　丰垦 008

罕玉 33　德禹 201

阳坡向上搭配品种:　　　兴丰 17　兴丰 3　罕玉 336　C1563　吉单 27　丰垦 139

利单 656　丰垦 009　华北 140

阳坡向下搭配品种:　　　丰垦 008　丰垦 219　登科 29　禾田 1 号　先玉 1409

登海 19

阴坡适宜种植品种:　　　兴丰 68　兴丰 58　丰垦 219　丰垦 008　罕玉 33　登海 19

阴坡向上搭配品种:　　　兴丰 818　兴丰 17　兴丰 3　罕玉 336　丰垦 139　C1563

吉单 27　利单 656　丰垦 009　华北 140　德禹 201

阴坡向下搭配品种:　　　丰垦 008　丰垦 219　登科 29　禾田 1 号　先玉 1409

(43) 创业村　前田家屯(≥10 ℃活动积温 2974.1 ℃·日)

可灌溉平地适宜种植品种:德美 1 号　辰诺 501

可灌溉平地向上搭配品种:兴丰 7 号　丰田 101

可灌溉平地向下搭配品种:兴丰 978　先玉 335　吉东 81　大民 803　科泰 925

龙雨 6016　D399　宏硕 738

无灌溉平地适宜种植品种:先玉 335　吉东 81　龙雨 6016　科泰 925

无灌溉平地向上搭配品种:德美 1 号　辰诺 501

无灌溉平地向下搭配品种:兴丰 978　龙生 19　大民 803　先玉 335　D399　中地 9988

翔玉 319　杜育 311　宏硕 738　宏博 66　瑞普 909

阳坡适宜种植品种:　　　兴丰 978　龙生 19　大民 803　先玉 335　D399　中地 9988

翔玉 319　杜育 311　宏硕 738　宏博 66　瑞普 909

阳坡向上搭配品种:　　　先玉 335　吉东 81　龙雨 6016　科泰 925

阳坡向下搭配品种:　　　兴丰 66　和育 188(吉审玉)　金田 1　旺禾 8　大民 309

先玉 1331　中元 999

阴坡适宜种植品种:　　　兴丰 978　龙生 19　大民 803　先玉 335　D399　中地 9988

翔玉 319　杜育 311　宏硕 738　宏博 66　瑞普 909

阴坡向上搭配品种:　　　先玉 335　吉东 81　龙雨 6016　科泰 925

阴坡向下搭配品种:　　　兴丰 66　兴垦 2　和育 188(吉审玉)　金田 1　旺禾 8

大民 309　先科 1　先玉 1331　中元 999

(44) 兴隆村　中心屯(≥10 ℃活动积温 2682.2 ℃·日)

可灌溉平地适宜种植品种:兴垦 2　和育 188(吉审玉)　先科 1　罕玉 3　罕玉 5

宏博 691

可灌溉平地向上搭配品种:兴丰 66　龙生 19　金田 1　旺禾 8　大民 309　先玉 1331

先玉 335　中地 9988　翔玉 319　杜育 311　中元 999

　　　　　　　　　　宏博 66　　瑞普 909

可灌溉平地向下搭配品种：金山 22　　宏博 391

无灌溉平地适宜种植品种：罕玉 3　　罕玉 5　　宏博 691　　金山 22　　宏博 391

无灌溉平地向上搭配品种：兴垦 2　　和育 188（吉审玉）　　先科 1

无灌溉平地向下搭配品种：兴丰 818　　兴丰 17　　兴丰 3　　罕玉 336　　利单 656　　丰垦 139

　　　　　　　　　　C1563　　吉单 27　　丰垦 009　　华北 140　　德禹 201

阳坡适宜种植品种：　　兴丰 17　　兴丰 3　　罕玉 336　　C1563　　吉单 27　　丰垦 139

　　　　　　　　　　利单 656　　丰垦 009　　华北 140　　金山 22　　宏博 391

阳坡向上搭配品种：　　罕玉 3　　罕玉 5　　宏博 691

阳坡向下搭配品种：　　兴丰 68　　兴丰 58　　兴丰 818　　丰垦 139　　丰垦 219　　丰垦 008

　　　　　　　　　　罕玉 33　　德禹 201

阴坡适宜种植品种：　　兴丰 818　　兴丰 17　　兴丰 3　　罕玉 336　　利单 656　　丰垦 139

　　　　　　　　　　C1563　　吉单 27　　丰垦 009　　华北 140　　德禹 201

阴坡向上搭配品种：　　罕玉 3　　罕玉 5　　宏博 691　　金山 22　　宏博 391

阴坡向下搭配品种：　　兴丰 68　　兴丰 58　　丰垦 219　　丰垦 008　　罕玉 33

（45）兴隆村　　下姜家屯（≥10 ℃活动积温 2648.7 ℃·日）

可灌溉平地适宜种植品种：罕玉 3　　罕玉 5　　宏博 691　　金山 22　　宏博 391

可灌溉平地向上搭配品种：兴丰 66　　兴垦 2　　和育 188（吉审玉）　　金田 1　　旺禾 8

　　　　　　　　　　大民 309　　先科 1　　先玉 1331　　中元 999

可灌溉平地向下搭配品种：兴丰 17　　兴丰 3　　罕玉 336　　C1563　　吉单 27　　丰垦 139

　　　　　　　　　　利单 656　　丰垦 009　　华北 140

无灌溉平地适宜种植品种：兴丰 17　　兴丰 3　　罕玉 336　　C1563　　吉单 27　　丰垦 139

　　　　　　　　　　利单 656　　丰垦 009　　华北 140　　金山 22　　宏博 391

无灌溉平地向上搭配品种：兴垦 2　　先科 1　　罕玉 3　　罕玉 5　　宏博 691

无灌溉平地向下搭配品种：兴丰 818　　丰垦 139　　德禹 201

阳坡适宜种植品种：　　兴丰 818　　兴丰 17　　兴丰 3　　罕玉 336　　利单 656　　C1563

　　　　　　　　　　吉单 27　　丰垦 139　　丰垦 009　　华北 140　　德禹 201

阳坡向上搭配品种：　　金山 22　　宏博 391

阳坡向下搭配品种：　　兴丰 68　　兴丰 58　　丰垦 219　　丰垦 008　　罕玉 33　　登海 19

阴坡适宜种植品种：　　兴丰 68　　兴丰 58　　兴丰 818　　丰垦 139　　丰垦 219　　丰垦 008

　　　　　　　　　　罕玉 33　　德禹 201

阴坡向上搭配品种：　　兴丰 17　　兴丰 3　　罕玉 336　　C1563　　吉单 27　　丰垦 139

　　　　　　　　　　利单 656　　丰垦 009　　华北 140　　金山 22　　宏博 391

阴坡向下搭配品种：　　登海 19

（46）兴隆村　　上姜家屯（≥10 ℃活动积温 2611 ℃·日）

可灌溉平地适宜种植品种：罕玉 3　　罕玉 5　　宏博 691　　金山 22　　宏博 391

可灌溉平地向上搭配品种：兴垦 2　　和育 188（吉审玉）　　先科 1

可灌溉平地向下搭配品种：兴丰 818　　兴丰 17　　兴丰 3　　罕玉 336　　利单 656　　丰垦 139

　　　　　　　　　　C1563　　吉单 27　　丰垦 009　　华北 140　　德禹 201

无灌溉平地适宜种植品种:兴丰 17　兴丰 3　罕玉 336　C1563　吉单 27　丰垦 139
利单 656　丰垦 009　华北 140　金山 22　宏博 391

无灌溉平地向上搭配品种:罕玉 3　罕玉 5　宏博 691

无灌溉平地向下搭配品种:兴丰 68　兴丰 58　兴丰 818　丰垦 139　丰垦 219　丰垦 008
罕玉 33　德禹 201

阳坡适宜种植品种:　　　兴丰 68　兴丰 58　兴丰 818　丰垦 139　丰垦 219　丰垦 008
罕玉 33　德禹 201

阳坡向上搭配品种:　　　兴丰 17　兴丰 3　罕玉 336　C1563　吉单 27　丰垦 139
利单 656　丰垦 009　华北 140　金山 22　宏博 391

阳坡向下搭配品种:　　　登海 19

阴坡适宜种植品种:　　　兴丰 68　兴丰 58　兴丰 818　丰垦 139　丰垦 219　丰垦 008
罕玉 33　德禹 201

阴坡向上搭配品种:　　　兴丰 17　兴丰 3　罕玉 336　C1563　吉单 27　丰垦 139
利单 656　丰垦 009　华北 140

阴坡向下搭配品种:　　　丰垦 008　丰垦 219　登科 29　禾田 1 号　先玉 1409
登海 19

（47）东信村　后田家屯（≥10 ℃活动积温 2983.3 ℃·日）

可灌溉平地适宜种植品种:德美 1 号　辰诺 501

可灌溉平地向上搭配品种:兴丰 7 号　丰田 101

可灌溉平地向下搭配品种:先玉 335　吉东 81　龙雨 6016　科泰 925

无灌溉平地适宜种植品种:先玉 335　吉东 81　龙雨 6016　科泰 925

无灌溉平地向上搭配品种:德美 1 号　辰诺 501

无灌溉平地向下搭配品种:兴丰 978　龙生 19　大民 803　先玉 335　D399　中地 9988
翔玉 319　杜育 311　宏硕 738　宏博 66　瑞普 909

阳坡适宜种植品种:　　　龙雨 6016　大民 803　科泰 925　D399　宏硕 738

阳坡向上搭配品种:　　　兴丰 978　先玉 335　吉东 81

阳坡向下搭配品种:　　　兴丰 66　和育 188（吉审玉）　龙生 19　金田 1　旺禾 8
大民 309　先玉 1331　先玉 335　中地 9988　翔玉 319
杜育 311　中元 999　宏博 66　瑞普 909

阴坡适宜种植品种:　　　兴丰 978　龙生 19　大民 803　先玉 335　D399　中地 9988
翔玉 319　杜育 311　宏硕 738　宏博 66　瑞普 909

阴坡向上搭配品种:　　　先玉 335　吉东 81　龙雨 6016　科泰 925

阴坡向下搭配品种:　　　兴丰 66　和育 188（吉审玉）　金田 1　旺禾 8　大民 309
先玉 1331　中元 999

（48）东信村　司令屯（≥10 ℃活动积温 2998.2 ℃·日）

可灌溉平地适宜种植品种:德美 1 号　辰诺 501

可灌溉平地向上搭配品种:兴丰 7 号　丰田 101

可灌溉平地向下搭配品种:先玉 335　吉东 81　龙雨 6016　科泰 925

无灌溉平地适宜种植品种:先玉 335　吉东 81　龙雨 6016　科泰 925

无灌溉平地向上搭配品种:兴丰 7 号　德美 1 号　丰田 101　辰诺 501

无灌溉平地向下搭配品种:兴丰 978　大民 803　D399　宏硕 738

阳坡适宜种植品种:　　　龙雨 6016　大民 803　科泰 925　D399　宏硕 738

阳坡向上搭配品种:兴丰 978　先玉 335　吉东 81

阳坡向下搭配品种:　　　兴丰 66　龙生 19　金田 1　旺禾 8　大民 309　先玉 1331

　　　　　　　　　　　先玉 335　中地 9988　翔玉 319　杜育 311　中元 999

　　　　　　　　　　　宏博 66　瑞普 909

阴坡适宜种植品种:　　　兴丰 978　龙生 19　大民 803　先玉 335　D399　中地 9988

　　　　　　　　　　　翔玉 319　杜育 311　宏硕 738　宏博 66　瑞普 909

阴坡向上搭配品种:　　　先玉 335　吉东 81　龙雨 6016　科泰 925

阴坡向下搭配品种:　　　兴丰 66　和育 188(吉审玉)　金田 1　旺禾 8　大民 309

　　　　　　　　　　　先玉 1331　中元 999

（49）东信村　龙头屯（≥10 ℃活动积温 2957.7 ℃·日）

可灌溉平地适宜种植品种:德美 1 号　辰诺 501

可灌溉平地向上搭配品种:兴丰 7 号　丰田 101

可灌溉平地向下搭配品种:兴丰 978　先玉 335　吉东 81　大民 803　科泰 925

　　　　　　　　　　　龙雨 6016　D399　宏硕 738

无灌溉平地适宜种植品种:兴丰 978　先玉 335　吉东 81　大民 803　科泰 925

　　　　　　　　　　　龙雨 6016　D399　宏硕 738

无灌溉平地向上搭配品种:德美 1 号　辰诺 501

无灌溉平地向下搭配品种:龙生 19　先玉 335　中地 9988　翔玉 319

　　　　　　　　　　　杜育 311　宏博 66　瑞普 909

阳坡适宜种植品种:　　　兴丰 978　龙生 19　大民 803　先玉 335　D399　中地 9988

　　　　　　　　　　　翔玉 319　杜育 311　宏硕 738　宏博 66　瑞普 909

阳坡向上搭配品种:　　　先玉 335　吉东 81　龙雨 6016　科泰 925

阳坡向下搭配品种:　　　兴丰 66　兴垦 2　和育 188(吉审玉)　金田 1　旺禾 8

　　　　　　　　　　　大民 309　先科 1　先玉 1331　中元 999

阴坡适宜种植品种:　　　兴丰 978　龙生 19　大民 803　先玉 335　D399　中地 9988

　　　　　　　　　　　翔玉 319　杜育 311　宏硕 738　宏博 66　瑞普 909

阴坡向上搭配品种:　　　先玉 335　吉东 81　龙雨 6016　科泰 925

阴坡向下搭配品种:　　　兴丰 66　兴垦 2　和育 188(吉审玉)　金田 1　旺禾 8

　　　　　　　　　　　大民 309　先科 1　先玉 1331　中元 999

（50）东镇村　王江屯（≥10 ℃活动积温 2883.1 ℃·日）

可灌溉平地适宜种植品种:兴丰 978　先玉 335　吉东 81　大民 803　科泰 925

　　　　　　　　　　　龙雨 6016　D399　宏硕 738

可灌溉平地向上搭配品种:德美 1 号　辰诺 501

可灌溉平地向下搭配品种:龙生 19　先玉 335　中地 9988　翔玉 319　杜育 311

　　　　　　　　　　　宏博 66　瑞普 909

无灌溉平地适宜种植品种:兴丰 978　龙生 19　大民 803　先玉 335　D399　中地 9988

　　　　　　　　　　　翔玉 319　　杜育 311　　宏硕 738　　宏博 66　　瑞普 909

无灌溉平地向上搭配品种：先玉 335　　吉东 81　　龙雨 6016　　科泰 925

无灌溉平地向下搭配品种：兴丰 66　　兴垦 2　　和育 188(吉审玉)　　金田 1　　旺禾 8

　　　　　　　　　　　大民 309　　先科 1　　先玉 1331　　中元 999

阳坡适宜种植品种：　　兴丰 66　　和育 188(吉审玉)　　龙生 19　　金田 1　　旺禾 8

　　　　　　　　　　　大民 309　　先玉 1331　　先玉 335　　中地 9988　　翔玉 319

　　　　　　　　　　　杜育 311　　中元 999　　宏博 66　　瑞普 909

阳坡向上搭配品种：　　兴丰 978　　大民 803　　D399　　宏硕 738

阳坡向下搭配品种：　　兴垦 2　　先科 1　　罕玉 3　　罕玉 5　　宏博 691

阴坡适宜种植品种：　　兴丰 66　　兴垦 2　　和育 188(吉审玉)　　金田 1　　旺禾 8

　　　　　　　　　　　大民 309　　先科 1　　先玉 1331　　中元 999

阴坡向上搭配品种：　　兴丰 978　　龙生 19　　大民 803　　先玉 335　　D399　　中地 9988

　　　　　　　　　　　翔玉 319　　杜育 311　　宏硕 738　　宏博 66　　瑞普 909

阴坡向下搭配品种：　　罕玉 3　　罕玉 5　　宏博 691

（51）东镇村　夏皮铺屯（≥10℃活动积温 2842.6℃·日）

可灌溉平地适宜种植品种：兴丰 978　　龙生 19　　大民 803　　先玉 335　　D399　　中地 9988

　　　　　　　　　　　翔玉 319　　杜育 311　　宏硕 738　　宏博 66　　瑞普 909

可灌溉平地向上搭配品种：先玉 335　　吉东 81　　龙雨 6016　　科泰 925

可灌溉平地向下搭配品种：兴丰 66　　和育 188(吉审玉)　　金田 1　　旺禾 8　　大民 309

　　　　　　　　　　　先玉 1331　　中元 999

无灌溉平地适宜种植品种：兴丰 66　　龙生 19　　金田 1　　旺禾 8　　大民 309　　先玉 1331

　　　　　　　　　　　先玉 335　　中地 9988　　翔玉 319　　杜育 311　　中元 999

　　　　　　　　　　　宏博 66　　瑞普 909

无灌溉平地向上搭配品种：兴丰 978　　先玉 335　　吉东 81　　大民 803　　科泰 925

　　　　　　　　　　　龙雨 6016　　D399　　宏硕 738

无灌溉平地向下搭配品种：兴垦 2　　和育 188(吉审玉)　　先科 1

阳坡适宜种植品种：　　兴丰 66　　兴垦 2　　和育 188(吉审玉)　　金田 1　　旺禾 8

　　　　　　　　　　　大民 309　　先科 1　　先玉 1331　　中元 999

阳坡向上搭配品种：　　龙生 19　　先玉 335　　中地 9988　　翔玉 319　　杜育 311

　　　　　　　　　　　宏博 66　　瑞普 909

阳坡向下搭配品种：　　罕玉 3　　罕玉 5　　宏博 691　　金山 22　　宏博 391

阴坡适宜种植品种：　　兴垦 2　　和育 188(吉审玉)　　先科 1　　罕玉 3　　罕玉 5

　　　　　　　　　　　宏博 691

阴坡向上搭配品种：　　兴丰 66　　龙生 19　　金田 1　　旺禾 8　　大民 309　　先玉 1331

　　　　　　　　　　　先玉 335　　中地 9988　　翔玉 319　　杜育 311　　中元 999

　　　　　　　　　　　宏博 66　　瑞普 909

阴坡向下搭配品种：　　金山 22　　宏博 391

（52）东胜村　潘家屯（≥10℃活动积温 2767.4℃·日）

可灌溉平地适宜种植品种：兴丰 66　　和育 188(吉审玉)　　龙生 19　　金田 1　　旺禾 8

大民 309　　先玉 1331　　先玉 335　　中地 9988　　翔玉 319

杜育 311　　中元 999　　宏博 66　　瑞普 909

可灌溉平地向上搭配品种:兴丰 978　　大民 803　　D399　　宏硕 738

可灌溉平地向下搭配品种:兴垦 2　　先科 1　　罕玉 3　　罕玉 5　　宏博 691

无灌溉平地适宜种植品种:兴丰 66　　兴垦 2　　和育 188(吉审玉)　　金田 1　　旺禾 8

大民 309　　先科 1　　先玉 1331　　中元 999

无灌溉平地向上搭配品种:龙生 19　　先玉 335　　中地 9988　　翔玉 319　　杜育 311

宏博 66　　瑞普 909

无灌溉平地向下搭配品种:罕玉 3　　罕玉 5　　宏博 691　　金山 22　　宏博 391

阳坡适宜种植品种:　　　　罕玉 3　　罕玉 5　　宏博 691　　金山 22　　宏博 391

阳坡向上搭配品种:　　　　兴丰 66　　兴垦 2　　和育 188(吉审玉)　　金田 1　　旺禾 8

大民 309　　先科 1　　先玉 1331　　中元 999

阳坡向下搭配品种:　　　　兴丰 17　　兴丰 3　　罕玉 336　　C1563　　吉单 27　　丰垦 139

利单 656　　丰垦 009　　华北 140

阴坡适宜种植品种:　　　　罕玉 3　　罕玉 5　　宏博 691　　金山 22　　宏博 391

阴坡向上搭配品种:　　　　兴垦 2　　和育 188(吉审玉)　　先科 1

阴坡向下搭配品种:　　　　兴丰 818　　兴丰 17　　兴丰 3　　罕玉 336　　利单 656　　丰垦 139

C1563　　吉单 27　　丰垦 009　　华北 140　　德禹 201

（53）东胜村　程家屯（≥10 ℃活动积温 3052.9 ℃·日）

可灌溉平地适宜种植品种:兴丰 7 号　　丰田 101

可灌溉平地向上搭配品种:郑单 958

可灌溉平地向下搭配品种:德美 1 号　　辰诺 501

无灌溉平地适宜种植品种:德美 1 号　　辰诺 501

无灌溉平地向上搭配品种:兴丰 7 号　　丰田 101

无灌溉平地向下搭配品种:先玉 335　　吉东 81　　龙雨 6016　　科泰 925

阳坡适宜种植品种:　　　　先玉 335　　吉东 81　　龙雨 6016　　科泰 925

阳坡向上搭配品种:　　　　德美 1 号　　辰诺 501

阳坡向下搭配品种:　　　　兴丰 978　　龙生 19　　大民 803　　先玉 335　　D399　　中地 9988

翔玉 319　　杜育 311　　宏硕 738　　宏博 66　　瑞普 909

阴坡适宜种植品种:　　　　先玉 335　　吉东 81　　龙雨 6016　　科泰 925

阴坡向上搭配品种:　　　　德美 1 号　　辰诺 501

阴坡向下搭配品种:　　　　兴丰 978　　龙生 19　　大民 803　　先玉 335　　D399　　中地 9988

翔玉 319　　杜育 311　　宏硕 738　　宏博 66　　瑞普 909

（54）东城村　大宝山屯（≥10 ℃活动积温 2772 ℃·日）

可灌溉平地适宜种植品种:兴丰 66　　和育 188(吉审玉)　　龙生 19　　金田 1　　旺禾 8

大民 309　　先玉 1331　　先玉 335　　中地 9988　　翔玉 319

杜育 311　　中元 999　　宏博 66　　瑞普 909

可灌溉平地向上搭配品种:兴丰 978　　大民 803　　D399　　宏硕 738

可灌溉平地向下搭配品种:兴垦 2　　先科 1　　罕玉 3　　罕玉 5　　宏博 691

无灌溉平地适宜种植品种：兴丰 66　兴垦 2　和育 188（吉审玉）　金田 1　旺禾 8

　　大民 309　先科 1　先玉 1331　中元 999

无灌溉平地向上搭配品种：龙生 19　先玉 335　中地 9988　翔玉 319　杜育 311

　　宏博 66　瑞普 909

无灌溉平地向下搭配品种：罕玉 3　罕玉 5　宏博 691　金山 22　宏博 391

阳坡适宜种植品种：　　　罕玉 3　罕玉 5　宏博 691　金山 22　宏博 391

阳坡向上搭配品种：　　　兴丰 66　兴垦 2　和育 188（吉审玉）　金田 1　旺禾 8

　　大民 309　先科 1　先玉 1331　中元 999

阳坡向下搭配品种：　　　兴丰 17　兴丰 3　罕玉 336　C1563　吉单 27　丰垦 139

　　利单 656　丰垦 009　华北 140

阴坡适宜种植品种：　　　罕玉 3　罕玉 5　宏博 691　金山 22　宏博 391

阴坡向上搭配品种：　　　兴垦 2　和育 188（吉审玉）　先科 1

阴坡向下搭配品种：　　　兴丰 818　兴丰 17　兴丰 3　罕玉 336　利单 656　C1563

　　吉单 27　丰垦 139　丰垦 009　华北 140　德禹 201

（55）东城村　小宝山屯（≥10 ℃活动积温 2510.5 ℃·日）

可灌溉平地适宜种植品种：兴丰 818　兴丰 17　兴丰 3　罕玉 336　利单 656　丰垦 139

　　C1563　吉单 27　丰垦 009　华北 140　德禹 201

可灌溉平地向上搭配品种：金山 22　宏博 391

可灌溉平地向下搭配品种：兴丰 68　兴丰 58　丰垦 219　丰垦 008　罕玉 33　登海 19

无灌溉平地适宜种植品种：兴丰 68　兴丰 58　兴丰 818　丰垦 139　丰垦 219　丰垦 008

　　罕玉 33　德禹 201

无灌溉平地向上搭配品种：兴丰 17　兴丰 3　罕玉 336　C1563　吉单 27　丰垦 139

　　利单 656　丰垦 009　华北 140

无灌溉平地向下搭配品种：丰垦 008　丰垦 219　登科 29　禾田 1 号　先玉 1409

　　登海 19

阳坡适宜种植品种：　　　丰垦 008　丰垦 219　登科 29　禾田 1 号　先玉 1409

　　登海 19

阳坡向上搭配品种：　　　兴丰 68　兴丰 58　兴丰 818　丰垦 139　丰垦 219

阳坡向下搭配品种：　　　丰垦 008　罕玉 33　德禹 201

阴坡适宜种植品种：　　　丰垦 008　丰垦 219　登科 29　禾田 1 号　先玉 1409

　　登海 19

阴坡向上搭配品种：　　　兴丰 68　兴丰 58　丰垦 219　丰垦 008　罕玉 33

阴坡向下搭配品种：　　　兴丰 1559　丰垦 165　呼单 517　隆平 702　德美亚 1 号

　　德美亚 2 号

（56）东福村　吴家屯（≥10 ℃活动积温 2959.5 ℃·日）

可灌溉平地适宜种植品种：德美 1 号　辰诺 501

可灌溉平地向上搭配品种：兴丰 7 号　丰田 101

可灌溉平地向下搭配品种：兴丰 978　先玉 335　吉东 81　大民 803　科泰 925

　　龙雨 6016　D399　宏硕 738

无灌溉平地适宜种植品种：兴丰 978　先玉 335　吉东 81　大民 803　科泰 925

龙雨 6016　D399　宏硕 738

无灌溉平地向上搭配品种：德美 1 号　辰诺 501

无灌溉平地向下搭配品种：龙生 19　先玉 335　中地 9988　翔玉 319　杜育 311

宏博 66　瑞普 909

阳坡适宜种植品种：　　　兴丰 978　龙生 19　大民 803　先玉 335　D399　中地 9988

翔玉 319　杜育 311　宏硕 738　宏博 66　瑞普 909

阳坡向上搭配品种：　　　先玉 335　吉东 81　龙雨 6016　科泰 925

阳坡向下搭配品种：　　　兴丰 66　兴垦 2　和育 188（吉审玉）　金田 1　旺禾 8

大民 309　先科 1　先玉 1331　中元 999

阴坡适宜种植品种：　　　兴丰 978　龙生 19　大民 803　先玉 335　D399　中地 9988

翔玉 319　杜育 311　宏硕 738　宏博 66　瑞普 909

阴坡向上搭配品种：　　　先玉 335　吉东 81　龙雨 6016　科泰 925

阴坡向下搭配品种：　　　兴丰 66　兴垦 2　和育 188（吉审玉）　金田 1　旺禾 8

大民 309　先科 1　先玉 1331　中元 999

（57）东福村　福寿屯（≥10 ℃活动积温 2900.4 ℃·日）

可灌溉平地适宜种植品种：先玉 335　吉东 81　龙雨 6016　科泰 925

可灌溉平地向上搭配品种：德美 1 号　辰诺 501

可灌溉平地向下搭配品种：兴丰 978　龙生 19　大民 803　先玉 335　D399　中地 9988

翔玉 319　杜育 311　宏硕 738　宏博 66　瑞普 909

无灌溉平地适宜种植品种：兴丰 978　龙生 19　大民 803　先玉 335　D399　中地 9988

翔玉 319　杜育 311　宏硕 738　宏博 66　瑞普 909

无灌溉平地向上搭配品种：先玉 335　吉东 81　龙雨 6016　科泰 925

无灌溉平地向下搭配品种：兴丰 66　和育 188（吉审玉）　金田 1　旺禾 8　大民 309

先玉 1331　中元 999

阳坡适宜种植品种：　　　兴丰 66　和育 188（吉审玉）　龙生 19　金田 1　旺禾 8

大民 309　先玉 1331　先玉 335　中地 9988　翔玉 319

杜育 311　中元 999　宏博 66　瑞普 909

阳坡向上搭配品种：　　　兴丰 978　大民 803　D399　宏硕 738

阳坡向下搭配品种：　　　兴垦 2　先科 1　罕玉 3　罕玉 5　宏博 691

阴坡适宜种植品种：　　　兴丰 66　和育 188（吉审玉）　龙生 19　金田 1　旺禾 8

大民 309　先玉 1331　先玉 335　中地 9988　翔玉 319

杜育 311　中元 999　宏博 66　瑞普 909

阴坡向上搭配品种：　　　兴丰 978　大民 803　D399　宏硕 738

阴坡向下搭配品种：　　　兴垦 2　先科 1　罕玉 3　罕玉 5　宏博 691

（58）东福村　福合屯（≥10 ℃活动积温 2830.1 ℃·日）

可灌溉平地适宜种植品种：兴丰 978　龙生 19　大民 803　先玉 335　D399　中地 9988

翔玉 319　杜育 311　宏硕 738　宏博 66　瑞普 909

可灌溉平地向上搭配品种：先玉 335　吉东 81　龙雨 6016　科泰 925

可灌溉平地向下搭配品种:兴丰 66　和育 188(吉审玉)　金田 1　旺禾 8　大民 309
　　　　　　　　　　　　　　先玉 1331　中元 999
无灌溉平地适宜种植品种:兴丰 66　和育 188(吉审玉)　龙生 19　金田 1　旺禾 8
　　　　　　　　　　　　　　大民 309　先玉 1331　先玉 335　中地 9988　翔玉 319
　　　　　　　　　　　　　　杜育 311　中元 999　宏博 66　瑞普 909
无灌溉平地向上搭配品种:兴丰 978　大民 803　D399　宏硕 738
无灌溉平地向下搭配品种:兴垦 2　先科 1　罕玉 3　罕玉 5　宏博 691
阳坡适宜种植品种:　　　兴丰 66　兴垦 2　和育 188(吉审玉)　金田 1　旺禾 8
　　　　　　　　　　　　大民 309　先科 1　先玉 1331　中元 999
阳坡向上搭配品种:　　　龙生 19　先玉 335　中地 9988　翔玉 319　杜育 311
　　　　　　　　　　　　宏博 66　瑞普 909
阳坡向下搭配品种:　　　罕玉 3　罕玉 5　宏博 691　金山 22　宏博 391
阴坡适宜种植品种:　　　兴垦 2　和育 188(吉审玉)　先科 1　罕玉 3　罕玉 5
　　　　　　　　　　　　宏博 691
阴坡向上搭配品种:　　　兴丰 66　龙生 19　金田 1　旺禾 8　大民 309　先玉 1331
　　　　　　　　　　　　先玉 335　中地 9988　翔玉 319　杜育 311　中元 999
　　　　　　　　　　　　宏博 66　瑞普 909
阴坡向下搭配品种:　　　金山 22　宏博 391

(59)东福村　福林屯(≥10 ℃活动积温 2921.1 ℃·日)

可灌溉平地适宜种植品种:先玉 335　吉东 81　龙雨 6016　科泰 925
可灌溉平地向上搭配品种:德美 1 号　辰诺 501
可灌溉平地向下搭配品种:兴丰 978　龙生 19　大民 803　先玉 335　D399　中地 9988
　　　　　　　　　　　　　　翔玉 319　杜育 311　宏硕 738　宏博 66　瑞普 909
无灌溉平地适宜种植品种:龙雨 6016　大民 803　科泰 925　D399　宏硕 738
无灌溉平地向上搭配品种:兴丰 978　先玉 335　吉东 81
无灌溉平地向下搭配品种:兴丰 66　龙生 19　金田 1　旺禾 8　大民 309　先玉 1331
　　　　　　　　　　　　　　先玉 335　中地 9988　翔玉 319　杜育 311　中元 999
　　　　　　　　　　　　　　宏博 66　瑞普 909
阳坡适宜种植品种:　　　兴丰 66　龙生 19　金田 1　旺禾 8　大民 309　先玉 1331
　　　　　　　　　　　　先玉 335　中地 9988　翔玉 319　杜育 311　中元 999
　　　　　　　　　　　　宏博 66　瑞普 909
阳坡向上搭配品种:　　　兴丰 978　先玉 335　吉东 81　大民 803　科泰 925
　　　　　　　　　　　　龙雨 6016　D399　宏硕 738
阳坡向下搭配品种:　　　兴垦 2　和育 188(吉审玉)　先科 1
阴坡适宜种植品种:　　　兴丰 66　和育 188(吉审玉)　龙生 19　金田 1　旺禾 8
　　　　　　　　　　　　大民 309　先玉 1331　先玉 335　中地 9988　翔玉 319
　　　　　　　　　　　　杜育 311　中元 999　宏博 66　瑞普 909
阴坡向上搭配品种:　　　兴丰 978　大民 803　D399　宏硕 738
阴坡向下搭配品种:　　　兴垦 2　先科 1　罕玉 3　罕玉 5　宏博 691

（60）双山村　小东屯（≥10℃活动积温2921.7℃·日）

可灌溉平地适宜种植品种：先玉335　吉东81　龙雨6016　科泰925

可灌溉平地向上搭配品种：德美1号　辰诺501

可灌溉平地向下搭配品种：兴丰978　龙生19　大民803　先玉335　D399　中地9988
　　　　　　　　　　　　　翔玉319　杜育311　宏硕738　宏博66　瑞普909

无灌溉平地适宜种植品种：龙雨6016　大民803　科泰925　D399　宏硕738

无灌溉平地向上搭配品种：兴丰978　先玉335　吉东81

无灌溉平地向下搭配品种：兴丰66　龙生19　金田1　旺禾8　大民309　先玉1331
　　　　　　　　　　　　　先玉335　中地9988　翔玉319　杜育311　中元999
　　　　　　　　　　　　　宏博66　瑞普909

阳坡适宜种植品种：　　　兴丰66　龙生19　金田1　旺禾8　大民309　先玉1331
　　　　　　　　　　　　先玉335　中地9988　翔玉319　杜育311　中元999
　　　　　　　　　　　　宏博66　瑞普909

阳坡向上搭配品种：　　　兴丰978　先玉335　吉东81　大民803　科泰925
　　　　　　　　　　　　龙雨6016　D399　宏硕738

阳坡向下搭配品种：　　　兴垦2　和育188（吉审玉）　先科1

阴坡适宜种植品种：　　　兴丰66　和育188（吉审玉）　龙生19　金田1　旺禾8
　　　　　　　　　　　　大民309　先玉1331　先玉335　中地9988　翔玉319
　　　　　　　　　　　　杜育311　中元999　宏博66　瑞普909

阴坡向上搭配品种：　　　兴丰978　大民803　D399　宏硕738

阴坡向下搭配品种：　　　兴垦2　先科1　罕玉3　罕玉5　宏博691

（61）双山村　双山屯（≥10℃活动积温2977.1℃·日）

可灌溉平地适宜种植品种：德美1号　辰诺501

可灌溉平地向上搭配品种：兴丰7号　丰田101

可灌溉平地向下搭配品种：兴丰978　先玉335　吉东81　大民803　科泰925
　　　　　　　　　　　　　龙雨6016　D399　宏硕738

无灌溉平地适宜种植品种：先玉335　吉东81　龙雨6016　科泰925

无灌溉平地向上搭配品种：德美1号　辰诺501

无灌溉平地向下搭配品种：兴丰978　龙生19　大民803　先玉335　D399　中地9988
　　　　　　　　　　　　　翔玉319　杜育311　宏硕738　宏博66　瑞普909

阳坡适宜种植品种：　　　兴丰978　龙生19　大民803　先玉335　D399　中地9988
　　　　　　　　　　　　翔玉319　杜育311　宏硕738　宏博66　瑞普909

阳坡向上搭配品种：　　　先玉335　吉东81　龙雨6016　科泰925

阳坡向下搭配品种：　　　兴丰66　和育188（吉审玉）　金田1　旺禾8　大民309
　　　　　　　　　　　　先玉1331　中元999

阴坡适宜种植品种：　　　兴丰978　龙生19　大民803　先玉335　D399　中地9988
　　　　　　　　　　　　翔玉319　杜育311　宏硕738　宏博66　瑞普909

阴坡向上搭配品种：　　　先玉335　吉东81　龙雨6016　科泰925

阴坡向下搭配品种：　　　兴丰66　兴垦2　和育188（吉审玉）　金田1　旺禾8

大民 309　　先科 1　　先玉 1331　　中元 999

（62）建国村　王落君屯（≥10 ℃活动积温 2905 ℃·日）

可灌溉平地适宜种植品种：先玉 335　　吉东 81　　龙雨 6016　　科泰 925

可灌溉平地向上搭配品种：德美 1 号　　辰诺 501

可灌溉平地向下搭配品种：兴丰 978　　龙生 19　　大民 803　　先玉 335　　D399　　中地 9988
　　　　　　　　　　　　翔玉 319　　杜育 311　　宏硕 738　　宏博 66　　瑞普 909

无灌溉平地适宜种植品种：兴丰 978　　龙生 19　　大民 803　　先玉 335　　D399　　中地 9988
　　　　　　　　　　　　翔玉 319　　杜育 311　　宏硕 738　　宏博 66　　瑞普 909

无灌溉平地向上搭配品种：先玉 335　　吉东 81　　龙雨 6016　　科泰 925

无灌溉平地向下搭配品种：兴丰 66　　和育 188（吉审玉）　　金田 1　　旺禾 8　　大民 309
　　　　　　　　　　　　先玉 1331　　中元 999

阳坡适宜种植品种：　　兴丰 66　　和育 188（吉审玉）　　龙生 19　　金田 1　　旺禾 8
　　　　　　　　　　　大民 309　　先玉 1331　　先玉 335　　中地 9988　　翔玉 319
　　　　　　　　　　　杜育 311　　中元 999　　宏博 66　　瑞普 909

阳坡向上搭配品种：　　兴丰 978　　大民 803　　D399　　宏硕 738

阳坡向下搭配品种：　　兴垦 2　　先科 1　　罕玉 3　　罕玉 5　　宏博 691

阴坡适宜种植品种：　　兴丰 66　　和育 188（吉审玉）　　龙生 19　　金田 1　　旺禾 8
　　　　　　　　　　　大民 309　　先玉 1331　　先玉 335　　中地 9988　　翔玉 319
　　　　　　　　　　　杜育 311　　中元 999　　宏博 66　　瑞普 909

阴坡向上搭配品种：　　兴丰 978　　大民 803　　D399　　宏硕 738

阴坡向下搭配品种：　　兴垦 2　　先科 1　　罕玉 3　　罕玉 5　　宏博 691

（63）东录村　学校屯（≥10 ℃活动积温 2988.7 ℃·日）

可灌溉平地适宜种植品种：德美 1 号　　辰诺 501

可灌溉平地向上搭配品种：兴丰 7 号　　丰田 101

可灌溉平地向下搭配品种：先玉 335　　吉东 81　　龙雨 6016　　科泰 925

无灌溉平地适宜种植品种：先玉 335　　吉东 81　　龙雨 6016　　科泰 925

无灌溉平地向上搭配品种：德美 1 号　　辰诺 501

无灌溉平地向下搭配品种：兴丰 978　　龙生 19　　大民 803　　先玉 335　　D399　　中地 9988
　　　　　　　　　　　　翔玉 319　　杜育 311　　宏硕 738　　宏博 66　　瑞普 909

阳坡适宜种植品种：　　龙雨 6016　　大民 803　　科泰 925　　D399　　宏硕 738

阳坡向上搭配品种：　　兴丰 978　　先玉 335　　吉东 81

阳坡向下搭配品种：　　兴丰 66　　和育 188（吉审玉）　　龙生 19　　金田 1　　旺禾 8
　　　　　　　　　　　大民 309　　先玉 1331　　先玉 335　　中地 9988　　翔玉 319
　　　　　　　　　　　杜育 311　　中元 999　　宏博 66　　瑞普 909

阴坡适宜种植品种：　　兴丰 978　　龙生 19　　大民 803　　先玉 335　　D399　　中地 9988
　　　　　　　　　　　翔玉 319　　杜育 311　　宏硕 738　　宏博 66　　瑞普 909

阴坡向上搭配品种：　　先玉 335　　吉东 81　　龙雨 6016　　科泰 925

阴坡向下搭配品种：　　兴丰 66　　和育 188（吉审玉）　　金田 1　　旺禾 8　　大民 309
　　　　　　　　　　　先玉 1331　　中元 999

（64）东录村 张哑巴沟屯（≥10 ℃活动积温 2890.6 ℃·日）

可灌溉平地适宜种植品种：兴丰 978　先玉 335　吉东 81　大民 803　科泰 925
　　　　　　　　　　　　龙雨 6016　D399　宏硕 738

可灌溉平地向上搭配品种：德美 1 号　辰诺 501

可灌溉平地向下搭配品种：龙生 19　先玉 335　中地 9988　翔玉 319　杜育 311
　　　　　　　　　　　　宏博 66　瑞普 909

无灌溉平地适宜种植品种：兴丰 978　龙生 19　大民 803　先玉 335　D399　中地 9988
　　　　　　　　　　　　翔玉 319　杜育 311　宏硕 738　宏博 66　瑞普 909

无灌溉平地向上搭配品种：先玉 335　吉东 81　龙雨 6016　科泰 925

无灌溉平地向下搭配品种：兴丰 66　和育 188（吉审玉）　金田 1　旺禾 8　大民 309
　　　　　　　　　　　　先玉 1331　中元 999

阳坡适宜种植品种：　　　兴丰 66　和育 188（吉审玉）　龙生 19　金田 1　旺禾 8
　　　　　　　　　　　　大民 309　先玉 1331　先玉 335　中地 9988　翔玉 319
　　　　　　　　　　　　杜育 311　中元 999　宏博 66　瑞普 909

阳坡向上搭配品种：　　　兴丰 978　大民 803　D399　宏硕 738

阳坡向下搭配品种：　　　兴垦 2　先科 1　罕玉 3　罕玉 5　宏博 691

阴坡适宜种植品种：　　　兴丰 66　兴垦 2　和育 188（吉审玉）　金田 1　旺禾 8
　　　　　　　　　　　　大民 309　先科 1　先玉 1331　中元 999

阴坡向上搭配品种：　　　兴丰 978　龙生 19　大民 803　先玉 335　D399　中地 9988
　　　　　　　　　　　　翔玉 319　杜育 311　宏硕 738　宏博 66　瑞普 909

阴坡向下搭配品种：　　　罕玉 3　罕玉 5　宏博 691

（65）东录村 佟家屯（≥10 ℃活动积温 2871.5 ℃·日）

可灌溉平地适宜种植品种：龙雨 6016　大民 803　科泰 925　D399　宏硕 738

可灌溉平地向上搭配品种：兴丰 978　先玉 335　吉东 81

可灌溉平地向下搭配品种：兴丰 66　龙生 19　金田 1　旺禾 8　大民 309　先玉 1331
　　　　　　　　　　　　先玉 335　中地 9988　翔玉 319　杜育 311　中元 999
　　　　　　　　　　　　宏博 66　瑞普 909

无灌溉平地适宜种植品种：兴丰 978　龙生 19　大民 803　先玉 335　D399　中地 9988
　　　　　　　　　　　　翔玉 319　杜育 311　宏硕 738　宏博 66　瑞普 909

无灌溉平地向上搭配品种：先玉 335　吉东 81　龙雨 6016　科泰 925

无灌溉平地向下搭配品种：兴丰 66　兴垦 2　和育 188（吉审玉）　金田 1　旺禾 8
　　　　　　　　　　　　大民 309　先科 1　先玉 1331　中元 999

阳坡适宜种植品种：　　　兴丰 66　兴垦 2　和育 188（吉审玉）　金田 1　旺禾 8
　　　　　　　　　　　　大民 309　先科 1　先玉 1331　中元 999

阳坡向上搭配品种：　　　兴丰 978　龙生 19　大民 803　先玉 335　D399　中地 9988
　　　　　　　　　　　　翔玉 319　杜育 311　宏硕 738　宏博 66　瑞普 909

阳坡向下搭配品种：　　　罕玉 3　罕玉 5　宏博 691

阴坡适宜种植品种：　　　兴丰 66　兴垦 2　和育 188（吉审玉）　金田 1　旺禾 8
　　　　　　　　　　　　大民 309　先科 1　先玉 1331　中元 999

阴坡向上搭配品种：　　　龙生 19　先玉 335　中地 9988　翔玉 319　杜育 311
　　　　　　　　　　　宏博 66　瑞普 909

阴坡向下搭配品种：　　　罕玉 3　罕玉 5　宏博 691　金山 22　宏博 391

（66）长安村　长安屯（≥10 ℃活动积温 2994.5 ℃·日）

可灌溉平地适宜种植品种：德美 1 号　辰诺 501

可灌溉平地向上搭配品种：兴丰 7 号　丰田 101

可灌溉平地向下搭配品种：先玉 335　吉东 81　龙雨 6016　科泰 925

无灌溉平地适宜种植品种：先玉 335　吉东 81　龙雨 6016　科泰 925

无灌溉平地向上搭配品种：兴丰 7 号　德美 1 号　丰田 101　辰诺 501

无灌溉平地向下搭配品种：兴丰 978　大民 803　D399　宏硕 738

阳坡适宜种植品种：　　　龙雨 6016　大民 803　科泰 925　D399　宏硕 738

阳坡向上搭配品种：　　　兴丰 978　先玉 335　吉东 81

阳坡向下搭配品种：　　　兴丰 66　龙生 19　金田 1　旺禾 8　大民 309　先玉 1331
　　　　　　　　　　　先玉 335　中地 9988　翔玉 319　杜育 311　中元 999
　　　　　　　　　　　宏博 66　瑞普 909

阴坡适宜种植品种：　　　兴丰 978　龙生 19　大民 803　先玉 335　D399　中地 9988
　　　　　　　　　　　翔玉 319　杜育 311　宏硕 738　宏博 66　瑞普 909

阴坡向上搭配品种：　　　先玉 335　吉东 81　龙雨 6016　科泰 925

阴坡向下搭配品种：　　　兴丰 66　和育 188（吉审玉）　金田 1　旺禾 8　大民 309
　　　　　　　　　　　先玉 1331　中元 999

（67）长安村　新立屯（≥10 ℃活动积温 2826.7 ℃·日）

可灌溉平地适宜种植品种：兴丰 978　龙生 19　大民 803　先玉 335　D399　中地 9988
　　　　　　　　　　　翔玉 319　杜育 311　宏硕 738　宏博 66　瑞普 909

可灌溉平地向上搭配品种：先玉 335　吉东 81　龙雨 6016　科泰 925

可灌溉平地向下搭配品种：兴丰 66　兴垦 2　和育 188（吉审玉）　金田 1　旺禾 8
　　　　　　　　　　　大民 309　先科 1　先玉 1331　中元 999

无灌溉平地适宜种植品种：兴丰 66　和育 188（吉审玉）　龙生 19　金田 1　旺禾 8
　　　　　　　　　　　大民 309　先玉 1331　先玉 335　中地 9988　翔玉 319
　　　　　　　　　　　杜育 311　中元 999　宏博 66　瑞普 909

无灌溉平地向上搭配品种：兴丰 978　大民 803　D399　宏硕 738

无灌溉平地向下搭配品种：兴垦 2　先科 1　罕玉 3　罕玉 5　宏博 691

阳坡适宜种植品种：　　　兴垦 2　和育 188（吉审玉）　先科 1　罕玉 3　罕玉 5
　　　　　　　　　　　宏博 691

阳坡向上搭配品种：　　　兴丰 66　龙生 19　金田 1　旺禾 8　大民 309　先玉 1331
　　　　　　　　　　　先玉 335　中地 9988　翔玉 319　杜育 311　中元 999
　　　　　　　　　　　宏博 66　瑞普 909

阳坡向下搭配品种：　　　金山 22　宏博 391

阴坡适宜种植品种：　　　兴垦 2　先科 1　罕玉 3　罕玉 5　宏博 691

阴坡向上搭配品种：　　　兴丰 66　和育 188（吉审玉）　金田 1　旺禾 8　大民 309

先玉 1331　中元 999

阴坡向下搭配品种：　兴丰 17　兴丰 3　罕玉 336　C1563　吉单 27　丰垦 139

利单 656　丰垦 009　华北 140　金山 22　宏博 391

（68）三联村　褚家屯（≥10 ℃活动积温 2951.2 ℃·日）

可灌溉平地适宜种植品种：德美 1 号　辰诺 501

可灌溉平地向上搭配品种：兴丰 7 号　丰田 101

可灌溉平地向下搭配品种：兴丰 978　先玉 335　吉东 81　大民 803　科泰 925

龙雨 6016　D399　宏硕 738

无灌溉平地适宜种植品种：兴丰 978　先玉 335　吉东 81　大民 803　科泰 925

龙雨 6016　D399　宏硕 738

无灌溉平地向上搭配品种：德美 1 号　辰诺 501

无灌溉平地向下搭配品种：龙生 19　先玉 335　中地 9988　翔玉 319　杜育 311

宏博 66　瑞普 909

阳坡适宜种植品种：　兴丰 978　龙生 19　大民 803　先玉 335　D399　中地 9988

翔玉 319　杜育 311　宏硕 738　宏博 66　瑞普 909

阳坡向上搭配品种：　先玉 335　吉东 81　龙雨 6016　科泰 925

阳坡向下搭配品种：　兴丰 66　兴垦 2　和育 188（吉审玉）　金田 1　旺禾 8

大民 309　先科 1　先玉 1331　中元 999

阴坡适宜种植品种：　兴丰 978　龙生 19　大民 803　先玉 335　D399　中地 9988

翔玉 319　杜育 311　宏硕 738　宏博 66　瑞普 909

阴坡向上搭配品种：　先玉 335　吉东 81　龙雨 6016　科泰 925

阴坡向下搭配品种：　兴丰 66　兴垦 2　和育 188（吉审玉）　金田 1　旺禾 8

大民 309　先科 1　先玉 1331　中元 999

（69）三联村　孙家屯（≥10 ℃活动积温 2853.8 ℃·日）

可灌溉平地适宜种植品种：龙雨 6016　大民 803　科泰 925　D399　宏硕 738

可灌溉平地向上搭配品种：兴丰 978　先玉 335　吉东 81

可灌溉平地向下搭配品种：兴丰 66　和育 188（吉审玉）　龙生 19　金田 1　旺禾 8

大民 309　先玉 1331　先玉 335　中地 9988　翔玉 319

杜育 311　中元 999　宏博 66　瑞普 909

无灌溉平地适宜种植品种：兴丰 66　龙生 19　金田 1　旺禾 8　大民 309　先玉 1331

先玉 335　中地 9988　翔玉 319　杜育 311　中元 999

宏博 66　瑞普 909

无灌溉平地向上搭配品种：兴丰 978　先玉 335　吉东 81　大民 803　科泰 925

龙雨 6016　D399　宏硕 738

无灌溉平地向下搭配品种：兴垦 2　和育 188（吉审玉）　先科 1

阳坡适宜种植品种：　兴丰 66　兴垦 2　和育 188（吉审玉）　金田 1　旺禾 8

大民 309　先科 1　先玉 1331　中元 999

阳坡向上搭配品种：　龙生 19　先玉 335　中地 9988　翔玉 319　杜育 311

宏博 66　瑞普 909

阳坡向下搭配品种：	罕玉 3　罕玉 5　宏博 691　金山 22　宏博 391
阴坡适宜种植品种：	兴丰 66　兴垦 2　和育 188（吉审玉）　金田 1　旺禾 8
	大民 309　先科 1　先玉 1331　中元 999
阴坡向上搭配品种：	龙生 19　先玉 335　中地 9988　翔玉 319　杜育 311
	宏博 66　瑞普 909
阴坡向下搭配品种：	罕玉 3　罕玉 5　宏博 691　金山 22　宏博 391

（70）三联村　瓦盆窑屯（≥10 ℃活动积温 3004.5 ℃·日）

可灌溉平地适宜种植品种：丰田 101　辰诺 501
可灌溉平地向上搭配品种：兴丰 7 号　德美 1 号
可灌溉平地向下搭配品种：先玉 335　吉东 81　龙雨 6016　科泰 925
无灌溉平地适宜种植品种：先玉 335　吉东 81　龙雨 6016　科泰 925
无灌溉平地向上搭配品种：兴丰 7 号　德美 1 号　丰田 101　辰诺 501
无灌溉平地向下搭配品种：兴丰 978　大民 803　D399　宏硕 738

阳坡适宜种植品种：	龙雨 6016　大民 803　科泰 925　D399　宏硕 738
阳坡向上搭配品种：	兴丰 978　先玉 335　吉东 81
阳坡向下搭配品种：	兴丰 66　龙生 19　金田 1　旺禾 8　大民 309　先玉 1331
	先玉 335　中地 9988　翔玉 319　杜育 311　中元 999
	宏博 66　瑞普 909
阴坡适宜种植品种：	龙雨 6016　大民 803　科泰 925　D399　宏硕 738
阴坡向上搭配品种：	兴丰 978　先玉 335　吉东 81
阴坡向下搭配品种：	兴丰 66　和育 188（吉审玉）　龙生 19　金田 1　旺禾 8
	大民 309　先玉 1331　先玉 335　中地 9988　翔玉 319
	杜育 311　中元 999　宏博 66　瑞普 909

7.2　六户镇

（1）六户村　六户屯（≥10 ℃活动积温 2940.8 ℃·日）

可灌溉平地适宜种植品种：先玉 335　吉东 81　龙雨 6016　科泰 925
可灌溉平地向上搭配品种：兴丰 7 号　德美 1 号　丰田 101　辰诺 501
可灌溉平地向下搭配品种：兴丰 978　大民 803　D399　宏硕 738
无灌溉平地适宜种植品种：兴丰 978　先玉 335　吉东 81　大民 803　科泰 925
　　　　　　　　　　　　龙雨 6016　D399　宏硕 738
无灌溉平地向上搭配品种：德美 1 号　辰诺 501
无灌溉平地向下搭配品种：龙生 19　先玉 335　中地 9988　翔玉 319　杜育 311
　　　　　　　　　　　　宏博 66　瑞普 909

阳坡适宜种植品种：	兴丰 978　龙生 19　大民 803　先玉 335　D399　中地 9988
	翔玉 319　杜育 311　宏硕 738　宏博 66　瑞普 909
阳坡向上搭配品种：	先玉 335　吉东 81　龙雨 6016　科泰 925
阳坡向下搭配品种：	兴丰 66　兴垦 2　和育 188（吉审玉）　金田 1　旺禾 8

大民 309　先科 1　先玉 1331　中元 999

阴坡适宜种植品种：　　　　兴丰 66　龙生 19　金田 1　旺禾 8　大民 309　先玉 1331

先玉 335　中地 9988　翔玉 319　杜育 311　中元 999

宏博 66　瑞普 909

阴坡向上搭配品种：　　　　兴丰 978　先玉 335　吉东 81　大民 803　科泰 925

龙雨 6016　D399　宏硕 738

阴坡向下搭配品种：　　　　兴垦 2　和育 188（吉审玉）　先科 1

（2）双兴村　魏家屯（≥10℃活动积温 2909.5℃·日）

可灌溉平地适宜种植品种：先玉 335　吉东 81　龙雨 6016　科泰 925

可灌溉平地向上搭配品种：德美 1 号　辰诺 501

可灌溉平地向下搭配品种：兴丰 978　龙生 19　大民 803　先·玉 335　D399

中地 9988　翔玉 319　杜育 311　宏硕 738　宏博 66

瑞普 909

无灌溉平地适宜种植品种：兴丰 978　龙生 19　大民 803　先玉 335　D399　中地 9988

翔玉 319　杜育 311　宏硕 738　宏博 66　瑞普 909

无灌溉平地向上搭配品种：先玉 335　吉东 81　龙雨 6016　科泰 925

无灌溉平地向下搭配品种：兴丰 66　和育 188（吉审玉）　金田 1　旺禾 8　大民 309

先玉 1331　中元 999

阳坡适宜种植品种：　　　　兴丰 66　和育 188（吉审玉）　龙生 19　金田 1　旺禾 8

大民 309　先玉 1331　先玉 335　中地 9988　翔玉 319

杜育 311　中元 999　宏博 66　瑞普 909

阳坡向上搭配品种：　　　　兴丰 978　大民 803　D399　宏硕 738

阳坡向下搭配品种：　　　　兴垦 2　先科 1　罕玉 3　罕玉 5　宏博 691

阴坡适宜种植品种：　　　　兴丰 66　和育 188（吉审玉）　龙生 19　金田 1　旺禾 8

大民 309　先玉 1331　先玉 335　中地 9988　翔玉 319

杜育 311　中元 999　宏博 66　瑞普 909

阴坡向上搭配品种：　　　　兴丰 978　大民 803　D399　宏硕 738

阴坡向下搭配品种：　　　　兴垦 2　先科 1　罕玉 3　罕玉 5　宏博 691

（3）双兴村　陈家屯（≥10℃活动积温 2864.7℃·日）

可灌溉平地适宜种植品种：龙雨 6016　大民 803　科泰 925　D399　宏硕 738

可灌溉平地向上搭配品种：兴丰 978　先玉 335　吉东 81

可灌溉平地向下搭配品种：兴丰 66　龙生 19　金田 1　旺禾 8　大民 309　先玉 1331

先玉 335　中地 9988　翔玉 319　杜育 311　中元 999

宏博 66　瑞普 909

无灌溉平地适宜种植品种：兴丰 978　龙生 19　大民 803　先玉 335　D399　中地 9988

翔玉 319　杜育 311　宏硕 738　宏博 66　瑞普 909

无灌溉平地向上搭配品种：先玉 335　吉东 81　龙雨 6016　科泰 925

无灌溉平地向下搭配品种：兴丰 66　兴垦 2　和育 188（吉审玉）　金田 1　旺禾 8

大民 309　先科 1　先玉 1331　中元 999

阳坡适宜种植品种：　　　兴丰 66　兴垦 2　和育 188（吉审玉）　金田 1　旺禾 8

　　　　　　　　　　　　　大民 309　先科 1　先玉 1331　中元 999

阳坡向上搭配品种：　　　兴丰 978　龙生 19　大民 803　先玉 335　D399　中地 9988

　　　　　　　　　　　　　翔玉 319　杜育 311　宏硕 738　宏博 66　瑞普 909

阳坡向下搭配品种：　　　罕玉 3　罕玉 5　宏博 691

阴坡适宜种植品种：　　　兴丰 66　兴垦 2　和育 188（吉审玉）　金田 1　旺禾 8

　　　　　　　　　　　　　大民 309　先科 1　先玉 1331　中元 999

阴坡向上搭配品种：　　　龙生 19　先玉 335　中地 9988　翔玉 319　杜育 311

　　　　　　　　　　　　　宏博 66　瑞普 909

阴坡向下搭配品种：　　　罕玉 3　罕玉 5　宏博 691　金山 22　宏博 391

（4）双兴村　郭家屯（≥10 ℃活动积温 2909.5 ℃·日）

可灌溉平地适宜种植品种：先玉 335　吉东 81　龙雨 6016　科泰 925

可灌溉平地向上搭配品种：德美 1 号　辰诺 501

可灌溉平地向下搭配品种：兴丰 978　龙生 19　大民 803　先玉 335　D399　中地 9988

　　　　　　　　　　　　　翔玉 319　杜育 311　宏硕 738　宏博 66　瑞普 909

无灌溉平地适宜种植品种：兴丰 978　龙生 19　大民 803　先玉 335　D399　中地 9988

　　　　　　　　　　　　　翔玉 319　杜育 311　宏硕 738　宏博 66　瑞普 909

无灌溉平地向上搭配品种：先玉 335　吉东 81　龙雨 6016　科泰 925

无灌溉平地向下搭配品种：兴丰 66　和育 188（吉审玉）　金田 1　旺禾 8　大民 309

　　　　　　　　　　　　　先玉 1331　中元 999

阳坡适宜种植品种：　　　兴丰 66　和育 188（吉审玉）　龙生 19　金田 1　旺禾 8

　　　　　　　　　　　　　大民 309　先玉 1331　先玉 335　中地 9988　翔玉 319　杜育

　　　　　　　　　　　　　311　中元 999　宏博 66　瑞普 909

阳坡向上搭配品种：　　　兴丰 978　大民 803　D399　宏硕 738

阳坡向下搭配品种：　　　兴垦 2　先科 1　罕玉 3　罕玉 5　宏博 691

阴坡适宜种植品种：　　　兴丰 66　和育 188（吉审玉）　龙生 19　金田 1　旺禾 8

　　　　　　　　　　　　　大民 309　先玉 1331　先玉 335　中地 9988　翔玉 319

　　　　　　　　　　　　　杜育 311　中元 999　宏博 66　瑞普 909

阴坡向上搭配品种：　　　兴丰 978　大民 803　D399　宏硕 738

阴坡向下搭配品种：　　　兴垦 2　先科 1　罕玉 3　罕玉 5　宏博 691

（5）双兴村　杨家屯（≥10 ℃活动积温 2721.1 ℃·日）

可灌溉平地适宜种植品种：兴丰 66　兴垦 2　和育 188（吉审玉）　金田 1　旺禾 8

　　　　　　　　　　　　　大民 309　先科 1　先玉 1331　中元 999

可灌溉平地向上搭配品种：龙生 19　先玉 335　中地 9988　翔玉 319　杜育 311

　　　　　　　　　　　　　宏博 66　瑞普 909

可灌溉平地向下搭配品种：罕玉 3　罕玉 5　宏博 691　金山 22　宏博 391

无灌溉平地适宜种植品种：兴垦 2　先科 1　罕玉 3　罕玉 5　宏博 691

无灌溉平地向上搭配品种：兴丰 66　和育 188（吉审玉）　金田 1　旺禾 8　大民 309

　　　　　　　　　　　　　先玉 1331　中元 999

无灌溉平地向下搭配品种：兴丰 17　兴丰 3　罕玉 336　C1563　吉单 27　丰垦 139
　　　　　　　　　　　　利单 656　丰垦 009　华北 140　金山 22　宏博 391

阳坡适宜种植品种：　　兴丰 17　兴丰 3　罕玉 336　C1563　吉单 27　丰垦 139
　　　　　　　　　　　　利单 656　丰垦 009　华北 140　金山 22　宏博 391

阳坡向上搭配品种：　　兴垦 2　先科 1　罕玉 3　罕玉 5　宏博 691

阳坡向下搭配品种：　　兴丰 818　丰垦 139　德禹 201

阴坡适宜种植品种：　　兴丰 17　兴丰 3　罕玉 336　C1563　吉单 27　丰垦 139
　　　　　　　　　　　　利单 656　丰垦 009　华北 140　金山 22　宏博 391

阴坡向上搭配品种：　　罕玉 3　罕玉 5　宏博 691

阴坡向下搭配品种：　　兴丰 68　兴丰 58　兴丰 818　丰垦 139　丰垦 219　丰垦 008
　　　　　　　　　　　　罕玉 33　德禹 201

（6）新合村　南山屯（≥10℃活动积温 2899.7℃·日）

可灌溉平地适宜种植品种：兴丰 978　先玉 335　吉东 81　大民 803　科泰 925
　　　　　　　　　　　　龙雨 6016　D399　宏硕 738

可灌溉平地向上搭配品种：德美 1 号　辰诺 501

可灌溉平地向下搭配品种：龙生 19　先玉 335　中地 9988　翔玉 319　杜育 311
　　　　　　　　　　　　宏博 66　瑞普 909

无灌溉平地适宜种植品种：兴丰 978　龙生 19　大民 803　先玉 335　D399　中地 9988
　　　　　　　　　　　　翔玉 319　杜育 311　宏硕 738　宏博 66　瑞普 909

无灌溉平地向上搭配品种：先玉 335　吉东 81　龙雨 6016　科泰 925

无灌溉平地向下搭配品种：兴丰 66　和育 188（吉审玉）　金田 1　旺禾 8　大民 309
　　　　　　　　　　　　先玉 1331　中元 999

阳坡适宜种植品种：　　兴丰 66　和育 188（吉审玉）　龙生 19　金田 1　旺禾 8
　　　　　　　　　　　　大民 309　先玉 1331　先玉 335　中地 9988　翔玉 319
　　　　　　　　　　　　杜育 311　中元 999　宏博 66　瑞普 909

阳坡向上搭配品种：　　兴丰 978　大民 803　D399　宏硕 738

阳坡向下搭配品种：　　兴垦 2　先科 1　罕玉 3　罕玉 5　宏博 691

阴坡适宜种植品种：　　兴丰 66　兴垦 2　和育 188（吉审玉）　金田 1　旺禾 8
　　　　　　　　　　　　大民 309　先科 1　先玉 1331　中元 999

阴坡向上搭配品种：　　兴丰 978　龙生 19　大民 803　先玉 335　D399　中地 9988
　　　　　　　　　　　　翔玉 319　杜育 311　宏硕 738　宏博 66　瑞普 909

阴坡向下搭配品种：　　罕玉 3　罕玉 5　宏博 691

（7）新合村　牛家屯（≥10℃活动积温 2953.6℃·日）

可灌溉平地适宜种植品种：德美 1 号　辰诺 501

可灌溉平地向上搭配品种：兴丰 7 号　丰田 101

可灌溉平地向下搭配品种：兴丰 978　先玉 335　吉东 81　大民 803　科泰 925
　　　　　　　　　　　　龙雨 6016　D399　宏硕 738

无灌溉平地适宜种植品种：兴丰 978　先玉 335　吉东 81　大民 803　科泰 925
　　　　　　　　　　　　龙雨 6016　D399　宏硕 738

无灌溉平地向上搭配品种:德美 1 号　辰诺 501

无灌溉平地向下搭配品种:龙生 19　先玉 335　中地 9988　翔玉 319　杜育 311

　　　　　　　　　　　　宏博 66　瑞普 909

阳坡适宜种植品种:　　　兴丰 978　龙生 19　大民 803　先玉 335　D399　中地 9988

　　　　　　　　　　　　翔玉 319　杜育 311　宏硕 738　宏博 66　瑞普 909

阳坡向上搭配品种:　　　先玉 335　吉东 81　龙雨 6016　科泰 925

阳坡向下搭配品种:　　　兴丰 66　兴垦 2　和育 188(吉审玉)　金田 1　旺禾 8

　　　　　　　　　　　　大民 309　先科 1　先玉 1331　中元 999

阴坡适宜种植品种:　　　兴丰 978　龙生 19　大民 803　先玉 335　D399　中地 9988

　　　　　　　　　　　　翔玉 319　杜育 311　宏硕 738　宏博 66　瑞普 909

阴坡向上搭配品种:　　　先玉 335　吉东 81　龙雨 6016　科泰 925

阴坡向下搭配品种:　　　兴丰 66　兴垦 2　和育 188(吉审玉)　金田 1　旺禾 8

　　　　　　　　　　　　大民 309　先科 1　先玉 1331　中元 999

(8)新合村　兰家屯(≥10 ℃活动积温 2947.8 ℃·日)

可灌溉平地适宜种植品种:先玉 335　吉东 81　龙雨 6016　科泰 925

可灌溉平地向上搭配品种:兴丰 7 号　德美 1 号　丰田 101　辰诺 501

可灌溉平地向下搭配品种:兴丰 978　大民 803　D399　宏硕 738

无灌溉平地适宜种植品种:兴丰 978　先玉 335　吉东 81　大民 803　科泰 925

　　　　　　　　　　　　龙雨 6016　D399　宏硕 738

无灌溉平地向上搭配品种:德美 1 号　辰诺 501

无灌溉平地向下搭配品种:龙生 19　先玉 335　中地 9988　翔玉 319　杜育 311

　　　　　　　　　　　　宏博 66　瑞普 909

阳坡适宜种植品种:　　　兴丰 978　龙生 19　大民 803　先玉 335　D399　中地 9988

　　　　　　　　　　　　翔玉 319　杜育 311　宏硕 738　宏博 66　瑞普 909

阳坡向上搭配品种:　　　先玉 335　吉东 81　龙雨 6016　科泰 925

阳坡向下搭配品种:　　　兴丰 66　兴垦 2　和育 188(吉审玉)　金田 1　旺禾 8

　　　　　　　　　　　　大民 309　先科 1　先玉 1331　中元 999

阴坡适宜种植品种:　　　兴丰 66　龙生 19　金田 1　旺禾 8　大民 309　先玉 1331

　　　　　　　　　　　　先玉 335　中地 9988　翔玉 319　杜育 311　中元 999

　　　　　　　　　　　　宏博 66　瑞普 909

阴坡向上搭配品种:　　　兴丰 978　先玉 335　吉东 81　大民 803　科泰 925

　　　　　　　　　　　　龙雨 6016　D399　宏硕 738

阴坡向下搭配品种:　　　兴垦 2　和育 188(吉审玉)　先科 1

(9)新合村　吴家屯(≥10 ℃活动积温 2913.7 ℃·日)

可灌溉平地适宜种植品种:先玉 335　吉东 81　龙雨 6016　科泰 925

可灌溉平地向上搭配品种:德美 1 号　辰诺 501

可灌溉平地向下搭配品种:兴丰 978　龙生 19　大民 803　先玉 335　D399　中地 9988

　　　　　　　　　　　　翔玉 319　杜育 311　宏硕 738　宏博 66　瑞普 909

无灌溉平地适宜种植品种:龙雨 6016　大民 803　科泰 925 D399　宏硕 738

无灌溉平地向上搭配品种：兴丰 978　先玉 335　吉东 81

无灌溉平地向下搭配品种：兴丰 66　和育 188（吉审玉）　龙生 19　金田 1　旺禾 8
　　　　　　　　　　　　大民 309　先玉 1331　先玉 335　中地 9988　翔玉 319
　　　　　　　　　　　　杜育 311　中元 999　宏博 66　瑞普 909

阳坡适宜种植品种：　　兴丰 66　龙生 19　金田 1　旺禾 8　大民 309　先玉 1331
　　　　　　　　　　　先玉 335　中地 9988　翔玉 319　杜育 311　中元 999
　　　　　　　　　　　宏博 66　瑞普 909

阳坡向上搭配品种：　　兴丰 978　先玉 335　吉东 81　大民 803　科泰 925
　　　　　　　　　　　龙雨 6016　D399　宏硕 738

阳坡向下搭配品种：　　兴垦 2　和育 188（吉审玉）　先科 1

阴坡适宜种植品种：　　兴丰 66　和育 188（吉审玉）　龙生 19　金田 1　旺禾 8
　　　　　　　　　　　大民 309　先玉 1331　先玉 335　中地 9988　翔玉 319
　　　　　　　　　　　杜育 311　中元 999　宏博 66　瑞普 909

阴坡向上搭配品种：　　兴丰 978　大民 803　D399　宏硕 738

阴坡向下搭配品种：　　兴垦 2　先科 1　罕玉 3　罕玉 5　宏博 691

（10）双合村　费家屯（≥10 ℃活动积温 2782.3 ℃·日）

可灌溉平地适宜种植品种：兴丰 66　龙生 19　金田 1　旺禾 8　大民 309　先玉 1331
　　　　　　　　　　　　先玉 335　中地 9988　翔玉 319　杜育 311　中元 999
　　　　　　　　　　　　宏博 66　瑞普 909

可灌溉平地向上搭配品种：兴丰 978　先玉 335　吉东 81　大民 803　科泰 925
　　　　　　　　　　　　龙雨 6016　D399　宏硕 738

可灌溉平地向下搭配品种：兴垦 2　和育 188（吉审玉）　先科 1

无灌溉平地适宜种植品种：兴丰 66　兴垦 2　和育 188（吉审玉）　金田 1　旺禾 8
　　　　　　　　　　　　大民 309　先科 1　先玉 1331　中元 999

无灌溉平地向上搭配品种：龙生 19　先玉 335　中地 9988　翔玉 319　杜育 311
　　　　　　　　　　　　宏博 66　瑞普 909

无灌溉平地向下搭配品种：罕玉 3　罕玉 5　宏博 691　金山 22　宏博 391

阳坡适宜种植品种：　　兴垦 2　先科 1　罕玉 3　罕玉 5　宏博 691

阳坡向上搭配品种：　　兴丰 66　和育 188（吉审玉）　金田 1　旺禾 8　大民 309
　　　　　　　　　　　先玉 1331　中元 999

阳坡向下搭配品种：　　兴丰 17　兴丰 3　罕玉 336　C1563　吉单 27　丰垦 139
　　　　　　　　　　　利单 656　丰垦 009　华北 140　金山 22　宏博 391

阴坡适宜种植品种：　　罕玉 3　罕玉 5　宏博 691　金山 22　宏博 391

阴坡向上搭配品种：　　兴丰 66　兴垦 2　和育 188（吉审玉）　金田 1　旺禾 8
　　　　　　　　　　　大民 309　先科 1　先玉 1331　中元 999

阴坡向下搭配品种：　　兴丰 17　兴丰 3　罕玉 336　C1563　吉单 27　丰垦 139
　　　　　　　　　　　利单 656　丰垦 009　华北 140

（11）双合村　包家屯（≥10 ℃活动积温 2915.3 ℃·日）

可灌溉平地适宜种植品种：先玉 335　吉东 81　龙雨 6016　科泰 925

可灌溉平地向上搭配品种:德美 1 号　辰诺 501

可灌溉平地向下搭配品种:兴丰 978　龙生 19　大民 803　先玉 335　D399　中地 9988
　　　　　　　　　　　　翔玉 319　杜育 311　宏硕 738　宏博 66　瑞普 909

无灌溉平地适宜种植品种:龙雨 6016　大民 803　科泰 925　D399　宏硕 738

无灌溉平地向上搭配品种:兴丰 978　先玉 335　吉东 81

无灌溉平地向下搭配品种:兴丰 66　和育 188(吉审玉)　龙生 19　金田 1　旺禾 8
　　　　　　　　　　　　大民 309　先玉 1331　先玉 335　中地 9988　翔玉 319
　　　　　　　　　　　　杜育 311　中元 999　宏博 66　瑞普 909

阳坡适宜种植品种:　　　兴丰 66　龙生 19　金田 1　旺禾 8　大民 309　先玉 1331
　　　　　　　　　　　　先玉 335　中地 9988　翔玉 319　杜育 311　中元 999
　　　　　　　　　　　　宏博 66　瑞普 909

阳坡向上搭配品种:　　　兴丰 978　先玉 335　吉东 81　大民 803　科泰 925
　　　　　　　　　　　　龙雨 6016　D399　宏硕 738

阳坡向下搭配品种:　　　兴垦 2　和育 188(吉审玉)　先科 1

阴坡适宜种植品种:　　　兴丰 66　和育 188(吉审玉)　龙生 19　金田 1　旺禾 8
　　　　　　　　　　　　大民 309　先玉 1331　先玉 335　中地 9988　翔玉 319
　　　　　　　　　　　　杜育 311　中元 999　宏博 66　瑞普 909

阴坡向上搭配品种:　　　兴丰 978　大民 803　D399　宏硕 738

阴坡向下搭配品种:　　　兴垦 2　先科 1　罕玉 3　罕玉 5　宏博 691

（12）双合村　庙家屯（≥10 ℃活动积温 2905.2 ℃·日）

可灌溉平地适宜种植品种:先玉 335　吉东 81　龙雨 6016　科泰 925

可灌溉平地向上搭配品种:德美 1 号　辰诺 501

可灌溉平地向下搭配品种:兴丰 978　龙生 19　大民 803　先玉 335　D399　中地 9988
　　　　　　　　　　　　翔玉 319　杜育 311　宏硕 738　宏博 66　瑞普 909

无灌溉平地适宜种植品种:兴丰 978　龙生 19　大民 803　先玉 335　D399　中地 9988
　　　　　　　　　　　　翔玉 319　杜育 311　宏硕 738　宏博 66　瑞普 909

无灌溉平地向上搭配品种:先玉 335　吉东 81　龙雨 6016　科泰 925

无灌溉平地向下搭配品种:兴丰 66　和育 188(吉审玉)　金田 1　旺禾 8　大民 309
　　　　　　　　　　　　先玉 1331　中元 999

阳坡适宜种植品种:　　　兴丰 66　和育 188(吉审玉)　龙生 19　金田 1　旺禾 8
　　　　　　　　　　　　大民 309　先玉 1331　先玉 335　中地 9988　翔玉 319
　　　　　　　　　　　　杜育 311　中元 999　宏博 66　瑞普 909

阳坡向上搭配品种:　　　兴丰 978　大民 803　D399　宏硕 738

阳坡向下搭配品种:　　　兴垦 2　先科 1　罕玉 3　罕玉 5　宏博 691

阴坡适宜种植品种:　　　兴丰 66　和育 188(吉审玉)　龙生 19　金田 1　旺禾 8
　　　　　　　　　　　　大民 309　先玉 1331　先玉 335　中地 9988　翔玉 319
　　　　　　　　　　　　杜育 311　中元 999　宏博 66　瑞普 909

阴坡向上搭配品种:　　　兴丰 978　大民 803　D399　宏硕 738

阴坡向下搭配品种:　　　兴垦 2　先科 1　罕玉 3　罕玉 5　宏博 691

（13）双合村　敖家屯（≥10℃活动积温 2778.6℃·日）

可灌溉平地适宜种植品种：兴丰 66　和育 188（吉审玉）　龙生 19　金田 1　旺禾 8
大民 309　先玉 1331　先玉 335　中地 9988　翔玉 319
杜育 311　中元 999　宏博 66　瑞普 909

可灌溉平地向上搭配品种：兴丰 978　大民 803　D399　宏硕 738

可灌溉平地向下搭配品种：兴垦 2　先科 1　罕玉 3　罕玉 5　宏博 691

无灌溉平地适宜种植品种：兴丰 66　兴垦 2　和育 188（吉审玉）　金田 1　旺禾 8
大民 309　先科 1　先玉 1331　中元 999

无灌溉平地向上搭配品种：龙生 19　先玉 335　中地 9988　翔玉 319　杜育 311
宏博 66　瑞普 909

无灌溉平地向下搭配品种：罕玉 3　罕玉 5　宏博 691　金山 22　宏博 391

阳坡适宜种植品种：　　　　罕玉 3　罕玉 5　宏博 691　金山 22　宏博 391

阳坡向上搭配品种：　　　　兴丰 66　兴垦 2　和育 188（吉审玉）　金田 1　旺禾 8
大民 309　先科 1　先玉 1331　中元 999

阳坡向下搭配品种：　　　　兴丰 17　兴丰 3　罕玉 336　C1563　吉单 27　丰垦 139
利单 656　丰垦 009　华北 140

阴坡适宜种植品种：　　　　罕玉 3　罕玉 5　宏博 691　金山 22　宏博 391

阴坡向上搭配品种：　　　　兴垦 2　和育 188（吉审玉）　先科 1

阴坡向下搭配品种：　　　　兴丰 818　兴丰 17　兴丰 3　罕玉 336　利单 656　C1563
吉单 27　丰垦 139　丰垦 009　华北 140　德禹 201

（14）共和村　窦家屯（≥10℃活动积温 2743.5℃·日）

可灌溉平地适宜种植品种：兴丰 66　兴垦 2　和育 188（吉审玉）　金田 1　旺禾 8
大民 309　先科 1　先玉 1331　中元 999

可灌溉平地向上搭配品种：兴丰 978　龙生 19　大民 803　先玉 335　D399　中地 9988
翔玉 319　杜育 311　宏硕 738　宏博 66　瑞普 909

可灌溉平地向下搭配品种：罕玉 3　罕玉 5　宏博 691

无灌溉平地适宜种植品种：兴垦 2　和育 188（吉审玉）　先科 1　罕玉 3　罕玉 5
宏博 691

无灌溉平地向上搭配品种：兴丰 66　龙生 19　金田 1　旺禾 8　大民 309　先玉 1331
先玉 335　中地 9988　翔玉 319　杜育 311　中元 999
宏博 66　瑞普 909

无灌溉平地向下搭配品种：金山 22　宏博 391

阳坡适宜种植品种：　　　　罕玉 3　罕玉 5　宏博 691　金山 22　宏博 391

阳坡向上搭配品种：　　　　兴垦 2　和育 188（吉审玉）　先科 1

阳坡向下搭配品种：　　　　兴丰 818　兴丰 17　兴丰 3　罕玉 336　利单 656　丰垦 139
C1563　吉单 27　丰垦 009　华北 140　德禹 201

阴坡适宜种植品种：　　　　兴丰 17　兴丰 3　罕玉 336　C1563　吉单 27　丰垦 139
利单 656　丰垦 009　华北 140　金山 22　宏博 391

阴坡向上搭配品种：　　　　兴垦 2　先科 1　罕玉 3　罕玉 5　宏博 691

阴坡向下搭配品种：　　　　兴丰 818　丰垦 139　德禹 201

（15）钢铁村　王家屯（≥10 ℃活动积温 2762.7 ℃·日）

可灌溉平地适宜种植品种：兴丰 66　和育 188（吉审玉）　龙生 19　金田 1　旺禾 8

大民 309　先玉 1331　先玉 335　中地 9988　翔玉 319

杜育 311　中元 999　宏博 66　瑞普 909

可灌溉平地向上搭配品种：兴丰 978　大民 803　D399　宏硕 738

可灌溉平地向下搭配品种：兴垦 2　先科 1　罕玉 3　罕玉 5　宏博 691

无灌溉平地适宜种植品种：兴丰 66　兴垦 2　和育 188（吉审玉）　金田 1　旺禾 8

大民 309　先科 1　先玉 1331　中元 999

无灌溉平地向上搭配品种：龙生 19　先玉 335　中地 9988　翔玉 319　杜育 311

宏博 66　瑞普 909

无灌溉平地向下搭配品种：罕玉 3　罕玉 5　宏博 691　金山 22　宏博 391

阳坡适宜种植品种：　　　　罕玉 3　罕玉 5　宏博 691　金山 22　宏博 391

阳坡向上搭配品种：　　　　兴丰 66　兴垦 2　和育 188（吉审玉）　金田 1　旺禾 8

大民 309　先科 1　先玉 1331　中元 999

阳坡向下搭配品种：　　　　兴丰 17　兴丰 3　罕玉 336　C1563　吉单 27　丰垦 139

利单 656　丰垦 009　华北 140

阴坡适宜种植品种：　　　　罕玉 3　罕玉 5　宏博 691　金山 22　宏博 391

阴坡向上搭配品种：　　　　兴垦 2　和育 188（吉审玉）　先科 1

阴坡向下搭配品种：　　　　兴丰 818　兴丰 17　兴丰 3　罕玉 336　利单 656　丰垦 139

C1563　吉单 27　丰垦 009　华北 140　德禹 201

（16）钢铁村　郑家屯（≥10 ℃活动积温 2743.5 ℃·日）

可灌溉平地适宜种植品种：兴丰 66　兴垦 2　和育 188（吉审玉）　金田 1　旺禾 8

大民 309　先科 1　先玉 1331　中元 999

可灌溉平地向上搭配品种：兴丰 978　龙生 19　大民 803　先玉 335　D399　中地 9988

翔玉 319　杜育 311　宏硕 738　宏博 66　瑞普 909

可灌溉平地向下搭配品种：罕玉 3　罕玉 5　宏博 691

无灌溉平地适宜种植品种：兴垦 2　和育 188（吉审玉）　先科 1　罕玉 3　罕玉 5

宏博 691

无灌溉平地向上搭配品种：兴丰 66　龙生 19　金田 1　旺禾 8　大民 309　先玉 1331

先玉 335　中地 9988　翔玉 319　杜育 311　中元 999

宏博 66　瑞普 909

无灌溉平地向下搭配品种：金山 22　宏博 391

阳坡适宜种植品种：　　　　罕玉 3　罕玉 5　宏博 691　金山 22　宏博 391

阳坡向上搭配品种：　　　　兴垦 2　和育 188（吉审玉）　先科 1

阳坡向下搭配品种：　　　　兴丰 818　兴丰 17　兴丰 3　罕玉 336　利单 656　C1563

吉单 27　丰垦 139　丰垦 009　华北 140　德禹 201

阴坡适宜种植品种：　　　　兴丰 17　兴丰 3　罕玉 336　C1563　吉单 27　丰垦 139

利单 656　丰垦 009　华北 140　金山 22　宏博 391

阴坡向上搭配品种：　兴垦 2　先科 1　罕玉 3　罕玉 5　宏博 691

阴坡向下搭配品种：　兴丰 818　丰垦 139　德禹 201

（17）钢铁村　闫家屯（≥10℃活动积温 2632.1℃·日）

可灌溉平地适宜种植品种：罕玉 3　罕玉 5　宏博 691　金山 22　宏博 391

可灌溉平地向上搭配品种：兴丰 66　兴垦 2　和育 188（吉审玉）　金田 1　旺禾 8

　　　　　　　　　　　　大民 309　先科 1　先玉 1331　中元 999

可灌溉平地向下搭配品种：兴丰 17　兴丰 3　罕玉 336　C1563　吉单 27　丰垦 139

　　　　　　　　　　　　利单 656　丰垦 009　华北 140

无灌溉平地适宜种植品种：兴丰 17　兴丰 3　罕玉 336　C1563　吉单 27　丰垦 139

　　　　　　　　　　　　利单 656　丰垦 009　华北 140　金山 22　宏博 391

无灌溉平地向上搭配品种：罕玉 3　罕玉 5　宏博 691

无灌溉平地向下搭配品种：兴丰 68　兴丰 58　兴丰 818　丰垦 139　丰垦 219　丰垦 008

　　　　　　　　　　　　罕玉 33　德禹 201

阳坡适宜种植品种：　　　兴丰 818　兴丰 17　兴丰 3　丰垦 139　罕玉 336　利单 656

　　　　　　　　　　　　C1563　吉单 27　丰垦 009　华北 140　德禹 201

阳坡向上搭配品种：　　　金山 22　宏博 391

阳坡向下搭配品种：　　　兴丰 68　兴丰 58　丰垦 219　丰垦 008　罕玉 33　登海 19

阴坡适宜种植品种：　　　兴丰 68　兴丰 58　兴丰 818　丰垦 139　丰垦 219　丰垦 008

　　　　　　　　　　　　罕玉 33　德禹 201

阴坡向上搭配品种：　　　兴丰 17　兴丰 3　罕玉 336　C1563　吉单 27　丰垦 139

　　　　　　　　　　　　利单 656　丰垦 009　华北 140　金山 22　宏博 391

阴坡向下搭配品种：　　　登海 19

（18）钢铁村　支家屯（≥10℃活动积温 2761.2℃·日）

可灌溉平地适宜种植品种：兴丰 66　和育 188（吉审玉）　龙生 19　金田 1　旺禾 8

　　　　　　　　　　　　大民 309　先玉 1331　先玉 335　中地 9988　翔玉 319

　　　　　　　　　　　　杜育 311　中元 999　宏博 66　瑞普 909

可灌溉平地向上搭配品种：兴丰 978　大民 803　D399　宏硕 738

可灌溉平地向下搭配品种：兴垦 2　先科 1　罕玉 3　罕玉 5　宏博 691

无灌溉平地适宜种植品种：兴丰 66　兴垦 2　和育 188（吉审玉）　金田 1　旺禾 8

　　　　　　　　　　　　大民 309　先科 1　先玉 1331　中元 999

无灌溉平地向上搭配品种：龙生 19　先玉 335　中地 9988　翔玉 319　杜育 311

　　　　　　　　　　　　宏博 66　瑞普 909

无灌溉平地向下搭配品种：罕玉 3　罕玉 5　宏博 691　金山 22　宏博 391

阳坡适宜种植品种：　　　罕玉 3　罕玉 5　宏博 691　金山 22　宏博 391

阳坡向上搭配品种：　　　兴丰 66　兴垦 2　和育 188（吉审玉）　金田 1　旺禾 8

　　　　　　　　　　　　大民 309　先科 1　先玉 1331　中元 999

阳坡向下搭配品种：　　　兴丰 17　兴丰 3　罕玉 336　C1563　吉单 27　丰垦 139

　　　　　　　　　　　　利单 656　丰垦 009　华北 140

阴坡适宜种植品种：　　　罕玉 3　罕玉 5　宏博 691　金山 22　宏博 391

阴坡向上搭配品种：　兴垦 2　和育 188（吉审玉）　先科 1

阴坡向下搭配品种：　兴丰 818　兴丰 17　兴丰 3　罕玉 336　利单 656　丰垦 139

C1563　吉单 27　丰垦 009　华北 140　德禹 201

（19）钢铁村　李家屯（≥10 ℃ 活动积温 2761.2 ℃·日）

可灌溉平地适宜种植品种：兴丰 66　和育 188（吉审玉）　龙生 19　金田 1　旺禾 8

大民 309　先玉 1331　先玉 335　中地 9988　翔玉 319

杜育 311　中元 999　宏博 66　瑞普 909

可灌溉平地向上搭配品种：兴丰 978　大民 803　D399　宏硕 738

可灌溉平地向下搭配品种：兴垦 2　先科 1　罕玉 3　罕玉 5　宏博 691

无灌溉平地适宜种植品种：兴丰 66　兴垦 2　和育 188（吉审玉）　金田 1　旺禾 8

大民 309　先科 1　先玉 1331　中元 999

无灌溉平地向上搭配品种：龙生 19　先玉 335　中地 9988　翔玉 319　杜育 311

宏博 66　瑞普 909

无灌溉平地向下搭配品种：罕玉 3　罕玉 5　宏博 691　金山 22　宏博 391

阳坡适宜种植品种：　罕玉 3　罕玉 5　宏博 691　金山 22　宏博 391

阳坡向上搭配品种：　兴丰 66　兴垦 2　和育 188（吉审玉）　金田 1　旺禾 8

大民 309　先科 1　先玉 1331　中元 999

阳坡向下搭配品种：　兴丰 17　兴丰 3　罕玉 336　C1563　吉单 27　丰垦 139

利单 656　丰垦 009　华北 140

阴坡适宜种植品种：　罕玉 3　罕玉 5　宏博 691　金山 22　宏博 391

阴坡向上搭配品种：　兴垦 2　和育 188（吉审玉）　先科 1

阴坡向下搭配品种：　兴丰 818　兴丰 17　兴丰 3 罕玉 336　利单 656　丰垦 139

C1563　吉单 27　丰垦 009　华北 140　德禹 201

（20）先锋村　耿家屯（≥10 ℃ 活动积温 2899.7 ℃·日）

可灌溉平地适宜种植品种：兴丰 978　先玉 335　吉东 81　大民 803　科泰 925

龙雨 6016　D399　宏硕 738

可灌溉平地向上搭配品种：德美 1 号　辰诺 501

可灌溉平地向下搭配品种：龙生 19　先玉 335　中地 9988　翔玉 319　杜育 311

宏博 66　瑞普 909

无灌溉平地适宜种植品种：兴丰 978　龙生 19　大民 803　先玉 335　D399　中地 9988

翔玉 319　杜育 311　宏硕 738　宏博 66　瑞普 909

无灌溉平地向上搭配品种：先玉 335　吉东 81　龙雨 6016　科泰 925

无灌溉平地向下搭配品种：兴丰 66　和育 188（吉审玉）　金田 1　旺禾 8　大民 309

先玉 1331　中元 999

阳坡适宜种植品种：　兴丰 66　和育 188（吉审玉）　龙生 19　金田 1　旺禾 8

大民 309　先玉 1331　先玉 335　中地 9988　翔玉 319

杜育 311　中元 999　宏博 66　瑞普 909

阳坡向上搭配品种：　兴丰 978　大民 803　D399　宏硕 738

阳坡向下搭配品种：　兴垦 2　先科 1　罕玉 3　罕玉 5　宏博 691

阴坡适宜种植品种： 兴丰66　兴垦2　和育188（吉审玉）　金田1　旺禾8
　　　　　　　　　大民309　先科1　先玉1331　中元999
阴坡向上搭配品种： 兴丰978　龙生19　大民803　先玉335　D399　中地9988
　　　　　　　　　翔玉319　杜育311　宏硕738　宏博66　瑞普909
阴坡向下搭配品种： 罕玉3　罕玉5　宏博691

（21）先锋村　西周家屯（≥10℃活动积温2803.8℃·日）

可灌溉平地适宜种植品种：兴丰978　龙生19　大民803　先玉335　D399　中地9988
　　　　　　　　　　　　翔玉319　杜育311　宏硕738　宏博66　瑞普909
可灌溉平地向上搭配品种：先玉335　吉东81　龙雨6016　科泰925
可灌溉平地向下搭配品种：兴丰66　兴垦2　和育188（吉审玉）　金田1　旺禾8
　　　　　　　　　　　　大民309　先科1　先玉1331　中元999
无灌溉平地适宜种植品种：兴丰66　兴垦2　和育188（吉审玉）　金田1　旺禾8
　　　　　　　　　　　　大民309　先科1　先玉1331　中元999
无灌溉平地向上搭配品种：兴丰978　龙生19　大民803　先玉335　D399　中地9988
　　　　　　　　　　　　翔玉319　杜育311　宏硕738　宏博66　瑞普909
无灌溉平地向下搭配品种：罕玉3　罕玉5　宏博691
阳坡适宜种植品种： 兴垦2　先科1　罕玉3　罕玉5　宏博691
阳坡向上搭配品种： 兴丰66　和育188（吉审玉）　金田1　旺禾8　大民309
　　　　　　　　　先玉1331　中元999
阳坡向下搭配品种： 兴丰17　兴丰3　罕玉336　C1563　吉单27　丰垦139
　　　　　　　　　利单656　丰垦009　华北140　金山22　宏博391
阴坡适宜种植品种： 兴垦2　先科1　罕玉3　罕玉5　宏博691
阴坡向上搭配品种： 兴丰66　和育188（吉审玉）　金田1　旺禾8　大民309
　　　　　　　　　先玉1331　中元999
阴坡向下搭配品种： 兴丰17　兴丰3　罕玉336　C1563　吉单27　丰垦139
　　　　　　　　　利单656　丰垦009　华北140　金山22　宏博391

（22）先锋村　葛家屯（≥10℃活动积温2899.7℃·日）

可灌溉平地适宜种植品种：兴丰978　先玉335　吉东81　大民803　科泰925
　　　　　　　　　　　　龙雨6016　D399　宏硕738
可灌溉平地向上搭配品种：德美1号　辰诺501
可灌溉平地向下搭配品种：龙生19　先玉335　中地9988　翔玉319　杜育311
　　　　　　　　　　　　宏博66　瑞普909
无灌溉平地适宜种植品种：兴丰978　龙生19　大民803　先玉335　D399　中地9988
　　　　　　　　　　　　翔玉319　杜育311　宏硕738　宏博66　瑞普909
无灌溉平地向上搭配品种：先玉335　吉东81　龙雨6016　科泰925
无灌溉平地向下搭配品种：兴丰66　和育188（吉审玉）　金田1　旺禾8　大民309
　　　　　　　　　　　　先玉1331　中元999
阳坡适宜种植品种： 兴丰66　和育188（吉审玉）　龙生19　金田1　旺禾8
　　　　　　　　　大民309　先玉1331　先玉335　中地9988　翔玉319

　　　　　　　　　　　　　杜育 311　中元 999　宏博 66　瑞普 909

阳坡向上搭配品种：　　　　兴丰 978　大民 803　D399　宏硕 738

阳坡向下搭配品种：　　　　兴垦 2　先科 1　罕玉 3　罕玉 5　宏博 691

阴坡适宜种植品种：　　　　兴丰 66　兴垦 2　和育 188(吉审玉)　金田 1　旺禾 8

　　　　　　　　　　　　　大民 309　先科 1　先玉 1331　中元 999

阴坡向上搭配品种：　　　　兴丰 978　龙生 19　大民 803　先玉 335　D399　中地 9988

　　　　　　　　　　　　　翔玉 319　杜育 311　宏硕 738　宏博 66　瑞普 909

阴坡向下搭配品种：　　　　罕玉 3　罕玉 5　宏博 691

（23）向阳村　向阳屯（≥10 ℃ 活动积温 2833 ℃·日）

可灌溉平地适宜种植品种：兴丰 978　龙生 19　大民 803　先玉 335　D399　中地 9988

　　　　　　　　　　　　　翔玉 319　杜育 311　宏硕 738　宏博 66　瑞普 909

可灌溉平地向上搭配品种：先玉 335　吉东 81　龙雨 6016　科泰 925

可灌溉平地向下搭配品种：兴丰 66　和育 188(吉审玉)　金田 1　旺禾 8　大民 309

　　　　　　　　　　　　　先玉 1331　中元 999

无灌溉平地适宜种植品种：兴丰 66　和育 188(吉审玉)　龙生 19　金田 1　旺禾 8

　　　　　　　　　　　　　大民 309　先玉 1331　先玉 335　中地 9988　翔玉 319

　　　　　　　　　　　　　杜育 311　中元 999　宏博 66　瑞普 909

无灌溉平地向上搭配品种：兴丰 978　大民 803　D399　宏硕 738

无灌溉平地向下搭配品种：兴垦 2　先科 1　罕玉 3　罕玉 5　宏博 691

阳坡适宜种植品种：　　　　兴丰 66　兴垦 2　和育 188(吉审玉)　金田 1　旺禾 8

　　　　　　　　　　　　　大民 309　先科 1　先玉 1331　中元 999

阳坡向上搭配品种：　　　　龙生 19　先玉 335　中地 9988　翔玉 319　杜育 311

　　　　　　　　　　　　　宏博 66　瑞普 909

阳坡向下搭配品种：　　　　罕玉 3　罕玉 5　宏博 691　金山 22　宏博 391

阴坡适宜种植品种：　　　　兴垦 2　和育 188(吉审玉)　先科 1　罕玉 3　罕玉 5

　　　　　　　　　　　　　宏博 691

阴坡向上搭配品种：　　　　兴丰 66　龙生 19　金田 1　旺禾 8　大民 309　先玉 1331

　　　　　　　　　　　　　先玉 335　中地 9988　翔玉 319　杜育 311　中元 999

　　　　　　　　　　　　　宏博 66　瑞普 909

阴坡向下搭配品种：　　　　金山 22　宏博 391

（24）兴发村　中心屯（≥10 ℃ 活动积温 2686.9 ℃·日）

可灌溉平地适宜种植品种：兴垦 2　和育 188(吉审玉)　先科 1　罕玉 3　罕玉 5

　　　　　　　　　　　　　宏博 691

可灌溉平地向上搭配品种：兴丰 66　龙生 19　金田 1　旺禾 8　大民 309　先玉 1331

　　　　　　　　　　　　　先玉 335　中地 9988　翔玉 319　杜育 311　中元 999

　　　　　　　　　　　　　宏博 66　瑞普 909

可灌溉平地向下搭配品种：金山 22　宏博 391

无灌溉平地适宜种植品种：罕玉 3　罕玉 5　宏博 691　金山 22　宏博 391

无灌溉平地向上搭配品种：兴垦 2　和育 188(吉审玉)　先科 1

无灌溉平地向下搭配品种：兴丰 818　兴丰 17　兴丰 3　罕玉 336　利单 656　C1563
　　　　　　　　　　　　　吉单 27　丰垦 139　丰垦 009　华北 140　德禹 201
阳坡适宜种植品种：　　　兴丰 17　兴丰 3　罕玉 336　C1563　吉单 27　丰垦 139
　　　　　　　　　　　　利单 656　丰垦 009　华北 140　金山 22　宏博 391
阳坡向上搭配品种：　　　罕玉 3　罕玉 5　宏博 691
阳坡向下搭配品种：　　　兴丰 68　兴丰 58　兴丰 818　丰垦 139　丰垦 219　丰垦 008
　　　　　　　　　　　　罕玉 33　德禹 201
阴坡适宜种植品种：　　　兴丰 818　兴丰 17　兴丰 3　罕玉 336　利单 656　丰垦 139
　　　　　　　　　　　　C1563　吉单 27　丰垦 009　华北 140　德禹 201
阴坡向上搭配品种：　　　罕玉 3　罕玉 5　宏博 691　金山 22　宏博 391
阴坡向下搭配品种：　　　兴丰 68　兴丰 58　丰垦 219　丰垦 008　罕玉 33

（25）兴发村　兴龙屯（≥10 ℃活动积温 2561.1 ℃·日）
可灌溉平地适宜种植品种：兴丰 17　兴丰 3　罕玉 336　C1563　吉单 27　丰垦 139
　　　　　　　　　　　　利单 656　丰垦 009　华北 140　金山 22　宏博 391
可灌溉平地向上搭配品种：罕玉 3　罕玉 5　宏博 691
可灌溉平地向下搭配品种：兴丰 68　兴丰 58　兴丰 818　丰垦 139　丰垦 219　丰垦 008
　　　　　　　　　　　　罕玉 33　德禹 201
无灌溉平地适宜种植品种：兴丰 818　兴丰 17　兴丰 3　罕玉 336　利单 656　丰垦 139
　　　　　　　　　　　　C1563　吉单 27　丰垦 009　华北 140　德禹 201
无灌溉平地向上搭配品种：金山 22　宏博 391
无灌溉平地向下搭配品种：兴丰 68　兴丰 58　丰垦 219　丰垦 008　罕玉 33　登海 19
阳坡适宜种植品种：　　　兴丰 68　兴丰 58　丰垦 219　丰垦 008　罕玉 33　登海 19
阳坡向上搭配品种：　　　兴丰 818　兴丰 17　兴丰 3　罕玉 336　利单 656　C1563
　　　　　　　　　　　　吉单 27　丰垦 139　丰垦 009　华北 140　德禹 201
阳坡向下搭配品种：　　　丰垦 008　丰垦 219　登科 29　禾田 1 号　先玉 1409
阴坡适宜种植品种：　　　兴丰 68　兴丰 58　丰垦 219　丰垦 008　罕玉 33　登海 19
阴坡向上搭配品种：　　　兴丰 818　丰垦 139　德禹 201
阴坡向下搭配品种：　　　丰垦 008　丰垦 219　登科 29　禾田 1 号　先玉 1409

（26）兴发村　兴山屯（≥10 ℃活动积温 2686.9 ℃·日）
可灌溉平地适宜种植品种：兴垦 2　和育 188（吉审玉）　先科 1　罕玉 3　罕玉 5
　　　　　　　　　　　　宏博 691
可灌溉平地向上搭配品种：兴丰 66　龙生 19　金田 1　旺禾 8　大民 309　先玉 1331
　　　　　　　　　　　　先玉 335　中地 9988　翔玉 319　杜育 311　中元 999
　　　　　　　　　　　　宏博 66　瑞普 909
可灌溉平地向下搭配品种：金山 22　宏博 391
无灌溉平地适宜种植品种：罕玉 3　罕玉 5　宏博 691　金山 22　宏博 391
无灌溉平地向上搭配品种：兴垦 2　和育 188（吉审玉）　先科 1
无灌溉平地向下搭配品种：兴丰 818　兴丰 17　兴丰 3　罕玉 336　利单 656　丰垦 139
　　　　　　　　　　　　C1563　吉单 27　丰垦 009　华北 140　德禹 201

阳坡适宜种植品种：　　　兴丰 17　兴丰 3　罕玉 336　C1563　吉单 27　丰垦 139
利单 656　丰垦 009　华北 140　金山 22　宏博 391

阳坡向上搭配品种：　　　罕玉 3　罕玉 5　宏博 691

阳坡向下搭配品种：　　　兴丰 68　兴丰 58　兴丰 818　丰垦 139　丰垦 219　丰垦 008
罕玉 33　德禹 201

阴坡适宜种植品种：　　　兴丰 818　兴丰 17　兴丰 3　罕玉 336　利单 656　丰垦 139
C1563　吉单 27　丰垦 009　华北 140　德禹 201

阴坡向上搭配品种：　　　罕玉 3　罕玉 5　宏博 691　金山 22　宏博 391

阴坡向下搭配品种：　　　兴丰 68　兴丰 58　丰垦 219　丰垦 008　罕玉 33

（27）兴发村　兴发屯（≥10 ℃活动积温 2794 ℃·日）

可灌溉平地适宜种植品种：兴丰 66　龙生 19　金田 1　旺禾 8　大民 309　先玉 1331
先玉 335　中地 9988　翔玉 319　杜育 311　中元 999
宏博 66　瑞普 909

可灌溉平地向上搭配品种：兴丰 978　先玉 335　吉东 81　大民 803　科泰 925
龙雨 6016　D399　宏硕 738

可灌溉平地向下搭配品种：兴垦 2　和育 188（吉审玉）　先科 1

无灌溉平地适宜种植品种：兴丰 66　兴垦 2　和育 188（吉审玉）　金田 1　旺禾 8
大民 309　先科 1　先玉 1331　中元 999

无灌溉平地向上搭配品种：兴丰 978　龙生 19　大民 803　先玉 335　D399　中地 9988
翔玉 319　杜育 311　宏硕 738　宏博 66　瑞普 909

无灌溉平地向下搭配品种：罕玉 3　罕玉 5　宏博 691

阳坡适宜种植品种：　　　兴垦 2　先科 1　罕玉 3　罕玉 5　宏博 691

阳坡向上搭配品种：　　　兴丰 66　和育 188（吉审玉）　金田 1　旺禾 8　大民 309
先玉 1331　中元 999

阳坡向下搭配品种：　　　兴丰 17　兴丰 3　罕玉 336　C1563　吉单 27　丰垦 139
利单 656　丰垦 009　华北 140　金山 22　宏博 391

阴坡适宜种植品种：　　　罕玉 3　罕玉 5　宏博 691　金山 22　宏博 391

阴坡向上搭配品种：　　　兴丰 66　兴垦 2　和育 188（吉审玉）　金田 1　旺禾 8
大民 309　先科 1　先玉 1331　中元 999

阴坡向下搭配品种：　　　兴丰 17　兴丰 3　罕玉 336　C1563　吉单 27　丰垦 139
利单 656　丰垦 009　华北 140

（28）兴泉村　中户屯（≥10 ℃活动积温 2746.5 ℃·日）

可灌溉平地适宜种植品种：兴丰 66　兴垦 2　和育 188（吉审玉）　金田 1　旺禾 8
大民 309　先科 1　先玉 1331　中元 999

可灌溉平地向上搭配品种：兴丰 978　龙生 19　大民 803　先玉 335　D399　中地 9988
翔玉 319　杜育 311　宏硕 738　宏博 66　瑞普 909

可灌溉平地向下搭配品种：罕玉 3　罕玉 5　宏博 691

无灌溉平地适宜种植品种：兴垦 2　和育 188（吉审玉）　先科 1　罕玉 3　罕玉 5
宏博 691

无灌溉平地向上搭配品种：兴丰 66　龙生 19　金田 1　旺禾 8　大民 309　先玉 1331

　　　　　　　　　　　　先玉 335　中地 9988　翔玉 319　杜育 311　中元 999

　　　　　　　　　　　　宏博 66　瑞普 909

无灌溉平地向下搭配品种：金山 22　宏博 391

阳坡适宜种植品种：　　　罕玉 3　罕玉 5　宏博 691　金山 22　宏博 391

阳坡向上搭配品种：　　　兴垦 2　和育 188（吉审玉）　先科 1

阳坡向下搭配品种：　　　兴丰 818　兴丰 17　兴丰 3　罕玉 336　利单 656　丰垦 139

　　　　　　　　　　　　C1563　吉单 27　丰垦 009　华北 140　德禹 201

阴坡适宜种植品种：　　　兴丰 17　兴丰 3　罕玉 336　C1563　吉单 27　丰垦 139

　　　　　　　　　　　　利单 656　丰垦 009　华北 140　金山 22　宏博 391

阴坡向上搭配品种：　　　兴垦 2　先科 1　罕玉 3　罕玉 5　宏博 691

阴坡向下搭配品种：　　　兴丰 818　丰垦 139　德禹 201

（29）兴泉村　上户屯（≥10 ℃ 活动积温 3010.3 ℃·日）

可灌溉平地适宜种植品种：丰田 101　辰诺 501

可灌溉平地向上搭配品种：兴丰 7 号　德美 1 号

可灌溉平地向下搭配品种：先玉 335　吉东 81　龙雨 6016　科泰 925

无灌溉平地适宜种植品种：德美 1 号　辰诺 501

无灌溉平地向上搭配品种：兴丰 7 号　丰田 101

无灌溉平地向下搭配品种：兴丰 978　先玉 335　吉东 81　大民 803　科泰 925

　　　　　　　　　　　　龙雨 6016　D399　宏硕 738

阳坡适宜种植品种：　　　兴丰 978　先玉 335　吉东 81　大民 803　科泰 925

　　　　　　　　　　　　龙雨 6016　D399　宏硕 738

阳坡向上搭配品种：　　　德美 1 号　辰诺 501

阳坡向下搭配品种：　　　龙生 19　先玉 335　中地 9988　翔玉 319　杜育 311

　　　　　　　　　　　　宏博 66　瑞普 909

阴坡适宜种植品种：　　　龙雨 6016　大民 803　科泰 925　D399　宏硕 738

阴坡向上搭配品种：　　　兴丰 978　先玉 335　吉东 81

阴坡向下搭配品种：　　　兴丰 66　龙生 19　金田 1　旺禾 8　大民 309　先玉 1331

　　　　　　　　　　　　先玉 335　中地 9988　翔玉 319　杜育 311　中元 999

　　　　　　　　　　　　宏博 66　瑞普 909

（30）兴泉村　下户屯（≥10 ℃ 活动积温 2746.5 ℃·日）

可灌溉平地适宜种植品种：兴丰 66　兴垦 2　和育 188（吉审玉）　金田 1　旺禾 8

　　　　　　　　　　　　大民 309　先科 1　先玉 1331　中元 999

可灌溉平地向上搭配品种：兴丰 978　龙生 19　大民 803　先玉 335　D399　中地 9988

　　　　　　　　　　　　翔玉 319　杜育 311　宏硕 738　宏博 66　瑞普 909

可灌溉平地向下搭配品种：罕玉 3　罕玉 5　宏博 691

无灌溉平地适宜种植品种：兴垦 2　和育 188（吉审玉）　先科 1　罕玉 3　罕玉 5

　　　　　　　　　　　　宏博 691

无灌溉平地向上搭配品种：兴丰 66　龙生 19　金田 1　旺禾 8　大民 309　先玉 1331

　　　　　　　　　　　　先玉 335　中地 9988　翔玉 319　杜育 311　中元 999

　　　　　　　　　　　　宏博 66　瑞普 909

无灌溉平地向下搭配品种：金山 22　宏博 391

阳坡适宜种植品种：　　　罕玉 3　罕玉 5　宏博 691　金山 22　宏博 391

阳坡向上搭配品种：　　　兴垦 2　和育 188（吉审玉）　先科 1

阳坡向下搭配品种：　　　兴丰 818　兴丰 17　兴丰 3　罕玉 336　利单 656　丰垦 139

　　　　　　　　　　　　C1563　吉单 27　丰垦 009　华北 140　德禹 201

阴坡适宜种植品种：　　　兴丰 17　兴丰 3　罕玉 336　C1563　吉单 27　丰垦 139

　　　　　　　　　　　　利单 656　丰垦 009　华北 140　金山 22　宏博 391

阴坡向上搭配品种：　　　兴垦 2　先科 1　罕玉 3　罕玉 5　宏博 691

阴坡向下搭配品种：　　　兴丰 818　丰垦 139　德禹 201

（31）兴泉村　新东山屯（≥10 ℃活动积温 2862.2 ℃·日）

可灌溉平地适宜种植品种：龙雨 6016　大民 803　科泰 925　D399　宏硕 738

可灌溉平地向上搭配品种：兴丰 978　先玉 335　吉东 81

可灌溉平地向下搭配品种：兴丰 66　龙生 19　金田 1　旺禾 8　大民 309　先玉 1331

　　　　　　　　　　　　先玉 335　中地 9988　翔玉 319　杜育 311　中元 999

　　　　　　　　　　　　宏博 66　瑞普 909

无灌溉平地适宜种植品种：兴丰 978　龙生 19　大民 803　先玉 335　D399　中地 9988

　　　　　　　　　　　　翔玉 319　杜育 311　宏硕 738　宏博 66　瑞普 909

无灌溉平地向上搭配品种：先玉 335　吉东 81　龙雨 6016　科泰 925

无灌溉平地向下搭配品种：兴丰 66　兴垦 2　和育 188（吉审玉）　金田 1　旺禾 8

　　　　　　　　　　　　大民 309　先科 1　先玉 1331　中元 999

阳坡适宜种植品种：　　　兴丰 66　兴垦 2　和育 188（吉审玉）　金田 1　旺禾 8

　　　　　　　　　　　　大民 309　先科 1　先玉 1331　中元 999

阳坡向上搭配品种：　　　兴丰 978　龙生 19　大民 803　先玉 335　D399　中地 9988

　　　　　　　　　　　　翔玉 319　杜育 311　宏硕 738　宏博 66　瑞普 909

阳坡向下搭配品种：　　　罕玉 3　罕玉 5　宏博 691

阴坡适宜种植品种：　　　兴丰 66　兴垦 2　和育 188（吉审玉）　金田 1　旺禾 8

　　　　　　　　　　　　大民 309　先科 1　先玉 1331　中元 999

阴坡向上搭配品种：　　　龙生 19　先玉 335　中地 9988　翔玉 319　杜育 311

　　　　　　　　　　　　宏博 66　瑞普 909

阴坡向下搭配品种：　　　罕玉 3　罕玉 5　宏博 691　金山 22　宏博 391

（32）永凡村　永凡屯（≥10 ℃活动积温 2739.9 ℃·日）

可灌溉平地适宜种植品种：兴丰 66　兴垦 2　和育 188（吉审玉）　金田 1　旺禾 8

　　　　　　　　　　　　大民 309　先科 1　先玉 1331　中元 999

可灌溉平地向上搭配品种：兴丰 978　龙生 19　大民 803　先玉 335　D399　中地 9988

　　　　　　　　　　　　翔玉 319　杜育 311　宏硕 738　宏博 66　瑞普 909

可灌溉平地向下搭配品种：罕玉 3　罕玉 5　宏博 691

无灌溉平地适宜种植品种：兴垦 2　先科 1　罕玉 3　罕玉 5　宏博 691

无灌溉平地向上搭配品种：兴丰66　和育188（吉审玉）　金田1　旺禾8　大民309
　　　　　　　　　　　　　先玉1331　中元999

无灌溉平地向下搭配品种：兴丰17　兴丰3　罕玉336　C1563　吉单27　丰垦139
　　　　　　　　　　　　　利单656　丰垦009　华北140　金山22　宏博391

阳坡适宜种植品种：　　　罕玉3　罕玉5　宏博691　金山22　宏博391

阳坡向上搭配品种：　　　兴垦2　先科1

阳坡向下搭配品种：　　　兴丰818　兴丰17　兴丰3　罕玉336　利单656　丰垦139
　　　　　　　　　　　　C1563　吉单27　丰垦009　华北140　德禹201

阴坡适宜种植品种：　　　兴丰17　兴丰3　罕玉336　丰垦139　C1563　吉单27
　　　　　　　　　　　　利单656　丰垦009　华北140　金山22　宏博391

阴坡向上搭配品种：　　　兴垦2　先科1　罕玉3　罕玉5　宏博691

阴坡向下搭配品种：　　　兴丰818　丰垦139　德禹201

（33）永华村　郭林屯（≥10℃活动积温2713℃·日）

可灌溉平地适宜种植品种：兴垦2　先科1　和育188（吉审玉）　金田1　旺禾8
　　　　　　　　　　　　大民309　先科1　先玉1331　中元999

可灌溉平地向上搭配品种：龙生19　先玉335　中地9988　翔玉319　杜育311
　　　　　　　　　　　　宏博66　瑞普909

可灌溉平地向下搭配品种：罕玉3　罕玉5　宏博691　金山22　宏博391

无灌溉平地适宜种植品种：兴垦2　先科1　罕玉3　罕玉5　宏博691

无灌溉平地向上搭配品种：兴丰66　和育188（吉审玉）　金田1　旺禾8　大民309
　　　　　　　　　　　　先玉1331　中元999

无灌溉平地向下搭配品种：兴丰17　兴丰3　罕玉336　C1563　吉单27　丰垦139
　　　　　　　　　　　　利单656　丰垦009　华北140　金山22　宏博391

阳坡适宜种植品种：　　　兴丰17　兴丰3　罕玉336　C1563　吉单27　丰垦139
　　　　　　　　　　　　利单656　丰垦009　华北140　金山22　宏博391

阳坡向上搭配品种：　　　兴垦2　先科1　罕玉3　罕玉5　宏博691

阳坡向下搭配品种：　　　兴丰818　丰垦139　德禹201

阴坡适宜种植品种：　　　兴丰17　兴丰3　罕玉336　C1563　吉单27　丰垦139
　　　　　　　　　　　　利单656　丰垦009　华北140　金山22　宏博391

阴坡向上搭配品种：　　　罕玉3　罕玉5　宏博691

阴坡向下搭配品种：　　　兴丰68　兴丰58　兴丰818　丰垦139　丰垦219　丰垦008
　　　　　　　　　　　　罕玉33　德禹201

（34）东平村　卜家屯（≥10℃活动积温2667.7℃·日）

可灌溉平地适宜种植品种：兴垦2　先科1　罕玉3　罕玉5　宏博691

可灌溉平地向上搭配品种：兴丰66　和育188（吉审玉）　金田1　旺禾8　大民309
　　　　　　　　　　　　先玉1331　中元999

可灌溉平地向下搭配品种：兴丰17　兴丰3　罕玉336　C1563　吉单27　丰垦139
　　　　　　　　　　　　利单656　丰垦009　华北140　金山22　宏博391

无灌溉平地适宜种植品种：罕玉3　罕玉5　宏博691　金山22　宏博391

无灌溉平地向上搭配品种:兴垦 2　先科 1

无灌溉平地向下搭配品种:兴丰 818　兴丰 17　兴丰 3　罕玉 336　利单 656　丰垦 139
　　　　　　　　　　　　　C1563　吉单 27　丰垦 009　华北 140　德禹 201

阳坡适宜种植品种:　　　兴丰 818　兴丰 17　兴丰 3　罕玉 336　利单 656　丰垦 139
　　　　　　　　　　　　C1563　吉单 27　丰垦 009　华北 140　德禹 201

阳坡向上搭配品种:　　　罕玉 3　罕玉 5　宏博 691　金山 22　宏博 391

阳坡向下搭配品种:　　　兴丰 68　兴丰 58　丰垦 219　丰垦 008　罕玉 33

阴坡适宜种植品种:　　　兴丰 818　兴丰 17　兴丰 3　罕玉 336　利单 656　丰垦 139
　　　　　　　　　　　　C1563　吉单 27　丰垦 009　华北 140　德禹 201

阴坡向上搭配品种:　　　金山 22　宏博 391

阴坡向下搭配品种:　　　兴丰 68　兴丰 58　丰垦 219　丰垦 008　罕玉 33　登海 19

（35）东平村　小姜家屯（≥10 ℃活动积温 2773.6 ℃·日）

可灌溉平地适宜种植品种:兴丰 66　和育 188（吉审玉）　龙生 19　金田 1　旺禾 8
　　　　　　　　　　　　大民 309　先玉 1331　先玉 335　中地 9988　翔玉 319
　　　　　　　　　　　　杜育 311　中元 999　宏博 66　瑞普 909

可灌溉平地向上搭配品种:兴丰 978　大民 803　D399　宏硕 738

可灌溉平地向下搭配品种:兴垦 2　先科 1　罕玉 3　罕玉 5　宏博 691

无灌溉平地适宜种植品种:兴丰 66　兴垦 2　和育 188（吉审玉）　金田 1　旺禾 8
　　　　　　　　　　　　大民 309　先科 1　先玉 1331　中元 999

无灌溉平地向上搭配品种:龙生 19　先玉 335　中地 9988　翔玉 319　杜育 311
　　　　　　　　　　　　宏博 66　瑞普 909

无灌溉平地向下搭配品种:罕玉 3　罕玉 5　宏博 691　金山 22　宏博 391

阳坡适宜种植品种:　　　罕玉 3　罕玉 5　宏博 691　金山 22　宏博 391

阳坡向上搭配品种:　　　兴丰 66　兴垦 2　和育 188（吉审玉）　金田 1　旺禾 8
　　　　　　　　　　　　大民 309　先科 1　先玉 1331　中元 999

阳坡向下搭配品种:　　　兴丰 17　兴丰 3　罕玉 336　C1563　吉单 27　丰垦 139
　　　　　　　　　　　　利单 656　丰垦 009　华北 140

阴坡适宜种植品种:　　　罕玉 3　罕玉 5　宏博 691　金山 22　宏博 391

阴坡向上搭配品种:　　　兴垦 2　和育 188（吉审玉）　先科 1

阴坡向下搭配品种:　　　兴丰 818　兴丰 17　兴丰 3　罕玉 336　利单 656　丰垦 139
　　　　　　　　　　　　C1563　吉单 27　丰垦 009　华北 140　德禹 201

（36）中心村　白乙拉屯（≥10 ℃活动积温 2924.4 ℃·日）

可灌溉平地适宜种植品种:先玉 335　吉东 81　龙雨 6016　科泰 925

可灌溉平地向上搭配品种:德美 1 号　辰诺 501

可灌溉平地向下搭配品种:兴丰 978　龙生 19　大民 803　先玉 335　D399　中地 9988
　　　　　　　　　　　　翔玉 319　杜育 311　宏硕 738　宏博 66　瑞普 909

无灌溉平地适宜种植品种:龙雨 6016　大民 803　科泰 925　D399　宏硕 738

无灌溉平地向上搭配品种:兴丰 978　先玉 335　吉东 81

无灌溉平地向下搭配品种:兴丰 66　龙生 19　金田 1　旺禾 8　大民 309　先玉 1331

先玉 335　中地 9988　翔玉 319　杜育 311　中元 999

宏博 66　瑞普 909

阳坡适宜种植品种：　兴丰 66　龙生 19　金田 1　旺禾 8　大民 309　先玉 1331

先玉 335　中地 9988　翔玉 319　杜育 311　中元 999

宏博 66　瑞普 909

阳坡向上搭配品种：　兴丰 978　先玉 335　吉东 81　大民 803　科泰 925

龙雨 6016　D399　宏硕 738

阳坡向下搭配品种：　兴垦 2　和育 188（吉审玉）　先科 1

阴坡适宜种植品种：　兴丰 66　和育 188（吉审玉）　龙生 19　金田 1　旺禾 8

大民 309　先玉 1331　先玉 335　中地 9988　翔玉 319

杜育 311　中元 999　宏博 66　瑞普 909

阴坡向上搭配品种：　兴丰 978　大民 803　D399　宏硕 738

阴坡向下搭配品种：　兴垦 2　先科 1　罕玉 3　罕玉 5　宏博 691

（37）红旗村　天太屯（≥10 ℃活动积温 2989.2 ℃·日）

可灌溉平地适宜种植品种：德美 1 号　辰诺 501

可灌溉平地向上搭配品种：兴丰 7 号　丰田 101

可灌溉平地向下搭配品种：先玉 335　吉东 81　龙雨 6016　科泰 925

无灌溉平地适宜种植品种：先玉 335　吉东 81　龙雨 6016　科泰 925

无灌溉平地向上搭配品种：德美 1 号　辰诺 501

无灌溉平地向下搭配品种：兴丰 978　龙生 19　大民 803　先玉 335　D399　中地 9988

翔玉 319　杜育 311　宏硕 738　宏博 66　瑞普 909

阳坡适宜种植品种：　龙雨 6016　大民 803　科泰 925　D399　宏硕 738

阳坡向上搭配品种：　兴丰 978　先玉 335　吉东 81

阳坡向下搭配品种：　兴丰 66　和育 188（吉审玉）　龙生 19　金田 1　旺禾 8

大民 309　先玉 1331　先玉 335　中地 9988　翔玉 319

杜育 311　中元 999　宏博 66　瑞普 909

阴坡适宜种植品种：　兴丰 978　龙生 19　大民 803　先玉 335　D399　中地 9988

翔玉 319　杜育 311　宏硕 738　宏博 66　瑞普 909

阴坡向上搭配品种：　先玉 335　吉东 81　龙雨 6016　科泰 925

阴坡向下搭配品种：　兴丰 66　和育 188（吉审玉）　金田 1　旺禾 8　大民 309

先玉 1331　中元 999

（38）永合村　二十一户屯（≥10 ℃活动积温 2952.3 ℃·日）

可灌溉平地适宜种植品种：德美 1 号　辰诺 501

可灌溉平地向上搭配品种：兴丰 7 号　丰田 101

可灌溉平地向下搭配品种：兴丰 978　先玉 335　吉东 81　大民 803　科泰 925

龙雨 6016　D399　宏硕 738

无灌溉平地适宜种植品种：兴丰 978　先玉 335　吉东 81　大民 803　科泰 925

龙雨 6016　D399　宏硕 738

无灌溉平地向上搭配品种：德美 1 号　辰诺 501

无灌溉平地向下搭配品种：龙生 19　先玉 335　中地 9988　翔玉 319　杜育 311

宏博 66　瑞普 909

阳坡适宜种植品种：　　　兴丰 978　龙生 19　大民 803　先玉 335　D399　中地 9988

翔玉 319　杜育 311　宏硕 738　宏博 66　瑞普 909

阳坡向上搭配品种：　　　先玉 335　吉东 81　龙雨 6016　科泰 925

阳坡向下搭配品种：　　　兴丰 66　兴垦 2　和育 188（吉审玉）　金田 1　旺禾 8

大民 309　先科 1　先玉 1331　中元 999

阴坡适宜种植品种：　　　兴丰 978　龙生 19　大民 803　先玉 335　D399　中地 9988

翔玉 319　杜育 311　宏硕 738　宏博 66　瑞普 909

阴坡向上搭配品种：　　　先玉 335　吉东 81　龙雨 6016　科泰 925

阴坡向下搭配品种：　　　兴丰 66　兴垦 2　和育 188（吉审玉）　金田 1　旺禾 8

大民 309　先科 1　先玉 1331　中元 999

（39）巨合村　西山屯（≥10 ℃活动积温 2802.7 ℃·日）

可灌溉平地适宜种植品种：兴丰 978　龙生 19　大民 803　先玉 335　D399　中地 9988

翔玉 319　杜育 311　宏硕 738　宏博 66　瑞普 909

可灌溉平地向上搭配品种：先玉 335　吉东 81　龙雨 6016　科泰 925

可灌溉平地向下搭配品种：兴丰 66　兴垦 2　和育 188（吉审玉）　金田 1　旺禾 8

大民 309　先科 1　先玉 1331　中元 999

无灌溉平地适宜种植品种：兴丰 66　兴垦 2　和育 188（吉审玉）　金田 1　旺禾 8

大民 309　先科 1　先玉 1331　中元 999

无灌溉平地向上搭配品种：兴丰 978　龙生 19　大民 803　先玉 335　D399　中地 9988

翔玉 319　杜育 311　宏硕 738　宏博 66　瑞普 909

无灌溉平地向下搭配品种：罕玉 3　罕玉 5　宏博 691

阳坡适宜种植品种：　　　兴垦 2　先科 1　罕玉 3　罕玉 5　宏博 691

阳坡向上搭配品种：　　　兴丰 66　和育 188（吉审玉）　金田 1　旺禾 8　大民 309

先玉 1331　中元 999

阳坡向下搭配品种：　　　兴丰 17　兴丰 3　罕玉 336　罕 C1563　吉单 27　丰垦 139

利单 656　丰垦 009　华北 140　金山 22　宏博 391

阴坡适宜种植品种：　　　兴垦 2　先科 1　罕玉 3　罕玉 5　宏博 691

阴坡向上搭配品种：　　　兴丰 66　和育 188（吉审玉）　金田 1　旺禾 8　大民 309

先玉 1331　中元 999

阴坡向下搭配品种：　　　兴丰 17　兴丰 3　罕玉 336　C1563　吉单 27　丰垦 139

利单 656　丰垦 009　华北 140　金山 22　宏博 391

（40）巨合村　前复兴屯（≥10 ℃活动积温 2892.2 ℃·日）

可灌溉平地适宜种植品种：兴丰 978　先玉 335　吉东 81　大民 803　科泰 925

龙雨 6016　D399　宏硕 738

可灌溉平地向上搭配品种：德美 1 号　辰诺 501

可灌溉平地向下搭配品种：龙生 19　先玉 335　中地 9988　翔玉 319　杜育 311

宏博 66　瑞普 909

无灌溉平地适宜种植品种：兴丰 978　龙生 19　大民 803　先玉 335　D399　中地 9988
翔玉 319　杜育 311　宏硕 738　宏博 66　瑞普 909

无灌溉平地向上搭配品种：先玉 335　吉东 81　龙雨 6016　科泰 925

无灌溉平地向下搭配品种：兴丰 66　和育 188（吉审玉）　金田 1　旺禾 8　大民 309
先玉 1331　中元 999

阳坡适宜种植品种：　　兴丰 66　和育 188（吉审玉）　龙生 19　金田 1　旺禾 8
大民 309　先玉 1331　先玉 335　中地 9988　翔玉 319
杜育 311　中元 999　宏博 66　瑞普 909

阳坡向上搭配品种：　　兴丰 978　大民 803　D399　宏硕 738

阳坡向下搭配品种：　　兴垦 2　先科 1　罕玉 3　罕玉 5　宏博 691

阴坡适宜种植品种：　　兴丰 66　兴垦 2　和育 188（吉审玉）　金田 1　旺禾 8
大民 309　先科 1　先玉 1331　中元 999

阴坡向上搭配品种：　　兴丰 978　龙生 19　大民 803　先玉 335　D399　中地 9988
翔玉 319　杜育 311　宏硕 738　宏博 66　瑞普 909

阴坡向下搭配品种：　　罕玉 3　罕玉 5　宏博 691

（41）巨合村　后复兴屯（≥10℃活动积温 2892.2℃·日）

可灌溉平地适宜种植品种：兴丰 978　先玉 335　吉东 81　大民 803　科泰 925
龙雨 6016　D399　宏硕 738

可灌溉平地向上搭配品种：德美 1 号　辰诺 501

可灌溉平地向下搭配品种：龙生 19　先玉 335　中地 9988　翔玉 319　杜育 311
宏博 66　瑞普 909

无灌溉平地适宜种植品种：兴丰 978　龙生 19　大民 803　先玉 335　D399　中地 9988
翔玉 319　杜育 311　宏硕 738　宏博 66　瑞普 909

无灌溉平地向上搭配品种：先玉 335　吉东 81　龙雨 6016　科泰 925

无灌溉平地向下搭配品种：兴丰 66　和育 188（吉审玉）　金田 1　旺禾 8　大民 309
先玉 1331　中元 999

阳坡适宜种植品种：　　兴丰 66　和育 188（吉审玉）　龙生 19　金田 1　旺禾 8
大民 309　先玉 1331　先玉 335　中地 9988　翔玉 319
杜育 311　中元 999　宏博 66　瑞普 909

阳坡向上搭配品种：　　兴丰 978　大民 803　D399　宏硕 738

阳坡向下搭配品种：　　兴垦 2　先科 1　罕玉 3　罕玉 5　宏博 691

阴坡适宜种植品种：　　兴丰 66　兴垦 2　和育 188（吉审玉）　金田 1　旺禾 8
大民 309　先科 1　先玉 1331　中元 999

阴坡向上搭配品种：　　兴丰 978　龙生 19　大民 803　先玉 335　D399　中地 9988
翔玉 319　杜育 311　宏硕 738　宏博 66　瑞普 909

阴坡向下搭配品种：　　罕玉 3　罕玉 5　宏博 691

（42）巨合村　大巨宝屯（≥10℃活动积温 2809.7℃·日）

可灌溉平地适宜种植品种：兴丰 978　龙生 19　大民 803　先玉 335　D399　中地 9988
翔玉 319　杜育 311　宏硕 738　宏博 66　瑞普 909

可灌溉平地向上搭配品种：先玉 335　吉东 81　龙雨 6016　科泰 925

可灌溉平地向下搭配品种：兴丰 66　兴垦 2　和育 188（吉审玉）　金田 1　旺禾 8
　　　　　　　　　　　　大民 309　先科 1　先玉 1331　中元 999

无灌溉平地适宜种植品种：兴丰 66　兴垦 2　和育 188（吉审玉）　金田 1　旺禾 8
　　　　　　　　　　　　大民 309　先科 1　先玉 1331　中元 999

无灌溉平地向上搭配品种：兴丰 978　龙生 19　大民 803　先玉 335　D399　中地 9988
　　　　　　　　　　　　翔玉 319　杜育 311　宏硕 738　宏博 66　瑞普 909

无灌溉平地向下搭配品种：罕玉 3　罕玉 5　宏博 691

阳坡适宜种植品种：　　　兴垦 2　先科 1　罕玉 3　罕玉 5　宏博 691

阳坡向上搭配品种：　　　兴丰 66　和育 188（吉审玉）　金田 1　旺禾 8　大民 309
　　　　　　　　　　　　先玉 1331　中元 999

阳坡向下搭配品种：　　　兴丰 17　兴丰 3　罕玉 336　C1563　吉单 27　丰垦 139
　　　　　　　　　　　　利单 656　丰垦 009　华北 140　金山 22　宏博 391

阴坡适宜种植品种：　　　兴垦 2　先科 1　罕玉 3　罕玉 5　宏博 691

阴坡向上搭配品种：　　　兴丰 66　和育 188（吉审玉）　金田 1　旺禾 8　大民 309
　　　　　　　　　　　　先玉 1331　中元 999

阴坡向下搭配品种：　　　兴丰 17　兴丰 3　罕玉 336　C1563　吉单 27　丰垦 139
　　　　　　　　　　　　利单 656　丰垦 009　华北 140　金山 22　宏博 391

（43）三家子村　三家子屯（≥10 ℃ 活动积温 2920.5 ℃·日）

可灌溉平地适宜种植品种：先玉 335　吉东 81　龙雨 6016　科泰 925

可灌溉平地向上搭配品种：德美 1 号　辰诺 501

可灌溉平地向下搭配品种：兴丰 978　龙生 19　大民 803　先玉 335　D399　中地 9988
　　　　　　　　　　　　翔玉 319　杜育 311　宏硕 738　宏博 66　瑞普 909

无灌溉平地适宜种植品种：大民 803　科泰 925　龙雨 6016　D399　宏硕 738

无灌溉平地向上搭配品种：兴丰 978　先玉 335　吉东 81

无灌溉平地向下搭配品种：兴丰 66　龙生 19　金田 1　旺禾 8　大民 309　先玉 1331
　　　　　　　　　　　　先玉 335　中地 9988　翔玉 319　杜育 311　中元 999
　　　　　　　　　　　　宏博 66　瑞普 909

阳坡适宜种植品种：　　　兴丰 66　龙生 19　金田 1　旺禾 8　大民 309　先玉 1331
　　　　　　　　　　　　先玉 335　中地 9988　翔玉 319　杜育 311　中元 999
　　　　　　　　　　　　宏博 66　瑞普 909

阳坡向上搭配品种：　　　兴丰 978　先玉 335　吉东 81　大民 803　科泰 925
　　　　　　　　　　　　龙雨 6016　D399　宏硕 738

阳坡向下搭配品种：　　　兴垦 2　和育 188（吉审玉）　先科 1

阴坡适宜种植品种：　　　兴丰 66　和育 188（吉审玉）　龙生 19　金田 1　旺禾 8
　　　　　　　　　　　　大民 309　先玉 1331　先玉 335　中地 9988　翔玉 319
　　　　　　　　　　　　杜育 311　中元 999　宏博 66　瑞普 909

阴坡向上搭配品种：　　　兴丰 978　大民 803　D399　宏硕 738

阴坡向下搭配品种：　　　兴垦 2　先科 1　罕玉 3　罕玉 5　宏博 691

（44）永祥村　于家屯（≥10 ℃活动积温 2573.9 ℃·日）

可灌溉平地适宜种植品种：兴丰 17　兴丰 3　罕玉 336　C1563　吉单 27　丰垦 139
利单 656　丰垦 009　华北 140　金山 22　宏博 391

可灌溉平地向上搭配品种：罕玉 3　罕玉 5　宏博 691

可灌溉平地向下搭配品种：兴丰 68　兴丰 58　兴丰 818　丰垦 139　丰垦 219　丰垦 008
罕玉 33　德禹 201

无灌溉平地适宜种植品种：兴丰 818　兴丰 17　兴丰 3　罕玉 336　利单 656　丰垦 139
C1563　吉单 27　丰垦 009　华北 140　德禹 201

无灌溉平地向上搭配品种：金山 22　宏博 391

无灌溉平地向下搭配品种：兴丰 68　兴丰 58　丰垦 219　丰垦 008　罕玉 33　登海 19

阳坡适宜种植品种：　　兴丰 68　兴丰 58　丰垦 219　丰垦 008　罕玉 33　登海 19

阳坡向上搭配品种：　　兴丰 818　兴丰 17　兴丰 3　罕玉 336　利单 656　丰垦 139
C1563　吉单 27　丰垦 009　华北 140　德禹 201

阳坡向下搭配品种：　　丰垦 008　丰垦 219　登科 29　禾田 1 号　先玉 1409

阴坡适宜种植品种：　　兴丰 68　兴丰 58　丰垦 219　丰垦 008　罕玉 33　登海 19

阴坡向上搭配品种：　　兴丰 818　丰垦 139　德禹 201

阴坡向下搭配品种：　　丰垦 008　丰垦 219　登科 29　禾田 1 号　先玉 1409

（45）永祥村　新发屯（≥10 ℃活动积温 2419.2 ℃·日）

可灌溉平地适宜种植品种：兴丰 68　兴丰 58　丰垦 219　丰垦 008　罕玉 33　登海 19

可灌溉平地向上搭配品种：兴丰 818　丰垦 139　德禹 201

可灌溉平地向下搭配品种：丰垦 008　丰垦 219　登科 29　禾田 1 号　先玉 1409

无灌溉平地适宜种植品种：丰垦 008　丰垦 219　登科 29　禾田 1 号　先玉 1409
登海 19

无灌溉平地向上搭配品种：兴丰 68　兴丰 58　丰垦 219　丰垦 008　罕玉 33

无灌溉平地向下搭配品种：兴丰 1559　丰垦 165　呼单 517　隆平 702　德美亚 1 号
德美亚 2 号

阳坡适宜种植品种：　　兴丰 1559　丰垦 165　呼单 517　隆平 702　德美亚 1 号
德美亚 2 号

阳坡向上搭配品种：　　丰垦 008　丰垦 219　登科 29　禾田 1 号

阳坡向下搭配品种：　　先玉 1409　登海 19

阴坡适宜种植品种：　　兴丰 1559　丰垦 165　呼单 517　隆平 702　德美亚 1 号
德美亚 2 号

阴坡向上搭配品种：　　丰垦 008　丰垦 219　登科 29　禾田 1 号　先玉 1409

阴坡向下搭配品种：　　兴丰 9　金垦 10 号

（46）永祥村　新荣屯（≥10 ℃活动积温 2346.8 ℃·日）

可灌溉平地适宜种植品种：丰垦 008　丰垦 219　登科 29　禾田 1 号　先玉 1409

可灌溉平地向上搭配品种：兴丰 68　兴丰 58　丰垦 219　丰垦 008　罕玉 33　登海 19

可灌溉平地向下搭配品种：兴丰 1559　丰垦 165　呼单 517　隆平 702　德美亚 1 号
德美亚 2 号

无灌溉平地适宜种植品种：兴丰 1559　丰垦 165　呼单 517　隆平 702　德美亚 1 号
　　　　　　　　　　　　　德美亚 2 号

无灌溉平地向上搭配品种：丰垦 008　丰垦 219　登科 29　禾田 1 号

无灌溉平地向下搭配品种：先玉 1409　登海 19

阳坡适宜种植品种：　　　呼单 517　隆平 702　德美亚 1 号　德美亚 2 号

阳坡向上搭配品种：　　　兴丰 1559　丰垦 165

阳坡向下搭配品种：　　　兴丰 9　金垦 10 号

阴坡适宜种植品种：　　　兴丰 9　金垦 10 号

阴坡向上搭配品种：　　　兴丰 1559　丰垦 165　呼单 517　隆平 702

阴坡向下搭配品种：　　　德美亚 1 号　德美亚 2 号

（47）永祥村　小高家屯（≥10 ℃活动积温 2677.7 ℃·日）

可灌溉平地适宜种植品种：兴垦 2　先科 1　罕玉 3　罕玉 5　宏博 691

可灌溉平地向上搭配品种：兴丰 66　和育 188（吉审玉）　金田 1　旺禾 8　大民 309
　　　　　　　　　　　　　先玉 1331　中元 999

可灌溉平地向下搭配品种：兴丰 17　兴丰 3　罕玉 336　C1563　吉单 27　丰垦 139
　　　　　　　　　　　　　利单 656　丰垦 009　华北 140　金山 22　宏博 391

无灌溉平地适宜种植品种：罕玉 3　罕玉 5　宏博 691　金山 22　宏博 391

无灌溉平地向上搭配品种：兴垦 2　和育 188（吉审玉）　先科 1

无灌溉平地向下搭配品种：兴丰 818　兴丰 17　兴丰 3　罕玉 336　利单 656　丰垦 139
　　　　　　　　　　　　　C1563　吉单 27　丰垦 009　华北 140　德禹 201

阳坡适宜种植品种：　　　兴丰 818　兴丰 17　兴丰 3　罕玉 336　利单 656　丰垦 139
　　　　　　　　　　　　　C1563　吉单 27　丰垦 009　华北 140　德禹 201

阳坡向上搭配品种：　　　罕玉 3　罕玉 5　宏博 691　金山 22　宏博 391

阳坡向下搭配品种：　　　兴丰 68　兴丰 58　丰垦 219　丰垦 008　罕玉 33

阴坡适宜种植品种：　　　兴丰 818　兴丰 17　兴丰 3　罕玉 336　利单 656　丰垦 139
　　　　　　　　　　　　　C1563　吉单 27　丰垦 009　华北 140　德禹 201

阴坡向上搭配品种：　　　金山 22　宏博 391

阴坡向下搭配品种：　　　兴丰 68　兴丰 58　丰垦 219　丰垦 008　罕玉 33　登海 19

（48）永祥村　大高家屯（≥10 ℃活动积温 2442.4 ℃·日）

可灌溉平地适宜种植品种：兴丰 68　兴丰 58　丰垦 219　丰垦 008　罕玉 33　登海 19

可灌溉平地向上搭配品种：兴丰 818　兴丰 17　兴丰 3　罕玉 336　利单 656　丰垦 139
　　　　　　　　　　　　　C1563　吉单 27　丰垦 009　华北 140　德禹 201

可灌溉平地向下搭配品种：丰垦 008　丰垦 219　登科 29　禾田 1 号　先玉 1409

无灌溉平地适宜种植品种：丰垦 008　丰垦 219　登科 29　禾田 1 号　先玉 1409
　　　　　　　　　　　　　登海 19

无灌溉平地向上搭配品种：兴丰 68　兴丰 58　兴丰 818　丰垦 139　丰垦 219

无灌溉平地向下搭配品种：丰垦 008　罕玉 33　德禹 201

阳坡适宜种植品种：　　　丰垦 008　丰垦 219　登科 29　禾田 1 号　先玉 1409

阳坡向上搭配品种：　　　登海 19

阳坡向下搭配品种：	兴丰 1559　丰垦 165　呼单 517　隆平 702　德美亚 1 号 德美亚 2 号
阴坡适宜种植品种：	兴丰 1559　丰垦 165　呼单 517　隆平 702　德美亚 1 号 德美亚 2 号
阴坡向上搭配品种：	丰垦 008　丰垦 219　登科 29　禾田 1 号
阴坡向下搭配品种：	先玉 1409　登海 19

（49）永祥村　新胜屯（≥10 ℃活动积温 2505.7 ℃·日）

可灌溉平地适宜种植品种：	兴丰 818　兴丰 17　兴丰 3　罕玉 336　利单 656　丰垦 139 C1563　吉单 27　丰垦 009　华北 140　德禹 201
可灌溉平地向上搭配品种：	金山 22　宏博 391
可灌溉平地向下搭配品种：	兴丰 68　兴丰 58　丰垦 219　丰垦 008　罕玉 33　登海 19
无灌溉平地适宜种植品种：	兴丰 68　兴丰 58　丰垦 219　丰垦 008　罕玉 33　登海 19
无灌溉平地向上搭配品种：	兴丰 818　兴丰 17　兴丰 3　罕玉 336　利单 656　丰垦 139 C1563　吉单 27　丰垦 009　华北 140　德禹 201
无灌溉平地向下搭配品种：	丰垦 008　丰垦 219　登科 29　禾田 1 号　先玉 1409
阳坡适宜种植品种：	丰垦 008　丰垦 219　登科 29　禾田 1 号　先玉 1409 登海 19
阳坡向上搭配品种：	兴丰 68　兴丰 58　丰垦 219　丰垦 008　罕玉 33
阳坡向下搭配品种：	兴丰 1559　丰垦 165　呼单 517　隆平 702　德美亚 1 号 德美亚 2 号
阴坡适宜种植品种：	丰垦 008　丰垦 219　登科 29　禾田 1 号　先玉 1409 登海 19
阴坡向上搭配品种：	兴丰 68　兴丰 58　丰垦 219　丰垦 008　罕玉 33
阴坡向下搭配品种：	兴丰 1559　丰垦 165　呼单 517　隆平 702　德美亚 1 号 德美亚 2 号

（50）巨力村　巨力屯（≥10 ℃活动积温 2673.1 ℃·日）

可灌溉平地适宜种植品种：	兴垦 2　先科 1　罕玉 3　罕玉 5　宏博 691
可灌溉平地向上搭配品种：	兴丰 66　和育 188（吉审玉）　金田 1　旺禾 8　大民 309 先玉 1331　中元 999
可灌溉平地向下搭配品种：	兴丰 17　兴丰 3　罕玉 336　C1563　吉单 27　丰垦 139 利单 656　丰垦 009　华北 140　金山 22　宏博 391
无灌溉平地适宜种植品种：	罕玉 3　罕玉 5　宏博 691　金山 22　宏博 391
无灌溉平地向上搭配品种：	兴垦 2　和育 188（吉审玉）　先科 1
无灌溉平地向下搭配品种：	兴丰 818　兴丰 17　兴丰 3　罕玉 336　利单 656 丰垦 139　C1563　吉单 27　丰垦 009　华北 140　德禹 201
阳坡适宜种植品种：	兴丰 818　兴丰 17　兴丰 3　罕玉 336　利单 656　丰垦 139 C1563　吉单 27　丰垦 009　华北 140　德禹 201
阳坡向上搭配品种：	罕玉 3　罕玉 5　宏博 691　金山 22　宏博 391
阳坡向下搭配品种：	兴丰 68　兴丰 58　丰垦 219　丰垦 008　罕玉 33

阴坡适宜种植品种：	兴丰 818　兴丰 17　兴丰 3　罕玉 336　利单 656　丰垦 139
	C1563　吉单 27　丰垦 009　华北 140　德禹 201
阴坡向上搭配品种：	金山 22　宏博 391
阴坡向下搭配品种：	兴丰 68　兴丰 58　丰垦 219　丰垦 008　罕玉 33　登海 19

（51）巨力村　协力屯（≥10 ℃活动积温 2514.5 ℃·日）

可灌溉平地适宜种植品种：	兴丰 818　兴丰 17　兴丰 3　罕玉 336　利单 656　丰垦 139
	C1563　吉单 27　丰垦 009　华北 140　德禹 201
可灌溉平地向上搭配品种：	金山 22　宏博 391
可灌溉平地向下搭配品种：	兴丰 68　兴丰 58　丰垦 219　丰垦 008　罕玉 33　登海 19
无灌溉平地适宜种植品种：	兴丰 68　兴丰 58　兴丰 818　丰垦 139　丰垦 219　丰垦 008
	罕玉 33　德禹 201
无灌溉平地向上搭配品种：	兴丰 17　兴丰 3　罕玉 336　C1563　吉单 27　丰垦 139
	利单 656　丰垦 009　华北 140
无灌溉平地向下搭配品种：	丰垦 008　丰垦 219　登科 29　禾田 1 号　先玉 1409
	登海 19
阳坡适宜种植品种：	丰垦 008　丰垦 219　登科 29　禾田 1 号　先玉 1409
	登海 19
阳坡向上搭配品种：	兴丰 68　兴丰 58　兴丰 818　丰垦 139　丰垦 219
阳坡向下搭配品种：	丰垦 008　罕玉 33　德禹 201
阴坡适宜种植品种：	丰垦 008　丰垦 219　登科 29　禾田 1 号　先玉 1409
	登海 19
阴坡向上搭配品种：	兴丰 68　兴丰 58　丰垦 219　丰垦 008　罕玉 33
阴坡向下搭配品种：	兴丰 1559　丰垦 165　呼单 517　隆平 702　德美亚 1 号
	德美亚 2 号

（52）巨力村　大李屯（≥10 ℃活动积温 2734 ℃·日）

可灌溉平地适宜种植品种：	兴丰 66　兴垦 2　和育 188（吉审玉）　金田 1　旺禾 8
	大民 309　先科 1　先玉 1331　中元 999
可灌溉平地向上搭配品种：	兴丰 978　龙生 19　大民 803　先玉 335　D399　中地 9988
	翔玉 319　杜育 311　宏硕 738　宏博 66　瑞普 909
可灌溉平地向下搭配品种：	罕玉 3　罕玉 5　宏博 691
无灌溉平地适宜种植品种：	兴垦 2　先科 1　罕玉 3　罕玉 5　宏博 691
无灌溉平地向上搭配品种：	兴丰 66　和育 188（吉审玉）　金田 1　旺禾 8　大民 309
	先玉 1331　中元 999
无灌溉平地向下搭配品种：	兴丰 17　兴丰 3　罕玉 336　C1563　吉单 27　丰垦 139
	利单 656　丰垦 009　华北 140　金山 22　宏博 391
阳坡适宜种植品种：	罕玉 3　罕玉 5　宏博 691　金山 22　宏博 391
阳坡向上搭配品种：	兴垦 2　先科 1
阳坡向下搭配品种：	兴丰 818　兴丰 17　兴丰 3　罕玉 336　利单 656　丰垦 139
	C1563　吉单 27　丰垦 009　华北 140　德禹 201

阴坡适宜种植品种：　　　兴丰 17　兴丰 3　罕玉 336　C1563　吉单 27　丰垦 139
　　　　　　　　　　　　利单 656　丰垦 009　华北 140　金山 22　宏博 391
阴坡向上搭配品种：　　　兴垦 2　先科 1　罕玉 3　罕玉 5　宏博 691
阴坡向下搭配品种：　　　兴丰 818　丰垦 139　德禹 201

（53）巨力村　巨民屯（≥10 ℃活动积温 2636.2 ℃·日）

可灌溉平地适宜种植品种：罕玉 3　罕玉 5　宏博 691　金山 22　宏博 391
可灌溉平地向上搭配品种：兴丰 66　兴垦 2　和育 188（吉审玉）　金田 1　旺禾 8
　　　　　　　　　　　　大民 309　先科 1　先玉 1331　中元 999
可灌溉平地向下搭配品种：兴丰 17　兴丰 3　罕玉 336 C1563　吉单 27　丰垦 139
　　　　　　　　　　　　利单 656　丰垦 009　华北 140
无灌溉平地适宜种植品种：兴丰 17　兴丰 3　罕玉 336　C1563　吉单 27　丰垦 139
　　　　　　　　　　　　利单 656　丰垦 009　华北 140　金山 22　宏博 391
无灌溉平地向上搭配品种：罕玉 3　罕玉 5　宏博 691
无灌溉平地向下搭配品种：兴丰 68　兴丰 58　兴丰 818　丰垦 139　丰垦 219　丰垦 008
　　　　　　　　　　　　罕玉 33　德禹 201
阳坡适宜种植品种：　　　兴丰 818　兴丰 17　兴丰 3　罕玉 336　利单 656　丰垦 139
　　　　　　　　　　　　C1563　吉单 27　丰垦 009　华北 140　德禹 201
阳坡向上搭配品种：　　　金山 22　宏博 391
阳坡向下搭配品种：　　　兴丰 68　兴丰 58　丰垦 219　丰垦 008　罕玉 33　登海 19
阴坡适宜种植品种：　　　兴丰 68　兴丰 58　兴丰 818　丰垦 139　丰垦 219　丰垦 008
　　　　　　　　　　　　罕玉 33　德禹 201
阴坡向上搭配品种：　　　兴丰 17　兴丰 3　罕玉 336　C1563　吉单 27　丰垦 139
　　　　　　　　　　　　利单 656　丰垦 009　华北 140　金山 22　宏博 391
阴坡向下搭配品种：　　　登海 19

（54）巨力村　谭家屯（≥10 ℃活动积温 2763.2 ℃·日）

可灌溉平地适宜种植品种：兴丰 66　和育 188（吉审玉）　龙生 19　金田 1　旺禾 8
　　　　　　　　　　　　大民 309　先玉 1331　先玉 335　中地 9988　翔玉 319
　　　　　　　　　　　　杜育 311　中元 999　宏博 66　瑞普 909
可灌溉平地向上搭配品种：兴丰 978　大民 803　D399　宏硕 738
可灌溉平地向下搭配品种：兴垦 2　先科 1　罕玉 3　罕玉 5　宏博 691
无灌溉平地适宜种植品种：兴丰 66　兴垦 2　和育 188（吉审玉）　金田 1　旺禾 8
　　　　　　　　　　　　大民 309　先科 1　先玉 1331　中元 999
无灌溉平地向上搭配品种：龙生 19　先玉 335　中地 9988　翔玉 319　杜育 311
　　　　　　　　　　　　宏博 66　瑞普 909
无灌溉平地向下搭配品种：罕玉 3　罕玉 5　宏博 691　金山 22　宏博 391
阳坡适宜种植品种：　　　罕玉 3　罕玉 5　宏博 691　金山 22　宏博 391
阳坡向上搭配品种：　　　兴丰 66　兴垦 2　和育 188（吉审玉）　金田 1　旺禾 8
　　　　　　　　　　　　大民 309　先科 1　先玉 1331　中元 999
阳坡向下搭配品种：　　　兴丰 17　兴丰 3　罕玉 336　C1563　吉单 27　丰垦 139

利单 656　丰垦 009　华北 140

阴坡适宜种植品种：　　　　罕玉 3　罕玉 5　宏博 691　金山 22　宏博 391

阴坡向上搭配品种：　　　　兴垦 2　和育 188（吉审玉）　先科 1

阴坡向下搭配品种：　　　　兴丰 818　兴丰 17　兴丰 3　罕玉 336　利单 656　丰垦 139

C1563　吉单 27　丰垦 009　华北 140　德禹 201

（55）巨昌村　新合屯（≥10 ℃活动积温 2743.6 ℃·日）

可灌溉平地适宜种植品种：兴丰 66　兴垦 2　和育 188（吉审玉）　金田 1　旺禾 8

大民 309　先科 1　先玉 1331　中元 999

可灌溉平地向上搭配品种：兴丰 978　龙生 19　大民 803　先玉 335　D399　中地 9988

翔玉 319　杜育 311　宏硕 738　宏博 66　瑞普 909

可灌溉平地向下搭配品种：罕玉 3　罕玉 5　宏博 691

无灌溉平地适宜种植品种：兴垦 2　和育 188（吉审玉）　先科 1　罕玉 3　罕玉 5

宏博 691

无灌溉平地向上搭配品种：兴丰 66　龙生 19　金田 1　旺禾 8　大民 309　先玉 1331

先玉 335　中地 9988　翔玉 319　杜育 311　中元 999

宏博 66　瑞普 909

无灌溉平地向下搭配品种：金山 22　宏博 391

阳坡适宜种植品种：　　　　罕玉 3　罕玉 5　宏博 691　金山 22　宏博 391

阳坡向上搭配品种：　　　　兴垦 2　和育 188（吉审玉）　先科 1

阳坡向下搭配品种：　　　　兴丰 818　兴丰 17　兴丰 3　罕玉 336　利单 656　丰垦 139

C1563　吉单 27　丰垦 009　华北 140　德禹 201

阴坡适宜种植品种：　　　　兴丰 17　兴丰 3　罕玉 336　C1563　吉单 27　丰垦 139

利单 656　丰垦 009　华北 140　金山 22　宏博 391

阴坡向上搭配品种：　　　　兴垦 2　先科 1　罕玉 3　罕玉 5　宏博 691

阴坡向下搭配品种：　　　　兴丰 818　丰垦 139　德禹 201

（56）巨昌村　中山东屯（≥10 ℃活动积温 2743.6 ℃·日）

可灌溉平地适宜种植品种：兴丰 66　兴垦 2　和育 188（吉审玉）　金田 1　旺禾 8

大民 309　先科 1　先玉 1331　中元 999

可灌溉平地向上搭配品种：兴丰 978　龙生 19　大民 803　先玉 335　D399　中地 9988

翔玉 319　杜育 311　宏硕 738　宏博 66　瑞普 909

可灌溉平地向下搭配品种：罕玉 3　罕玉 5　宏博 691

无灌溉平地适宜种植品种：兴垦 2　和育 188（吉审玉）　先科 1　罕玉 3　罕玉 5

宏博 691

无灌溉平地向上搭配品种：兴丰 66　龙生 19　金田 1　旺禾 8　大民 309　先玉 1331

先玉 335　中地 9988　翔玉 319　杜育 311　中元 999

宏博 66　瑞普 909

无灌溉平地向下搭配品种：金山 22　宏博 391

阳坡适宜种植品种：　　　　罕玉 3　罕玉 5　宏博 691　金山 22　宏博 391

阳坡向上搭配品种：　　　　兴垦 2　和育 188（吉审玉）　先科 1

阳坡向下搭配品种：　　　兴丰 818　兴丰 17　兴丰 3　罕玉 336　利单 656　丰垦 139
　　　　　　　　　　　　C1563　吉单 27　丰垦 009　华北 140　德禹 201

阴坡适宜种植品种：　　　兴丰 17　兴丰 3　罕玉 336　C1563　吉单 27　丰垦 139
　　　　　　　　　　　　利单 656　丰垦 009　华北 140　金山 22　宏博 391

阴坡向上搭配品种：　　　兴垦 2　先科 1　罕玉 3　罕玉 5　宏博 691

阴坡向下搭配品种：　　　兴丰 818　丰垦 139　德禹 201

（57）巨昌村　中山西屯（≥10 ℃活动积温 2609.4 ℃·日）

可灌溉平地适宜种植品种：罕玉 3　罕玉 5　宏博 691　金山 22　宏博 391

可灌溉平地向上搭配品种：兴垦 2　先科 1

可灌溉平地向下搭配品种：兴丰 818　兴丰 17　兴丰 3　罕玉 336　利单 656　丰垦 139
　　　　　　　　　　　　C1563　吉单 27　丰垦 009　华北 140　德禹 201

无灌溉平地适宜种植品种：兴丰 818　兴丰 17　兴丰 3　罕玉 336　利单 656　丰垦 139
　　　　　　　　　　　　C1563　吉单 27　丰垦 009　华北 140　德禹 201

无灌溉平地向上搭配品种：罕玉 3　罕玉 5　宏博 691　金山 22　宏博 391

无灌溉平地向下搭配品种：兴丰 68　兴丰 58　丰垦 219　丰垦 008　罕玉 33

阳坡适宜种植品种：　　　兴丰 68　兴丰 58　兴丰 818　丰垦 139　丰垦 219　丰垦 008
　　　　　　　　　　　　罕玉 33　德禹 201

阳坡向上搭配品种：　　　兴丰 17　兴丰 3　罕玉 336　C1563　吉单 27　丰垦 139
　　　　　　　　　　　　利单 656　丰垦 009　华北 140

阳坡向下搭配品种：　　　丰垦 008　丰垦 219　登科 29　禾田 1 号　先玉 1409
　　　　　　　　　　　　登海 19

阴坡适宜种植品种：　　　兴丰 68　兴丰 58　兴丰 818　丰垦 139　丰垦 219　丰垦 008
　　　　　　　　　　　　罕玉 33　德禹 201

阴坡向上搭配品种：　　　兴丰 17　兴丰 3　罕玉 336　丰垦 139　C1563　吉单 27
　　　　　　　　　　　　利单 656　丰垦 009　华北 140

阴坡向下搭配品种：　　　丰垦 008　丰垦 219　登科 29　禾田 1 号　先玉 1409
　　　　　　　　　　　　登海 19

（58）巨昌村　双合屯（≥10 ℃活动积温 2863.6 ℃·日）

可灌溉平地适宜种植品种：龙雨 6016　大民 803　科泰 925　D399　宏硕 738

可灌溉平地向上搭配品种：兴丰 978　先玉 335　吉东 81

可灌溉平地向下搭配品种：兴丰 66　龙生 19　金田 1　旺禾 8　大民 309　先玉 1331
　　　　　　　　　　　　先玉 335　中地 9988　翔玉 319　杜育 311　中元 999
　　　　　　　　　　　　宏博 66　瑞普 909

无灌溉平地适宜种植品种：兴丰 978　龙生 19　大民 803　先玉 335　D399　中地 9988
　　　　　　　　　　　　翔玉 319　杜育 311　宏硕 738　宏博 66　瑞普 909

无灌溉平地向上搭配品种：先玉 335　吉东 81　龙雨 6016　科泰 925

无灌溉平地向下搭配品种：兴丰 66　兴垦 2　和育 188（吉审玉）　金田 1　旺禾 8
　　　　　　　　　　　　大民 309　先科 1　先玉 1331　中元 999

阳坡适宜种植品种：　　　兴丰 66　兴垦 2　和育 188（吉审玉）　金田 1　旺禾 8

大民 309　先科 1　先玉 1331　中元 999

阳坡向上搭配品种：　兴丰 978　龙生 19　大民 803　先玉 335　D399　中地 9988

翔玉 319　杜育 311　宏硕 738　宏博 66　瑞普 909

阳坡向下搭配品种：　罕玉 3　罕玉 5　宏博 691

阴坡适宜种植品种：　兴丰 66　兴垦 2　和育 188（吉审玉）　金田 1　旺禾 8

大民 309　先科 1　先玉 1331　中元 999

阴坡向上搭配品种：　龙生 19　先玉 335　中地 9988　翔玉 319　杜育 311

宏博 66　瑞普 909

阴坡向下搭配品种：　罕玉 3　罕玉 5　宏博 691　金山 22　宏博 391

（59）巨昌村　小巨宝屯（≥10℃活动积温 2495.5℃·日）

可灌溉平地适宜种植品种：兴丰 68　兴丰 58　兴丰 818　丰垦 139　丰垦 219　丰垦 008

罕玉 33　德禹 201

可灌溉平地向上搭配品种：兴丰 17　兴丰 3　罕玉 336　C1563　吉单 27　丰垦 139

利单 656　丰垦 009　华北 140　金山 22　宏博 391

可灌溉平地向下搭配品种：登海 19

无灌溉平地适宜种植品种：兴丰 68　兴丰 58　丰垦 219　丰垦 008　罕玉 33　登海 19

无灌溉平地向上搭配品种：兴丰 818　兴丰 17　兴丰 3　罕玉 336　利单 656　C1563

吉单 27　丰垦 139　丰垦 009　华北 140　德禹 201

无灌溉平地向下搭配品种：丰垦 008　丰垦 219　登科 29　禾田 1 号　先玉 1409

阳坡适宜种植品种：　丰垦 008　丰垦 219　登科 29　禾田 1 号　先玉 1409

登海 19

阳坡向上搭配品种：　兴丰 68　兴丰 58　丰垦 219　丰垦 008　罕玉 33

阳坡向下搭配品种：　兴丰 1559　丰垦 165　呼单 517　隆平 702　德美亚 1 号

德美亚 2 号

阴坡适宜种植品种：　丰垦 008　丰垦 219　登科 29　禾田 1 号　先玉 1409

阴坡向上搭配品种：　兴丰 68　兴丰 58　丰垦 219　丰垦 008　罕玉 33　登海 19

阴坡向下搭配品种：　兴丰 1559　丰垦 165　呼单 517　隆平 702　德美亚 1 号

德美亚 2 号

（60）大屯村　大屯（≥10℃活动积温 2637.1℃·日）

可灌溉平地适宜种植品种：罕玉 3　罕玉 5　宏博 691　金山 22　宏博 391

可灌溉平地向上搭配品种：兴丰 66　兴垦 2　和育 188（吉审玉）　金田 1　旺禾 8

大民 309　先科 1　先玉 1331　中元 999

可灌溉平地向下搭配品种：兴丰 17　兴丰 3　罕玉 336　C1563　吉单 27　丰垦 139

利单 656　丰垦 009　华北 140

无灌溉平地适宜种植品种：兴丰 17　兴丰 3　罕玉 336　C1563　吉单 27　丰垦 139

利单 656　丰垦 009　华北 140　金山 22　宏博 391

无灌溉平地向上搭配品种：罕玉 3　罕玉 5　宏博 691

无灌溉平地向下搭配品种：兴丰 68　兴丰 58　兴丰 818　丰垦 139　丰垦 219　丰垦 008

罕玉 33　德禹 201

阳坡适宜种植品种：	兴丰 818　兴丰 17　兴丰 3　罕玉 336　丰垦 139　利单 656
	C1563　吉单 27　丰垦 009　华北 140　德禹 201
阳坡向上搭配品种：	金山 22　宏博 391
阳坡向下搭配品种：	兴丰 68　兴丰 58　丰垦 219　丰垦 008　罕玉 33　登海 19
阴坡适宜种植品种：	兴丰 68　兴丰 58　兴丰 818　丰垦 139　丰垦 219　丰垦 008
	罕玉 33　德禹 201
阴坡向上搭配品种：	兴丰 17　兴丰 3　罕玉 336　C1563　吉单 27　丰垦 139
	利单 656　丰垦 009　华北 140　金山 22　宏博 391
阴坡向下搭配品种：	登海 19

（61）大屯村　和平屯（≥10 ℃活动积温 2608.5 ℃·日）

可灌溉平地适宜种植品种：	罕玉 3　罕玉 5　宏博 691　金山 22　宏博 391
可灌溉平地向上搭配品种：	兴垦 2　先科 1
可灌溉平地向下搭配品种：	兴丰 818　兴丰 17　兴丰 3　罕玉 336　利单 656　丰垦 139
	C1563　吉单 27　丰垦 009　华北 140　德禹 201
无灌溉平地适宜种植品种：	兴丰 818　兴丰 17　兴丰 3　罕玉 336　利单 656　丰垦 139
	C1563　吉单 27　丰垦 009　华北 140　德禹 201
无灌溉平地向上搭配品种：	罕玉 3　罕玉 5　宏博 691　金山 22　宏博 391
无灌溉平地向下搭配品种：	兴丰 68　兴丰 58　丰垦 219　丰垦 008　罕玉 33
阳坡适宜种植品种：	兴丰 68　兴丰 58　兴丰 818　丰垦 139　丰垦 219　丰垦 008
	罕玉 33　德禹 201
阳坡向上搭配品种：	兴丰 17　兴丰 3　罕玉 336　C1563　吉单 27　丰垦 139
	利单 656　丰垦 009　华北 140
阳坡向下搭配品种：	丰垦 008　丰垦 219　登科 29　禾田 1 号　先玉 1409
	登海 19
阴坡适宜种植品种：	兴丰 68　兴丰 58　兴丰 818　丰垦 139　丰垦 219　丰垦 008
	罕玉 33　德禹 201
阴坡向上搭配品种：	兴丰 17　兴丰 3　罕玉 336　丰垦 139　C1563　吉单 27
	利单 656　丰垦 009　华北 140
阴坡向下搭配品种：	丰垦 008　丰垦 219　登科 29　禾田 1 号　先玉 1409
	登海 19

（62）大屯村　玉民屯（≥10 ℃活动积温 2776.2 ℃·日）

可灌溉平地适宜种植品种：	兴丰 66　和育 188（吉审玉）　龙生 19　金田 1　旺禾 8
	大民 309　先玉 1331　先玉 335　中地 9988　翔玉 319
	杜育 311　中元 999　宏博 66　瑞普 909
可灌溉平地向上搭配品种：	兴丰 978　大民 803　D399　宏硕 738
可灌溉平地向下搭配品种：	兴垦 2　先科 1　罕玉 3　罕玉 5　宏博 691
无灌溉平地适宜种植品种：	兴丰 66　兴垦 2　和育 188（吉审玉）　金田 1　旺禾 8
	大民 309　先科 1　先玉 1331　中元 999
无灌溉平地向上搭配品种：	龙生 19　先玉 335　中地 9988　翔玉 319　杜育 311

宏博 66　瑞普 909

无灌溉平地向下搭配品种：罕玉 3　罕玉 5　宏博 691　金山 22　宏博 391

阳坡适宜种植品种：　　　罕玉 3　罕玉 5　宏博 691　金山 22　宏博 391

阳坡向上搭配品种：　　　兴丰 66　兴垦 2　和育 188（吉审玉）　金田 1　旺禾 8

　　　　　　　　　　　　大民 309　先科 1　先玉 1331　中元 999

阳坡向下搭配品种：　　　兴丰 17　兴丰 3　罕玉 336　C1563　吉单 27　丰垦 139

　　　　　　　　　　　　利单 656　丰垦 009　华北 140

阴坡适宜种植品种：　　　罕玉 3　罕玉 5　宏博 691　金山 22　宏博 391

阴坡向上搭配品种：　　　兴垦 2　和育 188（吉审玉）　先科 1

阴坡向下搭配品种：　　　兴丰 818　兴丰 17　兴丰 3　罕玉 336　利单 656　丰垦 139

　　　　　　　　　　　　C1563　吉单 27　丰垦 009　华北 140　德禹 201

（63）大屯村　景星屯（≥10 ℃活动积温 2625.6 ℃·日）

可灌溉平地适宜种植品种：罕玉 3　罕玉 5　宏博 691　金山 22　宏博 391

可灌溉平地向上搭配品种：兴垦 2　和育 188（吉审玉）　先科 1

可灌溉平地向下搭配品种：兴丰 818　兴丰 17　兴丰 3　罕玉 336　利单 656　丰垦 139

　　　　　　　　　　　　C1563　吉单 27　丰垦 009　华北 140　德禹 201

无灌溉平地适宜种植品种：兴丰 17　兴丰 3　罕玉 336　C1563　吉单 27　丰垦 139

　　　　　　　　　　　　利单 656　丰垦 009　华北 140　金山 22　宏博 391

无灌溉平地向上搭配品种：罕玉 3　罕玉 5　宏博 691

无灌溉平地向下搭配品种：兴丰 68　兴丰 58　兴丰 818　丰垦 139　丰垦 219　丰垦 008

　　　　　　　　　　　　罕玉 33　德禹 201

阳坡适宜种植品种：　　　兴丰 68　兴丰 58　兴丰 818　丰垦 139　丰垦 219　丰垦 008

　　　　　　　　　　　　罕玉 33　德禹 201

阳坡向上搭配品种：　　　兴丰 17　兴丰 3　罕玉 336　C1563　吉单 27　丰垦 139

　　　　　　　　　　　　利单 656　丰垦 009　华北 140　金山 22　宏博 391

阳坡向下搭配品种：　　　登海 19

阴坡适宜种植品种：　　　兴丰 68　兴丰 58　兴丰 818　丰垦 139　丰垦 219　丰垦 008

　　　　　　　　　　　　罕玉 33　德禹 201

阴坡向上搭配品种：　　　兴丰 17　兴丰 3　罕玉 336　C1563　吉单 27　丰垦 139

　　　　　　　　　　　　利单 656　丰垦 009　华北 140

阴坡向下搭配品种：　　　丰垦 008　丰垦 219　登科 29　禾田 1 号　先玉 1409

　　　　　　　　　　　　登海 19

（64）合心村　合心屯（≥10 ℃活动积温 2723.8 ℃·日）

可灌溉平地适宜种植品种：兴丰 66　兴垦 2　和育 188（吉审玉）　金田 1　旺禾 8

　　　　　　　　　　　　大民 309　先科 1　先玉 1331　中元 999

可灌溉平地向上搭配品种：龙生 19　先玉 335　中地 9988　翔玉 319　杜育 311

　　　　　　　　　　　　宏博 66　瑞普 909

可灌溉平地向下搭配品种：罕玉 3　罕玉 5　宏博 691　金山 22　宏博 391

无灌溉平地适宜种植品种：兴垦 2　先科 1　罕玉 3　罕玉 5　宏博 691

无灌溉平地向上搭配品种：兴丰66　和育188（吉审玉）　金田1　旺禾8　大民309
　　　　　　　　　　　　先玉1331　中元999

无灌溉平地向下搭配品种：兴丰17　兴丰3　罕玉336　C1563　吉单27　丰垦139
　　　　　　　　　　　　利单656　丰垦009　华北140　金山22　宏博391

阳坡适宜种植品种：　　　兴丰17　兴丰3　罕玉336　C1563　吉单27　丰垦139
　　　　　　　　　　　　利单656　丰垦009　华北140　金山22　宏博391

阳坡向上搭配品种：　　　兴垦2　先科1　罕玉3　罕玉5　宏博691

阳坡向下搭配品种：　　　兴丰818　丰垦139　德禹201

阴坡适宜种植品种：　　　兴丰17　兴丰3　罕玉336　C1563　吉单27　丰垦139
　　　　　　　　　　　　利单656　丰垦009　华北140　金山22　宏博391

阴坡向上搭配品种：　　　罕玉3　罕玉5　宏博691

阴坡向下搭配品种：　　　兴丰68　兴丰58　兴丰818　丰垦139　丰垦219　丰垦008
　　　　　　　　　　　　罕玉33　德禹201

（65）合心村　解放屯（≥10℃活动积温2816.3℃·日）

可灌溉平地适宜种植品种：兴丰978　龙生19　大民803　先玉335　D399　中地9988
　　　　　　　　　　　　翔玉319　杜育311　宏硕738　宏博66　瑞普909

可灌溉平地向上搭配品种：先玉335　吉东81　龙雨6016　科泰925

可灌溉平地向下搭配品种：兴丰66　兴垦2　和育188（吉审玉）　金田1　旺禾8
　　　　　　　　　　　　大民309　先科1　先玉1331　中元999

无灌溉平地适宜种植品种：兴丰66　和育188（吉审玉）　龙生19　金田1　旺禾8
　　　　　　　　　　　　大民309　先玉1331　先玉335　中地9988　翔玉319
　　　　　　　　　　　　杜育311　中元999　宏博66　瑞普909

无灌溉平地向上搭配品种：兴丰978　大民803　D399　宏硕738

无灌溉平地向下搭配品种：兴垦2　先科1　罕玉3　罕玉5　宏博691

阳坡适宜种植品种：　　　兴垦2　和育188（吉审玉）　先科1　罕玉3　罕玉5
　　　　　　　　　　　　宏博691

阳坡向上搭配品种：　　　兴丰66　龙生19　金田1　旺禾8　大民309　先玉1331
　　　　　　　　　　　　先玉335　中地9988　翔玉319　杜育311　中元999
　　　　　　　　　　　　宏博66　瑞普909

阳坡向下搭配品种：　　　金山22　宏博391

阴坡适宜种植品种：　　　兴垦2　先科1　罕玉3　罕玉5　宏博691

阴坡向上搭配品种：　　　兴丰66　和育188（吉审玉）　金田1　旺禾8　大民309
　　　　　　　　　　　　先玉1331　中元999

阴坡向下搭配品种：　　　兴丰17　兴丰3　罕玉336　C1563　吉单27　丰垦139
　　　　　　　　　　　　利单656　丰垦009　华北140　金山22　宏博391

（66）合心村　三合屯（≥10℃活动积温2676.3℃·日）

可灌溉平地适宜种植品种：兴垦2　先科1　罕玉3　罕玉5　宏博691

可灌溉平地向上搭配品种：兴丰66　和育188（吉审玉）　金田1　旺禾8　大民309
　　　　　　　　　　　　先玉1331　中元999

可灌溉平地向下搭配品种：兴丰 17　兴丰 3　罕玉 336　C1563　吉单 27　丰垦 139
　　　　　　　　　　　　　利单 656　丰垦 009　华北 140　金山 22　宏博 391

无灌溉平地适宜种植品种：罕玉 3　罕玉 5　宏博 691　金山 22　宏博 391

无灌溉平地向上搭配品种：兴垦 2　和育 188（吉审玉）　先科 1

无灌溉平地向下搭配品种：兴丰 818　兴丰 17　兴丰 3　罕玉 336　利单 656　丰垦 139
　　　　　　　　　　　　　C1563　吉单 27　丰垦 009　华北 140　德禹 201

阳坡适宜种植品种：　　　兴丰 818　兴丰 17　兴丰 3　罕玉 336　利单 656　丰垦 139
　　　　　　　　　　　　　C1563　吉单 27　丰垦 009　华北 140　德禹 201

阳坡向上搭配品种：　　　罕玉 3　罕玉 5　宏博 691　金山 22　宏博 391

阳坡向下搭配品种：　　　兴丰 68　兴丰 58　丰垦 219　丰垦 008　罕玉 33

阴坡适宜种植品种：　　　兴丰 818　兴丰 17　兴丰 3　罕玉 336　利单 656　丰垦 139
　　　　　　　　　　　　　C1563　吉单 27　丰垦 009　华北 140　德禹 201

阴坡向上搭配品种：　　　金山 22　宏博 391

阴坡向下搭配品种：　　　兴丰 68　兴丰 58　丰垦 219　丰垦 008　罕玉 33　登海 19

（67）合心村　民权屯（≥10 ℃活动积温 2723.8 ℃·日）

可灌溉平地适宜种植品种：兴丰 66　兴垦 2　和育 188（吉审玉）　金田 1　旺禾 8
　　　　　　　　　　　　　大民 309　先科 1　先玉 1331　中元 999

可灌溉平地向上搭配品种：龙生 19　先玉 335　中地 9988　翔玉 319　杜育 311
　　　　　　　　　　　　　宏博 66　瑞普 909

可灌溉平地向下搭配品种：罕玉 3　罕玉 5　宏博 691　金山 22　宏博 391

无灌溉平地适宜种植品种：兴垦 2　先科 1　罕玉 3　罕玉 5　宏博 691

无灌溉平地向上搭配品种：兴丰 66　和育 188（吉审玉）　金田 1　旺禾 8　大民 309
　　　　　　　　　　　　　先玉 1331　中元 999

无灌溉平地向下搭配品种：兴丰 17　兴丰 3　罕玉 336　C1563　吉单 27　丰垦 139
　　　　　　　　　　　　　利单 656　丰垦 009　华北 140　金山 22　宏博 391

阳坡适宜种植品种：　　　兴丰 17　兴丰 3　罕玉 336　C1563　吉单 27　丰垦 139
　　　　　　　　　　　　　利单 656　丰垦 009　华北 140　金山 22　宏博 391

阳坡向上搭配品种：　　　兴垦 2　先科 1　罕玉 3　罕玉 5　宏博 691

阳坡向下搭配品种：　　　兴丰 818　丰垦 139　德禹 201

阴坡适宜种植品种：　　　兴丰 17　兴丰 3　罕玉 336　C1563　吉单 27　丰垦 139
　　　　　　　　　　　　　利单 656　丰垦 009　华北 140　金山 22　宏博 391

阴坡向上搭配品种：　　　罕玉 3　罕玉 5　宏博 691

阴坡向下搭配品种：　　　兴丰 68　兴丰 58　兴丰 818　丰垦 139　丰垦 219　丰垦 008
　　　　　　　　　　　　　罕玉 33　德禹 201

（68）巨兴村　巨兴屯（≥10 ℃活动积温 2933.5 ℃·日）

可灌溉平地适宜种植品种：先玉 335　吉东 81　龙雨 6016　科泰 925

可灌溉平地向上搭配品种：兴丰 7 号　德美 1 号　丰田 101　辰诺 501

可灌溉平地向下搭配品种：兴丰 978　大民 803　D399　宏硕 738

无灌溉平地适宜种植品种：龙雨 6016　大民 803　科泰 925　D399　宏硕 738

无灌溉平地向上搭配品种:兴丰978 先玉335 吉东81
无灌溉平地向下搭配品种:兴丰66 龙生19 金田1 旺禾8 大民309 先玉1331
　　　　　　　　　　　　先玉335 中地9988 翔玉319 杜育311 中元999
　　　　　　　　　　　　宏博66 瑞普909
阳坡适宜种植品种:　　　兴丰978 龙生19 大民803 先玉335 D399 中地9988
　　　　　　　　　　　　翔玉319 杜育311 宏硕738 宏博66 瑞普909
阳坡向上搭配品种:　　　先玉335 吉东81 龙雨6016 科泰925
阳坡向下搭配品种:　　　兴丰66 兴垦2 和育188(吉审玉) 金田1 旺禾8
　　　　　　　　　　　　大民309 先科1 先玉1331 中元999
阴坡适宜种植品种:　　　兴丰66 龙生19 金田1 旺禾8 大民309 先玉1331
　　　　　　　　　　　　先玉335 中地9988 翔玉319 杜育311 中元999
　　　　　　　　　　　　宏博66 瑞普909
阴坡向上搭配品种:　　　兴丰978 先玉335 吉东81 大民803 科泰925
　　　　　　　　　　　　龙雨6016 D399 宏硕738
阴坡向下搭配品种:　　　兴垦2 和育188(吉审玉) 先科1

（69）巨兴村　粉房屯（≥10℃活动积温2962.7℃·日）
可灌溉平地适宜种植品种:德美1号 辰诺501
可灌溉平地向上搭配品种:兴丰7号 丰田101
可灌溉平地向下搭配品种:兴丰978 先玉335 吉东81 大民803 科泰925
　　　　　　　　　　　　龙雨6016 D399 宏硕738
无灌溉平地适宜种植品种:先玉335 吉东81 龙雨6016 科泰925
无灌溉平地向上搭配品种:德美1号 辰诺501
无灌溉平地向下搭配品种:兴丰978 龙生19 大民803 先玉335 D399 中地9988
　　　　　　　　　　　　翔玉319 杜育311 宏硕738 宏博66 瑞普909
阳坡适宜种植品种:　　　兴丰978 龙生19 大民803 先玉335 D399 中地9988
　　　　　　　　　　　　翔玉319 杜育311 宏硕738 宏博66 瑞普909
阳坡向上搭配品种:　　　先玉335 吉东81 龙雨6016 科泰925
阳坡向下搭配品种:　　　兴丰66 和育188(吉审玉) 金田1 旺禾8 大民309
　　　　　　　　　　　　先玉1331 中元999
阴坡适宜种植品种:　　　兴丰978 龙生19 大民803 先玉335 D399 中地9988
　　　　　　　　　　　　翔玉319 杜育311 宏硕738 宏博66 瑞普909
阴坡向上搭配品种:　　　先玉335 吉东81 龙雨6016 科泰925
阴坡向下搭配品种:　　　兴丰66 兴垦2 和育188(吉审玉) 金田1 旺禾8
　　　　　　　　　　　　大民309 先科1 先玉1331 中元999

（70）巨兴村　巨西屯（≥10℃活动积温2835.5℃·日）
可灌溉平地适宜种植品种:兴丰978 龙生19 大民803 先玉335 D399 中地9988
　　　　　　　　　　　　翔玉319 杜育311 宏硕738 宏博66 瑞普909
可灌溉平地向上搭配品种:先玉335 吉东81 龙雨6016 科泰925
可灌溉平地向下搭配品种:兴丰66 和育188(吉审玉) 金田1 旺禾8 大民309

先玉 1331　中元 999

无灌溉平地适宜种植品种：兴丰 66　和育 188（吉审玉）　龙生 19　金田 1　旺禾 8

大民 309　先玉 1331　先玉 335　中地 9988　翔玉 319

杜育 311　中元 999　宏博 66　瑞普 909

无灌溉平地向上搭配品种：兴丰 978　大民 803　D399　宏硕 738

无灌溉平地向下搭配品种：兴垦 2　先科 1　罕玉 3　罕玉 5　宏博 691

阳坡适宜种植品种：　　　兴丰 66　兴垦 2　和育 188（吉审玉）　金田 1　旺禾 8

大民 309　先科 1　先玉 1331　中元 999

阳坡向上搭配品种：　　　龙生 19　先玉 335　中地 9988　翔玉 319　杜育 311

宏博 66　瑞普 909

阳坡向下搭配品种：　　　罕玉 3　罕玉 5　宏博 691　金山 22　宏博 391

阴坡适宜种植品种：　　　兴垦 2　和育 188（吉审玉）　先科 1　罕玉 3　罕玉 5

宏博 691

阴坡向上搭配品种：　　　兴丰 66　龙生 19　金田 1　旺禾 8　大民 309　先玉 1331

先玉 335　中地 9988　翔玉 319　杜育 311　中元 999

宏博 66　瑞普 909

阴坡向下搭配品种：　　　金山 22　宏博 391

（71）巨兴村　巨东屯（≥10 ℃活动积温 2932 ℃·日）

可灌溉平地适宜种植品种：先玉 335　吉东 81　龙雨 6016　科泰 925

可灌溉平地向上搭配品种：兴丰 7 号　德美 1 号　丰田 101　辰诺 501

可灌溉平地向下搭配品种：兴丰 978　大民 803　D399　宏硕 738

无灌溉平地适宜种植品种：龙雨 6016　大民 803　科泰 925　D399　宏硕 738

无灌溉平地向上搭配品种：兴丰 978　先玉 335　吉东 81

无灌溉平地向下搭配品种：兴丰 66　龙生 19　金田 1　旺禾 8　大民 309　先玉 1331

先玉 335　中地 9988　翔玉 319　杜育 311　中元 999

宏博 66　瑞普 909

阳坡适宜种植品种：　　　兴丰 978　龙生 19　大民 803　先玉 335　D399　中地 9988

翔玉 319　杜育 311　宏硕 738　宏博 66　瑞普 909

阳坡向上搭配品种：　　　先玉 335　吉东 81　龙雨 6016　科泰 925

阳坡向下搭配品种：　　　兴丰 66　兴垦 2　和育 188（吉审玉）　金田 1　旺禾 8

大民 309　先科 1　先玉 1331　中元 999

阴坡适宜种植品种：　　　兴丰 66　龙生 19　金田 1　旺禾 8　大民 309　先玉 1331

先玉 335　中地 9988　翔玉 319　杜育 311　中元 999

宏博 66　瑞普 909

阴坡向上搭配品种：　　　兴丰 978　先玉 335　吉东 81　大民 803　科泰 925

龙雨 6016　D399　宏硕 738

阴坡向下搭配品种：　　　兴垦 2　和育 188（吉审玉）　先科 1

（72）太和村　东山屯（≥10 ℃活动积温 2793 ℃·日）

可灌溉平地适宜种植品种：兴丰 66　龙生 19　金田 1　旺禾 8　大民 309　先玉 1331

先玉 335 　中地 9988 　翔玉 319 　杜育 311 　中元 999

宏博 66 　瑞普 909

可灌溉平地向上搭配品种:兴丰 978 　先玉 335 　吉东 81 　大民 803 　科泰 925

龙雨 6016 　D399 　宏硕 738

可灌溉平地向下搭配品种:兴垦 2 　和育 188(吉审玉) 　先科 1

无灌溉平地适宜种植品种:兴丰 66 　兴垦 2 　和育 188(吉审玉) 　金田 1 　旺禾 8

大民 309 　先科 1 　先玉 1331 　中元 999

无灌溉平地向上搭配品种:兴丰 978 　龙生 19 　大民 803 　先玉 335 　D399 　中地 9988

翔玉 319 　杜育 311 　宏硕 738 　宏博 66 　瑞普 909

无灌溉平地向下搭配品种:罕玉 3 　罕玉 5 　宏博 691

阳坡适宜种植品种: 　兴垦 2 　先科 1 　罕玉 3 　罕玉 5 　宏博 691

阳坡向上搭配品种: 　兴丰 66 　和育 188(吉审玉) 　金田 1 　旺禾 8 　大民 309

先玉 1331 　中元 999

阳坡向下搭配品种: 　兴丰 17 　兴丰 3 　罕玉 336 　C1563 　吉单 27 　丰垦 139

利单 656 　丰垦 009 　华北 140 　金山 22 　宏博 391

阴坡适宜种植品种: 　罕玉 3 　罕玉 5 　宏博 691 　金山 22 　宏博 391

阴坡向上搭配品种: 　兴丰 66 　兴垦 2 　和育 188(吉审玉) 　金田 1 　旺禾 8

大民 309 　先科 1 　先玉 1331 　中元 999

阴坡向下搭配品种: 　兴丰 17 　兴丰 3 　罕玉 336 　C1563 　吉单 27 　丰垦 139

利单 656 　丰垦 009 　华北 140

(73) 太和村 新安屯(≥10℃活动积温 2751.1℃·日)

可灌溉平地适宜种植品种:兴丰 66 　和育 188(吉审玉) 　龙生 19 　金田 1 　旺禾 8

大民 309 　先玉 1331 　先玉 335 　中地 9988 　翔玉 319

杜育 311 　中元 999 　宏博 66 　瑞普 909

可灌溉平地向上搭配品种:兴丰 978 　大民 803 　D399 　宏硕 738

可灌溉平地向下搭配品种:兴垦 2 　先科 1 　罕玉 3 　罕玉 5 　宏博 691

无灌溉平地适宜种植品种:兴垦 2 　和育 188(吉审玉) 　先科 1 　罕玉 3 　罕玉 5

宏博 691

无灌溉平地向上搭配品种:兴丰 66 　龙生 19 　金田 1 　旺禾 8 　大民 309 　先玉 1331

先玉 335 　中地 9988 　翔玉 319 　杜育 311 　中元 999

宏博 66 　瑞普 909

无灌溉平地向下搭配品种:金山 22 　宏博 391

阳坡适宜种植品种: 　罕玉 3 　罕玉 5 　宏博 691 　金山 22 　宏博 391

阳坡向上搭配品种: 　兴垦 2 　和育 188(吉审玉) 　先科 1

阳坡向下搭配品种: 　兴丰 818 　兴丰 17 　兴丰 3 　罕玉 336 　利单 656 　丰垦 139

C1563 　吉单 27 　丰垦 009 　华北 140 　德禹 201

阴坡适宜种植品种: 　罕玉 3 　罕玉 5 　宏博 691 　金山 22 　宏博 391

阴坡向上搭配品种: 　兴垦 2 　先科 1

阴坡向下搭配品种: 　兴丰 818 　兴丰 17 　兴丰 3 　罕玉 336 　利单 656 　丰垦 139

C1563　吉单 27　丰垦 009　华北 140　德禹 201

（74）太和村　孙家屯（≥10 ℃活动积温 2793 ℃·日）

可灌溉平地适宜种植品种：兴丰 66　龙生 19　金田 1　旺禾 8　大民 309　先玉 1331
先玉 335　中地 9988　翔玉 319　杜育 311　中元 999
宏博 66　瑞普 909

可灌溉平地向上搭配品种：兴丰 978　先玉 335　吉东 81　大民 803　科泰 925
龙雨 6016　D399　宏硕 738

可灌溉平地向下搭配品种：兴垦 2　和育 188（吉审玉）　先科 1

无灌溉平地适宜种植品种：兴丰 66　兴垦 2　和育 188（吉审玉）　金田 1　旺禾 8
大民 309　先科 1　先玉 1331　中元 999

无灌溉平地向上搭配品种：兴丰 978　龙生 19　大民 803　先玉 335　D399　中地 9988
翔玉 319　杜育 311　宏硕 738　宏博 66　瑞普 909

无灌溉平地向下搭配品种：罕玉 3　罕玉 5　宏博 691

阳坡适宜种植品种：　　　兴垦 2　先科 1　罕玉 3　罕玉 5　宏博 691

阳坡向上搭配品种：　　　兴丰 66　和育 188（吉审玉）　金田 1　旺禾 8　大民 309
先玉 1331　中元 999

阳坡向下搭配品种：　　　兴丰 17　兴丰 3　罕玉 336　C1563　吉单 27　丰垦 139
利单 656　丰垦 009　华北 140　金山 22　宏博 391

阴坡适宜种植品种：　　　罕玉 3　罕玉 5　宏博 691　金山 22　宏博 391

阴坡向上搭配品种：　　　兴丰 66　兴垦 2　和育 188（吉审玉）　金田 1　旺禾 8
大民 309　先科 1　先玉 1331　中元 999

阴坡向下搭配品种：　　　兴丰 17　兴丰 3　罕玉 336　C1563　吉单 27　丰垦 139
利单 656　丰垦 009　华北 140

（75）太和村　陈家屯（≥10 ℃活动积温 2793 ℃·日）

可灌溉平地适宜种植品种：兴丰 66　龙生 19　金田 1　旺禾 8　大民 309　先玉 1331
先玉 335　中地 9988　翔玉 319　杜育 311　中元 999
宏博 66　瑞普 909

可灌溉平地向上搭配品种：兴丰 978　先玉 335　吉东 81　大民 803　科泰 925
龙雨 6016　D399　宏硕 738

可灌溉平地向下搭配品种：兴垦 2　和育 188（吉审玉）　先科 1

无灌溉平地适宜种植品种：兴丰 66　兴垦 2　和育 188（吉审玉）　金田 1　旺禾 8
大民 309　先科 1　先玉 1331　中元 999

无灌溉平地向上搭配品种：兴丰 978　龙生 19　大民 803　先玉 335　D399　中地 9988
翔玉 319　杜育 311　宏硕 738　宏博 66　瑞普 909

无灌溉平地向下搭配品种：罕玉 3　罕玉 5　宏博 691

阳坡适宜种植品种：　　　兴垦 2　先科 1　罕玉 3　罕玉 5　宏博 691

阳坡向上搭配品种：　　　兴丰 66　和育 188（吉审玉）　金田 1　旺禾 8　大民 309
先玉 1331　中元 999

阳坡向下搭配品种：　　　兴丰 17　兴丰 3　罕玉 336　C1563　吉单 27　丰垦 139

利单 656　丰垦 009　华北 140　金山 22　宏博 391

阴坡适宜种植品种：　罕玉 3　罕玉 5　宏博 691　金山 22　宏博 391

阴坡向上搭配品种：　兴丰 66　兴垦 2　和育 188（吉审玉）　金田 1　旺禾 8

大民 309　先科 1　先玉 1331　中元 999

阴坡向下搭配品种：　兴丰 17　兴丰 3　罕玉 336　C1563　吉单 27　丰垦 139

利单 656　丰垦 009　华北 140

（76）和胜村　刘家屯（≥10 ℃活动积温 2738.9 ℃·日）

可灌溉平地适宜种植品种：兴丰 66　兴垦 2　和育 188（吉审玉）　金田 1　旺禾 8

大民 309　先科 1　先玉 1331　中元 999

可灌溉平地向上搭配品种：兴丰 978　龙生 19　大民 803　先玉 335　D399　中地 9988

翔玉 319　杜育 311　宏硕 738　宏博 66　瑞普 909

可灌溉平地向下搭配品种：罕玉 3　罕玉 5　宏博 691

无灌溉平地适宜种植品种：兴垦 2　先科 1　罕玉 3　罕玉 5　宏博 691

无灌溉平地向上搭配品种：兴丰 66　和育 188（吉审玉）　金田 1　旺禾 8　大民 309

先玉 1331　中元 999

无灌溉平地向下搭配品种：兴丰 17　兴丰 3　罕玉 336　C1563　吉单 27　丰垦 139

利单 656　丰垦 009　华北 140　金山 22　宏博 391

阳坡适宜种植品种：　罕玉 3　罕玉 5　宏博 691　金山 22　宏博 391

阳坡向上搭配品种：　兴垦 2　先科 1

阳坡向下搭配品种：　兴丰 818　兴丰 17　兴丰 3　罕玉 336　利单 656　丰垦 139

C1563　吉单 27　丰垦 009　华北 140　德禹 201

阴坡适宜种植品种：　兴丰 17　兴丰 3　罕玉 336　C1563　吉单 27　丰垦 139

利单 656　丰垦 009　华北 140　金山 22　宏博 391

阴坡向上搭配品种：　兴垦 2　先科 1　罕玉 3　罕玉 5　宏博 691

阴坡向下搭配品种：　兴丰 818　丰垦 139　德禹 201

（77）和胜村　新马家屯（≥10 ℃活动积温 2507.9 ℃·日）

可灌溉平地适宜种植品种：兴丰 818　兴丰 17　兴丰 3　罕玉 336　利单 656　丰垦 139

C1563　吉单 27　丰垦 009　华北 140　德禹 201

可灌溉平地向上搭配品种：金山 22　宏博 391

可灌溉平地向下搭配品种：兴丰 68　兴丰 58　丰垦 219　丰垦 008　罕玉 33　登海 19

无灌溉平地适宜种植品种：兴丰 68　兴丰 58　丰垦 219　丰垦 008　罕玉 33　登海 19

无灌溉平地向上搭配品种：兴丰 818　兴丰 17　兴丰 3　罕玉 336　利单 656　丰垦 139

C1563　吉单 27　丰垦 009　华北 140　德禹 201

无灌溉平地向下搭配品种：丰垦 008　丰垦 219　登科 29　禾田 1 号　先玉 1409

阳坡适宜种植品种：　丰垦 008　丰垦 219　登科 29　禾田 1 号　先玉 1409

登海 19

阳坡向上搭配品种：　兴丰 68　兴丰 58　丰垦 219　丰垦 008　罕玉 33

阳坡向下搭配品种：　兴丰 1559　丰垦 165　呼单 517　隆平 702　德美亚 1 号

德美亚 2 号

阴坡适宜种植品种：　　　丰垦 008　丰垦 219　登科 29　禾田 1 号　先玉 1409　登海 19

阴坡向上搭配品种：　　　兴丰 68　兴丰 58　丰垦 219　丰垦 008　罕玉 33

阴坡向下搭配品种：　　　兴丰 1559　丰垦 165　呼单 517　隆平 702　德美亚 1 号
　　　　　　　　　　　　德美亚 2 号

（78）和胜村　周家屯（≥10 ℃活动积温 2581.8 ℃·日）

可灌溉平地适宜种植品种：兴丰 17　兴丰 3　罕玉 336　C1563　吉单 27　丰垦 139
　　　　　　　　　　　　利单 656　丰垦 009　华北 140　金山 22　宏博 391

可灌溉平地向上搭配品种：兴垦 2　先科 1　罕玉 3　罕玉 5　宏博 691

可灌溉平地向下搭配品种：兴丰 818　丰垦 139　德禹 201

无灌溉平地适宜种植品种：兴丰 818　兴丰 17　兴丰 3　罕玉 336　利单 656　丰垦 139
　　　　　　　　　　　　C1563　吉单 27　丰垦 009　华北 140　德禹 201

无灌溉平地向上搭配品种：金山 22　宏博 391

无灌溉平地向下搭配品种：兴丰 68　兴丰 58　丰垦 219　丰垦 008　罕玉 33　登海 19

阳坡适宜种植品种：　　　兴丰 68　兴丰 58　兴丰 818　丰垦 139　丰垦 219　丰垦 008
　　　　　　　　　　　　罕玉 33　德禹 201

阳坡向上搭配品种：　　　兴丰 17　兴丰 3　罕玉 336　C1563　吉单 27　丰垦 139
　　　　　　　　　　　　利单 656　丰垦 009　华北 140

阳坡向下搭配品种：　　　丰垦 008　丰垦 219　登科 29　禾田 1 号　先玉 1409
　　　　　　　　　　　　登海 19

阴坡适宜种植品种：　　　兴丰 68　兴丰 58　丰垦 219　丰垦 008　罕玉 33　登海 19

阴坡向上搭配品种：　　　兴丰 818　兴丰 17　兴丰 3　罕玉 336　利单 656　丰垦 139
　　　　　　　　　　　　C1563　吉单 27　丰垦 009　华北 140　德禹 201

阴坡向下搭配品种：　　　丰垦 008　丰垦 219　登科 29　禾田 1 号　先玉 1409

（79）和胜村　荆家屯（≥10 ℃活动积温 2706.3 ℃·日）

可灌溉平地适宜种植品种：兴丰 66　兴垦 2　和育 188（吉审玉）　金田 1　旺禾 8
　　　　　　　　　　　　大民 309　先科 1　先玉 1331　中元 999

可灌溉平地向上搭配品种：龙生 19　先玉 335　中地 9988　翔玉 319　杜育 311
　　　　　　　　　　　　宏博 66　瑞普 909

可灌溉平地向下搭配品种：罕玉 3　罕玉 5　宏博 691　金山 22　宏博 391

无灌溉平地适宜种植品种：罕玉 3　罕玉 5　宏博 691　金山 22　宏博 391

无灌溉平地向上搭配品种：兴丰 66　兴垦 2　和育 188（吉审玉）　金田 1　旺禾 8
　　　　　　　　　　　　大民 309　先科 1　先玉 1331　中元 999

无灌溉平地向下搭配品种：兴丰 17　兴丰 3　罕玉 336　C1563　吉单 27　丰垦 139
　　　　　　　　　　　　利单 656　丰垦 009　华北 140

阳坡适宜种植品种：　　　兴丰 17　兴丰 3　罕玉 336　C1563　吉单 27　丰垦 139
　　　　　　　　　　　　利单 656　丰垦 009　华北 140　金山 22　宏博 391

阳坡向上搭配品种：　　　罕玉 3　罕玉 5　宏博 691

阳坡向下搭配品种：　　　兴丰 68　兴丰 58　兴丰 818　丰垦 139　丰垦 219　丰垦 008
　　　　　　　　　　　　罕玉 33　德禹 201

阴坡适宜种植品种： 兴丰 17　兴丰 3　罕玉 336　C1563　吉单 27　丰垦 139
利单 656　丰垦 009　华北 140　金山 22　宏博 391

阴坡向上搭配品种： 罕玉 3　罕玉 5　宏博 691

阴坡向下搭配品种： 兴丰 68　兴丰 58　兴丰 818　丰垦 139　丰垦 219　丰垦 008
罕玉 33　德禹 201

（80）和胜村　张家洼（≥10℃活动积温 2726.1℃·日）

可灌溉平地适宜种植品种：兴丰 66　兴垦 2　和育 188（吉审玉）　金田 1　旺禾 8
大民 309　先科 1　先玉 1331　中元 999

可灌溉平地向上搭配品种：龙生 19　先玉 335　中地 9988　翔玉 319　杜育 311
宏博 66　瑞普 909

可灌溉平地向下搭配品种：罕玉 3　罕玉 5　宏博 691　金山 22　宏博 391

无灌溉平地适宜种植品种：兴垦 2　先科 1　罕玉 3　罕玉 5　宏博 691

无灌溉平地向上搭配品种：兴丰 66　和育 188（吉审玉）　金田 1　旺禾 8　大民 309
先玉 1331　中元 999

无灌溉平地向下搭配品种：兴丰 17　兴丰 3　罕玉 336　C1563　吉单 27　丰垦 139
利单 656　丰垦 009　华北 140　金山 22　宏博 391

阳坡适宜种植品种： 兴丰 17　兴丰 3　罕玉 336　C1563　吉单 27　丰垦 139
利单 656　丰垦 009　华北 140　金山 22　宏博 391

阳坡向上搭配品种： 兴垦 2　先科 1　罕玉 3　罕玉 5　宏博 691

阳坡向下搭配品种： 兴丰 818　丰垦 139　德禹 201

阴坡适宜种植品种： 兴丰 17　兴丰 3　罕玉 336　C1563　吉单 27　丰垦 139
利单 656　丰垦 009　华北 140　金山 22　宏博 391

阴坡向上搭配品种： 罕玉 3　罕玉 5　宏博 691

阴坡向下搭配品种： 兴丰 68　兴丰 58　兴丰 818　丰垦 139　丰垦 219　丰垦 008
罕玉 33　德禹 201

（81）和富村　水泉屯（≥10℃活动积温 2682℃·日）

可灌溉平地适宜种植品种：兴垦 2　和育 188（吉审玉）　先科 1　罕玉 3　罕玉 5
宏博 691

可灌溉平地向上搭配品种：兴丰 66　龙生 19　金田 1　旺禾 8　大民 309　先玉 1331
先玉 335　中地 9988　翔玉 319　杜育 311　中元 999
宏博 66　瑞普 909

可灌溉平地向下搭配品种：金山 22　宏博 391

无灌溉平地适宜种植品种：罕玉 3　罕玉 5　宏博 691　金山 22　宏博 391

无灌溉平地向上搭配品种：兴垦 2　和育 188（吉审玉）　先科 1

无灌溉平地向下搭配品种：兴丰 818　兴丰 17　兴丰 3　罕玉 336　利单 656　丰垦 139
C1563　吉单 27　丰垦 009　华北 140　德禹 201

阳坡适宜种植品种： 兴丰 17　兴丰 3　罕玉 336　C1563　吉单 27　丰垦 139
利单 656　丰垦 009　华北 140　金山 22　宏博 391

阳坡向上搭配品种： 罕玉 3　罕玉 5　宏博 691

| 阳坡向下搭配品种： | 兴丰 68　兴丰 58　兴丰 818　丰垦 139　丰垦 219　丰垦 008 |
| 罕玉 33　德禹 201 |

阴坡适宜种植品种：　兴丰 818　兴丰 17　兴丰 3　罕玉 336　利单 656　丰垦 139
C1563　吉单 27　丰垦 009　华北 140　德禹 201

阴坡向上搭配品种：　罕玉 3　罕玉 5　宏博 691　金山 22　宏博 391

阴坡向下搭配品种：　兴丰 68　兴丰 58　丰垦 219　丰垦 008　罕玉 33

（82）和富村　安玉海屯（≥10 ℃活动积温 2578.2 ℃·日）

可灌溉平地适宜种植品种：兴丰 17　兴丰 3　罕玉 336　C1563　吉单 27　丰垦 139
利单 656　丰垦 009　华北 140　金山 22　宏博 391

可灌溉平地向上搭配品种：罕玉 3　罕玉 5　宏博 691

可灌溉平地向下搭配品种：兴丰 68　兴丰 58　兴丰 818　丰垦 139　丰垦 219　丰垦 008
罕玉 33　德禹 201

无灌溉平地适宜种植品种：兴丰 818　兴丰 17　兴丰 3　罕玉 336　利单 656　丰垦 139
C1563　吉单 27　丰垦 009　华北 140　德禹 201

无灌溉平地向上搭配品种：金山 22　宏博 391

无灌溉平地向下搭配品种：兴丰 68　兴丰 58　丰垦 219　丰垦 008　罕玉 33　登海 19

阳坡适宜种植品种：　兴丰 68　兴丰 58　丰垦 219　丰垦 008　罕玉 33　登海 19

阳坡向上搭配品种：　兴丰 818　兴丰 17　兴丰 3　罕玉 336　利单 656　丰垦 139
C1563　吉单 27　丰垦 009　华北 140　德禹 201

阳坡向下搭配品种：　丰垦 008　丰垦 219　登科 29　禾田 1 号　先玉 1409

阴坡适宜种植品种：　兴丰 68　兴丰 58　丰垦 219　丰垦 008　罕玉 33　登海 19

阴坡向上搭配品种：　兴丰 818　丰垦 139　德禹 201

阴坡向下搭配品种：　丰垦 008　丰垦 219　登科 29　禾田 1 号　先玉 1409

（83）和富村　柳家屯（≥10 ℃活动积温 2705.4 ℃·日）

可灌溉平地适宜种植品种：兴丰 66　兴垦 2　和育 188（吉审玉）　金田 1　旺禾 8
大民 309　先科 1　先玉 1331　中元 999

可灌溉平地向上搭配品种：龙生 19　先玉 335　中地 9988　翔玉 319　杜育 311
宏博 66　瑞普 909

可灌溉平地向下搭配品种：罕玉 3　罕玉 5　宏博 691　金山 22　宏博 391

无灌溉平地适宜种植品种：罕玉 3　罕玉 5　宏博 691　金山 22　宏博 391

无灌溉平地向上搭配品种：兴丰 66　兴垦 2　和育 188（吉审玉）　金田 1　旺禾 8
大民 309　先科 1　先玉 1331　中元 999

无灌溉平地向下搭配品种：兴丰 17　兴丰 3　罕玉 336　C1563　吉单 27　丰垦 139
利单 656　丰垦 009　华北 140

阳坡适宜种植品种：　兴丰 17　兴丰 3　罕玉 336　C1563　吉单 27　丰垦 139
利单 656　丰垦 009　华北 140　金山 22　宏博 391

阳坡向上搭配品种：　罕玉 3　罕玉 5　宏博 691

阳坡向下搭配品种：　兴丰 68　兴丰 58　兴丰 818　丰垦 139　丰垦 219　丰垦 008
罕玉 33　德禹 201

阴坡适宜种植品种：　　　　兴丰 17　兴丰 3　罕玉 336　C1563　吉单 27　丰垦 139
　　　　　　　　　　　　　利单 656　丰垦 009　华北 140　金山 22　宏博 391
阴坡向上搭配品种：　　　　罕玉 3　罕玉 5　宏博 691
阴坡向下搭配品种：　　　　兴丰 68　兴丰 58　兴丰 818　丰垦 139　丰垦 219　丰垦 008
　　　　　　　　　　　　　罕玉 33　德禹 201

（84）和富村　大拉海屯（≥10℃活动积温 2715.5℃·日）

可灌溉平地适宜种植品种：兴丰 66　兴垦 2　和育 188（吉审玉）　金田 1　旺禾 8
　　　　　　　　　　　　大民 309　先科 1　先玉 1331　中元 999
可灌溉平地向上搭配品种：龙生 19　先玉 335　中地 9988　翔玉 319　杜育 311
　　　　　　　　　　　　宏博 66　瑞普 909
可灌溉平地向下搭配品种：罕玉 3　罕玉 5　宏博 691　金山 22　宏博 391
无灌溉平地适宜种植品种：兴垦 2　先科 1　罕玉 3　罕玉 5　宏博 691
无灌溉平地向上搭配品种：兴丰 66　和育 188（吉审玉）　金田 1　旺禾 8　大民 309
　　　　　　　　　　　　先玉 1331　中元 999
无灌溉平地向下搭配品种：兴丰 17　兴丰 3　罕玉 336　C1563　吉单 27　丰垦 139
　　　　　　　　　　　　利单 656　丰垦 009　华北 140　金山 22　宏博 391
阳坡适宜种植品种：　　　　兴丰 17　兴丰 3　罕玉 336　C1563　吉单 27　丰垦 139
　　　　　　　　　　　　　利单 656　丰垦 009　华北 140　金山 22　宏博 391
阳坡向上搭配品种：　　　　兴垦 2　先科 1　罕玉 3　罕玉 5　宏博 691
阳坡向下搭配品种：　　　　兴丰 818　丰垦 139　德禹 201
阴坡适宜种植品种：　　　　兴丰 17　兴丰 3　罕玉 336　C1563　吉单 27　丰垦 139
　　　　　　　　　　　　　利单 656　丰垦 009　华北 140　金山 22　宏博 391
阴坡向上搭配品种：　　　　罕玉 3　罕玉 5　宏博 691
阴坡向下搭配品种：　　　　兴丰 68　兴丰 58　兴丰 818　丰垦 139　丰垦 219　丰垦 008
　　　　　　　　　　　　　罕玉 33　德禹 201

（85）和丰村　安家屯（≥10℃活动积温 2643℃·日）

可灌溉平地适宜种植品种：罕玉 3　罕玉 5　宏博 691　金山 22　宏博 391
可灌溉平地向上搭配品种：兴丰 66　兴垦 2　和育 188（吉审玉）　金田 1　旺禾 8
　　　　　　　　　　　　大民 309　先科 1　先玉 1331　中元 999
可灌溉平地向下搭配品种：兴丰 17　兴丰 3　罕玉 336　C1563　吉单 27　丰垦 139
　　　　　　　　　　　　利单 656　丰垦 009　华北 140
无灌溉平地适宜种植品种：兴丰 17　兴丰 3　罕玉 336　C1563　吉单 27　丰垦 139
　　　　　　　　　　　　利单 656　丰垦 009　华北 140　金山 22　宏博 391
无灌溉平地向上搭配品种：兴垦 2　先科 1　罕玉 3　罕玉 5　宏博 691
无灌溉平地向下搭配品种：兴丰 818　丰垦 139　德禹 201
阳坡适宜种植品种：　　　　兴丰 818　兴丰 17　兴丰 3　罕玉 336　利单 656　丰垦 139
　　　　　　　　　　　　　C1563　吉单 27　丰垦 009　华北 140　德禹 201
阳坡向上搭配品种：　　　　金山 22　宏博 391
阳坡向下搭配品种：　　　　兴丰 68　兴丰 58　丰垦 219　丰垦 008　罕玉 33　登海 19

阴坡适宜种植品种：　　　兴丰 68　兴丰 58　兴丰 818　丰垦 139　丰垦 219　丰垦 008
　　　　　　　　　　　　罕玉 33　德禹 201

阴坡向上搭配品种：　　　兴丰 17　兴丰 3　罕玉 336　丰垦 139　C1563　吉单 27
　　　　　　　　　　　　丰垦 139　利单 656　丰垦 009　华北 140　金山 22
　　　　　　　　　　　　宏博 391

阴坡向下搭配品种：　　　登海 19

（86）和丰村　头道沟（≥10 ℃活动积温 2594.6 ℃·日）

可灌溉平地适宜种植品种：兴丰 17　兴丰 3　罕玉 336　C1563　吉单 27　丰垦 139
　　　　　　　　　　　　利单 656　丰垦 009　华北 140　金山 22　宏博 391

可灌溉平地向上搭配品种：兴垦 2　先科 1　罕玉 3　罕玉 5　宏博 691

可灌溉平地向下搭配品种：兴丰 818　丰垦 139　德禹 201

无灌溉平地适宜种植品种：兴丰 818　兴丰 17　兴丰 3　罕玉 336　利单 656　丰垦 139
　　　　　　　　　　　　C1563　吉单 27　丰垦 009　华北 140　德禹 201

无灌溉平地向上搭配品种：罕玉 3　罕玉 5　宏博 691　金山 22　宏博 391

无灌溉平地向下搭配品种：兴丰 68　兴丰 58　丰垦 219　丰垦 008　罕玉 33

阳坡适宜种植品种：　　　兴丰 68　兴丰 58　兴丰 818　丰垦 139　丰垦 219　丰垦 008
　　　　　　　　　　　　罕玉 33　德禹 201

阳坡向上搭配品种：　　　兴丰 17　兴丰 3　罕玉 336　C1563　吉单 27　丰垦 139
　　　　　　　　　　　　利单 656　丰垦 009　华北 140

阳坡向下搭配品种：　　　丰垦 008　丰垦 219　登科 29　禾田 1 号　先玉 1409
　　　　　　　　　　　　登海 19

阴坡适宜种植品种：　　　兴丰 68　兴丰 58　丰垦 219　丰垦 008　罕玉 33　登海 19

阴坡向上搭配品种：　　　兴丰 818　兴丰 17　兴丰 3　罕玉 336　利单 656　丰垦 139
　　　　　　　　　　　　C1563　吉单 27　丰垦 009　华北 140　德禹 201

阴坡向下搭配品种：　　　丰垦 008　丰垦 219　登科 29　禾田 1 号　先玉 1409

（87）和丰村　柳家屯（≥10 ℃活动积温 2532.2 ℃·日）

可灌溉平地适宜种植品种：兴丰 818　兴丰 17　兴丰 3　罕玉 336　利单 656　丰垦 139
　　　　　　　　　　　　C1563　吉单 27　丰垦 009　华北 140　德禹 201

可灌溉平地向上搭配品种：罕玉 3　罕玉 5　宏博 691　金山 22　宏博 391

可灌溉平地向下搭配品种：兴丰 68　兴丰 58　丰垦 219　丰垦 008　罕玉 33

无灌溉平地适宜种植品种：兴丰 68　兴丰 58　兴丰 818　丰垦 139　丰垦 219　丰垦 008
　　　　　　　　　　　　罕玉 33　德禹 201

无灌溉平地向上搭配品种：兴丰 17　兴丰 3　罕玉 336　C1563　吉单 27　丰垦 139
　　　　　　　　　　　　利单 656　丰垦 009　华北 140

无灌溉平地向下搭配品种：丰垦 008　丰垦 219　登科 29　禾田 1 号　先玉 1409
　　　　　　　　　　　　登海 19

阳坡适宜种植品种：　　　兴丰 68　兴丰 58　丰垦 219　丰垦 008　罕玉 33　登海 19

阳坡向上搭配品种：　　　兴丰 818　丰垦 139　德禹 201

阳坡向下搭配品种：　　　丰垦 008　丰垦 219　登科 29　禾田 1 号　先玉 1409

阴坡适宜种植品种： 丰垦 008　丰垦 219　登科 29　禾田 1 号　先玉 1409
　　　　　　　　　　 登海 19

阴坡向上搭配品种： 兴丰 68　兴丰 58　兴丰 818　丰垦 139　丰垦 219

阴坡向下搭配品种： 丰垦 008　罕玉 33　德禹 201

（88）和丰村　张家屯（≥10 ℃活动积温 2723.4 ℃·日）

可灌溉平地适宜种植品种：兴丰 66　兴垦 2　和育 188（吉审玉）　金田 1　旺禾 8
　　　　　　　　　　 大民 309　先科 1　先玉 1331　中元 999

可灌溉平地向上搭配品种：龙生 19　先玉 335　中地 9988　翔玉 319　杜育 311
　　　　　　　　　　 宏博 66　瑞普 909

可灌溉平地向下搭配品种：罕玉 3　罕玉 5　宏博 691　金山 22　宏博 391

无灌溉平地适宜种植品种：兴垦 2　先科 1　罕玉 3　罕玉 5　宏博 691

无灌溉平地向上搭配品种：兴丰 66　和育 188（吉审玉）　金田 1　旺禾 8　大民 309
　　　　　　　　　　 先玉 1331　中元 999

无灌溉平地向下搭配品种：兴丰 17　兴丰 3　罕玉 336　C1563　吉单 27　丰垦 139
　　　　　　　　　　 利单 656　丰垦 009　华北 140　金山 22　宏博 391

阳坡适宜种植品种： 兴丰 17　兴丰 3　罕玉 336　C1563　吉单 27　丰垦 139
　　　　　　　　　　 利单 656　丰垦 009　华北 140　金山 22　宏博 391

阳坡向上搭配品种： 兴垦 2　先科 1　罕玉 3　罕玉 5　宏博 691

阳坡向下搭配品种： 兴丰 818　丰垦 139　德禹 201

阴坡适宜种植品种： 兴丰 17　兴丰 3　罕玉 336　C1563　吉单 27　丰垦 139
　　　　　　　　　　 利单 656　丰垦 009　华北 140　金山 22　宏博 391

阴坡向上搭配品种： 罕玉 3　罕玉 5　宏博 691

阴坡向下搭配品种： 兴丰 68　兴丰 58　兴丰 818　丰垦 139　丰垦 219　丰垦 008
　　　　　　　　　　 罕玉 33　德禹 201

（89）和丰村　唐家屯（≥10 ℃活动积温 2761.7 ℃·日）

可灌溉平地适宜种植品种：兴丰 66　和育 188（吉审玉）　龙生 19　金田 1　旺禾 8
　　　　　　　　　　 大民 309　先玉 1331　先玉 335　中地 9988　翔玉 319
　　　　　　　　　　 杜育 311　中元 999　宏博 66　瑞普 909

可灌溉平地向上搭配品种：兴丰 978　大民 803　D399　宏硕 738

可灌溉平地向下搭配品种：兴垦 2　先科 1　罕玉 3　罕玉 5　宏博 691

无灌溉平地适宜种植品种：兴丰 66　兴垦 2　和育 188（吉审玉）　金田 1　旺禾 8
　　　　　　　　　　 大民 309　先科 1　先玉 1331　中元 999

无灌溉平地向上搭配品种：龙生 19　先玉 335　中地 9988　翔玉 319　杜育 311
　　　　　　　　　　 宏博 66　瑞普 909

无灌溉平地向下搭配品种：罕玉 3　罕玉 5　宏博 691　金山 22　宏博 391

阳坡适宜种植品种： 罕玉 3　罕玉 5　宏博 691　金山 22　宏博 391

阳坡向上搭配品种： 兴丰 66　兴垦 2　和育 188（吉审玉）　金田 1　旺禾 8
　　　　　　　　　　 大民 309　先科 1　先玉 1331　中元 999

阳坡向下搭配品种： 兴丰 17　兴丰 3　罕玉 336　C1563　吉单 27　丰垦 139

利单 656　丰垦 009　华北 140

阴坡适宜种植品种：　罕玉 3　罕玉 5　宏博 691　金山 22　宏博 391

阴坡向上搭配品种：　兴垦 2　和育 188（吉审玉）　先科 1

阴坡向下搭配品种：　兴丰 818　兴丰 17　兴丰 3　罕玉 336　利单 656　丰垦 139
　　　　　　　　　　C1563　吉单 27　丰垦 009　华北 140　德禹 201

（90）和宝村　四道沟（≥10 ℃ 活动积温 2628.7 ℃·日）

可灌溉平地适宜种植品种：罕玉 3　罕玉 5　宏博 691　金山 22　宏博 391

可灌溉平地向上搭配品种：兴垦 2　和育 188（吉审玉）　先科 1

可灌溉平地向下搭配品种：兴丰 818　兴丰 17　兴丰 3　罕玉 336　利单 656　丰垦 139
　　　　　　　　　　　　C1563　吉单 27　丰垦 009　华北 140　德禹 201

无灌溉平地适宜种植品种：兴丰 17　兴丰 3　罕玉 336　丰垦 139　C1563　吉单 27
　　　　　　　　　　　　利单 656　丰垦 009　华北 140　金山 22　宏博 391

无灌溉平地向上搭配品种：罕玉 3　罕玉 5　宏博 691

无灌溉平地向下搭配品种：兴丰 68　兴丰 58　兴丰 818　丰垦 139　丰垦 219　丰垦 008
　　　　　　　　　　　　罕玉 33　德禹 201

阳坡适宜种植品种：　兴丰 68　兴丰 58　兴丰 818　丰垦 139　丰垦 219　丰垦 008
　　　　　　　　　　罕玉 33　德禹 201

阳坡向上搭配品种：　兴丰 17　兴丰 3　罕玉 336　C1563　吉单 27　丰垦 139
　　　　　　　　　　利单 656　丰垦 009　华北 140　金山 22　宏博 391

阳坡向下搭配品种：　登海 19

阴坡适宜种植品种：　兴丰 68　兴丰 58　兴丰 818　丰垦 139　丰垦 219　丰垦 008
　　　　　　　　　　罕玉 33　德禹 201

阴坡向上搭配品种：　兴丰 17　兴丰 3　罕玉 336　C1563　吉单 27　丰垦 139
　　　　　　　　　　利单 656　丰垦 009　华北 140

阴坡向下搭配品种：　丰垦 008　丰垦 219　登科 29　禾田 1 号　先玉 1409
　　　　　　　　　　登海 19

（91）和宝村　羊草甸（≥10 ℃ 活动积温 2622.4 ℃·日）

可灌溉平地适宜种植品种：罕玉 3　罕玉 5　宏博 691　金山 22　宏博 391

可灌溉平地向上搭配品种：兴垦 2　和育 188（吉审玉）　先科 1

可灌溉平地向下搭配品种：兴丰 818　兴丰 17　兴丰 3　罕玉 336　利单 656　丰垦 139
　　　　　　　　　　　　C1563　吉单 27　丰垦 009　华北 140　德禹 201

无灌溉平地适宜种植品种：兴丰 17　兴丰 3　罕玉 336　C1563　吉单 27　丰垦 139
　　　　　　　　　　　　利单 656　丰垦 009　华北 140　金山 22　宏博 391

无灌溉平地向上搭配品种：罕玉 3　罕玉 5　宏博 691

无灌溉平地向下搭配品种：兴丰 68　兴丰 58　兴丰 818　丰垦 139　丰垦 219　丰垦 008
　　　　　　　　　　　　罕玉 33　德禹 201

阳坡适宜种植品种：　兴丰 68　兴丰 58　兴丰 818　丰垦 139　丰垦 219　丰垦 008
　　　　　　　　　　罕玉 33　德禹 201

阳坡向上搭配品种：　兴丰 17　兴丰 3　罕玉 336　C1563　吉单 27　丰垦 139

利单 656　丰垦 009　华北 140　金山 22　宏博 391

阳坡向下搭配品种：	登海 19
阴坡适宜种植品种：	兴丰 68　兴丰 58　兴丰 818　丰垦 139　丰垦 219　丰垦 008
	罕玉 33　德禹 201
阴坡向上搭配品种：	兴丰 17　兴丰 3　罕玉 336　C1563　吉单 27　丰垦 139
	利单 656　丰垦 009　华北 140
阴坡向下搭配品种：	丰垦 008　丰垦 219　登科 29　禾田 1 号　先玉 1409
	登海 19

（92）和宝村　高家屯（≥10 ℃活动积温 2611.1 ℃·日）

可灌溉平地适宜种植品种：	罕玉 3　罕玉 5　宏博 691　金山 22　宏博 391
可灌溉平地向上搭配品种：	兴垦 2　和育 188（吉审玉）　先科 1
可灌溉平地向下搭配品种：	兴丰 818　兴丰 17　兴丰 3　罕玉 336　利单 656　丰垦 139
	C1563　吉单 27　丰垦 009　华北 140　德禹 201
无灌溉平地适宜种植品种：	兴丰 17　兴丰 3　罕玉 336　C1563　吉单 27　丰垦 139
	利单 656　丰垦 009　华北 140　金山 22　宏博 391
无灌溉平地向上搭配品种：	罕玉 3　罕玉 5　宏博 691
无灌溉平地向下搭配品种：	兴丰 68　兴丰 58　兴丰 818　丰垦 139　丰垦 219　丰垦 008
	罕玉 33　德禹 201
阳坡适宜种植品种：	兴丰 68　兴丰 58　兴丰 818　丰垦 139　丰垦 219　丰垦 008
	罕玉 33　德禹 201
阳坡向上搭配品种：	兴丰 17　兴丰 3　罕玉 336　C1563　吉单 27　丰垦 139
	利单 656　丰垦 009　华北 140　金山 22　宏博 391
阳坡向下搭配品种：	登海 19
阴坡适宜种植品种：	兴丰 68　兴丰 58　兴丰 818　丰垦 139　丰垦 219　丰垦 008
	罕玉 33　德禹 201
阴坡向上搭配品种：	兴丰 17　兴丰 3　罕玉 336　C1563　吉单 27　丰垦 139
	利单 656　丰垦 009　华北 140
阴坡向下搭配品种：	丰垦 008　丰垦 219　登科 29　禾田 1 号　先玉 1409
	登海 19

（93）和安村　王家街（≥10 ℃活动积温 2620.5 ℃·日）

可灌溉平地适宜种植品种：	罕玉 3　罕玉 5　宏博 691　金山 22　宏博 391
可灌溉平地向上搭配品种：	兴垦 2　和育 188（吉审玉）　先科 1
可灌溉平地向下搭配品种：	兴丰 818　兴丰 17　兴丰 3　罕玉 336　利单 656　丰垦 139
	C1563　吉单 27　丰垦 009　华北 140　德禹 201
无灌溉平地适宜种植品种：	兴丰 17　兴丰 3　罕玉 336　C1563　吉单 27　丰垦 139
	利单 656　丰垦 009　华北 140　金山 22　宏博 391
无灌溉平地向上搭配品种：	罕玉 3　罕玉 5　宏博 691
无灌溉平地向下搭配品种：	兴丰 68　兴丰 58　兴丰 818　丰垦 139　丰垦 219　丰垦 008
	罕玉 33　德禹 201

阳坡适宜种植品种：	兴丰 68　兴丰 58　兴丰 818　丰垦 139　丰垦 219　丰垦 008
	罕玉 33　德禹 201
阳坡向上搭配品种：	兴丰 17　兴丰 3　罕玉 336　C1563　吉单 27　丰垦 139
	利单 656　丰垦 009　华北 140　金山 22　宏博 391
阳坡向下搭配品种：	登海 19
阴坡适宜种植品种：	兴丰 68　兴丰 58　兴丰 818　丰垦 139　丰垦 219　丰垦 008
	罕玉 33　德禹 201
阴坡向上搭配品种：	兴丰 17　兴丰 3　罕玉 336　C1563　吉单 27　丰垦 139
	利单 656　丰垦 009　华北 140
阴坡向下搭配品种：	丰垦 008　丰垦 219　登科 29　禾田 1 号　先玉 1409
	登海 19

（94）和安村　马家屯（≥10℃活动积温 2546.5℃·日）

可灌溉平地适宜种植品种：兴丰 818　兴丰 17　兴丰 3　罕玉 336　利单 656　丰垦 139
　　　　　　　　　　　C1563　吉单 27　丰垦 009　华北 140　德禹 201
可灌溉平地向上搭配品种：罕玉 3　罕玉 5　宏博 691　金山 22　宏博 391
可灌溉平地向下搭配品种：兴丰 68　兴丰 58　丰垦 219　丰垦 008　罕玉 33
无灌溉平地适宜种植品种：兴丰 68　兴丰 58　兴丰 818　丰垦 139　丰垦 219　丰垦 008
　　　　　　　　　　　罕玉 33　德禹 201
无灌溉平地向上搭配品种：兴丰 17　兴丰 3　罕玉 336　C1563　吉单 27　丰垦 139
　　　　　　　　　　　利单 656　丰垦 009　华北 140　金山 22　宏博 391
无灌溉平地向下搭配品种：登海 19
阳坡适宜种植品种：　　　兴丰 68　兴丰 58　丰垦 219　丰垦 008　罕玉 33　登海 19
阳坡向上搭配品种：　　　兴丰 818　丰垦 139　德禹 201
阳坡向下搭配品种：　　　丰垦 008　丰垦 219　登科 29　禾田 1 号　先玉 1409
阴坡适宜种植品种：　　　丰垦 008　丰垦 219　登科 29　禾田 1 号　先玉 1409
　　　　　　　　　　　登海 19
阴坡向上搭配品种：　　　兴丰 68　兴丰 58　兴丰 818　丰垦 139　丰垦 219
阴坡向下搭配品种：　　　丰垦 008　罕玉 33　德禹 201

（95）和安村　董家屯（≥10℃活动积温 2642.4℃·日）

可灌溉平地适宜种植品种：罕玉 3　罕玉 5　宏博 691　金山 22　宏博 391
可灌溉平地向上搭配品种：兴丰 66　兴垦 2　和育 188（吉审玉）　金田 1　旺禾 8
　　　　　　　　　　　大民 309　先科 1　先玉 1331　中元 999
可灌溉平地向下搭配品种：兴丰 17　兴丰 3　罕玉 336　C1563　吉单 27　丰垦 139
　　　　　　　　　　　利单 656　丰垦 009　华北 140
无灌溉平地适宜种植品种：兴丰 17　兴丰 3　罕玉 336　C1563　吉单 27　丰垦 139
　　　　　　　　　　　利单 656　丰垦 009　华北 140　金山 22　宏博 391
无灌溉平地向上搭配品种：兴垦 2　先科 1　罕玉 3　罕玉 5　宏博 691
无灌溉平地向下搭配品种：兴丰 818　丰垦 139　德禹 201
阳坡适宜种植品种：　　　兴丰 818　兴丰 17　兴丰 3　罕玉 336　利单 656　丰垦 139

C1563　吉单 27　丰垦 009　华北 140　德禹 201

阳坡向上搭配品种：　金山 22　宏博 391

阳坡向下搭配品种：　兴丰 68　兴丰 58　丰垦 219　丰垦 008　罕玉 33　登海 19

阴坡适宜种植品种：　兴丰 68　兴丰 58　兴丰 818　丰垦 139　丰垦 219　丰垦 008

　　　　　　　　　罕玉 33　德禹 201

阴坡向上搭配品种：　兴丰 17　兴丰 3　罕玉 336　C1563　吉单 27　丰垦 139

　　　　　　　　　利单 656　丰垦 009　华北 140　金山 22　宏博 391

阴坡向下搭配品种：　登海 19

（96）和安村　姜家街（≥10 ℃活动积温 2609.8 ℃·日）

可灌溉平地适宜种植品种：罕玉 3　罕玉 5　宏博 691　金山 22　宏博 391

可灌溉平地向上搭配品种：兴垦 2　先科 1

可灌溉平地向下搭配品种：兴丰 818　兴丰 17　兴丰 3　罕玉 336　利单 656　丰垦 139

　　　　　　　　　　　C1563　吉单 27　丰垦 009　华北 140　德禹 201

无灌溉平地适宜种植品种：兴丰 818　兴丰 17　兴丰 3　罕玉 336　利单 656　丰垦 139

　　　　　　　　　　　C1563　吉单 27　丰垦 009　华北 140　德禹 201

无灌溉平地向上搭配品种：罕玉 3　罕玉 5　宏博 691　金山 22　宏博 391

无灌溉平地向下搭配品种：兴丰 68　兴丰 58　丰垦 219　丰垦 008　罕玉 33

阳坡适宜种植品种：　兴丰 68　兴丰 58　兴丰 818　丰垦 139　丰垦 219　丰垦 008

　　　　　　　　　罕玉 33　德禹 201

阳坡向上搭配品种：　兴丰 17　兴丰 3　罕玉 336　C1563　吉单 27　丰垦 139

　　　　　　　　　利单 656　丰垦 009　华北 140

阳坡向下搭配品种：　丰垦 008　丰垦 219　登科 29　禾田 1 号　先玉 1409

　　　　　　　　　登海 19

阴坡适宜种植品种：　兴丰 68　兴丰 58　兴丰 818　丰垦 139　丰垦 219　丰垦 008

　　　　　　　　　罕玉 33　德禹 201

阴坡向上搭配品种：　兴丰 17　兴丰 3　罕玉 336　C1563　吉单 27　丰垦 139

　　　　　　　　　利单 656　丰垦 009　华北 140

阴坡向下搭配品种：　丰垦 008　丰垦 219　登科 29　禾田 1 号　先玉 1409

　　　　　　　　　登海 19

（97）同心村　丁家炉（≥10 ℃活动积温 2904.7 ℃·日）

可灌溉平地适宜种植品种：先玉 335　吉东 81　龙雨 6016　科泰 925

可灌溉平地向上搭配品种：德美 1 号　辰诺 501

可灌溉平地向下搭配品种：兴丰 978　龙生 19　大民 803　先玉 335　D399　中地 9988

　　　　　　　　　　　翔玉 319　杜育 311　宏硕 738　宏博 66　瑞普 909

无灌溉平地适宜种植品种：兴丰 978　龙生 19　大民 803　先玉 335　D399　中地 9988

　　　　　　　　　　　翔玉 319　杜育 311　宏硕 738　宏博 66　瑞普 909

无灌溉平地向上搭配品种：先玉 335　吉东 81　龙雨 6016　科泰 925

无灌溉平地向下搭配品种：兴丰 66　和育 188（吉审玉）　金田 1　旺禾 8　大民 309

　　　　　　　　　　　先玉 1331　中元 999

阳坡适宜种植品种：　　　兴丰 66　和育 188(吉审玉)　龙生 19　金田 1　旺禾 8

大民 309　先玉 1331　先玉 335　中地 9988　翔玉 319

杜育 311　中元 999　宏博 66　瑞普 909

阳坡向上搭配品种：　　　兴丰 978　大民 803　D399　宏硕 738

阳坡向下搭配品种：　　　兴垦 2　先科 1　罕玉 3　罕玉 5　宏博 691

阴坡适宜种植品种：　　　兴丰 66　和育 188(吉审玉)　龙生 19　金田 1　旺禾 8

大民 309　先玉 1331　先玉 335　中地 9988　翔玉 319

杜育 311　中元 999　宏博 66　瑞普 909

阴坡向上搭配品种：　　　兴丰 978　大民 803　D399　宏硕 738

阴坡向下搭配品种：　　　兴垦 2　先科 1　罕玉 3　罕玉 5　宏博 691

（98）榆树村　佟家屯（≥10 ℃活动积温 2739.1 ℃·日）

可灌溉平地适宜种植品种：兴丰 66　兴垦 2　和育 188(吉审玉)　金田 1　旺禾 8

大民 309　先科 1　先玉 1331　中元 999

可灌溉平地向上搭配品种：兴丰 978　龙生 19　大民 803　先玉 335　D399　中地 9988

翔玉 319　杜育 311　宏硕 738　宏博 66　瑞普 909

可灌溉平地向下搭配品种：罕玉 3　罕玉 5　宏博 691

无灌溉平地适宜种植品种：兴垦 2　先科 1　罕玉 3　罕玉 5　宏博 691

无灌溉平地向上搭配品种：兴丰 66　和育 188(吉审玉)　金田 1　旺禾 8　大民 309

先玉 1331　中元 999

无灌溉平地向下搭配品种：兴丰 17　兴丰 3　罕玉 336　C1563　吉单 27　丰垦 139

利单 656　丰垦 009　华北 140　金山 22　宏博 391

阳坡适宜种植品种：　　　罕玉 3　罕玉 5　宏博 691　金山 22　宏博 391

阳坡向上搭配品种：　　　兴垦 2　先科 1

阳坡向下搭配品种：　　　兴丰 818　兴丰 17　兴丰 3　罕玉 336　利单 656　丰垦 139

C1563　吉单 27　丰垦 009　华北 140　德禹 201

阴坡适宜种植品种：　　　兴丰 17　兴丰 3　罕玉 336　C1563　吉单 27　丰垦 139

利单 656　丰垦 009　华北 140　金山 22　宏博 391

阴坡向上搭配品种：　　　兴垦 2　先科 1　罕玉 3　罕玉 5　宏博 691

阴坡向下搭配品种：　　　兴丰 818　丰垦 139　德禹 201

（99）榆树村　榆树屯（≥10 ℃活动积温 2811 ℃·日）

可灌溉平地适宜种植品种：兴丰 978　龙生 19　大民 803　先玉 335　D399　中地 9988

翔玉 319　杜育 311　宏硕 738　宏博 66　瑞普 909

可灌溉平地向上搭配品种：先玉 335　吉东 81　龙雨 6016　科泰 925

可灌溉平地向下搭配品种：兴丰 66　兴垦 2　和育 188(吉审玉)　金田 1　旺禾 8

大民 309　先科 1　先玉 1331　中元 999

无灌溉平地适宜种植品种：兴丰 66　和育 188(吉审玉)　龙生 19　金田 1　旺禾 8

大民 309　先玉 1331　先玉 335　中地 9988　翔玉 319

杜育 311　中元 999　宏博 66　瑞普 909

无灌溉平地向上搭配品种：兴丰 978　大民 803　D399　宏硕 738

无灌溉平地向下搭配品种：兴垦 2　先科 1　罕玉 3　罕玉 5　宏博 691

阳坡适宜种植品种：　　兴垦 2　和育 188（吉审玉）　先科 1　罕玉 3　罕玉 5　宏博 691

阳坡向上搭配品种：　　兴丰 66　龙生 19　金田 1　旺禾 8　大民 309　先玉 1331
　　　　　　　　　　　先玉 335　中地 9988　翔玉 319　杜育 311　中元 999
　　　　　　　　　　　宏博 66　瑞普 909

阳坡向下搭配品种：　　金山 22　宏博 391

阴坡适宜种植品种：　　兴垦 2　先科 1　罕玉 3　罕玉 5　宏博 691

阴坡向上搭配品种：　　兴丰 66　和育 188（吉审玉）　金田 1　旺禾 8　大民 309
　　　　　　　　　　　先玉 1331　中元 999

阴坡向下搭配品种：　　兴丰 17　兴丰 3　罕玉 336　C1563　吉单 27　丰垦 139
　　　　　　　　　　　利单 656　丰垦 009　华北 140　金山 22　宏博 391

（100）和兴村　蒙古屯（≥10 ℃活动积温 2887.1 ℃·日）

可灌溉平地适宜种植品种：兴丰 978　先玉 335　吉东 81　大民 803　科泰 925
　　　　　　　　　　　龙雨 6016　D399　宏硕 738

可灌溉平地向上搭配品种：德美 1 号　辰诺 501

可灌溉平地向下搭配品种：龙生 19　先玉 335　中地 9988　翔玉 319　杜育 311
　　　　　　　　　　　宏博 66　瑞普 909

无灌溉平地适宜种植品种：兴丰 978　龙生 19　大民 803　先玉 335　D399　中地 9988
　　　　　　　　　　　翔玉 319　杜育 311　宏硕 738　宏博 66　瑞普 909

无灌溉平地向上搭配品种：先玉 335　吉东 81　龙雨 6016　科泰 925

无灌溉平地向下搭配品种：兴丰 66　兴垦 2　和育 188（吉审玉）　金田 1　旺禾 8
　　　　　　　　　　　大民 309　先科 1　先玉 1331　中元 999

阳坡适宜种植品种：　　兴丰 66　和育 188（吉审玉）　龙生 19　金田 1　旺禾 8
　　　　　　　　　　　大民 309　先科 1　先玉 1331　先玉 335　中地 9988　翔玉 319
　　　　　　　　　　　杜育 311　中元 999　宏博 66　瑞普 909

阳坡向上搭配品种：　　兴丰 978　大民 803　D399　宏硕 738

阳坡向下搭配品种：　　兴垦 2　先科 1　罕玉 3　罕玉 5　宏博 691

阴坡适宜种植品种：　　兴丰 66　兴垦 2　和育 188（吉审玉）　金田 1　旺禾 8
　　　　　　　　　　　大民 309　先科 1　先玉 1331　中元 999

阴坡向上搭配品种：　　兴丰 978　龙生 19　大民 803　先玉 335　D399　中地 9988
　　　　　　　　　　　翔玉 319　杜育 311　宏硕 738　宏博 66　瑞普 909

阴坡向下搭配品种：　　罕玉 3　罕玉 5　宏博 691

（101）和兴村　窦家窑（≥10 ℃活动积温 2887.1 ℃·日）

可灌溉平地适宜种植品种：兴丰 978　先玉 335　吉东 81　大民 803　科泰 925
　　　　　　　　　　　龙雨 6016　D399　宏硕 738

可灌溉平地向上搭配品种：德美 1 号　辰诺 501

可灌溉平地向下搭配品种：龙生 19　先玉 335　中地 9988　翔玉 319　杜育 311
　　　　　　　　　　　宏博 66　瑞普 909

无灌溉平地适宜种植品种：兴丰 978　龙生 19　大民 803　先玉 335　D399　中地 9988

　　　　　　　　　　　　　翔玉 319　　杜育 311　　宏硕 738　　宏博 66　　瑞普 909

无灌溉平地向上搭配品种：先玉 335　　吉东 81　　龙雨 6016　　科泰 925

无灌溉平地向下搭配品种：兴丰 66　　兴垦 2　　和育 188（吉审玉）　　金田 1　　旺禾 8

　　　　　　　　　　　　　大民 309　　先科 1　　先玉 1331　　中元 999

阳坡适宜种植品种：　　　兴丰 66　　和育 188（吉审玉）　　龙生 19　　金田 1　　旺禾 8

　　　　　　　　　　　　　大民 309　　先玉 1331　　先玉 335　　中地 9988　　翔玉 319

　　　　　　　　　　　　　杜育 311　　中元 999　　宏博 66　　瑞普 909

阳坡向上搭配品种：　　　兴丰 978　　大民 803　　D399　　宏硕 738

阳坡向下搭配品种：　　　兴垦 2　　先科 1　　罕玉 3　　罕玉 5　　宏博 691

阴坡适宜种植品种：　　　兴丰 66　　兴垦 2　　和育 188（吉审玉）　　金田 1　　旺禾 8

　　　　　　　　　　　　　大民 309　　先科 1　　先玉 1331　　中元 999

阴坡向上搭配品种：　　　兴丰 978　　龙生 19　　大民 803　　先玉 335　　D399　　中地 9988

　　　　　　　　　　　　　翔玉 319　　杜育 311　　宏硕 738　　宏博 66　　瑞普 909

阴坡向下搭配品种：　　　罕玉 3　　罕玉 5　　宏博 691

7.3　东杜尔基镇

（1）太平村　高家炭窑（≥10 ℃活动积温 2944.1 ℃·日）

可灌溉平地适宜种植品种：先玉 335　　吉东 81　　龙雨 6016　　科泰 925

可灌溉平地向上搭配品种：兴丰 7 号　　德美 1 号　　丰田 101　　辰诺 501

可灌溉平地向下搭配品种：兴丰 978　　大民 803　　D399　　宏硕 738

无灌溉平地适宜种植品种：兴丰 978　　先玉 335　　吉东 81　　大民 803　　科泰 925

　　　　　　　　　　　　　龙雨 6016　　D399　　宏硕 738

无灌溉平地向上搭配品种：德美 1 号　　辰诺 501

无灌溉平地向下搭配品种：龙生 19　　先玉 335　　中地 9988　　翔玉 319　　杜育 311

　　　　　　　　　　　　　宏博 66　　瑞普 909

阳坡适宜种植品种：　　　兴丰 978　　龙生 19　　大民 803　　先玉 335　　D399　　中地 9988

　　　　　　　　　　　　　翔玉 319　　杜育 311　　宏硕 738　　宏博 66　　瑞普 909

阳坡向上搭配品种：　　　先玉 335　　吉东 81　　龙雨 6016　　科泰 925

阳坡向下搭配品种：　　　兴丰 66　　兴垦 2　　和育 188（吉审玉）　　金田 1　　旺禾 8

　　　　　　　　　　　　　大民 309　　先科 1　　先玉 1331　　中元 999

阴坡适宜种植品种：　　　兴丰 66　　龙生 19　　金田 1　　旺禾 8　　大民 309　　先玉 1331

　　　　　　　　　　　　　先玉 335　　中地 9988　　翔玉 319　　杜育 311　　中元 999

　　　　　　　　　　　　　宏博 66　　瑞普 909

阴坡向上搭配品种：　　　兴丰 978　　先玉 335　　吉东 81　　大民 803　　科泰 925

　　　　　　　　　　　　　龙雨 6016　　D399　　宏硕 738

阴坡向下搭配品种：　　　兴垦 2　　和育 188（吉审玉）　　先科 1

（2）杜荣村　郭家窑（≥10 ℃活动积温 3013.8 ℃·日）

可灌溉平地适宜种植品种：丰田 101　　辰诺 501

可灌溉平地向上搭配品种：兴丰 7 号　德美 1 号

可灌溉平地向下搭配品种：先玉 335　吉东 81　龙雨 6016　科泰 925

无灌溉平地适宜种植品种：德美 1 号　辰诺 501

无灌溉平地向上搭配品种：兴丰 7 号　丰田 101

无灌溉平地向下搭配品种：兴丰 978　先玉 335　吉东 81　大民 803　科泰 925
　　　　　　　　　　　　　龙雨 6016　D399　宏硕 738

阳坡适宜种植品种：　　　兴丰 978　先玉 335　吉东 81　大民 803　科泰 925
　　　　　　　　　　　　　龙雨 6016　D399　宏硕 738

阳坡向上搭配品种：　　　德美 1 号　辰诺 501

阳坡向下搭配品种：　　　龙生 19　先玉 335　中地 9988　翔玉 319　杜育 311
　　　　　　　　　　　　　宏博 66　瑞普 909

阴坡适宜种植品种：　　　龙雨 6016　大民 803　科泰 925　D399　宏硕 738

阴坡向上搭配品种：　　　兴丰 978　先玉 335　吉东 81

阴坡向下搭配品种：　　　兴丰 66　龙生 19　金田 1　旺禾 8　大民 309　先玉 1331
　　　　　　　　　　　　　先玉 335　中地 9988　翔玉 319　杜育 311　中元 999
　　　　　　　　　　　　　宏博 66　瑞普 909

（3）六合村　六合屯（≥10 ℃活动积温 3022.3 ℃·日）

可灌溉平地适宜种植品种：丰田 101　辰诺 501

可灌溉平地向上搭配品种：兴丰 7 号　德美 1 号

可灌溉平地向下搭配品种：先玉 335　吉东 81　龙雨 6016　科泰 925

无灌溉平地适宜种植品种：德美 1 号　辰诺 501

无灌溉平地向上搭配品种：兴丰 7 号　丰田 101

无灌溉平地向下搭配品种：兴丰 978　先玉 335　吉东 81　大民 803　科泰 925
　　　　　　　　　　　　　龙雨 6016　D399　宏硕 738

阳坡适宜种植品种：　　　兴丰 978　先玉 335　吉东 81　大民 803　科泰 925
　　　　　　　　　　　　　龙雨 6016　D399　宏硕 738

阳坡向上搭配品种：　　　德美 1 号　辰诺 501

阳坡向下搭配品种：　　　龙生 19　先玉 335　中地 9988　翔玉 319　杜育 311
　　　　　　　　　　　　　宏博 66　瑞普 909

阴坡适宜种植品种：　　　龙雨 6016　大民 803　科泰 925　D399　宏硕 738

阴坡向上搭配品种：　　　兴丰 978　先玉 335　吉东 81

阴坡向下搭配品种：　　　兴丰 66　龙生 19　金田 1　旺禾 8　大民 309　先玉 1331
　　　　　　　　　　　　　先玉 335　中地 9988　翔玉 319　杜育 311　中元 999
　　　　　　　　　　　　　宏博 66　瑞普 909

（4）大友村　大友屯（≥10 ℃活动积温 3056.4 ℃·日）

可灌溉平地适宜种植品种：兴丰 7 号　丰田 101

可灌溉平地向上搭配品种：郑单 958

可灌溉平地向下搭配品种：德美 1 号　辰诺 501

无灌溉平地适宜种植品种：德美 1 号　辰诺 501

无灌溉平地向上搭配品种:兴丰 7 号　丰田 101

无灌溉平地向下搭配品种:先玉 335　吉东 81　龙雨 6016　科泰 925

阳坡适宜种植品种:　　　先玉 335　吉东 81　龙雨 6016　科泰 925

阳坡向上搭配品种:　　　德美 1 号　辰诺 501

阳坡向下搭配品种:　　　兴丰 978　龙生 19　大民 803　先玉 335　D399　中地 9988

　　　　　　　　　　　　翔玉 319　杜育 311　宏硕 738　宏博 66　瑞普 909

阴坡适宜种植品种:　　　先玉 335　吉东 81　龙雨 6016　科泰 925

阴坡向上搭配品种:　　　德美 1 号　辰诺 501

阴坡向下搭配品种:　　　兴丰 978　龙生 19　大民 803　先玉 335　D399　中地 9988

　　　　　　　　　　　　翔玉 319　杜育 311　宏硕 738　宏博 66　瑞普 909

（5）杜祥村　孙大乐屯（≥10 ℃ 活动积温 2973.4 ℃·日）

可灌溉平地适宜种植品种:德美 1 号　辰诺 501

可灌溉平地向上搭配品种:兴丰 7 号　丰田 101

可灌溉平地向下搭配品种:兴丰 978　先玉 335　吉东 81　大民 803　科泰 925

　　　　　　　　　　　　龙雨 6016　D399　宏硕 738

无灌溉平地适宜种植品种:先玉 335　吉东 81　龙雨 6016　科泰 925

无灌溉平地向上搭配品种:德美 1 号　辰诺 501

无灌溉平地向下搭配品种:兴丰 978　龙生 19　大民 803　先玉 335　D399　中地 9988

　　　　　　　　　　　　翔玉 319　杜育 311　宏硕 738　宏博 66　瑞普 909

阳坡适宜种植品种:　　　兴丰 978　龙生 19　大民 803　先玉 335　D399　中地 9988

　　　　　　　　　　　　翔玉 319　杜育 311　宏硕 738　宏博 66　瑞普 909

阳坡向上搭配品种:　　　先玉 335　吉东 81　龙雨 6016　科泰 925

阳坡向下搭配品种:　　　兴丰 66　和育 188（吉审玉）　金田 1　旺禾 8　大民 309

　　　　　　　　　　　　先玉 1331　中元 999

阴坡适宜种植品种:　　　兴丰 978　龙生 19　大民 803　先玉 335　D399　中地 9988

　　　　　　　　　　　　翔玉 319　杜育 311　宏硕 738　宏博 66　瑞普 909

阴坡向上搭配品种:　　　先玉 335　吉东 81　龙雨 6016　科泰 925

阴坡向下搭配品种:　　　兴丰 66　兴垦 2　和育 188（吉审玉）　金田 1　旺禾 8

　　　　　　　　　　　　大民 309　先科 1　先玉 1331　中元 999

（6）幸福村　王太昌屯（≥10 ℃ 活动积温 2932.2 ℃·日）

可灌溉平地适宜种植品种:先玉 335　吉东 81　龙雨 6016　科泰 925

可灌溉平地向上搭配品种:兴丰 7 号　德美 1 号　丰田 101　辰诺 501

可灌溉平地向下搭配品种:兴丰 978　大民 803　D399　宏硕 738

无灌溉平地适宜种植品种:龙雨 6016　大民 803　科泰 925　D399　宏硕 738

无灌溉平地向上搭配品种:兴丰 978　先玉 335　吉东 81

无灌溉平地向下搭配品种:兴丰 66　龙生 19　金田 1　旺禾 8　大民 309　先玉 1331

　　　　　　　　　　　　先玉 335　中地 9988　翔玉 319　杜育 311　中元 999

　　　　　　　　　　　　宏博 66　瑞普 909

阳坡适宜种植品种:　　　兴丰 978　龙生 19　大民 803　先玉 335　D399　中地 9988

	翔玉319　杜育311　宏硕738　宏博66　瑞普909
阳坡向上搭配品种：	先玉335　吉东81　龙雨6016　科泰925
阳坡向下搭配品种：	兴丰66　兴垦2　和育188（吉审玉）　金田1　旺禾8
	大民309　先科1　先玉1331　中元999
阴坡适宜种植品种：	兴丰66　龙生19　金田1　旺禾8　大民309　先玉1331
	先玉335　中地9988　翔玉319　杜育311　中元999
	宏博66　瑞普909
阴坡向上搭配品种：	兴丰978　先玉335　吉东81　大民803　科泰925
	龙雨6016　D399　宏硕738
阴坡向下搭配品种：	兴垦2　和育188（吉审玉）　先科1

（7）幸福村　长发屯（≥10℃活动积温2932.2℃·日）

可灌溉平地适宜种植品种：	先玉335　吉东81　龙雨6016　科泰925
可灌溉平地向上搭配品种：	兴丰7号　德美1号　丰田101　辰诺501
可灌溉平地向下搭配品种：	兴丰978　大民803　D399　宏硕738
无灌溉平地适宜种植品种：	龙雨6016　大民803　科泰925　D399　宏硕738
无灌溉平地向上搭配品种：	兴丰978　先玉335　吉东81
无灌溉平地向下搭配品种：	兴丰66　龙生19　金田1　旺禾8　大民309　先玉1331
	先玉335　中地9988　翔玉319　杜育311　中元999
	宏博66　瑞普909
阳坡适宜种植品种：	兴丰978　龙生19　大民803　先玉335　D399　中地9988
	翔玉319　杜育311　宏硕738　宏博66　瑞普909
阳坡向上搭配品种：	先玉335　吉东81　龙雨6016　科泰925
阳坡向下搭配品种：	兴丰66　兴垦2　和育188（吉审玉）　金田1　旺禾8
	大民309　先科1　先玉1331　中元999
阴坡适宜种植品种：	兴丰66　龙生19　金田1　旺禾8　大民309　先玉1331
	先玉335　中地9988　翔玉319　杜育311　中元999
	宏博66　瑞普909
阴坡向上搭配品种：	兴丰978　先玉335　吉东81　大民803　科泰925
	龙雨6016　D399　宏硕738
阴坡向下搭配品种：	兴垦2　和育188（吉审玉）　先科1

（8）裕民村　张福有屯（≥10℃活动积温3030.2℃·日）

可灌溉平地适宜种植品种：	兴丰7号　德美1号　丰田101
可灌溉平地向上搭配品种：	郑单958
可灌溉平地向下搭配品种：	辰诺501　丰田101
无灌溉平地适宜种植品种：	德美1号　辰诺501
无灌溉平地向上搭配品种：	兴丰7号　丰田101
无灌溉平地向下搭配品种：	兴丰978　先玉335　吉东81　大民803　科泰925
	龙雨6016　D399　宏硕738
阳坡适宜种植品种：	先玉335　吉东81　龙雨6016　科泰925

阳坡向上搭配品种： 德美 1 号 辰诺 501

阳坡向下搭配品种： 兴丰 978 龙生 19 大民 803 先玉 335 D399 中地 9988

翔玉 319 杜育 311 宏硕 738 宏博 66 瑞普 909

阴坡适宜种植品种： 兴丰 978 先玉 335 吉东 81 大民 803 科泰 925

龙雨 6016 D399 宏硕 738

阴坡向上搭配品种： 德美 1 号 辰诺 501

阴坡向下搭配品种： 龙生 19 先玉 335 中地 9988 翔玉 319 杜育 311

宏博 66 瑞普 909

（9）裕民村 小八队（≥10 ℃活动积温 3022.4 ℃·日）

可灌溉平地适宜种植品种：丰田 101 辰诺 501

可灌溉平地向上搭配品种：兴丰 7 号 德美 1 号

可灌溉平地向下搭配品种：先玉 335 吉东 81 龙雨 6016 科泰 925

无灌溉平地适宜种植品种：德美 1 号 辰诺 501

无灌溉平地向上搭配品种：兴丰 7 号 丰田 101

无灌溉平地向下搭配品种：兴丰 978 先玉 335 吉东 81 大民 803 科泰 925

龙雨 6016 D399 宏硕 738

阳坡适宜种植品种： 兴丰 978 先玉 335 吉东 81 大民 803 科泰 925

龙雨 6016 D399 宏硕 738

阳坡向上搭配品种： 德美 1 号 辰诺 501

阳坡向下搭配品种： 龙生 19 先玉 335 中地 9988 翔玉 319 杜育 311

宏博 66 瑞普 909

阴坡适宜种植品种： 龙雨 6016 大民 803 科泰 925 D399 宏硕 738

阴坡向上搭配品种： 兴丰 978 先玉 335 吉东 81

阴坡向下搭配品种： 兴丰 66 龙生 19 金田 1 旺禾 8 大民 309 先玉 1331

先玉 335 中地 9988 翔玉 319 杜育 311 中元 999

宏博 66 瑞普 909

（10）裕民村 小南屯（≥10 ℃活动积温 2996.2 ℃·日）

可灌溉平地适宜种植品种：德美 1 号 辰诺 501

可灌溉平地向上搭配品种：兴丰 7 号 丰田 101

可灌溉平地向下搭配品种：先玉 335 吉东 81 龙雨 6016 科泰 925

无灌溉平地适宜种植品种：先玉 335 吉东 81 龙雨 6016 科泰 925

无灌溉平地向上搭配品种：兴丰 7 号 德美 1 号 丰田 101 辰诺 501

无灌溉平地向下搭配品种：兴丰 978 大民 803 D399 宏硕 738

阳坡适宜种植品种： 龙雨 6016 大民 803 科泰 925 D399 宏硕 738

阳坡向上搭配品种： 兴丰 978 先玉 335 吉东 81

阳坡向下搭配品种： 兴丰 66 龙生 19 金田 1 旺禾 8 大民 309 先玉 1331

先玉 335 中地 9988 翔玉 319 杜育 311 中元 999

宏博 66 瑞普 909

阴坡适宜种植品种： 兴丰 978 龙生 19 大民 803 先玉 335 D399 中地 9988

翔玉 319　　杜育 311　　宏硕 738　　宏博 66　　瑞普 909

阴坡向上搭配品种：　　　　先玉 335　　吉东 81　　龙雨 6016　　科泰 925

阴坡向下搭配品种：　　　　兴丰 66　　和育 188（吉审玉）　　金田 1　　旺禾 8　　大民 309

先玉 1331　　中元 999

（11）杜胜村　王振禄屯（≥10 ℃活动积温 3004.1 ℃·日）

可灌溉平地适宜种植品种：丰田 101　　辰诺 501

可灌溉平地向上搭配品种：兴丰 7 号　　德美 1 号

可灌溉平地向下搭配品种：先玉 335　　吉东 81　　龙雨 6016　　科泰 925

无灌溉平地适宜种植品种：先玉 335　　吉东 81　　龙雨 6016　　科泰 925

无灌溉平地向上搭配品种：兴丰 7 号　　德美 1 号　　丰田 101　　辰诺 501

无灌溉平地向下搭配品种：兴丰 978　　大民 803　　D399　　宏硕 738

阳坡适宜种植品种：　　　　龙雨 6016　　大民 803　　科泰 925　　D399　　宏硕 738

阳坡向上搭配品种：　　　　兴丰 978　　先玉 335　　吉东 81

阳坡向下搭配品种：　　　　兴丰 66　　龙生 19　　金田 1　　旺禾 8　　大民 309　　先玉 1331

先玉 335　　中地 9988　　翔玉 319　　杜育 311　　中元 999

宏博 66　　瑞普 909

阴坡适宜种植品种：　　　　龙雨 6016　　大民 803　　科泰 925　　D399　　宏硕 738

阴坡向上搭配品种：　　　　兴丰 978　　先玉 335　　吉东 81

阴坡向下搭配品种：　　　　兴丰 66　　和育 188（吉审玉）　　龙生 19　　金田 1　　旺禾 8

大民 309　　先玉 1331　　先玉 335　　中地 9988　　翔玉 319

杜育 311　　中元 999　　宏博 66　　瑞普 909

（12）光明村　刘家油坊（≥10 ℃活动积温 3010.5 ℃·日）

可灌溉平地适宜种植品种：丰田 101　　辰诺 501

可灌溉平地向上搭配品种：兴丰 7 号　　德美 1 号

可灌溉平地向下搭配品种：先玉 335　　吉东 81　　龙雨 6016　　科泰 925

无灌溉平地适宜种植品种：德美 1 号　　辰诺 501

无灌溉平地向上搭配品种：兴丰 7 号　　丰田 101

无灌溉平地向下搭配品种：兴丰 978　　先玉 335　　吉东 81　　大民 803　　科泰 925

龙雨 6016　　D399　　宏硕 738

阳坡适宜种植品种：　　　　兴丰 978　　先玉 335　　吉东 81　　大民 803　　科泰 925

龙雨 6016　　D399　　宏硕 738

阳坡向上搭配品种：　　　　德美 1 号　　辰诺 501

阳坡向下搭配品种：　　　　龙生 19　　先玉 335　　中地 9988　　翔玉 319　　杜育 311

宏博 66　　瑞普 909

阴坡适宜种植品种：　　　　龙雨 6016　　大民 803　　科泰 925　　D399　　宏硕 738

阴坡向上搭配品种：　　　　兴丰 978　　先玉 335　　吉东 81

阴坡向下搭配品种：　　　　兴丰 66　　龙生 19　　金田 1　　旺禾 8　　大民 309　　先玉 1331

先玉 335　　中地 9988　　翔玉 319　　杜育 311　　中元 999

宏博 66　　瑞普 909

（13）五一村　刘成武屯（≥10 ℃活动积温 2957.2 ℃·日）

可灌溉平地适宜种植品种：德美 1 号　辰诺 501

可灌溉平地向上搭配品种：兴丰 7 号　丰田 101

可灌溉平地向下搭配品种：兴丰 978　先玉 335　吉东 81　大民 803　科泰 925
　　　　　　　　　　　　龙雨 6016　D399　宏硕 738

无灌溉平地适宜种植品种：兴丰 978　先玉 335　吉东 81　大民 803　科泰 925
　　　　　　　　　　　　龙雨 6016　D399　宏硕 738

无灌溉平地向上搭配品种：德美 1 号　辰诺 501

无灌溉平地向下搭配品种：龙生 19　先玉 335　中地 9988　翔玉 319　杜育 311
　　　　　　　　　　　　宏博 66　瑞普 909

阳坡适宜种植品种：　　兴丰 978　龙生 19　大民 803　先玉 335　D399　中地 9988
　　　　　　　　　　翔玉 319　杜育 311　宏硕 738　宏博 66　瑞普 909

阳坡向上搭配品种：　　先玉 335　吉东 81　龙雨 6016　科泰 925

阳坡向下搭配品种：　　兴丰 66　兴垦 2　和育 188（吉审玉）　金田 1　旺禾 8
　　　　　　　　　　大民 309　先科 1　先玉 1331　中元 999

阴坡适宜种植品种：　　兴丰 978　龙生 19　大民 803　先玉 335　D399　中地 9988
　　　　　　　　　　翔玉 319　杜育 311　宏硕 738　宏博 66　瑞普 909

阴坡向上搭配品种：　　先玉 335　吉东 81　龙雨 6016　科泰 925

阴坡向下搭配品种：　　兴丰 66　兴垦 2　和育 188（吉审玉）　金田 1　旺禾 8
　　　　　　　　　　大民 309　先科 1　先玉 1331　中元 999

（14）五一村　大尤家屯（≥10 ℃活动积温 3059.4 ℃·日）

可灌溉平地适宜种植品种：兴丰 7 号　丰田 101

可灌溉平地向上搭配品种：郑单 958

可灌溉平地向下搭配品种：德美 1 号　辰诺 501

无灌溉平地适宜种植品种：德美 1 号　辰诺 501

无灌溉平地向上搭配品种：兴丰 7 号　丰田 101

无灌溉平地向下搭配品种：先玉 335　吉东 81　龙雨 6016　科泰 925

阳坡适宜种植品种：　　先玉 335　吉东 81　龙雨 6016　科泰 925

阳坡向上搭配品种：　　德美 1 号　辰诺 501

阳坡向下搭配品种：　　兴丰 978　龙生 19　大民 803　先玉 335　D399　中地 9988
　　　　　　　　　　翔玉 319　杜育 311　宏硕 738　宏博 66　瑞普 909

阴坡适宜种植品种：　　先玉 335　吉东 81　龙雨 6016　科泰 925

阴坡向上搭配品种：　　德美 1 号　辰诺 501

阴坡向下搭配品种：　　兴丰 978　龙生 19　大民 803　先玉 335　D399　中地 9988
　　　　　　　　　　翔玉 319　杜育 311　宏硕 738　宏博 66　瑞普 909

（15）五一村　小尤家屯（≥10 ℃活动积温 3047.3 ℃·日）

可灌溉平地适宜种植品种：兴丰 7 号　德美 1 号　丰田 101

可灌溉平地向上搭配品种：郑单 958

可灌溉平地向下搭配品种：辰诺 501　丰田 101

无灌溉平地适宜种植品种:德美1号　辰诺501

无灌溉平地向上搭配品种:兴丰7号　丰田101

无灌溉平地向下搭配品种:先玉335　吉东81　龙雨6016　科泰925

阳坡适宜种植品种:　　　　先玉335　吉东81　龙雨6016　科泰925

阳坡向上搭配品种:　　　　德美1号　辰诺501

阳坡向下搭配品种:　　　　兴丰978　龙生19　大民803　先玉335　D399　中地9988
　　　　　　　　　　　　　翔玉319　杜育311　宏硕738　宏博66　瑞普909

阴坡适宜种植品种:　　　　兴丰978　先玉335　吉东81　大民803　科泰925
　　　　　　　　　　　　　龙雨6016　D399　宏硕738

阴坡向上搭配品种:　　　　德美1号　辰诺501

阴坡向下搭配品种:　　　　龙生19　先玉335　中地9988　翔玉319　杜育311
　　　　　　　　　　　　　宏博66　瑞普909

（16）红光村　小夏家屯（≥10℃活动积温3024.8℃·日）

可灌溉平地适宜种植品种:丰田101　辰诺501

可灌溉平地向上搭配品种:兴丰7号　德美1号

可灌溉平地向下搭配品种:先玉335　吉东81　龙雨6016　科泰925

无灌溉平地适宜种植品种:德美1号　辰诺501

无灌溉平地向上搭配品种:兴丰7号　丰田101

无灌溉平地向下搭配品种:兴丰978　先玉335　吉东81　大民803　科泰925
　　　　　　　　　　　　　龙雨6016　D399　宏硕738

阳坡适宜种植品种:　　　　兴丰978　先玉335　吉东81　大民803　科泰925
　　　　　　　　　　　　　龙雨6016　D399　宏硕738

阳坡向上搭配品种:　　　　德美1号　辰诺501

阳坡向下搭配品种:　　　　龙生19　先玉335　中地9988　翔玉319　杜育311
　　　　　　　　　　　　　宏博66　瑞普909

阴坡适宜种植品种:　　　　龙雨6016　大民803　科泰925　D399　宏硕738

阴坡向上搭配品种:　　　　兴丰978　先玉335　吉东81

阴坡向下搭配品种:　　　　兴丰66　龙生19　金田1　旺禾8　大民309　先玉1331
　　　　　　　　　　　　　先玉335　中地9988　翔玉319　杜育311　中元999
　　　　　　　　　　　　　宏博66　瑞普909

（17）红光村　大夏家屯（≥10℃活动积温3033.3℃·日）

可灌溉平地适宜种植品种:兴丰7号　德美1号　丰田101

可灌溉平地向上搭配品种:郑单958

可灌溉平地向下搭配品种:辰诺501　丰田101

无灌溉平地适宜种植品种:德美1号　辰诺501

无灌溉平地向上搭配品种:兴丰7号　丰田101

无灌溉平地向下搭配品种:兴丰978　先玉335　吉东81　大民803　科泰925
　　　　　　　　　　　　　龙雨6016　D399　宏硕738

阳坡适宜种植品种:　　　　先玉335　吉东81　龙雨6016　科泰925

阳坡向上搭配品种：	德美 1 号　辰诺 501
阳坡向下搭配品种：	兴丰 978　龙生 19　大民 803　先玉 335　D399　中地 9988
	翔玉 319　杜育 311　宏硕 738　宏博 66　瑞普 909
阴坡适宜种植品种：	兴丰 978　先玉 335　吉东 81　大民 803　科泰 925
	龙雨 6016　D399　宏硕 738
阴坡向上搭配品种：	德美 1 号　辰诺 501
阴坡向下搭配品种：	龙生 19　先玉 335　中地 9988　翔玉 319　杜育 311
	宏博 66　瑞普 909

（18）西山村　高家屯（≥10 ℃活动积温 2987.9 ℃·日）

可灌溉平地适宜种植品种：德美 1 号　辰诺 501

可灌溉平地向上搭配品种：兴丰 7 号　丰田 101

可灌溉平地向下搭配品种：先玉 335　吉东 81　龙雨 6016　科泰 925

无灌溉平地适宜种植品种：先玉 335　吉东 81　龙雨 6016　科泰 925

无灌溉平地向上搭配品种：德美 1 号　辰诺 501

无灌溉平地向下搭配品种：兴丰 978　龙生 19　大民 803　先玉 335　D399　中地 9988
　　　　　　　　　　　　翔玉 319　杜育 311　宏硕 738　宏博 66　瑞普 909

阳坡适宜种植品种：	龙雨 6016　大民 803　科泰 925　D399　宏硕 738
阳坡向上搭配品种：	兴丰 978　先玉 335　吉东 81
阳坡向下搭配品种：	兴丰 66　和育 188（吉审玉）　龙生 19　金田 1　旺禾 8
	大民 309　先玉 1331　先玉 335　中地 9988　翔玉 319
	杜育 311　中元 999　宏博 66　瑞普 909
阴坡适宜种植品种：	兴丰 978　龙生 19　大民 803　先玉 335　D399　中地 9988
	翔玉 319　杜育 311　宏硕 738　宏博 66　瑞普 909
阴坡向上搭配品种：	先玉 335　吉东 81　龙雨 6016　科泰 925
阴坡向下搭配品种：	兴丰 66　和育 188（吉审玉）　金田 1　旺禾 8　大民 309
	先玉 1331　中元 999

（19）西山村　王云屯（≥10 ℃活动积温 2992.8 ℃·日）

可灌溉平地适宜种植品种：德美 1 号　辰诺 501

可灌溉平地向上搭配品种：兴丰 7 号　丰田 101

可灌溉平地向下搭配品种：先玉 335　吉东 81　龙雨 6016　科泰 925

无灌溉平地适宜种植品种：先玉 335　吉东 81　龙雨 6016　科泰 925

无灌溉平地向上搭配品种：兴丰 7 号　德美 1 号　丰田 101　辰诺 501

无灌溉平地向下搭配品种：兴丰 978　大民 803　D399　宏硕 738

阳坡适宜种植品种：	龙雨 6016　大民 803　科泰 925　D399　宏硕 738
阳坡向上搭配品种：	兴丰 978　先玉 335　吉东 81
阳坡向下搭配品种：	兴丰 66　龙生 19　金田 1　旺禾 8　大民 309　先玉 1331
	先玉 335　中地 9988　翔玉 319　杜育 311　中元 999
	宏博 66　瑞普 909
阴坡适宜种植品种：	兴丰 978　龙生 19　大民 803　先玉 335　D399　中地 9988

翔玉 319　杜育 311　宏硕 738　宏博 66　瑞普 909

阴坡向上搭配品种：　　先玉 335　吉东 81　龙雨 6016　科泰 925

阴坡向下搭配品种：　　兴丰 66　和育 188（吉审玉）　金田 1　旺禾 8　大民 309

先玉 1331　中元 999

（20）和平村　刘家屯（≥10℃活动积温 3036.9℃·日）

可灌溉平地适宜种植品种：兴丰 7 号　德美 1 号　丰田 101　辰诺 501

可灌溉平地向上搭配品种：郑单 958

可灌溉平地向下搭配品种：郑单 958

无灌溉平地适宜种植品种：德美 1 号　辰诺 501

无灌溉平地向上搭配品种：兴丰 7 号　丰田 101

无灌溉平地向下搭配品种：兴丰 978　先玉 335　吉东 81　大民 803　科泰 925

龙雨 6016　D399　宏硕 738

阳坡适宜种植品种：　　先玉 335　吉东 81　龙雨 6016　科泰 925

阳坡向上搭配品种：　　德美 1 号　辰诺 501

阳坡向下搭配品种：　　兴丰 978　龙生 19　大民 803　先玉 335　D399　中地 9988

翔玉 319　杜育 311　宏硕 738　宏博 66　瑞普 909

阴坡适宜种植品种：　　兴丰 978　先玉 335　吉东 81　大民 803　科泰 925

龙雨 6016　D399　宏硕 738

阴坡向上搭配品种：　　德美 1 号　辰诺 501

阴坡向下搭配品种：　　龙生 19　先玉 335　中地 9988　翔玉 319　杜育 311

宏博 66　瑞普 909

（21）和平村　南山荒（≥10℃活动积温 2940.4℃·日）

可灌溉平地适宜种植品种：先玉 335　吉东 81　龙雨 6016　科泰 925

可灌溉平地向上搭配品种：兴丰 7 号　德美 1 号　丰田 101　辰诺 501

可灌溉平地向下搭配品种：兴丰 978　大民 803　D399　宏硕 738

无灌溉平地适宜种植品种：兴丰 978　先玉 335　吉东 81　大民 803　科泰 925

龙雨 6016　D399　宏硕 738

无灌溉平地向上搭配品种：德美 1 号　辰诺 501

无灌溉平地向下搭配品种：龙生 19　先玉 335　中地 9988　翔玉 319　杜育 311

宏博 66　瑞普 909

阳坡适宜种植品种：　　兴丰 978　龙生 19　大民 803　先玉 335　D399　中地 9988

翔玉 319　杜育 311　宏硕 738　宏博 66　瑞普 909

阳坡向上搭配品种：　　先玉 335　吉东 81　龙雨 6016　科泰 925

阳坡向下搭配品种：　　兴丰 66　兴垦 2　和育 188（吉审玉）　金田 1　旺禾 8

大民 309　先科 1　先玉 1331　中元 999

阴坡适宜种植品种：　　兴丰 66　龙生 19　金田 1　旺禾 8　大民 309　先玉 1331

先玉 335　中地 9988　翔玉 319　杜育 311　中元 999

宏博 66　瑞普 909

阴坡向上搭配品种：　　兴丰 978　先玉 335　吉东 81　大民 803　科泰 925

龙雨 6016　D399　宏硕 738

阴坡向下搭配品种：　　兴垦 2　和育 188(吉审玉)　先科 1

（22）和平村　付家屯（≥10 ℃活动积温 3036.9 ℃·日）

可灌溉平地适宜种植品种：兴丰 7 号　德美 1 号　丰田 101　辰诺 501

可灌溉平地向上搭配品种：郑单 958

可灌溉平地向下搭配品种：郑单 958

无灌溉平地适宜种植品种：德美 1 号　辰诺 501

无灌溉平地向上搭配品种：兴丰 7 号　丰田 101

无灌溉平地向下搭配品种：兴丰 978　先玉 335　吉东 81　大民 803　科泰 925

龙雨 6016　D399　宏硕 738

阳坡适宜种植品种：　　先玉 335　吉东 81　龙雨 6016　科泰 925

阳坡向上搭配品种：　　德美 1 号　辰诺 501

阳坡向下搭配品种：　　兴丰 978　龙生 19　大民 803　先玉 335　D399　中地 9988

翔玉 319　杜育 311　宏硕 738　宏博 66　瑞普 909

阴坡适宜种植品种：　　兴丰 978　先玉 335　吉东 81　大民 803　科泰 925

龙雨 6016　D399　宏硕 738

阴坡向上搭配品种：　　德美 1 号　辰诺 501

阴坡向下搭配品种：　　龙生 19　先玉 335　中地 9988　翔玉 319　杜育 311

宏博 66　瑞普 909

（23）五四村　国家窝铺屯（≥10 ℃活动积温 3056.1 ℃·日）

可灌溉平地适宜种植品种：兴丰 7 号　丰田 101

可灌溉平地向上搭配品种：郑单 958

可灌溉平地向下搭配品种：德美 1 号　辰诺 501

无灌溉平地适宜种植品种：德美 1 号　辰诺 501

无灌溉平地向上搭配品种：兴丰 7 号　丰田 101

无灌溉平地向下搭配品种：先玉 335　吉东 81　龙雨 6016　科泰 925

阳坡适宜种植品种：　　先玉 335　吉东 81　龙雨 6016　科泰 925

阳坡向上搭配品种：　　德美 1 号　辰诺 501

阳坡向下搭配品种：　　兴丰 978　龙生 19　大民 803　先玉 335　D399　中地 9988

翔玉 319　杜育 311　宏硕 738　宏博 66　瑞普 909

阴坡适宜种植品种：　　先玉 335　吉东 81　龙雨 6016　科泰 925

阴坡向上搭配品种：　　德美 1 号　辰诺 501

阴坡向下搭配品种：　　兴丰 978　龙生 19　大民 803　先玉 335　D399　中地 9988

翔玉 319　杜育 311　宏硕 738　宏博 66　瑞普 909

（24）五四村　律家沟（≥10 ℃活动积温 3056.1 ℃·日）

可灌溉平地适宜种植品种：兴丰 7 号　丰田 101

可灌溉平地向上搭配品种：郑单 958

可灌溉平地向下搭配品种：德美 1 号　辰诺 501

无灌溉平地适宜种植品种：德美 1 号　辰诺 501

无灌溉平地向上搭配品种:兴丰 7 号　丰田 101

无灌溉平地向下搭配品种:先玉 335　吉东 81　龙雨 6016　科泰 925

阳坡适宜种植品种:　　　先玉 335　吉东 81　龙雨 6016　科泰 925

阳坡向上搭配品种:　　　德美 1 号　辰诺 501

阳坡向下搭配品种:　　　兴丰 978　龙生 19　大民 803　先玉 335　D399　中地 9988
　　　　　　　　　　　　翔玉 319　杜育 311　宏硕 738　宏博 66　瑞普 909

阴坡适宜种植品种:　　　先玉 335　吉东 81　龙雨 6016　科泰 925

阴坡向上搭配品种:　　　德美 1 号　辰诺 501

阴坡向下搭配品种:　　　兴丰 978　龙生 19　大民 803　先玉 335　D399　中地 9988
　　　　　　　　　　　　翔玉 319　杜育 311　宏硕 738　宏博 66　瑞普 909

（25）五四村　七家子屯（≥10 ℃活动积温 3062.5 ℃·日）

可灌溉平地适宜种植品种:兴丰 7 号　丰田 101

可灌溉平地向上搭配品种:郑单 958

可灌溉平地向下搭配品种:德美 1 号　辰诺 501

无灌溉平地适宜种植品种:丰田 101　辰诺 501

无灌溉平地向上搭配品种:兴丰 7 号　德美 1 号

无灌溉平地向下搭配品种:先玉 335　吉东 81　龙雨 6016　科泰 925

阳坡适宜种植品种:　　　先玉 335　吉东 81　龙雨 6016　科泰 925

阳坡向上搭配品种:　　　兴丰 7 号　德美 1 号　丰田 101　辰诺 501

阳坡向下搭配品种:　　　兴丰 978　大民 803　D399　宏硕 738

阴坡适宜种植品种:　　　先玉 335　吉东 81　龙雨 6016　科泰 925

阴坡向上搭配品种:　　　德美 1 号　辰诺 501

阴坡向下搭配品种:　　　兴丰 978　龙生 19　大民 803　先玉 335　D399　中地 9988
　　　　　　　　　　　　翔玉 319　杜育 311　宏硕 738　宏博 66　瑞普 909

（26）保全村　于家街（≥10 ℃活动积温 3057.6 ℃·日）

可灌溉平地适宜种植品种:兴丰 7 号　丰田 101

可灌溉平地向上搭配品种:郑单 958

可灌溉平地向下搭配品种:德美 1 号　辰诺 501

无灌溉平地适宜种植品种:德美 1 号　辰诺 501

无灌溉平地向上搭配品种:兴丰 7 号　丰田 101

无灌溉平地向下搭配品种:先玉 335　吉东 81　龙雨 6016　科泰 925

阳坡适宜种植品种:　　　先玉 335　吉东 81　龙雨 6016　科泰 925

阳坡向上搭配品种:　　　德美 1 号　辰诺 501

阳坡向下搭配品种:　　　兴丰 978　龙生 19　大民 803　先玉 335　D399　中地 9988
　　　　　　　　　　　　翔玉 319　杜育 311　宏硕 738　宏博 66　瑞普 909

阴坡适宜种植品种:　　　先玉 335　吉东 81　龙雨 6016　科泰 925

阴坡向上搭配品种:　　　德美 1 号　辰诺 501

阴坡向下搭配品种:　　　兴丰 978　龙生 19　大民 803　先玉 335　D399　中地 9988
　　　　　　　　　　　　翔玉 319　杜育 311　宏硕 738　宏博 66　瑞普 909

（27）保全村　宋家街（≥10 ℃活动积温 3057.6 ℃·日）

可灌溉平地适宜种植品种:兴丰 7 号　丰田 101

可灌溉平地向上搭配品种:郑单 958

可灌溉平地向下搭配品种:德美 1 号　辰诺 501

无灌溉平地适宜种植品种:德美 1 号　辰诺 501

无灌溉平地向上搭配品种:兴丰 7 号　丰田 101

无灌溉平地向下搭配品种:先玉 335　吉东 81　龙雨 6016　科泰 925

阳坡适宜种植品种:　　先玉 335　吉东 81　龙雨 6016　科泰 925

阳坡向上搭配品种:　　德美 1 号　辰诺 501

阳坡向下搭配品种:　　兴丰 978　龙生 19　大民 803　先玉 335　D399　中地 9988
　　　　　　　　　　翔玉 319　杜育 311　宏硕 738　宏博 66　瑞普 909

阴坡适宜种植品种:　　先玉 335　吉东 81　龙雨 6016　科泰 925

阴坡向上搭配品种:　　德美 1 号　辰诺 501

阴坡向下搭配品种:　　兴丰 978　龙生 19　大民 803　先玉 335　D399　中地 9988
　　　　　　　　　　翔玉 319　杜育 311　宏硕 738　宏博 66　瑞普 909

（28）保全村　霍家街（≥10 ℃活动积温 3064 ℃·日）

可灌溉平地适宜种植品种:兴丰 7 号　丰田 101

可灌溉平地向上搭配品种:郑单 958

可灌溉平地向下搭配品种:德美 1 号　辰诺 501

无灌溉平地适宜种植品种:丰田 101　辰诺 501

无灌溉平地向上搭配品种:兴丰 7 号　德美 1 号

无灌溉平地向下搭配品种:先玉 335　吉东 81　龙雨 6016　科泰 925

阳坡适宜种植品种:　　先玉 335　吉东 81　龙雨 6016　科泰 925

阳坡向上搭配品种:　　兴丰 7 号　德美 1 号　丰田 101　辰诺 501

阳坡向下搭配品种:　　兴丰 978　大民 803　D399　宏硕 738

阴坡适宜种植品种:　　先玉 335　吉东 81　龙雨 6016　科泰 925

阴坡向上搭配品种:　　德美 1 号　辰诺 501

阴坡向下搭配品种:　　兴丰 978　龙生 19　大民 803　先玉 335　D399　中地 9988
　　　　　　　　　　翔玉 319　杜育 311　宏硕 738　宏博 66　瑞普 909

（29）保全村　张家街（≥10 ℃活动积温 3055.5 ℃·日）

可灌溉平地适宜种植品种:兴丰 7 号　丰田 101

可灌溉平地向上搭配品种:郑单 958

可灌溉平地向下搭配品种:德美 1 号　辰诺 501

无灌溉平地适宜种植品种:德美 1 号　辰诺 501

无灌溉平地向上搭配品种:兴丰 7 号　丰田 101

无灌溉平地向下搭配品种:先玉 335　吉东 81　龙雨 6016　科泰 925

阳坡适宜种植品种:　　先玉 335　吉东 81　龙雨 6016　科泰 925

阳坡向上搭配品种:　　德美 1 号　辰诺 501

阳坡向下搭配品种:　　兴丰 978　龙生 19　大民 803　先玉 335　D399　中地 9988

翔玉 319　　杜育 311　　宏硕 738　　宏博 66　　瑞普 909

阴坡适宜种植品种：　　　先玉 335　　吉东 81　　龙雨 6016　　科泰 925
阴坡向上搭配品种：　　　德美 1 号　　辰诺 501
阴坡向下搭配品种：　　　兴丰 978　　龙生 19　　大民 803　　先玉 335　　D399　　中地 9988
翔玉 319　　杜育 311　　宏硕 738　　宏博 66　　瑞普 909

（30）明星村　王守业屯（≥10℃活动积温 3061.2℃·日）

可灌溉平地适宜种植品种：兴丰 7 号　　丰田 101

可灌溉平地向上搭配品种：郑单 958

可灌溉平地向下搭配品种：德美 1 号　　辰诺 501

无灌溉平地适宜种植品种：丰田 101　　辰诺 501

无灌溉平地向上搭配品种：兴丰 7 号　　德美 1 号

无灌溉平地向下搭配品种：先玉 335　　吉东 81　　龙雨 6016　　科泰 925

阳坡适宜种植品种：　　　先玉 335　　吉东 81　　龙雨 6016　　科泰 925　　6

阳坡向上搭配品种：　　　兴丰 7 号　　德美 1 号　　丰田 101　　辰诺 501　　1

阳坡向下搭配品种：　　　兴丰 978　　大民 803　　D399　　宏硕 738

阴坡适宜种植品种：　　　先玉 335　　吉东 81　　龙雨 6016　　科泰 925

阴坡向上搭配品种：　　　德美 1 号　　辰诺 501

阴坡向下搭配品种：　　　兴丰 978　　龙生 19　　大民 803　　先玉 335　　D399　　中地 9988
翔玉 319　　杜育 311　　宏硕 738　　宏博 66　　瑞普 909

（31）明星村　小孟家屯（≥10℃活动积温 3061.2℃·日）

可灌溉平地适宜种植品种：兴丰 7 号　　丰田 101

可灌溉平地向上搭配品种：郑单 958

可灌溉平地向下搭配品种：德美 1 号　　辰诺 501

无灌溉平地适宜种植品种：丰田 101　　辰诺 501

无灌溉平地向上搭配品种：兴丰 7 号　　德美 1 号

无灌溉平地向下搭配品种：先玉 335　　吉东 81　　龙雨 6016　　科泰 925

阳坡适宜种植品种：　　　先玉 335　　吉东 81　　龙雨 6016　　科泰 925

阳坡向上搭配品种：　　　兴丰 7 号　　德美 1 号　　丰田 101　　辰诺 501

阳坡向下搭配品种：　　　兴丰 978　　大民 803　　D399　　宏硕 738

阴坡适宜种植品种：　　　先玉 335　　吉东 81　　龙雨 6016　　科泰 925

阴坡向上搭配品种：　　　德美 1 号　　辰诺 501

阴坡向下搭配品种：　　　兴丰 978　　龙生 19　　大民 803　　先玉 335　　D399　　中地 9988
翔玉 319　　杜育 311　　宏硕 738　　宏博 66　　瑞普 909

（32）明星村　大孟家屯（≥10℃活动积温 3061.2℃·日）

可灌溉平地适宜种植品种：兴丰 7 号　　丰田 101

可灌溉平地向上搭配品种：郑单 958

可灌溉平地向下搭配品种：德美 1 号　　辰诺 501

无灌溉平地适宜种植品种：丰田 101　　辰诺 501

无灌溉平地向上搭配品种：兴丰 7 号　　德美 1 号

无灌溉平地向下搭配品种:先玉 335　吉东 81　龙雨 6016　科泰 925

阳坡适宜种植品种:　　　先玉 335　吉东 81　龙雨 6016　科泰 925

阳坡向上搭配品种:　　　兴丰 7 号　德美 1 号　丰田 101　辰诺 501

阳坡向下搭配品种:　　　兴丰 978　大民 803　D399　宏硕 738

阴坡适宜种植品种:　　　先玉 335　吉东 81　龙雨 6016　科泰 925

阴坡向上搭配品种:　　　德美 1 号　辰诺 501

阴坡向下搭配品种:　　　兴丰 978　龙生 19　大民 803　先玉 335　D399　中地 9988
　　　　　　　　　　　翔玉 319　杜育 311　宏硕 738　宏博 66　瑞普 909

（33）明星村　程发河屯（≥10 ℃活动积温 3072.5 ℃·日）

可灌溉平地适宜种植品种:兴丰 7 号　丰田 101

可灌溉平地向上搭配品种:郑单 958

可灌溉平地向下搭配品种:德美 1 号　辰诺 501

无灌溉平地适宜种植品种:丰田 101　辰诺 501

无灌溉平地向上搭配品种:兴丰 7 号　德美 1 号

无灌溉平地向下搭配品种:先玉 335　吉东 81　龙雨 6016　科泰 925

阳坡适宜种植品种:　　　先玉 335　吉东 81　龙雨 6016　科泰 925

阳坡向上搭配品种:　　　兴丰 7 号　德美 1 号　丰田 101　辰诺 501

阳坡向下搭配品种:　　　兴丰 978　大民 803　D399　宏硕 738

阴坡适宜种植品种:　　　先玉 335　吉东 81　龙雨 6016　科泰 925

阴坡向上搭配品种:　　　德美 1 号　辰诺 501

阴坡向下搭配品种:　　　兴丰 978　龙生 19　大民 803　先玉 335　D399　中地 9988
　　　　　　　　　　　翔玉 319　杜育 311　宏硕 738　宏博 66　瑞普 909

（34）加拉嘎村　前加拉嘎屯（≥10 ℃活动积温 2971.1 ℃·日）

可灌溉平地适宜种植品种:德美 1 号　辰诺 501

可灌溉平地向上搭配品种:兴丰 7 号　丰田 101

可灌溉平地向下搭配品种:兴丰 978　先玉 335　吉东 81　大民 803　科泰 925
　　　　　　　　　　　龙雨 6016　D399　宏硕 738

无灌溉平地适宜种植品种:先玉 335　吉东 81　龙雨 6016　科泰 925

无灌溉平地向上搭配品种:德美 1 号　辰诺 501

无灌溉平地向下搭配品种:兴丰 978　龙生 19　大民 803　先玉 335　D399　中地 9988
　　　　　　　　　　　翔玉 319　杜育 311　宏硕 738　宏博 66　瑞普 909

阳坡适宜种植品种:　　　兴丰 978　龙生 19　大民 803　先玉 335　D399　中地 9988
　　　　　　　　　　　翔玉 319　杜育 311　宏硕 738　宏博 66　瑞普 909

阳坡向上搭配品种:　　　先玉 335　吉东 81　龙雨 6016　科泰 925

阳坡向下搭配品种:　　　兴丰 66　和育 188（吉审玉）　金田 1　旺禾 8　大民 309
　　　　　　　　　　　先玉 1331　中元 999

阴坡适宜种植品种:　　　兴丰 978　龙生 19　大民 803　先玉 335　D399　中地 9988
　　　　　　　　　　　翔玉 319　杜育 311　宏硕 738　宏博 66　瑞普 909

阴坡向上搭配品种:　　　先玉 335　吉东 81　龙雨 6016　科泰 925

阴坡向下搭配品种： 兴丰 66 兴垦 2 和育 188（吉审玉） 金田 1 旺禾 8
大民 309 先科 1 先玉 1331 中元 999

（35）加拉嘎村 后加拉嘎屯（≥10 ℃活动积温 2986.6 ℃·日）

可灌溉平地适宜种植品种：德美 1 号 辰诺 501
可灌溉平地向上搭配品种：兴丰 7 号 丰田 101
可灌溉平地向下搭配品种：先玉 335 吉东 81 龙雨 6016 科泰 925
无灌溉平地适宜种植品种：先玉 335 吉东 81 龙雨 6016 科泰 925
无灌溉平地向上搭配品种：德美 1 号 辰诺 501
无灌溉平地向下搭配品种：兴丰 978 龙生 19 大民 803 先玉 335 D399 中地 9988
翔玉 319 杜育 311 宏硕 738 宏博 66 瑞普 909
阳坡适宜种植品种： 龙雨 6016 大民 803 科泰 925 D399 宏硕 738
阳坡向上搭配品种： 兴丰 978 先玉 335 吉东 81
阳坡向下搭配品种： 兴丰 66 和育 188（吉审玉） 龙生 19 金田 1 旺禾 8
大民 309 先玉 1331 先玉 335 中地 9988 翔玉 319
杜育 311 中元 999 宏博 66 瑞普 909
阴坡适宜种植品种： 兴丰 978 龙生 19 大民 803 先玉 335 D399 中地 9988
翔玉 319 杜育 311 宏硕 738 宏博 66 瑞普 909
阴坡向上搭配品种： 先玉 335 吉东 81 龙雨 6016 科泰 925
阴坡向下搭配品种： 兴丰 66 和育 188（吉审玉） 金田 1 旺禾 8 大民 309
先玉 1331 中元 999

（36）杜尔基村 杜尔基屯（≥10 ℃活动积温 3060.9 ℃·日）

可灌溉平地适宜种植品种：德美 1 号 辰诺 501
可灌溉平地向上搭配品种：兴丰 7 号 丰田 101
可灌溉平地向下搭配品种：先玉 335 吉东 81 龙雨 6016 科泰 925
无灌溉平地适宜种植品种：先玉 335 吉东 81 龙雨 6016 科泰 925
无灌溉平地向上搭配品种：德美 1 号 辰诺 501
无灌溉平地向下搭配品种：兴丰 978 龙生 19 大民 803 先玉 335 D399 中地 9988
翔玉 319 杜育 311 宏硕 738 宏博 66 瑞普 909
阳坡适宜种植品种： 龙雨 6016 大民 803 科泰 925 D399 宏硕 738
阳坡向上搭配品种： 兴丰 978 先玉 335 吉东 81
阳坡向下搭配品种： 兴丰 66 和育 188（吉审玉） 龙生 19 金田 1 旺禾 8
大民 309 先玉 1331 先玉 335 中地 9988 翔玉 319
杜育 311 中元 999 宏博 66 瑞普 909
阴坡适宜种植品种： 兴丰 978 龙生 19 大民 803 先玉 335 D399 中地 9988
翔玉 319 杜育 311 宏硕 738 宏博 66 瑞普 909
阴坡向上搭配品种： 先玉 335 吉东 81 龙雨 6016 科泰 925
阴坡向下搭配品种： 兴丰 66 和育 188（吉审玉） 金田 1 旺禾 8 大民 309
先玉 1331 中元 999

7.4　永安镇

（1）永发村　前他克吐屯（≥10℃活动积温 2839.2℃·日）

可灌溉平地适宜种植品种：兴丰 978　　龙生 19　　大民 803　　先玉 335　　D399　　中地 9988

　　　　　　　　　　　　　翔玉 319　　杜育 311　　宏硕 738　　宏博 66　　瑞普 909

可灌溉平地向上搭配品种：先玉 335　　吉东 81　　龙雨 6016　　科泰 925

可灌溉平地向下搭配品种：兴丰 66　　和育 188（吉审玉）　　金田 1　　旺禾 8　　大民 309

　　　　　　　　　　　　　先玉 1331　　中元 999

无灌溉平地适宜种植品种：兴丰 66　　和育 188（吉审玉）　　龙生 19　　金田 1　　旺禾 8

　　　　　　　　　　　　　大民 309　　先玉 1331　　先玉 335　　中地 9988　　翔玉 319

　　　　　　　　　　　　　杜育 311　　中元 999　　宏博 66　　瑞普 909

无灌溉平地向上搭配品种：兴丰 978　　大民 803　　D399　　宏硕 738

无灌溉平地向下搭配品种：兴垦 2　　先科 1　　罕玉 3　　罕玉 5　　宏博 691

阳坡适宜种植品种：　　　兴丰 66　　兴垦 2　　和育 188（吉审玉）　　金田 1　　旺禾 8

　　　　　　　　　　　　　大民 309　　先科 1　　先玉 1331　　中元 999

阳坡向上搭配品种：　　　龙生 19　　先玉 335　　中地 9988　　翔玉 319　　杜育 311

　　　　　　　　　　　　　宏博 66　　瑞普 909

阳坡向下搭配品种：　　　罕玉 3　　罕玉 5　　宏博 691　　金山 22　　宏博 391

阴坡适宜种植品种：　　　兴垦 2　　和育 188（吉审玉）　　先科 1　　罕玉 3　　罕玉 5

　　　　　　　　　　　　　宏博 691

阴坡向上搭配品种：　　　兴丰 66　　龙生 19　　金田 1　　旺禾 8　　大民 309　　先玉 1331

　　　　　　　　　　　　　先玉 335　　中地 9988　　翔玉 319　　杜育 311　　中元 999

　　　　　　　　　　　　　宏博 66　　瑞普 909

阴坡向下搭配品种：　　　金山 22　　宏博 391

（2）永发村　后他克吐屯（≥10℃活动积温 2850.5℃·日）

可灌溉平地适宜种植品种：兴丰 978　　先玉 335　　吉东 81　　大民 803　　科泰 925

　　　　　　　　　　　　　龙雨 6016　　D399　　宏硕 738

可灌溉平地向上搭配品种：兴丰 978　　先玉 335　　吉东 81

可灌溉平地向下搭配品种：兴丰 66　　和育 188（吉审玉）　　龙生 19　　金田 1　　旺禾 8

　　　　　　　　　　　　　大民 309　　先玉 1331　　先玉 335　　中地 9988　　翔玉 319

　　　　　　　　　　　　　杜育 311　　中元 999　　宏博 66　　瑞普 909

无灌溉平地适宜种植品种：兴丰 66　　龙生 19　　金田 1　　旺禾 8　　大民 309　　先玉 1331

　　　　　　　　　　　　　先玉 335　　中地 9988　　翔玉 319　　杜育 311　　中元 999

　　　　　　　　　　　　　宏博 66　　瑞普 909

无灌溉平地向上搭配品种：兴丰 978　　先玉 335　　吉东 81　　大民 803　　科泰 925

　　　　　　　　　　　　　龙雨 6016　　D399　　宏硕 738

无灌溉平地向下搭配品种：兴垦 2　　和育 188（吉审玉）　　先科 1

阳坡适宜种植品种：　　　兴丰 66　　兴垦 2　　和育 188（吉审玉）　　金田 1　　旺禾 8

大民 309　先科 1　先玉 1331　中元 999

阳坡向上搭配品种：　龙生 19　先玉 335　中地 9988　翔玉 319　杜育 311
宏博 66　瑞普 909

阳坡向下搭配品种：　罕玉 3　罕玉 5　宏博 691　金山 22　宏博 391

阴坡适宜种植品种：　兴丰 66　兴垦 2　和育 188（吉审玉）　金田 1　旺禾 8
大民 309　先科 1　先玉 1331　中元 999

阴坡向上搭配品种：　龙生 19　先玉 335　中地 9988　翔玉 319　杜育 311
宏博 66　瑞普 909

阴坡向下搭配品种：　罕玉 3　罕玉 5　宏博 691　金山 22　宏博 391

（3）敖牛村　王福屯（≥10℃活动积温 2826.4℃·日）

可灌溉平地适宜种植品种：兴丰 978　龙生 19　大民 803　先玉 335　D399　中地 9988
翔玉 319　杜育 311　宏硕 738　宏博 66　瑞普 909

可灌溉平地向上搭配品种：先玉 335　吉东 81　龙雨 6016　科泰 925

可灌溉平地向下搭配品种：兴丰 66　兴垦 2　和育 188（吉审玉）　金田 1　旺禾 8
大民 309　先科 1　先玉 1331　中元 999

无灌溉平地适宜种植品种：兴丰 66　和育 188（吉审玉）　龙生 19　金田 1　旺禾 8
大民 309　先玉 1331　先玉 335　中地 9988　翔玉 319
杜育 311　中元 999　宏博 66　瑞普 909

无灌溉平地向上搭配品种：兴丰 978　大民 803　D399　宏硕 738

无灌溉平地向下搭配品种：兴垦 2　先科 1　罕玉 3　罕玉 5　宏博 691

阳坡适宜种植品种：　兴垦 2　和育 188（吉审玉）　先科 1　罕玉 3　罕玉 5　宏博 691

阳坡向上搭配品种：　兴丰 66　龙生 19　金田 1　旺禾 8　大民 309　先玉 1331
先玉 335　中地 9988　翔玉 319　杜育 311　中元 999
宏博 66　瑞普 909

阳坡向下搭配品种：　金山 22　宏博 391

阴坡适宜种植品种：　兴垦 2　先科 1　罕玉 3　罕玉 5　宏博 691

阴坡向上搭配品种：　兴丰 66　和育 188（吉审玉）　金田 1　旺禾 8　大民 309
先玉 1331　中元 999

阴坡向下搭配品种：　兴丰 17　兴丰 3　罕玉 336　利单 656　丰垦 139　C1563
吉单 27　丰垦 009　华北 140　金山 22　宏博 391

（4）敖牛村　闹牛屯（≥10℃活动积温 2871.2℃·日）

可灌溉平地适宜种植品种：龙雨 6016　大民 803　科泰 925　D399　宏硕 738

可灌溉平地向上搭配品种：兴丰 978　先玉 335　吉东 81

可灌溉平地向下搭配品种：兴丰 66　龙生 19　金田 1　旺禾 8　大民 309　先玉 1331
先玉 335　中地 9988　翔玉 319　杜育 311　中元 999
宏博 66　瑞普 909

无灌溉平地适宜种植品种：兴丰 978　龙生 19　大民 803　先玉 335　D399　中地 9988
翔玉 319　杜育 311　宏硕 738　宏博 66　瑞普 909

无灌溉平地向上搭配品种：先玉 335　吉东 81　龙雨 6016　科泰 925

无灌溉平地向下搭配品种:兴丰 66   兴垦 2   和育 188(吉审玉)   金田 1   旺禾 8

大民 309   先科 1   先玉 1331   中元 999

阳坡适宜种植品种: 兴丰 66   兴垦 2   和育 188(吉审玉)   金田 1   旺禾 8

大民 309   先科 1   先玉 1331   中元 999

阳坡向上搭配品种: 兴丰 978   龙生 19   大民 803   先玉 335   D399   中地 9988

翔玉 319   杜育 311   宏硕 738   宏博 66   瑞普 909

阳坡向下搭配品种: 罕玉 3   罕玉 5   宏博 691

阴坡适宜种植品种: 兴丰 66   兴垦 2   和育 188(吉审玉)   金田 1   旺禾 8

大民 309   先科 1   先玉 1331   中元 999

阴坡向上搭配品种: 龙生 19   先玉 335   中地 9988   翔玉 319   杜育 311

宏博 66   瑞普 909

阴坡向下搭配品种: 罕玉 3   罕玉 5   宏博 691   金山 22   宏博 391

（5）敖牛村 高秀岭沟屯（≥10 ℃活动积温 2826.4 ℃·日）

可灌溉平地适宜种植品种:兴丰 978   龙生 19   大民 803   先玉 335   D399   中地 9988

翔玉 319   杜育 311   宏硕 738   宏博 66   瑞普 909

可灌溉平地向上搭配品种:先玉 335   吉东 81   龙雨 6016   科泰 925

可灌溉平地向下搭配品种:兴丰 66   兴垦 2   和育 188(吉审玉)   金田 1   旺禾 8

大民 309   先科 1   先玉 1331   中元 999

无灌溉平地适宜种植品种:兴丰 66   和育 188(吉审玉)   龙生 19   金田 1   旺禾 8

大民 309   先玉 1331   先玉 335   中地 9988   翔玉 319

杜育 311   中元 999   宏博 66   瑞普 909

无灌溉平地向上搭配品种:兴丰 978   大民 803   D399   宏硕 738

无灌溉平地向下搭配品种:兴垦 2   先科 1   罕玉 3   罕玉 5   宏博 691

阳坡适宜种植品种: 兴垦 2   和育 188(吉审玉)   先科 1   罕玉 3   罕玉 5

宏博 691

阳坡向上搭配品种: 兴丰 66   龙生 19   金田 1   旺禾 8   大民 309   先玉 1331

先玉 335   中地 9988   翔玉 319   杜育 311   中元 999

宏博 66   瑞普 909

阳坡向下搭配品种: 金山 22   宏博 391

阴坡适宜种植品种: 兴垦 2   先科 1   罕玉 3   罕玉 5   宏博 691

阴坡向上搭配品种: 兴丰 66   和育 188(吉审玉)   金田 1   旺禾 8   大民 309

先玉 1331   中元 999

阴坡向下搭配品种: 兴丰 17   兴丰 3   罕玉 336   C1563   吉单 27   丰垦 139

利单 656   丰垦 009   华北 140   金山 22   宏博 391

（6）敖牛村 大乌兰屯（≥10 ℃活动积温 2927.2 ℃·日）

可灌溉平地适宜种植品种:先玉 335   吉东 81   龙雨 6016   科泰 925

可灌溉平地向上搭配品种:德美 1 号   辰诺 501

可灌溉平地向下搭配品种:兴丰 978   龙生 19   大民 803   先玉 335   D399   中地 9988

翔玉 319   杜育 311   宏硕 738   宏博 66   瑞普 909

无灌溉平地适宜种植品种：龙雨 6016　大民 803　科泰 925　D399　宏硕 738

无灌溉平地向上搭配品种：兴丰 978　先玉 335　吉东 81

无灌溉平地向下搭配品种：兴丰 66　龙生 19　金田 1　旺禾 8　大民 309　先玉 1331

先玉 335　中地 9988　翔玉 319　杜育 311　中元 999

宏博 66　瑞普 909

阳坡适宜种植品种：　　　兴丰 66　龙生 19　金田 1　旺禾 8　大民 309　先玉 1331

先玉 335　中地 9988　翔玉 319　杜育 311　中元 999

宏博 66　瑞普 909

阳坡向上搭配品种：　　　兴丰 978　先玉 335　吉东 81　大民 803　科泰 925

龙雨 6016　D399　宏硕 738

阳坡向下搭配品种：　　　兴垦 2　和育 188(吉审玉)　先科 1

阴坡适宜种植品种：　　　兴丰 66　和育 188(吉审玉)　龙生 19　金田 1　旺禾 8

大民 309　先玉 1331　先玉 335　中地 9988　翔玉 319

杜育 311　中元 999　宏博 66　瑞普 909

阴坡向上搭配品种：　　　兴丰 978　大民 803　D399　宏硕 738

阴坡向下搭配品种：　　　兴垦 2　先科 1　罕玉 3　罕玉 5　宏博 691

（7）永德村　永德屯（≥10℃活动积温 2952.8℃·日）

可灌溉平地适宜种植品种：德美 1 号　辰诺 501

可灌溉平地向上搭配品种：兴丰 7 号　丰田 101

可灌溉平地向下搭配品种：兴丰 978　先玉 335　吉东 81　大民 803　科泰 925

龙雨 6016　D399　宏硕 738

无灌溉平地适宜种植品种：兴丰 978　先玉 335　吉东 81　大民 803　科泰 925

龙雨 6016　D399　宏硕 738

无灌溉平地向上搭配品种：德美 1 号　辰诺 501

无灌溉平地向下搭配品种：龙生 19　先玉 335　中地 9988　翔玉 319　杜育 311

宏博 66　瑞普 909

阳坡适宜种植品种：　　　兴丰 978　龙生 19　大民 803　先玉 335　D399　中地 9988

翔玉 319　杜育 311　宏硕 738　宏博 66　瑞普 909

阳坡向上搭配品种：　　　先玉 335　吉东 81　龙雨 6016　科泰 925

阳坡向下搭配品种：　　　兴丰 66　兴垦 2　和育 188(吉审玉)　金田 1　旺禾 8

大民 309　先科 1　先玉 1331　中元 999

阴坡适宜种植品种：　　　兴丰 978　龙生 19　大民 803　先玉 335　D399　中地 9988

翔玉 319　杜育 311　宏硕 738　宏博 66　瑞普 909

阴坡向上搭配品种：　　　先玉 335　吉东 81　龙雨 6016　科泰 925

阴坡向下搭配品种：　　　兴丰 66　兴垦 2　和育 188(吉审玉)　金田 1　旺禾 8

大民 309　先科 1　先玉 1331　中元 999

（8）永德村　白家屯（≥10℃活动积温 2982℃·日）

可灌溉平地适宜种植品种：德美 1 号　辰诺 501

可灌溉平地向上搭配品种：兴丰 7 号　丰田 101

可灌溉平地向下搭配品种:先玉 335 吉东 81 龙雨 6016 科泰 925

无灌溉平地适宜种植品种:先玉 335 吉东 81 龙雨 6016 科泰 925

无灌溉平地向上搭配品种:德美 1 号 辰诺 501

无灌溉平地向下搭配品种:兴丰 978 龙生 19 大民 803 先玉 335 D399 中地 9988
翔玉 319 杜育 311 宏硕 738 宏博 66 瑞普 909

阳坡适宜种植品种: 龙雨 6016 大民 803 科泰 925 D399 宏硕 738

阳坡向上搭配品种: 兴丰 978 先玉 335 吉东 81

阳坡向下搭配品种: 兴丰 66 和育 188(吉审玉) 龙生 19 金田 1 旺禾 8
大民 309 先玉 1331 先玉 335 中地 9988 翔玉 319
杜育 311 中元 999 宏博 66 瑞普 909

阴坡适宜种植品种: 兴丰 978 龙生 19 大民 803 先玉 335 D399 中地 9988
翔玉 319 杜育 311 宏硕 738 宏博 66 瑞普 909

阴坡向上搭配品种: 先玉 335 吉东 81 龙雨 6016 科泰 925

阴坡向下搭配品种: 兴丰 66 和育 188(吉审玉) 金田 1 旺禾 8 大民 309
先玉 1331 中元 999

（9）永长村 安家街屯（≥10 ℃活动积温 2905 ℃·日）

可灌溉平地适宜种植品种:先玉 335 吉东 81 龙雨 6016 科泰 925

可灌溉平地向上搭配品种:德美 1 号 辰诺 501

可灌溉平地向下搭配品种:兴丰 978 龙生 19 大民 803 先玉 335 D399 中地 9988
翔玉 319 杜育 311 宏硕 738 宏博 66 瑞普 909

无灌溉平地适宜种植品种:兴丰 978 龙生 19 大民 803 先玉 335 D399 中地 9988
翔玉 319 杜育 311 宏硕 738 宏博 66 瑞普 909

无灌溉平地向上搭配品种:先玉 335 吉东 81 龙雨 6016 科泰 925

无灌溉平地向下搭配品种:兴丰 66 和育 188(吉审玉) 金田 1 旺禾 8 大民 309
先玉 1331 中元 999

阳坡适宜种植品种: 兴丰 66 和育 188(吉审玉) 龙生 19 金田 1 旺禾 8
大民 309 先玉 1331 先玉 335 中地 9988 翔玉 319
杜育 311 中元 999 宏博 66 瑞普 909

阳坡向上搭配品种: 兴丰 978 大民 803 D399 宏硕 738

阳坡向下搭配品种: 兴垦 2 先科 1 罕玉 3 罕玉 5 宏博 691

阴坡适宜种植品种: 兴丰 66 和育 188(吉审玉) 龙生 19 金田 1 旺禾 8
大民 309 先玉 1331 先玉 335 中地 9988 翔玉 319
杜育 311 中元 999 宏博 66 瑞普 909

阴坡向上搭配品种: 兴丰 978 大民 803 D399 宏硕 738

阴坡向下搭配品种: 兴垦 2 先科 1 罕玉 3 罕玉 5 宏博 691

（10）永长村 永长屯（≥10 ℃活动积温 2708.1 ℃·日）

可灌溉平地适宜种植品种:兴丰 66 兴垦 2 和育 188(吉审玉) 金田 1 旺禾 8
大民 309 先科 1 先玉 1331 中元 999

可灌溉平地向上搭配品种:龙生 19 先玉 335 中地 9988 翔玉 319 杜育 311

　　　　　　　　　　宏博 66　瑞普 909

可灌溉平地向下搭配品种：罕玉 3　罕玉 5　宏博 691　金山 22　宏博 391

无灌溉平地适宜种植品种：罕玉 3　罕玉 5　宏博 691　金山 22　宏博 391

无灌溉平地向上搭配品种：兴丰 66　兴垦 2　和育 188（吉审玉）　金田 1　旺禾 8

　　　　　　　　　　大民 309　先科 1　先玉 1331　中元 999

无灌溉平地向下搭配品种：兴丰 17　兴丰 3　罕玉 336　C1563　吉单 27　丰垦 139

　　　　　　　　　　利单 656　丰垦 009　华北 140

阳坡适宜种植品种：　　兴丰 17　兴丰 3　罕玉 336　C1563　吉单 27　丰垦 139

　　　　　　　　　　利单 656　丰垦 009　华北 140　金山 22　宏博 391

阳坡向上搭配品种：　　罕玉 3　罕玉 5　宏博 691

阳坡向下搭配品种：　　兴丰 68　兴丰 58　兴丰 818　丰垦 139　丰垦 219　丰垦 008

　　　　　　　　　　罕玉 33　德禹 201

阴坡适宜种植品种：　　兴丰 17　兴丰 3　罕玉 336　C1563　吉单 27　丰垦 139

　　　　　　　　　　利单 656　丰垦 009　华北 140　金山 22　宏博 391

阴坡向上搭配品种：　　罕玉 3　罕玉 5　宏博 691

阴坡向下搭配品种：　　兴丰 68　兴丰 58　兴丰 818　丰垦 139　丰垦 219　丰垦 008

　　　　　　　　　　罕玉 33　德禹 201

（11）永长村　永长西屯（≥10℃活动积温 2665.5℃·日）

可灌溉平地适宜种植品种：兴垦 2　先科 1　罕玉 3　罕玉 5　宏博 691

可灌溉平地向上搭配品种：兴丰 66　和育 188（吉审玉）　金田 1　旺禾 8　大民 309

　　　　　　　　　　先玉 1331　中元 999

可灌溉平地向下搭配品种：兴丰 17　兴丰 3　罕玉 336　C1563　吉单 27　丰垦 139

　　　　　　　　　　利单 656　丰垦 009　华北 140　金山 22　宏博 391

无灌溉平地适宜种植品种：罕玉 3　罕玉 5　宏博 691　金山 22　宏博 391

无灌溉平地向上搭配品种：兴垦 2　先科 1

无灌溉平地向下搭配品种：兴丰 818　兴丰 17　兴丰 3　罕玉 336　利单 656

　　　　　　　　　　丰垦 139　C1563　吉单 27　丰垦 009　华北 140　德禹 201

阳坡适宜种植品种：　　兴丰 818　兴丰 17　兴丰 3　罕玉 336　利单 656　丰垦 139

　　　　　　　　　　C1563　吉单 27　丰垦 009　华北 140　德禹 201

阳坡向上搭配品种：　　罕玉 3　罕玉 5　宏博 691　金山 22　宏博 391

阳坡向下搭配品种：　　兴丰 68　兴丰 58　丰垦 219　丰垦 008　罕玉 33

阴坡适宜种植品种：　　兴丰 818　兴丰 17　兴丰 3　罕玉 336　利单 656　丰垦 139

　　　　　　　　　　C1563　吉单 27　丰垦 009　华北 140　德禹 201

阴坡向上搭配品种：　　金山 22　宏博 391

阴坡向下搭配品种：　　兴丰 68　兴丰 58　丰垦 219　丰垦 008　罕玉 33　登海 19

（12）永长村　周家街屯（≥10℃活动积温 2805.5℃·日）

可灌溉平地适宜种植品种：兴丰 978　龙生 19　大民 803　先玉 335　D399　中地 9988

　　　　　　　　　　翔玉 319　杜育 311　宏硕 738　宏博 66　瑞普 909

可灌溉平地向上搭配品种：先玉 335　吉东 81　龙雨 6016　科泰 925

可灌溉平地向下搭配品种：兴丰 66　兴垦 2　和育 188（吉审玉）　金田 1　旺禾 8

大民 309　先科 1　先玉 1331　中元 999

无灌溉平地适宜种植品种：兴丰 66　兴垦 2　和育 188（吉审玉）　金田 1　旺禾 8

大民 309　先科 1　先玉 1331　中元 999

无灌溉平地向上搭配品种：兴丰 978　龙生 19　大民 803　先玉 335　D399　中地 9988

翔玉 319　杜育 311　宏硕 738　宏博 66　瑞普 909

无灌溉平地向下搭配品种：罕玉 3　罕玉 5　宏博 691

阳坡适宜种植品种：　　　兴垦 2　先科 1　罕玉 3　罕玉 5　宏博 691

阳坡向上搭配品种：　　　兴丰 66　和育 188（吉审玉）　金田 1　旺禾 8　大民 309

先玉 1331　中元 999

阳坡向下搭配品种：　　　兴丰 17　兴丰 3　罕玉 336　C1563　吉单 27　丰垦 139

利单 656　丰垦 009　华北 140　金山 22　宏博 391

阴坡适宜种植品种：　　　兴垦 2　先科 1　罕玉 3　罕玉 5　宏博 691

阴坡向上搭配品种：　　　兴丰 66　和育 188（吉审玉）　金田 1　旺禾 8　大民 309

先玉 1331　中元 999

阴坡向下搭配品种：　　　兴丰 17　兴丰 3　罕玉 336　C1563　吉单 27　丰垦 139

利单 656　丰垦 009　华北 140　金山 22　宏博 391

（13）永长村　东周家窑屯（≥10 ℃活动积温 2932.1 ℃·日）

可灌溉平地适宜种植品种：先玉 335　吉东 81　龙雨 6016　科泰 925

可灌溉平地向上搭配品种：兴丰 7 号　德美 1 号　丰田 101　辰诺 501

可灌溉平地向下搭配品种：兴丰 978　大民 803　D399　宏硕 738

无灌溉平地适宜种植品种：龙雨 6016　大民 803　科泰 925　D399　宏硕 738

无灌溉平地向上搭配品种：兴丰 978　先玉 335　吉东 81

无灌溉平地向下搭配品种：兴丰 66　龙生 19　金田 1　旺禾 8　大民 309　先玉 1331

先玉 335　中地 9988　翔玉 319　杜育 311　中元 999

宏博 66　瑞普 909

阳坡适宜种植品种：　　　兴丰 978　龙生 19　大民 803　先玉 335　D399　中地 9988

翔玉 319　杜育 311　宏硕 738　宏博 66　瑞普 909

阳坡向上搭配品种：　　　先玉 335　吉东 81　龙雨 6016　科泰 925

阳坡向下搭配品种：　　　兴丰 66　兴垦 2　和育 188（吉审玉）　金田 1　旺禾 8

大民 309　先科 1　先玉 1331　中元 999

阴坡适宜种植品种：　　　兴丰 66　龙生 19　金田 1　旺禾 8　大民 309　先玉 1331

先玉 335　中地 9988　翔玉 319　杜育 311　中元 999

宏博 66　瑞普 909

阴坡向上搭配品种：　　　兴丰 978　先玉 335　吉东 81　大民 803　科泰 925

龙雨 6016　D399　宏硕 738

阴坡向下搭配品种：　　　兴垦 2　和育 188（吉审玉）　先科 1

（14）永长村　西周家窑屯（≥10 ℃活动积温 2831.9 ℃·日）

可灌溉平地适宜种植品种：兴丰 978　龙生 19　大民 803　先玉 335　D399　中地 9988

　　　　　　　　　　　　翔玉 319　杜育 311　宏硕 738　宏博 66　瑞普 909
可灌溉平地向上搭配品种：先玉 335　吉东 81　龙雨 6016　科泰 925
可灌溉平地向下搭配品种：兴丰 66　和育 188（吉审玉）　金田 1　旺禾 8　大民 309
　　　　　　　　　　　　先玉 1331　中元 999
无灌溉平地适宜种植品种：兴丰 66　和育 188（吉审玉）　龙生 19　金田 1　旺禾 8
　　　　　　　　　　　　大民 309　先玉 1331　先玉 335　中地 9988　翔玉 319
　　　　　　　　　　　　杜育 311　中元 999　宏博 66　瑞普 909
无灌溉平地向上搭配品种：兴丰 978　大民 803　D399　宏硕 738
无灌溉平地向下搭配品种：兴垦 2　先科 1　罕玉 3　罕玉 5　宏博 691
阳坡适宜种植品种：　　　兴丰 66　兴垦 2　和育 188（吉审玉）　金田 1　旺禾 8
　　　　　　　　　　　　大民 309　先科 1　先玉 1331　中元 999
阳坡向上搭配品种：　　　龙生 19　先玉 335　中地 9988　翔玉 319　杜育 311
　　　　　　　　　　　　宏博 66　瑞普 909
阳坡向下搭配品种：　　　罕玉 3　罕玉 5　宏博 691　金山 22　宏博 391
阴坡适宜种植品种：　　　兴垦 2　和育 188（吉审玉）　先科 1　罕玉 3　罕玉 5
　　　　　　　　　　　　宏博 691
阴坡向上搭配品种：　　　兴丰 66　龙生 19　金田 1　旺禾 8　大民 309　先玉 1331
　　　　　　　　　　　　先玉 335　中地 9988　翔玉 319　杜育 311　中元 999
　　　　　　　　　　　　宏博 66　瑞普 909
阴坡向下搭配品种：　　　金山 22　宏博 391

（15）永安村　后大营屯（≥10℃活动积温 2843.2℃·日）
可灌溉平地适宜种植品种：兴丰 978　龙生 19　大民 803　先玉 335　D399　中地 9988
　　　　　　　　　　　　翔玉 319　杜育 311　宏硕 738　宏博 66　瑞普 909
可灌溉平地向上搭配品种：先玉 335　吉东 81　龙雨 6016　科泰 925
可灌溉平地向下搭配品种：兴丰 66　和育 188（吉审玉）　金田 1　旺禾 8　大民 309
　　　　　　　　　　　　先玉 1331　中元 999
无灌溉平地适宜种植品种：兴丰 66　龙生 19　金田 1　旺禾 8　大民 309　先玉 1331
　　　　　　　　　　　　先玉 335　中地 9988　翔玉 319　杜育 311　中元 999
　　　　　　　　　　　　宏博 66　瑞普 909
无灌溉平地向上搭配品种：兴丰 978　先玉 335　吉东 81　大民 803　科泰 925
　　　　　　　　　　　　龙雨 6016　D399　宏硕 738
无灌溉平地向下搭配品种：兴垦 2　和育 188（吉审玉）　先科 1
阳坡适宜种植品种：　　　兴丰 66　兴垦 2　和育 188（吉审玉）　金田 1　旺禾 8
　　　　　　　　　　　　大民 309　先科 1　先玉 1331　中元 999
阳坡向上搭配品种：　　　龙生 19　先玉 335　中地 9988　翔玉 319　杜育 311
　　　　　　　　　　　　宏博 66　瑞普 909
阳坡向下搭配品种：　　　罕玉 3　罕玉 5　宏博 691　金山 22　宏博 391
阴坡适宜种植品种：　　　兴垦 2　和育 188（吉审玉）　先科 1　罕玉 3　罕玉 5
　　　　　　　　　　　　宏博 691

阴坡向上搭配品种：　　　兴丰 66　　龙生 19　　金田 1　　旺禾 8　　大民 309　　先玉 1331

先玉 335　　中地 9988　　翔玉 319　　杜育 311　　中元 999

宏博 66　　瑞普 909

阴坡向下搭配品种：　　　金山 22　　宏博 391

（16）永安村　永安屯（≥10 ℃活动积温 2813.1 ℃·日）

可灌溉平地适宜种植品种：兴丰 978　　龙生 19　　大民 803　　先玉 335　　D399　　中地 9988

翔玉 319　　杜育 311　　宏硕 738　　宏博 66　　瑞普 909

可灌溉平地向上搭配品种：先玉 335　　吉东 81　　龙雨 6016　　科泰 925

可灌溉平地向下搭配品种：兴丰 66　　兴垦 2　　和育 188（吉审玉）　　金田 1　　旺禾 8

大民 309　　先科 1　　先玉 1331　　中元 999

无灌溉平地适宜种植品种：兴丰 66　　和育 188（吉审玉）　　龙生 19　　金田 1　　旺禾 8

大民 309　　先玉 1331　　先玉 335　　中地 9988　　翔玉 319

杜育 311　　中元 999　　宏博 66　　瑞普 909

无灌溉平地向上搭配品种：兴丰 978　　大民 803　　D399　　宏硕 738

无灌溉平地向下搭配品种：兴垦 2　　先科 1　　罕玉 3　　罕玉 5　　宏博 691

阳坡适宜种植品种：　　　兴垦 2　　和育 188（吉审玉）　　先科 1　　罕玉 3　　罕玉 5

宏博 691

阳坡向上搭配品种：　　　兴丰 66　　龙生 19　　金田 1　　旺禾 8　　大民 309　　先玉 1331

先玉 335　　中地 9988　　翔玉 319　　杜育 311　　中元 999

宏博 66　　瑞普 909

阳坡向下搭配品种：　　　金山 22　　宏博 391

阴坡适宜种植品种：　　　兴垦 2　　先科 1　　罕玉 3　　罕玉 5　　宏博 691

阴坡向上搭配品种：　　　兴丰 66　　和育 188（吉审玉）　　金田 1　　旺禾 8　　大民 309

先玉 1331　　中元 999

阴坡向下搭配品种：　　　兴丰 17　　兴丰 3　　罕玉 336　　C1563　　吉单 27　　丰垦 139

利单 656　　丰垦 009　　华北 140　　金山 22　　宏博 391

（17）永安村　永利屯（≥10 ℃活动积温 2843.2 ℃·日）

可灌溉平地适宜种植品种：兴丰 978　　龙生 19　　大民 803　　先玉 335　　D399　　中地 9988

翔玉 319　　杜育 311　　宏硕 738　　宏博 66　　瑞普 909

可灌溉平地向上搭配品种：先玉 335　　吉东 81　　龙雨 6016　　科泰 925

可灌溉平地向下搭配品种：兴丰 66　　和育 188（吉审玉）　　金田 1　　旺禾 8　　大民 309

先玉 1331　　中元 999

无灌溉平地适宜种植品种：兴丰 66　　龙生 19　　金田 1　　旺禾 8　　大民 309　　先玉 1331

先玉 335　　中地 9988　　翔玉 319　　杜育 311　　中元 999

宏博 66　　瑞普 909

无灌溉平地向上搭配品种：兴丰 978　　先玉 335　　吉东 81　　大民 803　　科泰 925

龙雨 6016　　D399　　宏硕 738

无灌溉平地向下搭配品种：兴垦 2　　和育 188（吉审玉）　　先科 1

阳坡适宜种植品种：　　　兴丰 66　　兴垦 2　　和育 188（吉审玉）　　金田 1　　旺禾 8

　　　　　　　　　　　　　　　大民309　先科1　先玉1331　中元999

阳坡向上搭配品种：　　　　龙生19　先玉335　中地9988　翔玉319　杜育311
　　　　　　　　　　　　　　宏博66　瑞普909

阳坡向下搭配品种：　　　　罕玉3　罕玉5　宏博691　金山22　宏博391

阴坡适宜种植品种：　　　　兴垦2　和育188(吉审玉)　先科1　罕玉3　罕玉5
　　　　　　　　　　　　　　宏博691

阴坡向上搭配品种：　　　　兴丰66　龙生19　金田1　旺禾8　大民309　先玉1331
　　　　　　　　　　　　　　先玉335　中地9988　翔玉319　杜育311　中元999
　　　　　　　　　　　　　　宏博66　瑞普909

阴坡向下搭配品种：　　　　金山22　宏博391

（18）永安村　永信屯（≥10℃活动积温2894.4℃·日）

可灌溉平地适宜种植品种：兴丰978　先玉335　吉东81　大民803　科泰925
　　　　　　　　　　　　　龙雨6016　D399　宏硕738

可灌溉平地向上搭配品种：德美1号　辰诺501

可灌溉平地向下搭配品种：龙生19　先玉335　中地9988　翔玉319　杜育311
　　　　　　　　　　　　　宏博66　瑞普909

无灌溉平地适宜种植品种：兴丰978　龙生19　大民803　先玉335　D399　中地9988
　　　　　　　　　　　　　翔玉319　杜育311　宏硕738　宏博66　瑞普909

无灌溉平地向上搭配品种：先玉335　吉东81　龙雨6016　科泰925

无灌溉平地向下搭配品种：兴丰66　和育188(吉审玉)　金田1　旺禾8　大民309
　　　　　　　　　　　　　先玉1331　中元999

阳坡适宜种植品种：　　　　兴丰66　和育188(吉审玉)　龙生19　金田1　旺禾8
　　　　　　　　　　　　　大民309　先玉1331　先玉335　中地9988　翔玉319
　　　　　　　　　　　　　杜育311　中元999　宏博66　瑞普909

阳坡向上搭配品种：　　　　兴丰978　大民803　D399　宏硕738

阳坡向下搭配品种：　　　　兴垦2　先科1　罕玉3　罕玉5　宏博691

阴坡适宜种植品种：　　　　兴丰66　兴垦2　和育188(吉审玉)　金田1　旺禾8
　　　　　　　　　　　　　大民309　先科1　先玉1331　中元999

阴坡向上搭配品种：　　　　兴丰978　龙生19　大民803　先玉335　D399　中地9988
　　　　　　　　　　　　　翔玉319　杜育311　宏硕738　宏博66　瑞普909

阴坡向下搭配品种：　　　　罕玉3　罕玉5　宏博691

（19）永安村　永泉屯（≥10℃活动积温2893.8℃·日）

可灌溉平地适宜种植品种：兴丰978　先玉335　吉东81　大民803　科泰925
　　　　　　　　　　　　　龙雨6016　D399　宏硕738

可灌溉平地向上搭配品种：德美1号　辰诺501

可灌溉平地向下搭配品种：龙生19　先玉335　中地9988　翔玉319　杜育311
　　　　　　　　　　　　　宏博66　瑞普909

无灌溉平地适宜种植品种：兴丰978　龙生19　大民803　先玉335　D399　中地9988
　　　　　　　　　　　　　翔玉319　杜育311　宏硕738　宏博66　瑞普909

无灌溉平地向上搭配品种：先玉 335　吉东 81　龙雨 6016　科泰 925

无灌溉平地向下搭配品种：兴丰 66　和育 188（吉审玉）　金田 1　旺禾 8　大民 309

　　　　　　　　　　　　先玉 1331　中元 999

阳坡适宜种植品种：　　　兴丰 66　和育 188（吉审玉）　龙生 19　金田 1　旺禾 8

　　　　　　　　　　　　大民 309　先玉 1331　先玉 335　中地 9988　翔玉 319

　　　　　　　　　　　　杜育 311　中元 999　宏博 66　瑞普 909

阳坡向上搭配品种：　　　兴丰 978　大民 803　D399　宏硕 738

阳坡向下搭配品种：　　　兴垦 2　先科 1　罕玉 3　罕玉 5　宏博 691

阴坡适宜种植品种：　　　兴丰 66　兴垦 2　和育 188（吉审玉）　金田 1　旺禾 8

　　　　　　　　　　　　大民 309　先科 1　先玉 1331　中元 999

阴坡向上搭配品种：　　　兴丰 978　龙生 19　大民 803　先玉 335　D399　中地 9988

　　　　　　　　　　　　翔玉 319　杜育 311　宏硕 738　宏博 66　瑞普 909

阴坡向下搭配品种：　　　罕玉 3　罕玉 5　宏博 691

（20）永久村　永久屯（≥10 ℃活动积温 2597.6 ℃·日）

可灌溉平地适宜种植品种：兴丰 17　兴丰 3　罕玉 336　C1563　吉单 27　丰垦 139

　　　　　　　　　　　　利单 656　丰垦 009　华北 140　金山 22　宏博 391

可灌溉平地向上搭配品种：兴垦 2　先科 1　罕玉 3　罕玉 5　宏博 691

可灌溉平地向下搭配品种：兴丰 818　丰垦 139　德禹 201

无灌溉平地适宜种植品种：兴丰 818　兴丰 17　兴丰 3　罕玉 336　利单 656　丰垦 139

　　　　　　　　　　　　C1563　吉单 27　丰垦 009　华北 140　德禹 201

无灌溉平地向上搭配品种：罕玉 3　罕玉 5　宏博 691　金山 22　宏博 391

无灌溉平地向下搭配品种：兴丰 68　兴丰 58　丰垦 219　丰垦 008　罕玉 33

阳坡适宜种植品种：　　　兴丰 68　兴丰 58　兴丰 818　丰垦 139　丰垦 219　丰垦 008

　　　　　　　　　　　　罕玉 33　德禹 201

阳坡向上搭配品种：　　　兴丰 17　兴丰 3　罕玉 336　C1563　吉单 27　丰垦 139

　　　　　　　　　　　　利单 656　丰垦 009　华北 140

阳坡向下搭配品种：　　　丰垦 008　丰垦 219　登科 29　禾田 1 号　先玉 1409　登海 19

阴坡适宜种植品种：　　　兴丰 68　兴丰 58　丰垦 219　丰垦 008　罕玉 33　登海 19

阴坡向上搭配品种：　　　兴丰 818　兴丰 17　兴丰 3　罕玉 336　利单 656　丰垦 139

　　　　　　　　　　　　C1563　吉单 27　丰垦 009　华北 140　德禹 201

阴坡向下搭配品种：　　　丰垦 008　丰垦 219　登科 29　禾田 1 号　先玉 1409

（21）永久村　五山头屯（≥10 ℃活动积温 2815.6 ℃·日）

可灌溉平地适宜种植品种：兴丰 978　龙生 19　大民 803　先玉 335　D399　中地 9988

　　　　　　　　　　　　翔玉 319　杜育 311　宏硕 738　宏博 66　瑞普 909

可灌溉平地向上搭配品种：先玉 335　吉东 81　龙雨 6016　科泰 925

可灌溉平地向下搭配品种：兴丰 66　兴垦 2　和育 188（吉审玉）　金田 1　旺禾 8

　　　　　　　　　　　　大民 309　先科 1　先玉 1331　中元 999

无灌溉平地适宜种植品种：兴丰 66　和育 188（吉审玉）　龙生 19　金田 1　旺禾 8

　　　　　　　　　　　　大民 309　先玉 1331　先玉 335　中地 9988　翔玉 319

　　　　　　　　　　　杜育 311　　中元 999　　宏博 66　　瑞普 909

无灌溉平地向上搭配品种：兴丰 978　　大民 803　　D399　　宏硕 738

无灌溉平地向下搭配品种：兴垦 2　　先科 1　　罕玉 3　　罕玉 5　　宏博 691

阳坡适宜种植品种：　　　兴垦 2　　和育 188（吉审玉）　先科 1　　罕玉 3　　罕玉 5
　　　　　　　　　　　　宏博 691

阳坡向上搭配品种：　　　兴丰 66　　龙生 19　　金田 1　　旺禾 8　　大民 309　　先玉 1331
　　　　　　　　　　　　先玉 335　　中地 9988　　翔玉 319　　杜育 311　　中元 999
　　　　　　　　　　　　宏博 66　　瑞普 909

阳坡向下搭配品种：　　　金山 22　　宏博 391

阴坡适宜种植品种：　　　兴垦 2　　先科 1　　罕玉 3　　罕玉 5　　宏博 691

阴坡向上搭配品种：　　　兴丰 66　　和育 188（吉审玉）　金田 1　　旺禾 8　　大民 309
　　　　　　　　　　　　先玉 1331　　中元 999

阴坡向下搭配品种：　　　兴丰 17　　兴丰 3　　罕玉 336　　C1563　　吉单 27　　丰垦 139
　　　　　　　　　　　　利单 656　　丰垦 009　　华北 140　　金山 22　　宏博 391

（22）永久村　南天门屯（≥10℃活动积温 2650.2℃·日）

可灌溉平地适宜种植品种：兴垦 2　　先科 1　　罕玉 3　　罕玉 5　　宏博 691

可灌溉平地向上搭配品种：兴丰 66　　和育 188（吉审玉）　金田 1　　旺禾 8　　大民 309
　　　　　　　　　　　　先玉 1331　　中元 999

可灌溉平地向下搭配品种：兴丰 17　　兴丰 3　　罕玉 336　　C1563　　吉单 27　　丰垦 139
　　　　　　　　　　　　利单 656　　丰垦 009　　华北 140　　金山 22　　宏博 391

无灌溉平地适宜种植品种：兴丰 17　　兴丰 3　　罕玉 336　　C1563　　吉单 27　　丰垦 139
　　　　　　　　　　　　利单 656　　丰垦 009　　华北 140　　金山 22　　宏博 391

无灌溉平地向上搭配品种：兴垦 2　　先科 1　　罕玉 3　　罕玉 5　　宏博 691

无灌溉平地向下搭配品种：兴丰 818　　丰垦 139　　德禹 201

阳坡适宜种植品种：　　　兴丰 818　　兴丰 17　　兴丰 3　　罕玉 336　　利单 656　　丰垦 139
　　　　　　　　　　　　C1563　　吉单 27　　丰垦 009　　华北 140　　德禹 201

阳坡向上搭配品种：　　　金山 22　　宏博 391

阳坡向下搭配品种：　　　兴丰 68　　兴丰 58　　丰垦 219　　丰垦 008　　罕玉 33　　登海 19

阴坡适宜种植品种：　　　兴丰 818　　兴丰 17　　兴丰 3　　罕玉 336　　利单 656　　丰垦 139
　　　　　　　　　　　　C1563　　吉单 27　　丰垦 009　　华北 140　　德禹 201

阴坡向上搭配品种：　　　金山 22　　宏博 391

阴坡向下搭配品种：　　　兴丰 68　　兴丰 58　　丰垦 219　　丰垦 008　　罕玉 33　　登海 19

（23）永久村　车家堡屯（≥10℃活动积温 2859.7℃·日）

可灌溉平地适宜种植品种：大民 803　　科泰 925　　龙雨 6016　　D399　　宏硕 738

可灌溉平地向上搭配品种：兴丰 978　　先玉 335　　吉东 81

可灌溉平地向下搭配品种：兴丰 66　　和育 188（吉审玉）　龙生 19　　金田 1　　旺禾 8
　　　　　　　　　　　　大民 309　　先玉 1331　　先玉 335　　中地 9988　　翔玉 319
　　　　　　　　　　　　杜育 311　　中元 999　　宏博 66　　瑞普 909

无灌溉平地适宜种植品种：兴丰 66　　龙生 19　　金田 1　　旺禾 8　　大民 309　　先玉 1331

先玉 335　中地 9988　翔玉 319　杜育 311　中元 999

宏博 66　瑞普 909

无灌溉平地向上搭配品种:兴丰 978　先玉 335　吉东 81　大民 803　科泰 925

龙雨 6016　D399　宏硕 738

无灌溉平地向下搭配品种:兴垦 2　和育 188(吉审玉)　先科 1

阳坡适宜种植品种:　　　兴丰 66　兴垦 2　和育 188(吉审玉)　金田 1　旺禾 8

大民 309　先科 1　先玉 1331　中元 999

阳坡向上搭配品种:　　　龙生 19　先玉 335　中地 9988　翔玉 319　杜育 311

宏博 66　瑞普 909

阳坡向下搭配品种:　　　罕玉 3　罕玉 5　宏博 691　金山 22　宏博 391

阴坡适宜种植品种:　　　兴丰 66　兴垦 2　和育 188(吉审玉)　金田 1　旺禾 8

大民 309　先科 1　先玉 1331　中元 999

阴坡向上搭配品种:　　　龙生 19　先玉 335　中地 9988　翔玉 319　杜育 311

宏博 66　瑞普 909

阴坡向下搭配品种:　　　罕玉 3　罕玉 5　宏博 691　金山 22　宏博 391

（24）永久村　小七队（≥10 ℃活动积温 2787.2 ℃·日）

可灌溉平地适宜种植品种:兴丰 66　龙生 19　金田 1　旺禾 8　大民 309　先玉 1331

先玉 335　中地 9988　翔玉 319　杜育 311　中元 999

宏博 66　瑞普 909

可灌溉平地向上搭配品种:兴丰 978　先玉 335　吉东 81　大民 803　科泰 925

龙雨 6016　D399　宏硕 738

可灌溉平地向下搭配品种:兴垦 2　和育 188(吉审玉)　先科 1

无灌溉平地适宜种植品种:兴丰 66　兴垦 2　和育 188(吉审玉)　金田 1　旺禾 8

大民 309　先科 1　先玉 1331　中元 999

无灌溉平地向上搭配品种:龙生 19　先玉 335　中地 9988　翔玉 319　杜育 311

宏博 66　瑞普 909

无灌溉平地向下搭配品种:罕玉 3　罕玉 5　宏博 691　金山 22　宏博 391

阳坡适宜种植品种:　　　兴垦 2　先科 1　罕玉 3　罕玉 5　宏博 691

阳坡向上搭配品种:　　　兴丰 66　和育 188(吉审玉)　金田 1　旺禾 8　大民 309

先玉 1331　中元 999

阳坡向下搭配品种:　　　兴丰 17　兴丰 3　罕玉 336　C1563　吉单 27　丰垦 139

利单 656　丰垦 009　华北 140　金山 22　宏博 391

阴坡适宜种植品种:　　　罕玉 3　罕玉 5　宏博 691　金山 22　宏博 391

阴坡向上搭配品种:　　　兴丰 66　兴垦 2　和育 188(吉审玉)　金田 1　旺禾 8

大民 309　先科 1　先玉 1331　中元 999

阴坡向下搭配品种:　　　兴丰 17　兴丰 3　罕玉 336　C1563　吉单 27　丰垦 139

利单 656　丰垦 009　华北 140

（25）永巨村　永巨屯（≥10 ℃活动积温 2781.5 ℃·日）

可灌溉平地适宜种植品种:兴丰 66　龙生 19　金田 1　旺禾 8　大民 309　先玉 1331

先玉 335　中地 9988　翔玉 319　杜育 311　中元 999
宏博 66　瑞普 909

可灌溉平地向上搭配品种:兴丰 978　先玉 335　吉东 81　大民 803　科泰 925
龙雨 6016　D399　宏硕 738

可灌溉平地向下搭配品种:兴垦 2　和育 188(吉审玉)　先科 1

无灌溉平地适宜种植品种:兴丰 66　兴垦 2　和育 188(吉审玉)　金田 1　旺禾 8
大民 309　先科 1　先玉 1331　中元 999

无灌溉平地向上搭配品种:龙生 19　先玉 335　中地 9988　翔玉 319　杜育 311
宏博 66　瑞普 909

无灌溉平地向下搭配品种:罕玉 3　罕玉 5　宏博 691　金山 22　宏博 391

阳坡适宜种植品种:兴垦 2　先科 1　罕玉 3　罕玉 5　宏博 691

阳坡向上搭配品种:　兴丰 66　和育 188(吉审玉)　金田 1　旺禾 8　大民 309
先玉 1331　中元 999

阳坡向下搭配品种:　兴丰 17　兴丰 3　罕玉 336　C1563　吉单 27　丰垦 139
利单 656　丰垦 009　华北 140　金山 22　宏博 391

阴坡适宜种植品种:　罕玉 3　罕玉 5　宏博 691　金山 22　宏博 391

阴坡向上搭配品种:　兴丰 66　兴垦 2　和育 188(吉审玉)　金田 1　旺禾 8
大民 309　先科 1　先玉 1331　中元 999

阴坡向下搭配品种:　兴丰 17　兴丰 3　罕玉 336　C1563　吉单 27　丰垦 139
利单 656　丰垦 009　华北 140

(26)永巨村　巨发屯(≥10℃活动积温 2804.9℃·日)

可灌溉平地适宜种植品种:兴丰 978　龙生 19　大民 803　先玉 335　D399　中地 9988
翔玉 319　杜育 311　宏硕 738　宏博 66　瑞普 909

可灌溉平地向上搭配品种:先玉 335　吉东 81　龙雨 6016　科泰 925

可灌溉平地向下搭配品种:兴丰 66　兴垦 2　和育 188(吉审玉)　金田 1　旺禾 8
大民 309　先科 1　先玉 1331　中元 999

无灌溉平地适宜种植品种:兴丰 66　兴垦 2　和育 188(吉审玉)　金田 1　旺禾 8
大民 309　先科 1　先玉 1331　中元 999

无灌溉平地向上搭配品种:兴丰 978　龙生 19　大民 803　先玉 335　D399　中地 9988
翔玉 319　杜育 311　宏硕 738　宏博 66　瑞普 909

无灌溉平地向下搭配品种:罕玉 3　罕玉 5　宏博 691

阳坡适宜种植品种:　兴垦 2　先科 1　罕玉 3　罕玉 5　宏博 691

阳坡向上搭配品种:　兴丰 66　和育 188(吉审玉)　金田 1　旺禾 8　大民 309
先玉 1331　中元 999

阳坡向下搭配品种:　兴丰 17　兴丰 3　罕玉 336　1563　吉单 27　丰垦 139
利单 656　丰垦 009　华北 140　金山 22　宏博 391

阴坡适宜种植品种:　兴垦 2　先科 1　罕玉 3　罕玉 5　宏博 691

阴坡向上搭配品种:　兴丰 66　和育 188(吉审玉)　金田 1　旺禾 8　大民 309
先玉 1331　中元 999

阴坡向下搭配品种：　　　兴丰 17　兴丰 3　罕玉 336　C1563　吉单 27　丰垦 139

　　　　　　　　　　　　利单 656　丰垦 009　华北 140　金山 22　宏博 391

（27）永巨村　巨贵屯（≥10 ℃活动积温 2804.9 ℃·日）

可灌溉平地适宜种植品种：兴丰 978　龙生 19　大民 803　先玉 335　D399　中地 9988

　　　　　　　　　　　　翔玉 319　杜育 311　宏硕 738　宏博 66　瑞普 909

可灌溉平地向上搭配品种：先玉 335　吉东 81　龙雨 6016　科泰 925

可灌溉平地向下搭配品种：兴丰 66　兴垦 2　和育 188（吉审玉）　金田 1　旺禾 8

　　　　　　　　　　　　大民 309　先科 1　先玉 1331　中元 999

无灌溉平地适宜种植品种：兴丰 66　兴垦 2　和育 188（吉审玉）　金田 1　旺禾 8

　　　　　　　　　　　　大民 309　先科 1　先玉 1331　中元 999

无灌溉平地向上搭配品种：兴丰 978　龙生 19　大民 803　先玉 335　D399　中地 9988

　　　　　　　　　　　　翔玉 319　杜育 311　宏硕 738　宏博 66　瑞普 909

无灌溉平地向下搭配品种：罕玉 3　罕玉 5　宏博 691

阳坡适宜种植品种：　　　兴垦 2　先科 1　罕玉 3　罕玉 5　宏博 691

阳坡向上搭配品种：　　　兴丰 66　和育 188（吉审玉）　金田 1　旺禾 8　大民 309

　　　　　　　　　　　　先玉 1331　中元 999

阳坡向下搭配品种：　　　兴丰 17　兴丰 3　罕玉 336　C1563　吉单 27　丰垦 139

　　　　　　　　　　　　利单 656　丰垦 009　华北 140　金山 22　宏博 391

阴坡适宜种植品种：　　　兴垦 2　先科 1　罕玉 3　罕玉 5　宏博 691

阴坡向上搭配品种：　　　兴丰 66　和育 188（吉审玉）　金田 1　旺禾 8　大民 309

　　　　　　　　　　　　先玉 1331　中元 999

阴坡向下搭配品种：　　　兴丰 17　兴丰 3　罕玉 336　C1563　吉单 27　丰垦 139

　　　　　　　　　　　　利单 656　丰垦 009　华北 140　金山 22　宏博 391

（28）永巨村　巨乐屯（≥10 ℃活动积温 2726.1 ℃·日）

可灌溉平地适宜种植品种：兴丰 66　兴垦 2　和育 188（吉审玉）　金田 1　旺禾 8

　　　　　　　　　　　　大民 309　先科 1　先玉 1331　中元 999

可灌溉平地向上搭配品种：龙生 19　先玉 335　中地 9988　翔玉 319　杜育 311

　　　　　　　　　　　　宏博 66　瑞普 909

可灌溉平地向下搭配品种：罕玉 3　罕玉 5　宏博 691　金山 22　宏博 391

无灌溉平地适宜种植品种：兴垦 2　先科 1　罕玉 3　罕玉 5　宏博 691

无灌溉平地向上搭配品种：兴丰 66　和育 188（吉审玉）　金田 1　旺禾 8　大民 309

　　　　　　　　　　　　先玉 1331　中元 999

无灌溉平地向下搭配品种：兴丰 17　兴丰 3　罕玉 336　C1563　吉单 27　丰垦 139

　　　　　　　　　　　　利单 656　丰垦 009　华北 140　金山 22　宏博 391

阳坡适宜种植品种：　　　兴丰 17　兴丰 3　罕玉 336　C1563　吉单 27　丰垦 139

　　　　　　　　　　　　利单 656　丰垦 009　华北 140　金山 22　宏博 391

阳坡向上搭配品种：　　　兴垦 2　先科 1　罕玉 3　罕玉 5　宏博 691

阳坡向下搭配品种：　　　兴丰 818　丰垦 139　德禹 201

阴坡适宜种植品种：　　　兴丰 17　兴丰 3　罕玉 336　C1563　吉单 27　丰垦 139

利单 656　丰垦 009　华北 140　金山 22　宏博 391

阴坡向上搭配品种：　罕玉 3　罕玉 5　宏博 691

阴坡向下搭配品种：　兴丰 68　兴丰 58　兴丰 818　丰垦 139　丰垦 219　丰垦 008

罕玉 33　德禹 201

（29）永巨村　巨德屯（≥10 ℃活动积温 2726.1 ℃·日）

可灌溉平地适宜种植品种：兴丰 66　兴垦 2　和育 188（吉审玉）　金田 1　旺禾 8

大民 309　先科 1　先玉 1331　中元 999

可灌溉平地向上搭配品种：龙生 19　先玉 335　中地 9988　翔玉 319　杜育 311

宏博 66　瑞普 909

可灌溉平地向下搭配品种：罕玉 3　罕玉 5　宏博 691　金山 22　宏博 391

无灌溉平地适宜种植品种：兴垦 2　先科 1　罕玉 3　罕玉 5　宏博 691

无灌溉平地向上搭配品种：兴丰 66　和育 188（吉审玉）　金田 1　旺禾 8　大民 309

先玉 1331　中元 999

无灌溉平地向下搭配品种：兴丰 17　兴丰 3　罕玉 336　C1563　吉单 27　丰垦 139

利单 656　丰垦 009　华北 140　金山 22　宏博 391

阳坡适宜种植品种：　兴丰 17　兴丰 3　罕玉 336　C1563　吉单 27　丰垦 139

利单 656　丰垦 009　华北 140　金山 22　宏博 391

阳坡向上搭配品种：　兴垦 2　先科 1　罕玉 3　罕玉 5　宏博 691

阳坡向下搭配品种：　兴丰 818　丰垦 139　德禹 201

阴坡适宜种植品种：　兴丰 17　兴丰 3　罕玉 336　C1563　吉单 27　丰垦 139

利单 656　丰垦 009　华北 140　金山 22　宏博 391

阴坡向上搭配品种：　罕玉 3　罕玉 5　宏博 691

阴坡向下搭配品种：　兴丰 68　兴丰 58　兴丰 818　丰垦 139　丰垦 219　丰垦 008

罕玉 33　德禹 201

（30）永巨村　巨安屯（≥10 ℃活动积温 2557.7 ℃·日）

可灌溉平地适宜种植品种：兴丰 17　兴丰 3　罕玉 336　C1563　吉单 27　丰垦 139

利单 656　丰垦 009　华北 140　金山 22　宏博 391

可灌溉平地向上搭配品种：罕玉 3　罕玉 5　宏博 691

可灌溉平地向下搭配品种：兴丰 68　兴丰 58　兴丰 818　丰垦 139　丰垦 219　丰垦 008

罕玉 33　德禹 201

无灌溉平地适宜种植品种：兴丰 68　兴丰 58　兴丰 818　丰垦 139　丰垦 219　丰垦 008

罕玉 33　德禹 201

无灌溉平地向上搭配品种：兴丰 17　兴丰 3　罕玉 336　C1563　吉单 27　丰垦 139

利单 656　丰垦 009　华北 140　金山 22　宏博 391

无灌溉平地向下搭配品种：登海 19

阳坡适宜种植品种：　兴丰 68　兴丰 58　丰垦 219　丰垦 008　罕玉 33　登海 19

阳坡向上搭配品种：　兴丰 818　丰垦 139　德禹 201

阳坡向下搭配品种：　丰垦 008　丰垦 219　登科 29　禾田 1 号　先玉 1409

阴坡适宜种植品种：　兴丰 68　兴丰 58　丰垦 219　丰垦 008　罕玉 33　登海 19

阴坡向上搭配品种：　　　兴丰 818　丰垦 139　德禹 201
阴坡向下搭配品种：　　　丰垦 008　丰垦 219　登科 29　禾田 1 号　先玉 1409

（31）永巨村　小林场屯（≥10 ℃活动积温 2456.1 ℃·日）
可灌溉平地适宜种植品种：兴丰 68　兴丰 58　兴丰 818　丰垦 139　丰垦 219　丰垦 008
　　　　　　　　　　　　罕玉 33　德禹 201
可灌溉平地向上搭配品种：兴丰 17　兴丰 3　罕玉 336　C1563　吉单 27　丰垦 139
　　　　　　　　　　　　利单 656　丰垦 009　华北 140
可灌溉平地向下搭配品种：丰垦 008　丰垦 219　登科 29　禾田 1 号　先玉 1409
　　　　　　　　　　　　登海 19
无灌溉平地适宜种植品种：丰垦 008　丰垦 219　登科 29　禾田 1 号
无灌溉平地向上搭配品种：兴丰 68　兴丰 58　兴丰 818　丰垦 139　丰垦 219　丰垦 008
　　　　　　　　　　　　罕玉 33　德禹 201
无灌溉平地向下搭配品种：先玉 1409　登海 19
阳坡适宜种植品种：　　　丰垦 008　丰垦 219　登科 29　禾田 1 号　先玉 1409
阳坡向上搭配品种：　　　登海 19
阳坡向下搭配品种：　　　兴丰 1559　丰垦 165　呼单 517　隆平 702　德美亚 1 号
　　　　　　　　　　　　德美亚 2 号
阴坡适宜种植品种：　　　丰垦 008　丰垦 219　登科 29　禾田 1 号　先玉 1409
阴坡向上搭配品种：　　　登海 19
阴坡向下搭配品种：　　　兴丰 1559　丰垦 165　呼单 517　隆平 702　德美亚 1 号
　　　　　　　　　　　　德美亚 2 号

（32）永乐村　永乐屯（≥10 ℃活动积温 2844.5 ℃·日）
可灌溉平地适宜种植品种：兴丰 978　龙生 19　大民 803　先玉 335　D399　中地 9988
　　　　　　　　　　　　翔玉 319　杜育 311　宏硕 738　宏博 66　瑞普 909
可灌溉平地向上搭配品种：先玉 335　吉东 81　龙雨 6016　科泰 925
可灌溉平地向下搭配品种：兴丰 66　和育 188（吉审玉）　金田 1　旺禾 8　大民 309
　　　　　　　　　　　　先玉 1331　中元 999
无灌溉平地适宜种植品种：兴丰 66　龙生 19　金田 1　旺禾 8　大民 309　先玉 1331
　　　　　　　　　　　　先玉 335　中地 9988　翔玉 319　杜育 311　中元 999
　　　　　　　　　　　　宏博 66　瑞普 909
无灌溉平地向上搭配品种：兴丰 978　先玉 335　吉东 81　大民 803　科泰 925
　　　　　　　　　　　　龙雨 6016　D399　宏硕 738
无灌溉平地向下搭配品种：兴垦 2　和育 188（吉审玉）　先科 1
阳坡适宜种植品种：　　　兴丰 66　兴垦 2　和育 188（吉审玉）　金田 1　旺禾 8
　　　　　　　　　　　　大民 309　先科 1　先玉 1331　中元 999
阳坡向上搭配品种：　　　龙生 19　先玉 335　中地 9988　翔玉 319　杜育 311
　　　　　　　　　　　　宏博 66　瑞普 909
阳坡向下搭配品种：　　　罕玉 3　罕玉 5　宏博 691　金山 22　宏博 391
阴坡适宜种植品种：　　　兴垦 2　和育 188（吉审玉）　先科 1　罕玉 3　罕玉 5

宏博 691

阴坡向上搭配品种：　兴丰 66　龙生 19　金田 1　旺禾 8　大民 309　先玉 1331
先玉 335　中地 9988　翔玉 319　杜育 311　中元 999
宏博 66　瑞普 909

阴坡向下搭配品种：　金山 22　宏博 391

（33）永乐村　黄家窑屯（≥10 ℃活动积温 2782.1 ℃·日）

可灌溉平地适宜种植品种：兴丰 66　龙生 19　金田 1　旺禾 8　大民 309　先玉 1331
先玉 335　中地 9988　翔玉 319　杜育 311　中元 999
宏博 66　瑞普 909

可灌溉平地向上搭配品种：兴丰 978　先玉 335　吉东 81　大民 803　科泰 925
龙雨 6016　D399　宏硕 738

可灌溉平地向下搭配品种：兴垦 2　和育 188（吉审玉）　先科 1

无灌溉平地适宜种植品种：兴丰 66　兴垦 2　和育 188（吉审玉）　金田 1　旺禾 8
大民 309　先科 1　先玉 1331　中元 999

无灌溉平地向上搭配品种：龙生 19　先玉 335　中地 9988　翔玉 319　杜育 311
宏博 66　瑞普 909

无灌溉平地向下搭配品种：罕玉 3　罕玉 5　宏博 691　金山 22　宏博 391

阳坡适宜种植品种：　兴垦 2　先科 1　罕玉 3　罕玉 5　宏博 691

阳坡向上搭配品种：　兴丰 66　和育 188（吉审玉）　金田 1　旺禾 8　大民 309
先玉 1331　中元 999

阳坡向下搭配品种：　兴丰 17　兴丰 3　罕玉 336　C1563　吉单 27　丰垦 139
利单 656　丰垦 009　华北 140　金山 22　宏博 391

阴坡适宜种植品种：　罕玉 3　罕玉 5　宏博 691　金山 22　宏博 391

阴坡向上搭配品种：　兴丰 66　兴垦 2　和育 188（吉审玉）　金田 1　旺禾 8
大民 309　先科 1　先玉 1331　中元 999

阴坡向下搭配品种：　兴丰 17　兴丰 3　罕玉 336　C1563　吉单 27　丰垦 139
利单 656　丰垦 009　华北 140

（34）永乐村　永胜屯（≥10 ℃活动积温 2873.7 ℃·日）

可灌溉平地适宜种植品种：大民 803　科泰 925　龙雨 6016　D399　宏硕 738

可灌溉平地向上搭配品种：兴丰 978　先玉 335　吉东 81

可灌溉平地向下搭配品种：兴丰 66　龙生 19　金田 1　旺禾 8　大民 309　先玉 1331
先玉 335　中地 9988　翔玉 319　杜育 311　中元 999
宏博 66　瑞普 909

无灌溉平地适宜种植品种：兴丰 978　龙生 19　大民 803　先玉 335　D399　中地 9988
翔玉 319　杜育 311　宏硕 738　宏博 66　瑞普 909

无灌溉平地向上搭配品种：先玉 335　吉东 81　龙雨 6016　科泰 925

无灌溉平地向下搭配品种：兴丰 66　兴垦 2　和育 188（吉审玉）　金田 1　旺禾 8
大民 309　先科 1　先玉 1331　中元 999

阳坡适宜种植品种：　兴丰 66　兴垦 2　和育 188（吉审玉）　金田 1　旺禾 8

　　　　　　　　　　　　　　大民 309　先科 1　先玉 1331　中元 999

阳坡向上搭配品种：　　　兴丰 978　龙生 19　大民 803　先玉 335　D399　中地 9988

　　　　　　　　　　　　　　翔玉 319　杜育 311　宏硕 738　宏博 66　瑞普 909

阳坡向下搭配品种：　　　罕玉 3　罕玉 5　宏博 691

阴坡适宜种植品种：　　　兴丰 66　兴垦 2　和育 188（吉审玉）　金田 1　旺禾 8

　　　　　　　　　　　　　　大民 309　先科 1　先玉 1331　中元 999

阴坡向上搭配品种：　　　龙生 19　先玉 335　中地 9988　翔玉 319　杜育 311

　　　　　　　　　　　　　　宏博 66　瑞普 909

阴坡向下搭配品种：　　　罕玉 3　罕玉 5　宏博 691　金山 22　宏博 391

（35）永乐村　王少原屯（≥10 ℃活动积温 2782.1 ℃·日）

可灌溉平地适宜种植品种：兴丰 66　龙生 19　金田 1　旺禾 8　大民 309　先玉 1331

　　　　　　　　　　　　　　先玉 335　中地 9988　翔玉 319　杜育 311　中元 999

　　　　　　　　　　　　　　宏博 66　瑞普 909

可灌溉平地向上搭配品种：兴丰 978　先玉 335　吉东 81　大民 803　科泰 925

　　　　　　　　　　　　　　龙雨 6016　D399　宏硕 738

可灌溉平地向下搭配品种：兴垦 2　和育 188（吉审玉）　先科 1

无灌溉平地适宜种植品种：兴丰 66　兴垦 2　和育 188（吉审玉）　金田 1　旺禾 8

　　　　　　　　　　　　　　大民 309　先科 1　先玉 1331　中元 999

无灌溉平地向上搭配品种：龙生 19　先玉 335　中地 9988　翔玉 319　杜育 311

　　　　　　　　　　　　　　宏博 66　瑞普 909

无灌溉平地向下搭配品种：罕玉 3　罕玉 5　宏博 691　金山 22　宏博 391

阳坡适宜种植品种：　　　兴垦 2　先科 1　罕玉 3　罕玉 5　宏博 691

阳坡向上搭配品种：　　　兴丰 66　和育 188（吉审玉）　金田 1　旺禾 8　大民 309

　　　　　　　　　　　　　　先玉 1331　中元 999

阳坡向下搭配品种：　　　兴丰 17　兴丰 3　罕玉 336　C1563　吉单 27　丰垦 139

　　　　　　　　　　　　　　利单 656　丰垦 009　华北 140　金山 22　宏博 391

阴坡适宜种植品种：　　　罕玉 3　罕玉 5　宏博 691　金山 22　宏博 391

阴坡向上搭配品种：　　　兴丰 66　兴垦 2　和育 188（吉审玉）　金田 1　旺禾 8

　　　　　　　　　　　　　　大民 309　先科 1　先玉 1331　中元 999

阴坡向下搭配品种：　　　兴丰 17　兴丰 3　罕玉 336　C1563　吉单 27　丰垦 139

　　　　　　　　　　　　　　利单 656　丰垦 009　华北 140

（36）靠山村　靠山屯（≥10 ℃活动积温 2868.1 ℃·日）

可灌溉平地适宜种植品种：大民 803　科泰 925　龙雨 6016　D399　宏硕 738

可灌溉平地向上搭配品种：兴丰 978　先玉 335　吉东 81

可灌溉平地向下搭配品种：兴丰 66　龙生 19　金田 1　旺禾 8　大民 309　先玉 1331

　　　　　　　　　　　　　　先玉 335　中地 9988　翔玉 319　杜育 311　中元 999

　　　　　　　　　　　　　　宏博 66　瑞普 909

无灌溉平地适宜种植品种：兴丰 978　龙生 19　大民 803　先玉 335　D399　中地 9988

　　　　　　　　　　　　　　翔玉 319　杜育 311　宏硕 738　宏博 66　瑞普 909

无灌溉平地向上搭配品种：先玉 335　吉东 81　龙雨 6016　科泰 925

无灌溉平地向下搭配品种：兴丰 66　兴垦 2　和育 188（吉审玉）　金田 1　旺禾 8
　　　　　　　　　　　　　大民 309　先科 1　先玉 1331　中元 999

阳坡适宜种植品种：　　　兴丰 66　兴垦 2　和育 188（吉审玉）　金田 1　旺禾 8
　　　　　　　　　　　　大民 309　先科 1　先玉 1331　中元 999

阳坡向上搭配品种：　　　兴丰 978　龙生 19　大民 803　先玉 335　D399　中地 9988
　　　　　　　　　　　　翔玉 319　杜育 311　宏硕 738　宏博 66　瑞普 909

阳坡向下搭配品种：　　　罕玉 3　罕玉 5　宏博 691

阴坡适宜种植品种：　　　兴丰 66　兴垦 2　和育 188（吉审玉）　金田 1　旺禾 8
　　　　　　　　　　　　大民 309　先科 1　先玉 1331　中元 999

阴坡向上搭配品种：　　　龙生 19　先玉 335　中地 9988　翔玉 319　杜育 311
　　　　　　　　　　　　宏博 66　瑞普 909

阴坡向下搭配品种：　　　罕玉 3　罕玉 5　宏博 691　金山 22　宏博 391

（37）靠山村　中心屯（≥10 ℃活动积温 2868.1 ℃·日）

可灌溉平地适宜种植品种：龙雨 6016　大民 803　科泰 925　D399　宏硕 738

可灌溉平地向上搭配品种：兴丰 978　先玉 335　吉东 81

可灌溉平地向下搭配品种：兴丰 66　龙生 19　金田 1　旺禾 8　大民 309　先玉 1331
　　　　　　　　　　　　先玉 335　中地 9988　翔玉 319　杜育 311　中元 999
　　　　　　　　　　　　宏博 66　瑞普 909

无灌溉平地适宜种植品种：兴丰 978　龙生 19　大民 803　先玉 335　D399　中地 9988
　　　　　　　　　　　　翔玉 319　杜育 311　宏硕 738　宏博 66　瑞普 909

无灌溉平地向上搭配品种：先玉 335　吉东 81　龙雨 6016　科泰 925

无灌溉平地向下搭配品种：兴丰 66　兴垦 2　和育 188（吉审玉）　金田 1　旺禾 8
　　　　　　　　　　　　大民 309　先科 1　先玉 1331　中元 999

阳坡适宜种植品种：　　　兴丰 66　兴垦 2　和育 188（吉审玉）　金田 1　旺禾 8
　　　　　　　　　　　　大民 309　先科 1　先玉 1331　中元 999

阳坡向上搭配品种：　　　兴丰 978　龙生 19　大民 803　先玉 335　D399　中地 9988
　　　　　　　　　　　　翔玉 319　杜育 311　宏硕 738　宏博 66　瑞普 909

阳坡向下搭配品种：　　　罕玉 3　罕玉 5　宏博 691

阴坡适宜种植品种：　　　兴丰 66　兴垦 2　和育 188（吉审玉）　金田 1　旺禾 8
　　　　　　　　　　　　大民 309　先科 1　先玉 1331　中元 999

阴坡向上搭配品种：　　　龙生 19　先玉 335　中地 9988　翔玉 319　杜育 311
　　　　　　　　　　　　宏博 66　瑞普 909

阴坡向下搭配品种：　　　罕玉 3　罕玉 5　宏博 691　金山 22　宏博 391

（38）靠山村　西四家子屯（≥10 ℃活动积温 2971.2 ℃·日）

可灌溉平地适宜种植品种：德美 1 号　辰诺 501

可灌溉平地向上搭配品种：兴丰 7 号　丰田 101

可灌溉平地向下搭配品种：兴丰 978　先玉 335　吉东 81　大民 803　科泰 925
　　　　　　　　　　　　龙雨 6016　D399　宏硕 738

无灌溉平地适宜种植品种：先玉 335　吉东 81　龙雨 6016　科泰 925

无灌溉平地向上搭配品种：德美 1 号　辰诺 501

无灌溉平地向下搭配品种：兴丰 978　龙生 19　大民 803　先玉 335　D399　中地 9988
　　　　　　　　　　　　翔玉 319　杜育 311　宏硕 738　宏博 66　瑞普 909

阳坡适宜种植品种：　　　兴丰 978　龙生 19　大民 803　先玉 335　D399　中地 9988
　　　　　　　　　　　　翔玉 319　杜育 311　宏硕 738　宏博 66　瑞普 909

阳坡向上搭配品种：　　　先玉 335　吉东 81　龙雨 6016　科泰 925

阳坡向下搭配品种：　　　兴丰 66　和育 188（吉审玉）　金田 1　旺禾 8　大民 309
　　　　　　　　　　　　先玉 1331　中元 999

阴坡适宜种植品种：　　　兴丰 978　龙生 19　大民 803　先玉 335　D399　中地 9988
　　　　　　　　　　　　翔玉 319　杜育 311　宏硕 738　宏博 66　瑞普 909

阴坡向上搭配品种：　　　先玉 335　吉东 81　龙雨 6016　科泰 925

阴坡向下搭配品种：　　　兴丰 66　兴垦 2　和育 188（吉审玉）　金田 1　旺禾 8
　　　　　　　　　　　　大民 309　先科 1　先玉 1331　中元 999

（39）永乐村　永合屯（≥10 ℃活动积温 2501.2 ℃·日）

可灌溉平地适宜种植品种：兴丰 818　兴丰 17　兴丰 3　罕玉 336　利单 656　丰垦 139
　　　　　　　　　　　　C1563　吉单 27　丰垦 009　华北 140　德禹 201

可灌溉平地向上搭配品种：金山 22　宏博 391

可灌溉平地向下搭配品种：兴丰 68　兴丰 58　丰垦 219　丰垦 008　罕玉 33　登海 19

无灌溉平地适宜种植品种：兴丰 68　兴丰 58　丰垦 219　丰垦 008　罕玉 33　登海 19

无灌溉平地向上搭配品种：兴丰 818　兴丰 17　兴丰 3　罕玉 336　利单 656　丰垦 139
　　　　　　　　　　　　C1563　吉单 27　丰垦 009　华北 140　德禹 201

无灌溉平地向下搭配品种：丰垦 008　丰垦 219　丰垦登科 29　禾田 1 号　先玉 1409

阳坡适宜种植品种：　　　丰垦 008　丰垦 219　登科 29　禾田 1 号　先玉 1409
　　　　　　　　　　　　登海 19

阳坡向上搭配品种：　　　兴丰 68　兴丰 58　丰垦 219　丰垦 008　罕玉 33

阳坡向下搭配品种：　　　兴丰 1559　丰垦 165　呼单 517　隆平 702　德美亚 1 号
　　　　　　　　　　　　德美亚 2 号

阴坡适宜种植品种：　　　丰垦 008　丰垦 219　登科 29　禾田 1 号　先玉 1409
　　　　　　　　　　　　登海 19

阴坡向上搭配品种：　　　兴丰 68　兴丰 58　丰垦 219　丰垦 008　罕玉 33

阴坡向下搭配品种：　　　兴丰 1559　丰垦 165　呼单 517　隆平 702　德美亚 1 号
　　　　　　　　　　　　德美亚 2 号

（40）哈拉沁村　车家街（≥10 ℃活动积温 2833.7 ℃·日）

可灌溉平地适宜种植品种：兴丰 978　龙生 19　大民 803　先玉 335　D399　中地 9988
　　　　　　　　　　　　翔玉 319　杜育 311　宏硕 738　宏博 66　瑞普 909

可灌溉平地向上搭配品种：先玉 335　吉东 81　龙雨 6016　科泰 925

可灌溉平地向下搭配品种：兴丰 66　和育 188（吉审玉）　金田 1　旺禾 8　大民 309
　　　　　　　　　　　　先玉 1331　中元 999

无灌溉平地适宜种植品种：兴丰 66　和育 188（吉审玉）　龙生 19　金田 1　旺禾 8
　　　　　　　　　　　　大民 309　先玉 1331　先玉 335　中地 9988　翔玉 319
　　　　　　　　　　　　杜育 311　中元 999　宏博 66　瑞普 909
无灌溉平地向上搭配品种：兴丰 978　大民 803　D399　宏硕 738
无灌溉平地向下搭配品种：兴垦 2　先科 1　罕玉 3　罕玉 5　宏博 691
阳坡适宜种植品种：　　　兴丰 66　兴垦 2　和育 188（吉审玉）　金田 1　旺禾 8
　　　　　　　　　　　　大民 309　先科 1　先玉 1331　中元 999
阳坡向上搭配品种：　　　龙生 19　先玉 335　中地 9988　翔玉 319　杜育 311
　　　　　　　　　　　　宏博 66　瑞普 909
阳坡向下搭配品种：　　　罕玉 3　罕玉 5　宏博 691　金山 22　宏博 391
阴坡适宜种植品种：　　　兴垦 2　和育 188（吉审玉）　先科 1　罕玉 3　罕玉 5
　　　　　　　　　　　　宏博 691
阴坡向上搭配品种：　　　兴丰 66　龙生 19　金田 1　旺禾 8　大民 309　先玉 1331
　　　　　　　　　　　　先玉 335　中地 9988　翔玉 319　杜育 311　中元 999
　　　　　　　　　　　　宏博 66　瑞普 909
阴坡向下搭配品种：　　　金山 22　宏博 391

（41）哈拉沁村　东四家子屯（≥10 ℃ 活动积温 2742.7 ℃·日）
可灌溉平地适宜种植品种：兴丰 66　兴垦 2　和育 188（吉审玉）　金田 1　旺禾 8
　　　　　　　　　　　　大民 309　先科 1　先玉 1331　中元 999
可灌溉平地向上搭配品种：兴丰 978　龙生 19　大民 803　先玉 335　D399　中地 9988
　　　　　　　　　　　　翔玉 319　杜育 311　宏硕 738　宏博 66　瑞普 909
可灌溉平地向下搭配品种：罕玉 3　罕玉 5　宏博 691
无灌溉平地适宜种植品种：兴垦 2　和育 188（吉审玉）　先科 1　罕玉 3　罕玉 5
　　　　　　　　　　　　宏博 691
无灌溉平地向上搭配品种：兴丰 66　龙生 19　金田 1　旺禾 8　大民 309　先玉 1331
　　　　　　　　　　　　先玉 335　中地 9988　翔玉 319　杜育 311　中元 999
　　　　　　　　　　　　宏博 66　瑞普 909
无灌溉平地向下搭配品种：金山 22　宏博 391
阳坡适宜种植品种：　　　罕玉 3　罕玉 5　宏博 691　金山 22　宏博 391
阳坡向上搭配品种：　　　兴垦 2　和育 188（吉审玉）　先科 1
阳坡向下搭配品种：　　　兴丰 818　兴丰 17　兴丰 3　罕玉 336　利单 656　丰垦 139
　　　　　　　　　　　　C1563　吉单 27　丰垦 009　华北 140　德禹 201
阴坡适宜种植品种：　　　兴丰 17　兴丰 3　罕玉 336　C1563　吉单 27　丰垦 139
　　　　　　　　　　　　利单 656　丰垦 009　华北 140　金山 22　宏博 391
阴坡向上搭配品种：　　　兴垦 2　先科 1　罕玉 3　罕玉 5　宏博 691
阴坡向下搭配品种：　　　兴丰 818　丰垦 139　德禹 201

（42）哈拉沁村　杜新屯（≥10 ℃ 活动积温 2887.9 ℃·日）
可灌溉平地适宜种植品种：兴丰 978　先玉 335　吉东 81　大民 803　科泰 925
　　　　　　　　　　　　龙雨 6016　D399　宏硕 738

可灌溉平地向上搭配品种：德美 1 号　辰诺 501

可灌溉平地向下搭配品种：龙生 19　先玉 335　中地 9988　翔玉 319　杜育 311

　　　　　　　　　　　　　宏博 66　瑞普 909

无灌溉平地适宜种植品种：兴丰 978　龙生 19　大民 803　先玉 335　D399　中地 9988

　　　　　　　　　　　　　翔玉 319　杜育 311　宏硕 738　宏博 66　瑞普 909

无灌溉平地向上搭配品种：先玉 335　吉东 81　龙雨 6016　科泰 925

无灌溉平地向下搭配品种：兴丰 66　兴垦 2　和育 188（吉审玉）　金田 1　旺禾 8

　　　　　　　　　　　　　大民 309　先科 1　先玉 1331　中元 999

阳坡适宜种植品种：　　　　兴丰 66　和育 188（吉审玉）　龙生 19　金田 1　旺禾 8

　　　　　　　　　　　　　大民 309　先玉 1331　先玉 335　中地 9988　翔玉 319

　　　　　　　　　　　　　杜育 311　中元 999　宏博 66　瑞普 909

阳坡向上搭配品种：　　　　兴丰 978　大民 803　D399　宏硕 738

阳坡向下搭配品种：　　　　兴垦 2　先科 1　罕玉 3　罕玉 5　宏博 691

阴坡适宜种植品种：　　　　兴丰 66　兴垦 2　和育 188（吉审玉）　金田 1　旺禾 8

　　　　　　　　　　　　　大民 309　先科 1　先玉 1331　中元 999

阴坡向上搭配品种：　　　　兴丰 978　龙生 19　大民 803　先玉 335　D399

　　　　　　　　　　　　　中地 9988　翔玉 319　杜育 311　宏硕 738　宏博 66

　　　　　　　　　　　　　瑞普 909

阴坡向下搭配品种：　　　　罕玉 3　罕玉 5　宏博 691

（43）哈拉沁村　杜合屯（≥10 ℃活动积温 2767 ℃·日）

可灌溉平地适宜种植品种：兴丰 66　和育 188（吉审玉）　龙生 19　金田 1　旺禾 8

　　　　　　　　　　　　　大民 309　先玉 1331　先玉 335　中地 9988　翔玉 319

　　　　　　　　　　　　　杜育 311　中元 999　宏博 66　瑞普 909

可灌溉平地向上搭配品种：兴丰 978　大民 803　D399　宏硕 738

可灌溉平地向下搭配品种：兴垦 2　先科 1　罕玉 3　罕玉 5　宏博 691

无灌溉平地适宜种植品种：兴丰 66　兴垦 2　和育 188（吉审玉）　金田 1　旺禾 8

　　　　　　　　　　　　　大民 309　先科 1　先玉 1331　中元 999

无灌溉平地向上搭配品种：龙生 19　先玉 335　中地 9988　翔玉 319　杜育 311

　　　　　　　　　　　　　宏博 66　瑞普 909

无灌溉平地向下搭配品种：罕玉 3　罕玉 5　宏博 691　金山 22　宏博 391

阳坡适宜种植品种：　　　　罕玉 3　罕玉 5　宏博 691　金山 22　宏博 391

阳坡向上搭配品种：　　　　兴丰 66　兴垦 2　和育 188（吉审玉）　金田 1　旺禾 8

　　　　　　　　　　　　　大民 309　先科 1　先玉 1331　中元 999

阳坡向下搭配品种：　　　　兴丰 17　兴丰 3　罕玉 336　C1563　吉单 27　丰垦 139

　　　　　　　　　　　　　利单 656　丰垦 009　华北 140

阴坡适宜种植品种：　　　　罕玉 3　罕玉 5　宏博 691　金山 22　宏博 391

阴坡向上搭配品种：　　　　兴垦 2　和育 188（吉审玉）　先科 1

阴坡向下搭配品种：　　　　兴丰 818　兴丰 17　兴丰 3　罕玉 336　利单 656

　　　　　　　　　　　　　丰垦 139　C1563　吉单 27　丰垦 009　华北 140　德禹 201

（44）杜兴村　杜兴屯（≥10 ℃活动积温 2961.8 ℃·日）

可灌溉平地适宜种植品种：德美 1 号　辰诺 501

可灌溉平地向上搭配品种：兴丰 7 号　丰田 101

可灌溉平地向下搭配品种：兴丰 978　先玉 335　吉东 81　大民 803　科泰 925
龙雨 6016　D399　宏硕 738

无灌溉平地适宜种植品种：先玉 335　吉东 81　龙雨 6016　科泰 925

无灌溉平地向上搭配品种：德美 1 号　辰诺 501

无灌溉平地向下搭配品种：兴丰 978　龙生 19　大民 803　先玉 335　D399　中地 9988
翔玉 319　杜育 311　宏硕 738　宏博 66　瑞普 909

阳坡适宜种植品种：　　　　兴丰 978　龙生 19　大民 803　先玉 335　D399　中地 9988
翔玉 319　杜育 311　宏硕 738　宏博 66　瑞普 909

阳坡向上搭配品种：　　　　先玉 335　吉东 81　龙雨 6016　科泰 925

阳坡向下搭配品种：　　　　兴丰 66　和育 188（吉审玉）　金田 1　旺禾 8　大民 309
先玉 1331　中元 999

阴坡适宜种植品种：　　　　兴丰 978　龙生 19　大民 803　先玉 335　D399　中地 9988
翔玉 319　杜育 311　宏硕 738　宏博 66　瑞普 909

阴坡向上搭配品种：　　　　先玉 335　吉东 81　龙雨 6016　科泰 925

阴坡向下搭配品种：　　　　兴丰 66　兴垦 2　和育 188（吉审玉）　金田 1　旺禾 8
大民 309　先科 1　先玉 1331　中元 999

（45）杜兴村　杜宝屯（≥10 ℃活动积温 2871.7 ℃·日）

可灌溉平地适宜种植品种：龙雨 6016　大民 803　科泰 925　D399　宏硕 738

可灌溉平地向上搭配品种：兴丰 978　先玉 335　吉东 81

可灌溉平地向下搭配品种：兴丰 66　龙生 19　金田 1　旺禾 8　大民 309　先玉 1331
先玉 335　中地 9988　翔玉 319　杜育 311　中元 999
宏博 66　瑞普 909

无灌溉平地适宜种植品种：兴丰 978　龙生 19　大民 803　先玉 335　D399　中地 9988
翔玉 319　杜育 311　宏硕 738　宏博 66　瑞普 909

无灌溉平地向上搭配品种：先玉 335　吉东 81　龙雨 6016　科泰 925

无灌溉平地向下搭配品种：兴丰 66　兴垦 2　和育 188（吉审玉）　金田 1　旺禾 8
大民 309　先科 1　先玉 1331　中元 999

阳坡适宜种植品种：　　　　兴丰 66　兴垦 2　和育 188（吉审玉）　金田 1　旺禾 8
大民 309　先科 1　先玉 1331　中元 999

阳坡向上搭配品种：　　　　兴丰 978　龙生 19　大民 803　先玉 335　D399　中地 9988
翔玉 319　杜育 311　宏硕 738　宏博 66　瑞普 909

阳坡向下搭配品种：　　　　罕玉 3　罕玉 5　宏博 691

阴坡适宜种植品种：　　　　兴丰 66　兴垦 2　和育 188（吉审玉）　金田 1　旺禾 8
大民 309　先科 1　先玉 1331　中元 999

阴坡向上搭配品种：　　　　龙生 19　先玉 335　中地 9988　翔玉 319　杜育 311
宏博 66　瑞普 909

阴坡向下搭配品种：　　　罕玉 3　罕玉 5　宏博 691　金山 22　宏博 391

（46）杜兴村　杜胜屯（≥10 ℃活动积温 2906.4 ℃·日）

可灌溉平地适宜种植品种：先玉 335　吉东 81　龙雨 6016　科泰 925

可灌溉平地向上搭配品种：德美 1 号　辰诺 501

可灌溉平地向下搭配品种：兴丰 978　龙生 19　大民 803　先玉 335　D399　中地 9988
　　　　　　　　　　　　翔玉 319　杜育 311　宏硕 738　宏博 66　瑞普 909

无灌溉平地适宜种植品种：兴丰 978　龙生 19　大民 803　先玉 335　D399　中地 9988
　　　　　　　　　　　　翔玉 319　杜育 311　宏硕 738　宏博 66　瑞普 909

无灌溉平地向上搭配品种：先玉 335　吉东 81　龙雨 6016　科泰 925

无灌溉平地向下搭配品种：兴丰 66　和育 188（吉审玉）　金田 1　旺禾 8　大民 309
　　　　　　　　　　　　先玉 1331　中元 999

阳坡适宜种植品种：　　　兴丰 66　和育 188（吉审玉）　龙生 19　金田 1　旺禾 8
　　　　　　　　　　　　大民 309　先玉 1331　先玉 335　中地 9988　翔玉 319
　　　　　　　　　　　　杜育 311　中元 999　宏博 66　瑞普 909

阳坡向上搭配品种：　　　兴丰 978　大民 803　D399　宏硕 738

阳坡向下搭配品种：　　　兴垦 2　先科 1　罕玉 3　罕玉 5　宏博 691

阴坡适宜种植品种：　　　兴丰 66　和育 188（吉审玉）　龙生 19　金田 1　旺禾 8
　　　　　　　　　　　　大民 309　先玉 1331　先玉 335　中地 9988　翔玉 319
　　　　　　　　　　　　杜育 311　中元 999　宏博 66　瑞普 909

阴坡向上搭配品种：　　　兴丰 978　大民 803　D399　宏硕 738

阴坡向下搭配品种：　　　兴垦 2　先科 1　罕玉 3　罕玉 5　宏博 691

（47）杜兴村　杜泉屯（≥10 ℃活动积温 2925 ℃·日）

可灌溉平地适宜种植品种：先玉 335　吉东 81　龙雨 6016　科泰 925

可灌溉平地向上搭配品种：德美 1 号　辰诺 501

可灌溉平地向下搭配品种：兴丰 978　龙生 19　大民 803　先玉 335　D399　中地 9988
　　　　　　　　　　　　翔玉 319　杜育 311　宏硕 738　宏博 66　瑞普 909

无灌溉平地适宜种植品种：龙雨 6016　大民 803　科泰 925　D399　宏硕 738

无灌溉平地向上搭配品种：兴丰 978　先玉 335　吉东 81

无灌溉平地向下搭配品种：兴丰 66　龙生 19　金田 1　旺禾 8　大民 309　先玉 1331
　　　　　　　　　　　　先玉 335 中地 9988　翔玉 319　杜育 311　中元 999　宏博 66
　　　　　　　　　　　　瑞普 909

阳坡适宜种植品种：　　　兴丰 66　龙生 19　金田 1　旺禾 8　大民 309　先玉 1331
　　　　　　　　　　　　先玉 335　中地 9988　翔玉 319　杜育 311　中元 999
　　　　　　　　　　　　宏博 66　瑞普 909

阳坡向上搭配品种：　　　兴丰 978　先玉 335　吉东 81　大民 803　科泰 925
　　　　　　　　　　　　龙雨 6016　D399　宏硕 738

阳坡向下搭配品种：　　　兴垦 2　和育 188（吉审玉）　先科 1

阴坡适宜种植品种：　　　兴丰 66　和育 188（吉审玉）　龙生 19　金田 1　旺禾 8
　　　　　　　　　　　　大民 309　先玉 1331　先玉 335　中地 9988　翔玉 319

　　　　　　　　　　　　　杜育 311　　中元 999　　宏博 66　　瑞普 909

阴坡向上搭配品种：　　　兴丰 978　　大民 803　　D399　　宏硕 738

阴坡向下搭配品种：　　　兴垦 2　　先科 1　　罕玉 3　　罕玉 5　　宏博 691

（48）杜乐村　三十方子屯（≥10 ℃ 活动积温 2862.3 ℃·日）

可灌溉平地适宜种植品种：龙雨 6016　　大民 803　　科泰 925　　D399　　宏硕 738

可灌溉平地向上搭配品种：兴丰 978　　先玉 335　　吉东 81

可灌溉平地向下搭配品种：兴丰 66　　龙生 19　　金田 1　　旺禾 8　　大民 309　　先玉 1331

　　　　　　　　　　　　　先玉 335　　中地 9988　　翔玉 319　　杜育 311　　中元 999

　　　　　　　　　　　　　宏博 66　　瑞普 909

无灌溉平地适宜种植品种：兴丰 978　　龙生 19　　大民 803　　先玉 335　　D399　　中地 9988

　　　　　　　　　　　　　翔玉 319　　杜育 311　　宏硕 738　　宏博 66　　瑞普 909

无灌溉平地向上搭配品种：先玉 335　　吉东 81　　龙雨 6016　　科泰 925

无灌溉平地向下搭配品种：兴丰 66　　兴垦 2　　和育 188（吉审玉）　　金田 1　　旺禾 8

　　　　　　　　　　　　　大民 309　　先科 1　　先玉 1331　　中元 999

阳坡适宜种植品种：　　　兴丰 66　　兴垦 2　　和育 188（吉审玉）　　金田 1　　旺禾 8

　　　　　　　　　　　　　大民 309　　先科 1　　先玉 1331　　中元 999

阳坡向上搭配品种：　　　兴丰 978　　龙生 19　　大民 803　　先玉 335　　D399　　中地 9988

　　　　　　　　　　　　　翔玉 319　　杜育 311　　宏硕 738　　宏博 66　　瑞普 909

阳坡向下搭配品种：　　　罕玉 3　　罕玉 5　　宏博 691

阴坡适宜种植品种：　　　兴丰 66　　兴垦 2　　和育 188（吉审玉）　　金田 1　　旺禾 8

　　　　　　　　　　　　　大民 309　　先科 1　　先玉 1331　　中元 999

阴坡向上搭配品种：　　　龙生 19　　先玉 335　　中地 9988　　翔玉 319　　杜育 311

　　　　　　　　　　　　　宏博 66　　瑞普 909

阴坡向下搭配品种：　　　罕玉 3　　罕玉 5　　宏博 691　　金山 22　　宏博 391

（49）杜乐村　杜乐屯（≥10 ℃ 活动积温 2968.2 ℃·日）

可灌溉平地适宜种植品种：德美 1 号　　辰诺 501

可灌溉平地向上搭配品种：兴丰 7 号　　丰田 101

可灌溉平地向下搭配品种：兴丰 978　　先玉 335　　吉东 81　　大民 803　　科泰 925

　　　　　　　　　　　　　龙雨 6016　　D399　　宏硕 738

无灌溉平地适宜种植品种：先玉 335　　吉东 81　　龙雨 6016　　科泰 925

无灌溉平地向上搭配品种：德美 1 号　　辰诺 501

无灌溉平地向下搭配品种：兴丰 978　　龙生 19　　大民 803　　先玉 335　　D399　　中地 9988

　　　　　　　　　　　　　翔玉 319　　杜育 311　　宏硕 738　　宏博 66　　瑞普 909

阳坡适宜种植品种：　　　兴丰 978　　龙生 19　　大民 803　　先玉 335　　D399　　中地 9988

　　　　　　　　　　　　　翔玉 319　　杜育 311　　宏硕 738　　宏博 66　　瑞普 909

阳坡向上搭配品种：　　　先玉 335　　吉东 81　　龙雨 6016　　科泰 925

阳坡向下搭配品种：　　　兴丰 66　　和育 188（吉审玉）　　金田 1　　旺禾 8　　大民 309

　　　　　　　　　　　　　先玉 1331　　中元 999

阴坡适宜种植品种：　　　兴丰 978　　龙生 19　　大民 803　　先玉 335　　D399　　中地 9988

翔玉 319　　杜育 311　　宏硕 738　　宏博 66　　瑞普 909

阴坡向上搭配品种：　　先玉 335　　吉东 81　　龙雨 6016　　科泰 925

阴坡向下搭配品种：　　兴丰 66　　兴垦 2　　和育 188（吉审玉）　金田 1　　旺禾 8

大民 309　　先科 1　　先玉 1331　　中元 999

（50）杜乐村　杜义屯（≥10 ℃活动积温 2804.1 ℃·日）

可灌溉平地适宜种植品种：兴丰 978　　龙生 19　　大民 803　　先玉 335　　D399　　中地 9988

翔玉 319　　杜育 311　　宏硕 738　　宏博 66　　瑞普 909

可灌溉平地向上搭配品种：先玉 335　　吉东 81　　龙雨 6016　　科泰 925

可灌溉平地向下搭配品种：兴丰 66　　兴垦 2　　和育 188（吉审玉）　金田 1　　旺禾 8

大民 309　　先科 1　　先玉 1331　　中元 999

无灌溉平地适宜种植品种：兴丰 66　　兴垦 2　　和育 188（吉审玉）　金田 1　　旺禾 8

大民 309　　先科 1　　先玉 1331　　中元 999

无灌溉平地向上搭配品种：兴丰 978　　龙生 19　　大民 803　　先玉 335　　D399　　中地 9988

翔玉 319　　杜育 311　　宏硕 738　　宏博 66　　瑞普 909

无灌溉平地向下搭配品种：罕玉 3　　罕玉 5　　宏博 691

阳坡适宜种植品种：　　兴垦 2　　先科 1　　罕玉 3　　罕玉 5　　宏博 691

阳坡向上搭配品种：　　兴丰 66　　和育 188（吉审玉）　金田 1　　旺禾 8　　大民 309

先玉 1331　　中元 999

阳坡向下搭配品种：　　兴丰 17　　兴丰 3　　罕玉 336　　C1563　　吉单 27　　丰垦 139

利单 656　　丰垦 009　　华北 140　　金山 22　　宏博 391

阴坡适宜种植品种：　　兴垦 2　　先科 1　　罕玉 3　　罕玉 5　　宏博 691

阴坡向上搭配品种：　　兴丰 66　　和育 188（吉审玉）　金田 1　　旺禾 8　　大民 309

先玉 1331　　中元 999

阴坡向下搭配品种：　　兴丰 17　　兴丰 3　　罕玉 336　　C1563　　吉单 27　　丰垦 139

利单 656　　丰垦 009　　华北 140　　金山 22　　宏博 391

（51）新立村　西山荒屯（≥10 ℃活动积温 2877.8 ℃·日）

可灌溉平地适宜种植品种：龙雨 6016　　大民 803　　科泰 925　　D399　　宏硕 738

可灌溉平地向上搭配品种：兴丰 978　　先玉 335　　吉东 81

可灌溉平地向下搭配品种：兴丰 66　　龙生 19　　金田 1　　旺禾 8　　大民 309　　先玉 1331

先玉 335　　中地 9988　　翔玉 319　　杜育 311　　中元 999

宏博 66　　瑞普 909

无灌溉平地适宜种植品种：兴丰 978　　龙生 19　　大民 803　　先玉 335　　D399　　中地 9988

翔玉 319　　杜育 311　　宏硕 738　　宏博 66　　瑞普 909

无灌溉平地向上搭配品种：先玉 335　　吉东 81　　龙雨 6016　　科泰 925

无灌溉平地向下搭配品种：兴丰 66　　兴垦 2　　和育 188（吉审玉）　金田 1　　旺禾 8

大民 309　　先科 1　　先玉 1331　　中元 999

阳坡适宜种植品种：　　兴丰 66　　兴垦 2　　和育 188（吉审玉）　金田 1　　旺禾 8

大民 309　　先科 1　　先玉 1331　　中元 999

阳坡向上搭配品种：　　兴丰 978　　龙生 19　　大民 803　　先玉 335　　D399　　中地 9988

翔玉 319　杜育 311　宏硕 738　宏博 66　瑞普 909

阳坡向下搭配品种：　罕玉 3　罕玉 5　宏博 691

阴坡适宜种植品种：　兴丰 66　兴垦 2　和育 188（吉审玉）　金田 1　旺禾 8

　　　　　　　　　　大民 309　先科 1　先玉 1331　中元 999

阴坡向上搭配品种：　龙生 19　先玉 335　中地 9988　翔玉 319　杜育 311

　　　　　　　　　　宏博 66　瑞普 909

阴坡向下搭配品种：　罕玉 3　罕玉 5　宏博 691　金山 22　宏博 391

（52）新立村　新立屯（≥10℃活动积温 2826.1℃·日）

可灌溉平地适宜种植品种：兴丰 978　龙生 19　大民 803　先玉 335　D399　中地 9988

　　　　　　　　　　翔玉 319　杜育 311　宏硕 738　宏博 66　瑞普 909

可灌溉平地向上搭配品种：先玉 335　吉东 81　龙雨 6016　科泰 925

可灌溉平地向下搭配品种：兴丰 66　兴垦 2　和育 188（吉审玉）　金田 1　旺禾 8

　　　　　　　　　　大民 309　先科 1　先玉 1331　中元 999

无灌溉平地适宜种植品种：兴丰 66　和育 188（吉审玉）　龙生 19　金田 1　旺禾 8

　　　　　　　　　　大民 309　先玉 1331　先玉 335　中地 9988　翔玉 319

　　　　　　　　　　杜育 311　中元 999　宏博 66　瑞普 909

无灌溉平地向上搭配品种：兴丰 978　大民 803　D399　宏硕 738

无灌溉平地向下搭配品种：兴垦 2　先科 1　罕玉 3　罕玉 5　宏博 691

阳坡适宜种植品种：　兴垦 2　和育 188（吉审玉）　先科 1　罕玉 3　罕玉 5

　　　　　　　　　　宏博 691

阳坡向上搭配品种：　兴丰 66　龙生 19　金田 1　旺禾 8　大民 309　先玉 1331

　　　　　　　　　　先玉 335　中地 9988　翔玉 319　杜育 311　中元 999

　　　　　　　　　　宏博 66　瑞普 909

阳坡向下搭配品种：　金山 22　宏博 391

阴坡适宜种植品种：　兴垦 2　先科 1　罕玉 3　罕玉 5　宏博 691

阴坡向上搭配品种：　兴丰 66　和育 188（吉审玉）　金田 1　旺禾 8　大民 309

　　　　　　　　　　先玉 1331　中元 999

阴坡向下搭配品种：　兴丰 17　兴丰 3　罕玉 336　C1563　吉单 27　丰垦 139

　　　　　　　　　　利单 656　丰垦 009　华北 140　金山 22　宏博 391

（53）巨有村　兴隆屯（≥10℃活动积温 2816.1℃·日）

可灌溉平地适宜种植品种：兴丰 978　龙生 19　大民 803　先玉 335　D399　中地 9988

　　　　　　　　　　翔玉 319　杜育 311　宏硕 738　宏博 66　瑞普 909

可灌溉平地向上搭配品种：先玉 335　吉东 81　龙雨 6016　科泰 925

可灌溉平地向下搭配品种：兴丰 66　兴垦 2　和育 188（吉审玉）　金田 1　旺禾 8

　　　　　　　　　　大民 309　先科 1　先玉 1331　中元 999

无灌溉平地适宜种植品种：兴丰 66　和育 188（吉审玉）　龙生 19　金田 1　旺禾 8

　　　　　　　　　　大民 309　先玉 1331　先玉 335　中地 9988　翔玉 319

　　　　　　　　　　杜育 311　中元 999　宏博 66　瑞普 909

无灌溉平地向上搭配品种：兴丰 978　大民 803　D399　宏硕 738

无灌溉平地向下搭配品种：兴垦 2　先科 1　罕玉 3　罕玉 5　宏博 691

阳坡适宜种植品种：　　兴垦 2　和育 188(吉审玉)　先科 1　罕玉 3　罕玉 5

宏博 691

阳坡向上搭配品种：　　兴丰 66　龙生 19　金田 1　旺禾 8　大民 309　先玉 1331

先玉 335　中地 9988　翔玉 319　杜育 311　中元 999

宏博 66　瑞普 909

阳坡向下搭配品种：　　金山 22　宏博 391

阴坡适宜种植品种：　　兴垦 2　先科 1　罕玉 3　罕玉 5　宏博 691

阴坡向上搭配品种：　　兴丰 66　和育 188(吉审玉)　金田 1　旺禾 8　大民 309

先玉 1331　中元 999

阴坡向下搭配品种：　　兴丰 17　兴丰 3　罕玉 336　C1563　吉单 27　丰垦 139

利单 656　丰垦 009　华北 140　金山 22　宏博 391

（54）巨有村　巨才屯（≥10 ℃活动积温 2703.7 ℃·日）

可灌溉平地适宜种植品种：兴丰 66　兴垦 2　和育 188(吉审玉)　金田 1　旺禾 8

大民 309　先科 1　先玉 1331　中元 999

可灌溉平地向上搭配品种：龙生 19　先玉 335　中地 9988　翔玉 319　杜育 311

宏博 66　瑞普 909

可灌溉平地向下搭配品种：罕玉 3　罕玉 5　宏博 691　金山 22　宏博 391

无灌溉平地适宜种植品种：罕玉 3　罕玉 5　宏博 691　金山 22　宏博 391

无灌溉平地向上搭配品种：兴丰 66　兴垦 2　和育 188(吉审玉)　金田 1　旺禾 8

大民 309　先科 1　先玉 1331　中元 999

无灌溉平地向下搭配品种：兴丰 17　兴丰 3　罕玉 336　C1563　吉单 27　丰垦 139

利单 656　丰垦 009　华北 140

阳坡适宜种植品种：　　兴丰 17　兴丰 3　罕玉 336　C1563　吉单 27　丰垦 139

利单 656　丰垦 009　华北 140　金山 22　宏博 391

阳坡向上搭配品种：　　罕玉 3　罕玉 5　宏博 691

阳坡向下搭配品种：　　兴丰 68　兴丰 58　兴丰 818　丰垦 139　丰垦 219　丰垦 008

罕玉 33　德禹 201

阴坡适宜种植品种：　　兴丰 17　兴丰 3　罕玉 336　C1563　吉单 27　丰垦 139　利

单 656　丰垦 009　华北 140　金山 22　宏博 391

阴坡向上搭配品种：　　罕玉 3　罕玉 5　宏博 691

阴坡向下搭配品种：　　兴丰 68　兴丰 58　兴丰 818　丰垦 139　丰垦 219　丰垦 008

罕玉 33　德禹 201

（55）巨有村　新合屯（≥10 ℃活动积温 2736.6 ℃·日）

可灌溉平地适宜种植品种：兴丰 66　兴垦 2　和育 188(吉审玉)　金田 1　旺禾 8

大民 309　先科 1　先玉 1331　中元 999

可灌溉平地向上搭配品种：兴丰 978　龙生 19　大民 803　先玉 335　D399　中地 9988

翔玉 319　杜育 311　宏硕 738　宏博 66　瑞普 909

可灌溉平地向下搭配品种：罕玉 3　罕玉 5　宏博 691

无灌溉平地适宜种植品种：兴垦 2　先科 1　罕玉 3　罕玉 5　宏博 691

无灌溉平地向上搭配品种：兴丰 66　和育 188（吉审玉）　金田 1　旺禾 8　大民 309
　　　　　　　　　　　　先玉 1331　中元 999

无灌溉平地向下搭配品种：兴丰 17　兴丰 3　罕玉 336　C1563　吉单 27　丰垦 139
　　　　　　　　　　　　利单 656　丰垦 009　华北 140　金山 22　宏博 391

阳坡适宜种植品种：　　　罕玉 3　罕玉 5　宏博 691　金山 22　宏博 391

阳坡向上搭配品种：　　　兴垦 2　先科 1

阳坡向下搭配品种：　　　兴丰 818　兴丰 17　兴丰 3　罕玉 336　利单 656　丰垦 139
　　　　　　　　　　　　C1563　吉单 27　丰垦 009　华北 140　德禹 201

阴坡适宜种植品种：　　　兴丰 17　兴丰 3　罕玉 336　丰垦 139　C1563　吉单 27
　　　　　　　　　　　　利单 656　丰垦 009　华北 140　金山 22　宏博 391

阴坡向上搭配品种：　　　兴垦 2　先科 1　罕玉 3　罕玉 5　宏博 691

阴坡向下搭配品种：　　　兴丰 818　丰垦 139　德禹 201

（56）巨有村　新发屯（≥10 ℃活动积温 2733 ℃·日）

可灌溉平地适宜种植品种：兴丰 66　兴垦 2　和育 188（吉审玉）　金田 1　旺禾 8
　　　　　　　　　　　　大民 309　先科 1　先玉 1331　中元 999

可灌溉平地向上搭配品种：兴丰 978　龙生 19　大民 803　先玉 335　D399　中地 9988
　　　　　　　　　　　　翔玉 319　杜育 311　宏硕 738　宏博 66　瑞普 909

可灌溉平地向下搭配品种：罕玉 3　罕玉 5　宏博 691

无灌溉平地适宜种植品种：兴垦 2　先科 1　罕玉 3　罕玉 5　宏博 691

无灌溉平地向上搭配品种：兴丰 66　和育 188（吉审玉）　金田 1　旺禾 8　大民 309
　　　　　　　　　　　　先玉 1331　中元 999

无灌溉平地向下搭配品种：兴丰 17　兴丰 3　罕玉 336　C1563　吉单 27　丰垦 139
　　　　　　　　　　　　利单 656　丰垦 009　华北 140　金山 22　宏博 391

阳坡适宜种植品种：　　　罕玉 3　罕玉 5　宏博 691　金山 22　宏博 391

阳坡向上搭配品种：　　　兴垦 2　先科 1

阳坡向下搭配品种：　　　兴丰 818　兴丰 17　兴丰 3　罕玉 336　利单 656　丰垦 139
　　　　　　　　　　　　C1563　吉单 27　丰垦 009　华北 140　德禹 201

阴坡适宜种植品种：　　　兴丰 17　兴丰 3　罕玉 336　C1563　吉单 27　丰垦 139
　　　　　　　　　　　　利单 656　丰垦 009　华北 140　金山 22　宏博 391

阴坡向上搭配品种：　　　兴垦 2　先科 1　罕玉 3　罕玉 5　宏博 691

阴坡向下搭配品种：　　　兴丰 818　丰垦 139　德禹 201

（57）巨有村　巨有屯（≥10 ℃活动积温 2913.7 ℃·日）

可灌溉平地适宜种植品种：先玉 335　吉东 81　龙雨 6016　科泰 925

可灌溉平地向上搭配品种：德美 1 号　辰诺 501

可灌溉平地向下搭配品种：兴丰 978　龙生 19　大民 803　先玉 335　D399　中地 9988
　　　　　　　　　　　　翔玉 319　杜育 311　宏硕 738　宏博 66　瑞普 909

无灌溉平地适宜种植品种：龙雨 6016　大民 803　科泰 925　D399　宏硕 738

无灌溉平地向上搭配品种：兴丰 978　先玉 335　吉东 81

无灌溉平地向下搭配品种：兴丰 66　和育 188（吉审玉）　龙生 19　金田 1　旺禾 8
大民 309　先玉 1331　先玉 335　中地 9988　翔玉 319
杜育 311　中元 999　宏博 66　瑞普 909

阳坡适宜种植品种：　　　兴丰 66　龙生 19　金田 1　旺禾 8　大民 309　先玉 1331
先玉 335　中地 9988　翔玉 319　杜育 311　中元 999
宏博 66　瑞普 909

阳坡向上搭配品种：　　　兴丰 978　先玉 335　吉东 81　龙雨 6016　大民 803
科泰 925　D399　宏硕 738

阳坡向下搭配品种：　　　兴垦 2　和育 188（吉审玉）　先科 1

阴坡适宜种植品种：　　　兴丰 66　和育 188（吉审玉）　龙生 19　金田 1　旺禾 8
大民 309　先玉 1331　先玉 335　中地 9988　翔玉 319
杜育 311　中元 999　宏博 66　瑞普 909

阴坡向上搭配品种：　　　兴丰 978　大民 803　D399　宏硕 738

阴坡向下搭配品种：　　　兴垦 2　先科 1　罕玉 3　罕玉 5　宏博 691

（58）四家子村　中四家子屯（≥10℃活动积温 2808.2℃·日）

可灌溉平地适宜种植品种：兴丰 978　龙生 19　大民 803　先玉 335　D399　中地 9988
翔玉 319　杜育 311　宏硕 738　宏博 66　瑞普 909

可灌溉平地向上搭配品种：先玉 335　吉东 81　龙雨 6016　科泰 925

可灌溉平地向下搭配品种：兴丰 66　兴垦 2　和育 188（吉审玉）　金田 1　旺禾 8
大民 309　先科 1　先玉 1331　中元 999

无灌溉平地适宜种植品种：兴丰 66　兴垦 2　和育 188（吉审玉）　金田 1　旺禾 8
大民 309　先科 1　先玉 1331　中元 999

无灌溉平地向上搭配品种：兴丰 978　龙生 19　大民 803　先玉 335　D399　中地 9988
翔玉 319　杜育 311　宏硕 738　宏博 66　瑞普 909

无灌溉平地向下搭配品种：罕玉 3　罕玉 5　宏博 691

阳坡适宜种植品种：　　　兴垦 2　先科 1　罕玉 3　罕玉 5　宏博 691

阳坡向上搭配品种：　　　兴丰 66　和育 188（吉审玉）　金田 1　旺禾 8　大民 309
先玉 1331　中元 999

阳坡向下搭配品种：　　　兴丰 17　兴丰 3　罕玉 336　C1563　吉单 27　丰垦 139
利单 656　丰垦 009　华北 140　金山 22　宏博 391

阴坡适宜种植品种：　　　兴垦 2　先科 1　罕玉 3　罕玉 5　宏博 691

阴坡向上搭配品种：　　　兴丰 66　和育 188（吉审玉）　金田 1　旺禾 8　大民 309
先玉 1331　中元 999

阴坡向下搭配品种：　　　兴丰 17　兴丰 3　罕玉 336　C1563　吉单 27　丰垦 139
利单 656　丰垦 009　华北 140　金山 22　宏博 391

（59）　四家子村　前四家子屯（≥10℃活动积温 2863.6℃·日）

可灌溉平地适宜种植品种：龙雨 6016　大民 803　科泰 925　D399　宏硕 738

可灌溉平地向上搭配品种：兴丰 978　先玉 335　吉东 81

可灌溉平地向下搭配品种：兴丰 66　龙生 19　金田 1　旺禾 8　大民 309　先玉 1331

先玉 335　中地 9988　翔玉 319　杜育 311　中元 999

宏博 66　瑞普 909

无灌溉平地适宜种植品种:兴丰 978　龙生 19　大民 803　先玉 335　D399　中地 9988

翔玉 319　杜育 311　宏硕 738　宏博 66　瑞普 909

无灌溉平地向上搭配品种:先玉 335　吉东 81　龙雨 6016　科泰 925

无灌溉平地向下搭配品种:兴丰 66　兴垦 2　和育 188(吉审玉)　金田 1　旺禾 8

大民 309　先科 1　先玉 1331　中元 999

阳坡适宜种植品种:　兴丰 66　兴垦 2　和育 188(吉审玉)　金田 1　旺禾 8

大民 309　先科 1　先玉 1331　中元 999

阳坡向上搭配品种:　兴丰 978　龙生 19　大民 803　先玉 335　D399　中地 9988

翔玉 319　杜育 311　宏硕 738　宏博 66　瑞普 909

阳坡向下搭配品种:　罕玉 3　罕玉 5　宏博 691

阴坡适宜种植品种:　兴丰 66　兴垦 2　和育 188(吉审玉)　金田 1　旺禾 8

大民 309　先科 1　先玉 1331　中元 999

阴坡向上搭配品种:　龙生 19　先玉 335　中地 9988　翔玉 319　杜育 311

宏博 66　瑞普 909

阴坡向下搭配品种:　罕玉 3　罕玉 5　宏博 691　金山 22　宏博 391

（60）四家子村　后四家子屯（≥10℃活动积温 2742.7℃·日）

可灌溉平地适宜种植品种:兴丰 66　兴垦 2　和育 188(吉审玉)　金田 1　旺禾 8

大民 309　先科 1　先玉 1331　中元 999

可灌溉平地向上搭配品种:兴丰 978　龙生 19　大民 803　先玉 335　D399　中地 9988

翔玉 319　杜育 311　宏硕 738　宏博 66　瑞普 909

可灌溉平地向下搭配品种:罕玉 3　罕玉 5　宏博 691

无灌溉平地适宜种植品种:兴垦 2　和育 188(吉审玉)　先科 1　罕玉 3　罕玉 5

宏博 691

无灌溉平地向上搭配品种:兴丰 66　龙生 19　金田 1　旺禾 8　大民 309　先玉 1331

先玉 335　中地 9988　翔玉 319　杜育 311　中元 999

宏博 66　瑞普 909

无灌溉平地向下搭配品种:金山 22　宏博 391

阳坡适宜种植品种:　罕玉 3　罕玉 5　宏博 691　金山 22　宏博 391

阳坡向上搭配品种:　兴垦 2　和育 188(吉审玉)　先科 1

阳坡向下搭配品种:　兴丰 818　兴丰 17　兴丰 3　罕玉 336　利单 656　丰垦 139

C1563　吉单 27　丰垦 009　华北 140　德禹 201

阴坡适宜种植品种:　兴丰 17　兴丰 3　罕玉 336　C1563　吉单 27　丰垦 139

利单 656　丰垦 009　华北 140　金山 22　宏博 391

阴坡向上搭配品种:　兴垦 2　先科 1　罕玉 3　罕玉 5　宏博 691

阴坡向下搭配品种:　兴丰 818　丰垦 139　德禹 201

（61）四家子村　大榆树沟屯（≥10℃活动积温 2722.9℃·日）

可灌溉平地适宜种植品种:兴丰 66　兴垦 2　和育 188(吉审玉)　金田 1　旺禾 8

　　　　　　　　　　　大民 309　　先科 1　　先玉 1331　　中元 999

可灌溉平地向上搭配品种:龙生 19　　先玉 335　　中地 9988　　翔玉 319　　杜育 311

　　　　　　　　　　　宏博 66　　瑞普 909

可灌溉平地向下搭配品种:罕玉 3　　罕玉 5　　宏博 691　　金山 22　　宏博 391

无灌溉平地适宜种植品种:兴垦 2　　先科 1　　罕玉 3　　罕玉 5　　宏博 691

无灌溉平地向上搭配品种:兴丰 66　　和育 188(吉审玉)　　金田 1　　旺禾 8　　大民 309

　　　　　　　　　　　先玉 1331　　中元 999

无灌溉平地向下搭配品种:兴丰 17　　兴丰 3　　罕玉 336　　C1563　　吉单 27　　丰垦 139

　　　　　　　　　　　利单 656　　丰垦 009　　华北 140　　金山 22　　宏博 391

阳坡适宜种植品种:　　　兴丰 17　　兴丰 3　　罕玉 336　　C1563　　吉单 27　　丰垦 139

　　　　　　　　　　　利单 656　　丰垦 009　　华北 140　　金山 22　　宏博 391

阳坡向上搭配品种:　　　兴垦 2　　先科 1　　罕玉 3　　罕玉 5　　宏博 691

阳坡向下搭配品种:　　　兴丰 818　　丰垦 139　　德禹 201

阴坡适宜种植品种:　　　兴丰 17　　兴丰 3　　罕玉 336　　C1563　　吉单 27　　丰垦 139

　　　　　　　　　　　利单 656　　丰垦 009　　华北 140　　金山 22　　宏博 391

阴坡向上搭配品种:　　　罕玉 3　　罕玉 5　　宏博 691

阴坡向下搭配品种:　　　兴丰 68　　兴丰 58　　兴丰 818　　丰垦 139　　丰垦 219　　丰垦 008

　　　　　　　　　　　罕玉 33　　德禹 201

（62）四家子村　小榆树沟屯（≥10 ℃活动积温 2494 ℃·日）

可灌溉平地适宜种植品种:兴丰 68　　兴丰 58　　兴丰 818　　丰垦 139　　丰垦 219　　丰垦 008

　　　　　　　　　　　罕玉 33　　德禹 201

可灌溉平地向上搭配品种:兴丰 17　　兴丰 3　　罕玉 336　　C1563　　吉单 27　　丰垦 139

　　　　　　　　　　　利单 656　　丰垦 009　　华北 140　　金山 22　　宏博 391

可灌溉平地向下搭配品种:登海 19

无灌溉平地适宜种植品种:兴丰 68　　兴丰 58　　丰垦 219　　丰垦 008　　罕玉 33　　登海 19

无灌溉平地向上搭配品种:兴丰 818　　兴丰 17　　兴丰 3　　罕玉 336　　利单 656　　丰垦 139

　　　　　　　　　　　C1563　　吉单 27　　丰垦 009　　华北 140　　德禹 201

无灌溉平地向下搭配品种:丰垦 008　　丰垦 219　　登科 29　　禾田 1 号　　先玉 1409

阳坡适宜种植品种:　　　丰垦 008　　丰垦 219　　登科 29　　禾田 1 号　　先玉 1409

　　　　　　　　　　　登海 19

阳坡向上搭配品种:　　　兴丰 68　　兴丰 58　　丰垦 219　　丰垦 008　　罕玉 33

阳坡向下搭配品种:　　　兴丰 1559　　丰垦 165　　呼单 517　　隆平 702　　德美亚 1 号

　　　　　　　　　　　德美亚 2 号

阴坡适宜种植品种:　　　丰垦 008　　丰垦 219　　登科 29　　禾田 1 号　　先玉 1409

阴坡向上搭配品种:　　　兴丰 68　　兴丰 58　　丰垦 219　　丰垦 008　　罕玉 33　　登海 19

阴坡向下搭配品种:　　　兴丰 1559　　丰垦 165　　呼单 517　　隆平 702　　德美亚 1 号

　　　　　　　　　　　德美亚 2 号

7.5 水泉镇

（1）水泉村　水泉屯（≥10℃活动积温 3053.8℃·日）

可灌溉平地适宜种植品种:兴丰 7 号　丰田 101

可灌溉平地向上搭配品种:郑单 958

可灌溉平地向下搭配品种:德美 1 号　辰诺 501

无灌溉平地适宜种植品种:德美 1 号　辰诺 501

无灌溉平地向上搭配品种:兴丰 7 号　丰田 101

无灌溉平地向下搭配品种:先玉 335　吉东 81　龙雨 6016　科泰 925

阳坡适宜种植品种:　　　先玉 335　吉东 81　龙雨 6016　科泰 925

阳坡向上搭配品种:　　　德美 1 号　辰诺 501

阳坡向下搭配品种:　　　兴丰 978　龙生 19　大民 803　先玉 335　D399　中地 9988
　　　　　　　　　　　　翔玉 319　杜育 311　宏硕 738　宏博 66　瑞普 909

阴坡适宜种植品种:　　　先玉 335　吉东 81　龙雨 6016　科泰 925

阴坡向上搭配品种:　　　德美 1 号　辰诺 501

阴坡向下搭配品种:　　　兴丰 978　龙生 19　大民 803　先玉 335　D399　中地 9988
　　　　　　　　　　　　翔玉 319　杜育 311　宏硕 738　宏博 66　瑞普 909

（2）水泉村　高家屯（≥10℃活动积温 3075.1℃·日）

可灌溉平地适宜种植品种:兴丰 7 号　丰田 101

可灌溉平地向上搭配品种:郑单 958

可灌溉平地向下搭配品种:德美 1 号　辰诺 501

无灌溉平地适宜种植品种:丰田 101　辰诺 501

无灌溉平地向上搭配品种:兴丰 7 号　德美 1 号

无灌溉平地向下搭配品种:先玉 335　吉东 81　龙雨 6016　科泰 925

阳坡适宜种植品种:　　　先玉 335　吉东 81　龙雨 6016　科泰 925

阳坡向上搭配品种:　　　兴丰 7 号　德美 1 号　丰田 101　辰诺 501

阳坡向下搭配品种:　　　兴丰 978　大民 803　D399　宏硕 738

阴坡适宜种植品种:　　　先玉 335　吉东 81　龙雨 6016　科泰 925

阴坡向上搭配品种:　　　德美 1 号　辰诺 501

阴坡向下搭配品种:　　　兴丰 978　龙生 19　大民 803　先玉 335　D399　中地 9988
　　　　　　　　　　　　翔玉 319　杜育 311　宏硕 738　宏博 66　瑞普 909

（3）水泉村　西山屯（≥10℃活动积温 2942.4℃·日）

可灌溉平地适宜种植品种:先玉 335　吉东 81　龙雨 6016　科泰 925

可灌溉平地向上搭配品种:兴丰 7 号　德美 1 号　丰田 101　辰诺 501

可灌溉平地向下搭配品种:兴丰 978　大民 803　D399　宏硕 738

无灌溉平地适宜种植品种:兴丰 978　先玉 335　吉东 81　龙雨 6016　大民 803
　　　　　　　　　　　　科泰 925　D399　宏硕 738

无灌溉平地向上搭配品种:德美 1 号　辰诺 501

无灌溉平地向下搭配品种：龙生 19　先玉 335　中地 9988　翔玉 319　杜育 311

宏博 66　瑞普 909

阳坡适宜种植品种：　　兴丰 978　龙生 19　大民 803　先玉 335　D399　中地 9988

翔玉 319　杜育 311　宏硕 738　宏博 66　瑞普 909

阳坡向上搭配品种：　　先玉 335　吉东 81　龙雨 6016　科泰 925

阳坡向下搭配品种：　　兴丰 66　兴垦 2　和育 188（吉审玉）　金田 1　旺禾 8

大民 309　先科 1　先玉 1331　中元 999

阴坡适宜种植品种：　　兴丰 66　龙生 19　金田 1　旺禾 8　大民 309　先玉 1331

先玉 335　中地 9988　翔玉 319　杜育 311　中元 999

宏博 66　瑞普 909

阴坡向上搭配品种：　　兴丰 978　先玉 335　吉东 81　龙雨 6016　大民 803

科泰 925　D399　宏硕 738

阴坡向下搭配品种：　　兴垦 2　和育 188（吉审玉）　先科 1

（4）水泉村　华家街（≥10℃活动积温 3006.3℃·日）

可灌溉平地适宜种植品种：丰田 101　辰诺 501

可灌溉平地向上搭配品种：兴丰 7 号　德美 1 号

可灌溉平地向下搭配品种：先玉 335　吉东 81　龙雨 6016　科泰 925

无灌溉平地适宜种植品种：先玉 335　吉东 81　龙雨 6016　科泰 925

无灌溉平地向上搭配品种：兴丰 7 号　德美 1 号　丰田 101　辰诺 501

无灌溉平地向下搭配品种：兴丰 978　大民 803　D399　宏硕 738

阳坡适宜种植品种：　　龙雨 6016　大民 803　科泰 925　D399　宏硕 738

阳坡向上搭配品种：　　兴丰 978　先玉 335　吉东 81

阳坡向下搭配品种：　　兴丰 66　龙生 19　金田 1　旺禾 8　大民 309　先玉 1331

先玉 335　中地 9988　翔玉 319　杜育 311　中元 999

宏博 66　瑞普 909

阴坡适宜种植品种：　　龙雨 6016　大民 803　科泰 925　D399　宏硕 738

阴坡向上搭配品种：　　兴丰 978　先玉 335　吉东 81

阴坡向下搭配品种：　　兴丰 66　和育 188（吉审玉）　龙生 19　金田 1　旺禾 8

大民 309　先玉 1331　先玉 335　中地 9988　翔玉 319

杜育 311　中元 999　宏博 66　瑞普 909

（5）胜久村　北小泡子屯（≥10℃活动积温 2995.4℃·日）

可灌溉平地适宜种植品种：德美 1 号　辰诺 501

可灌溉平地向上搭配品种：兴丰 7 号　丰田 101　丰田 10

可灌溉平地向下搭配品种：先玉 335　吉东 81　龙雨 6016　科泰 925

无灌溉平地适宜种植品种：先玉 335　吉东 81　龙雨 6016　科泰 925

无灌溉平地向上搭配品种：兴丰 7 号　德美 1 号　丰田 101　辰诺 501

无灌溉平地向下搭配品种：兴丰 978　大民 803　D399　宏硕 738

阳坡适宜种植品种：　　龙雨 6016　大民 803　科泰 925　D399　宏硕 738

阳坡向上搭配品种：　　兴丰 978　先玉 335　吉东 81

阳坡向下搭配品种： 兴丰 66 龙生 19 金田 1 旺禾 8 大民 309 先玉 1331
先玉 335 中地 9988 翔玉 319 杜育 311 中元 999
宏博 66 瑞普 909
阴坡适宜种植品种： 兴丰 978 龙生 19 大民 803 先玉 335 D399 中地 9988
翔玉 319 杜育 311 宏硕 738 宏博 66 瑞普 909
阴坡向上搭配品种： 先玉 335 吉东 81 龙雨 6016 科泰 925
阴坡向下搭配品种： 兴丰 66 和育 188(吉审玉) 金田 1 旺禾 8 大民 309
先玉 1331 中元 999

（6）德泉村　陈家屯（≥10℃活动积温 3163.3℃·日）
可灌溉平地适宜种植品种：郑单 958
可灌溉平地向上搭配品种：郑单 958
可灌溉平地向下搭配品种：兴丰 7 号 丰田 101
无灌溉平地适宜种植品种：郑单 958
无灌溉平地向上搭配品种：郑单 958
无灌溉平地向下搭配品种：兴丰 7 号 德美 1 号 丰田 101 辰诺 501
阳坡适宜种植品种： 兴丰 7 号 德美 1 号
阳坡向上搭配品种： 郑单 958
阳坡向下搭配品种： 丰田 101 辰诺 501
阴坡适宜种植品种： 丰田 101 辰诺 501
阴坡向上搭配品种： 兴丰 7 号 德美 1 号
阴坡向下搭配品种： 先玉 335 吉东 81 龙雨 6016 科泰 925

（7）德泉村　黄家屯（≥10℃活动积温 3181.9℃·日）
可灌溉平地适宜种植品种：郑单 958
可灌溉平地向上搭配品种：郑单 958
可灌溉平地向下搭配品种：郑单 958
无灌溉平地适宜种植品种：郑单 958
无灌溉平地向上搭配品种：郑单 958
无灌溉平地向下搭配品种：兴丰 7 号 德美 1 号 丰田 101 辰诺 501
阳坡适宜种植品种： 兴丰 7 号 丰田 101
阳坡向上搭配品种： 郑单 958
阳坡向下搭配品种： 德美 1 号 辰诺 501
阴坡适宜种植品种： 兴丰 7 号 德美 1 号
阴坡向上搭配品种： 郑单 958
阴坡向下搭配品种： 丰田 101 辰诺 501

（8）永泉村　腰围子（≥10℃活动积温 3092.7℃·日）
可灌溉平地适宜种植品种：兴丰 7 号 丰田 101
可灌溉平地向上搭配品种：郑单 958
可灌溉平地向下搭配品种：德美 1 号 辰诺 501
无灌溉平地适宜种植品种：兴丰 7 号 德美 1 号

无灌溉平地向上搭配品种:郑单 958

无灌溉平地向下搭配品种:丰田 101　辰诺 501

阳坡适宜种植品种:　　德美 1 号　辰诺 501

阳坡向上搭配品种:　　兴丰 7 号　丰田 101

阳坡向下搭配品种:　　兴丰 978　先玉 335　吉东 81　龙雨 6016　大民 803

　　　　　　　　　　科泰 925　D399　宏硕 738

阴坡适宜种植品种:　　先玉 335　吉东 81　龙雨 6016　科泰 925

阴坡向上搭配品种:　　兴丰 7 号　德美 1 号　丰田 101　辰诺 501

阴坡向下搭配品种:　　兴丰 978　大民 803　D399　宏硕 738

（9）永泉村　东大荒（≥10 ℃活动积温 3109.8 ℃·日）

可灌溉平地适宜种植品种:郑单 958

可灌溉平地向上搭配品种:郑单 958

可灌溉平地向下搭配品种:兴丰 7 号　德美 1 号　丰田 101　辰诺 501

无灌溉平地适宜种植品种:兴丰 7 号　德美 1 号

无灌溉平地向上搭配品种:郑单 958

无灌溉平地向下搭配品种:丰田 101　辰诺 501

阳坡适宜种植品种:　　德美 1 号　辰诺 501

阳坡向上搭配品种:　　兴丰 7 号　丰田 101

阳坡向下搭配品种:　　兴丰 978　先玉 335　吉东 81　龙雨 6016　大民 803

　　　　　　　　　　科泰 925　D399　宏硕 738

阴坡适宜种植品种:　　德美 1 号　辰诺 501

阴坡向上搭配品种:　　兴丰 7 号　丰田 101

阴坡向下搭配品种:　　兴丰 978　先玉 335　吉东 81　龙雨 6016　大民 803

　　　　　　　　　　科泰 925　D399　宏硕 738

（10）永泉村　郑家围子（≥10 ℃活动积温 3054.4 ℃·日）

可灌溉平地适宜种植品种:兴丰 7 号　丰田 101

可灌溉平地向上搭配品种:郑单 958

可灌溉平地向下搭配品种:德美 1 号　辰诺 501

无灌溉平地适宜种植品种:德美 1 号　辰诺 501

无灌溉平地向上搭配品种:兴丰 7 号　丰田 101

无灌溉平地向下搭配品种:先玉 335　吉东 81　龙雨 6016　科泰 925

阳坡适宜种植品种:　　先玉 335　吉东 81　龙雨 6016　科泰 925

阳坡向上搭配品种:　　德美 1 号　辰诺 501

阳坡向下搭配品种:　　兴丰 978　龙生 19　大民 803　先玉 335　D399　中地 9988

　　　　　　　　　　翔玉 319　杜育 311　宏硕 738　宏博 66　瑞普 909

阴坡适宜种植品种:　　先玉 335　吉东 81　龙雨 6016　科泰 925

阴坡向上搭配品种:　　德美 1 号　辰诺 501

阴坡向下搭配品种:　　兴丰 978　龙生 19　大民 803　先玉 335　D399　中地 9988

　　　　　　　　　　翔玉 319　杜育 311　宏硕 738　宏博 66　瑞普 909

（11）联合村　东公司屯（≥10℃活动积温3100.9℃·日）

可灌溉平地适宜种植品种：郑单958

可灌溉平地向上搭配品种：郑单958

可灌溉平地向下搭配品种：兴丰7号　德美1号　丰田101　辰诺501

无灌溉平地适宜种植品种：兴丰7号　德美1号

无灌溉平地向上搭配品种：郑单958

无灌溉平地向下搭配品种：丰田101　辰诺501

阳坡适宜种植品种：　　德美1号　辰诺501

阳坡向上搭配品种：　　兴丰7号　丰田101

阳坡向下搭配品种：　　兴丰978　先玉335　吉东81　龙雨6016　大民803
　　　　　　　　　　　科泰925　D399　宏硕738

阴坡适宜种植品种：　　德美1号　辰诺501

阴坡向上搭配品种：　　兴丰7号　丰田101

阴坡向下搭配品种：　　兴丰978　先玉335　吉东81　龙雨6016　大民803
　　　　　　　　　　　科泰925　D399　宏硕738

（12）联合村　西公司屯（≥10℃活动积温3159.3℃·日）

可灌溉平地适宜种植品种：郑单958

可灌溉平地向上搭配品种：郑单958

可灌溉平地向下搭配品种：兴丰7号　丰田101

无灌溉平地适宜种植品种：兴丰7号　丰田101

无灌溉平地向上搭配品种：郑单958

无灌溉平地向下搭配品种：德美1号　辰诺501

阳坡适宜种植品种：　　丰田101　辰诺501

阳坡向上搭配品种：　　兴丰7号　德美1号

阳坡向下搭配品种：　　先玉335　吉东81　龙雨6016　科泰925

阴坡适宜种植品种：　　丰田101　辰诺501

阴坡向上搭配品种：　　兴丰7号　德美1号

阴坡向下搭配品种：　　先玉335　吉东81　龙雨6016　科泰925

（13）联合村　水善屯（≥10℃活动积温3185.5℃·日）

可灌溉平地适宜种植品种：郑单958

可灌溉平地向上搭配品种：郑单958

可灌溉平地向下搭配品种：郑单958

无灌溉平地适宜种植品种：郑单958

无灌溉平地向上搭配品种：郑单958

无灌溉平地向下搭配品种：兴丰7号　德美1号　丰田101　辰诺501

阳坡适宜种植品种：　　兴丰7号　丰田101

阳坡向上搭配品种：　　郑单958

阳坡向下搭配品种：　　德美1号　辰诺501

阴坡适宜种植品种：　　兴丰7号　德美1号

阴坡向上搭配品种：　　　郑单 958

阴坡向下搭配品种：　　　丰田 101　　辰诺 501

（14）光辉村　后哈格屯（≥10 ℃ 活动积温 3188.5 ℃·日）

可灌溉平地适宜种植品种：郑单 958

可灌溉平地向上搭配品种：郑单 958

可灌溉平地向下搭配品种：郑单 958

无灌溉平地适宜种植品种：郑单 958

无灌溉平地向上搭配品种：郑单 958

无灌溉平地向下搭配品种：兴丰 7 号　　德美 1 号　　丰田 101　　辰诺 501

阳坡适宜种植品种：　　　兴丰 7 号　　丰田 101

阳坡向上搭配品种：　　　郑单 958

阳坡向下搭配品种：　　　德美 1 号　　辰诺 501

阴坡适宜种植品种：　　　兴丰 7 号　　德美 1 号

阴坡向上搭配品种：　　　郑单 958

阴坡向下搭配品种：　　　丰田 101　　辰诺 501

（15）光辉村　西小泡子屯（≥10 ℃ 活动积温 3183.6 ℃·日）

可灌溉平地适宜种植品种：郑单 958

可灌溉平地向上搭配品种：郑单 958

可灌溉平地向下搭配品种：郑单 958

无灌溉平地适宜种植品种：郑单 958

无灌溉平地向上搭配品种：郑单 958

无灌溉平地向下搭配品种：兴丰 7 号　　德美 1 号　　丰田 101　　辰诺 501

阳坡适宜种植品种：　　　兴丰 7 号　　丰田 101

阳坡向上搭配品种：　　　郑单 958

阳坡向下搭配品种：　　　德美 1 号　　辰诺 501

阴坡适宜种植品种：　　　兴丰 7 号　　德美 1 号

阴坡向上搭配品种：　　　郑单 958

阴坡向下搭配品种：　　　丰田 101　　辰诺 501

（16）光辉村　福顺屯（≥10 ℃ 活动积温 3120.9 ℃·日）

可灌溉平地适宜种植品种：郑单 958

可灌溉平地向上搭配品种：郑单 958

可灌溉平地向下搭配品种：兴丰 7 号　　德美 1 号　　丰田 101　　辰诺 501

无灌溉平地适宜种植品种：兴丰 7 号　　丰田 101

无灌溉平地向上搭配品种：郑单 958

无灌溉平地向下搭配品种：德美 1 号　　辰诺 501

阳坡适宜种植品种：　　　德美 1 号　　辰诺 501

阳坡向上搭配品种：　　　兴丰 7 号　　丰田 101

阳坡向下搭配品种：　　　先玉 335　　吉东 81　　龙雨 6016　　科泰 925

阴坡适宜种植品种：　　　德美 1 号　　辰诺 501

阴坡向上搭配品种： 兴丰 7 号　丰田 101

阴坡向下搭配品种： 兴丰 978　先玉 335　吉东 81　龙雨 6016　大民 803

科泰 925　D399　宏硕 738

（17）光辉村　前哈格屯（≥10℃活动积温 3192.1℃·日）

可灌溉平地适宜种植品种：郑单 958

可灌溉平地向上搭配品种：郑单 958

可灌溉平地向下搭配品种：郑单 958

无灌溉平地适宜种植品种：郑单 958

无灌溉平地向上搭配品种：郑单 958

无灌溉平地向下搭配品种：兴丰 7 号　丰田 101

阳坡适宜种植品种： 兴丰 7 号　丰田 101

阳坡向上搭配品种： 郑单 958

阳坡向下搭配品种： 德美 1 号　辰诺 501

阴坡适宜种植品种： 兴丰 7 号　德美 1 号

阴坡向上搭配品种： 郑单 958

阴坡向下搭配品种： 丰田 101　辰诺 501

（18）团结村　后白城户（≥10℃活动积温 3081.7℃·日）

可灌溉平地适宜种植品种：兴丰 7 号　丰田 101

可灌溉平地向上搭配品种：郑单 958

可灌溉平地向下搭配品种：德美 1 号　辰诺 501

无灌溉平地适宜种植品种：丰田 101　辰诺 501

无灌溉平地向上搭配品种：兴丰 7 号　德美 1 号

无灌溉平地向下搭配品种：先玉 335　吉东 81　龙雨 6016　科泰 925

阳坡适宜种植品种： 德美 1 号　辰诺 501

阳坡向上搭配品种： 兴丰 7 号　丰田 101

阳坡向下搭配品种： 兴丰 978　先玉 335　吉东 81　龙雨 6016　大民 803

科泰 925　D399　宏硕 738

阴坡适宜种植品种： 先玉 335　吉东 81　龙雨 6016　科泰 925

阴坡向上搭配品种： 兴丰 7 号　德美 1 号　丰田 101　辰诺 501

阴坡向下搭配品种： 兴丰 978　大民 803　D399　宏硕 738

（19）团结村　佟家屯（≥10℃活动积温 3095.1℃·日）

可灌溉平地适宜种植品种：兴丰 7 号　丰田 101

可灌溉平地向上搭配品种：郑单 958

可灌溉平地向下搭配品种：德美 1 号　辰诺 501

无灌溉平地适宜种植品种：兴丰 7 号　德美 1 号

无灌溉平地向上搭配品种：郑单 958

无灌溉平地向下搭配品种：丰田 101　辰诺 501

阳坡适宜种植品种： 德美 1 号　辰诺 501

阳坡向上搭配品种： 兴丰 7 号　丰田 101

阳坡向下搭配品种：	兴丰 978　先玉 335　吉东 81　龙雨 6016　大民 803
	科泰 925　D399　宏硕 738
阴坡适宜种植品种：	先玉 335　吉东 81　龙雨 6016　科泰 925
阴坡向上搭配品种：	兴丰 7 号　德美 1 号　丰田 101　辰诺 501
阴坡向下搭配品种：	兴丰 978　大民 803　D399　宏硕 738

（20）团结村　前白城户（≥10 ℃活动积温 3115.2 ℃·日）

可灌溉平地适宜种植品种：郑单 958

可灌溉平地向上搭配品种：郑单 958

可灌溉平地向下搭配品种：兴丰 7 号　德美 1 号　丰田 101　辰诺 501

无灌溉平地适宜种植品种：兴丰 7 号　丰田 101

无灌溉平地向上搭配品种：郑单 958

无灌溉平地向下搭配品种：德美 1 号　辰诺 501

阳坡适宜种植品种：	德美 1 号　辰诺 501
阳坡向上搭配品种：	兴丰 7 号　丰田 101
阳坡向下搭配品种：	先玉 335　吉东 81　龙雨 6016　科泰 925
阴坡适宜种植品种：	德美 1 号　辰诺 501
阴坡向上搭配品种：	兴丰 7 号　丰田 101
阴坡向下搭配品种：	兴丰 978　先玉 335　吉东 81　龙雨 6016　大民 803
	科泰 925　D399　宏硕 738

（21）龙泉村　龙泉屯（≥10 ℃活动积温 3028.5 ℃·日）

可灌溉平地适宜种植品种：丰田 101　辰诺 501

可灌溉平地向上搭配品种：兴丰 7 号　德美 1 号

可灌溉平地向下搭配品种：先玉 335　吉东 81　龙雨 6016　科泰 925

无灌溉平地适宜种植品种：德美 1 号　辰诺 501

无灌溉平地向上搭配品种：兴丰 7 号　丰田 101

无灌溉平地向下搭配品种：兴丰 978　先玉 335　吉东 81　龙雨 6016　大民 803
　　　　　　　　　　　　科泰 925　D399　宏硕 738

阳坡适宜种植品种：	兴丰 978　先玉 335　吉东 81　龙雨 6016　大民 803
	科泰 925　D399　宏硕 738
阳坡向上搭配品种：	德美 1 号　辰诺 501
阳坡向下搭配品种：	龙生 19　先玉 335　中地 9988　翔玉 319　杜育 311
	宏博 66　瑞普 909
阴坡适宜种植品种：	龙雨 6016　大民 803　科泰 925　D399　宏硕 738
阴坡向上搭配品种：	兴丰 978　先玉 335　吉东 81
阴坡向下搭配品种：	兴丰 66　龙生 19　金田 1　旺禾 8　大民 309　先玉 1331
	先玉 335　中地 9988　翔玉 319　杜育 311　中元 999
	宏博 66　瑞普 909

（22）合发村　高监督窝铺（≥10 ℃活动积温 2972.2 ℃·日）

可灌溉平地适宜种植品种：德美 1 号　辰诺 501

可灌溉平地向上搭配品种:兴丰 7 号　丰田 101　丰田 10

可灌溉平地向下搭配品种:兴丰 978　先玉 335　吉东 81　龙雨 6016　大民 803

科泰 925　D399　宏硕 738

无灌溉平地适宜种植品种:先玉 335　吉东 81　龙雨 6016　科泰 925

无灌溉平地向上搭配品种:德美 1 号　辰诺 501

无灌溉平地向下搭配品种:兴丰 978　龙生 19　大民 803　先玉 335　D399　中地 9988

翔玉 319　杜育 311　宏硕 738　宏博 66　瑞普 909

阳坡适宜种植品种:　兴丰 978　龙生 19　大民 803　先玉 335　D399　中地 9988

翔玉 319　杜育 311　宏硕 738　宏博 66　瑞普 909

阳坡向上搭配品种:　先玉 335　吉东 81　龙雨 6016　科泰 925

阳坡向下搭配品种:　兴丰 66　和育 188(吉审玉)　金田 1　旺禾 8　大民 309

先玉 1331　中元 999

阴坡适宜种植品种:　兴丰 978　龙生 19　大民 803　先玉 335　D399　中地 9988

翔玉 319　杜育 311　宏硕 738　宏博 66　瑞普 909

阴坡向上搭配品种:　先玉 335　吉东 81　龙雨 6016　科泰 925

阴坡向下搭配品种:　兴丰 66　兴垦 2　和育 188(吉审玉)　金田 1　旺禾 8

大民 309　先科 1　先玉 1331　中元 999

（23）合发村　付家岭（≥10 ℃活动积温 3009.1 ℃·日）

可灌溉平地适宜种植品种:丰田 101　辰诺 501

可灌溉平地向上搭配品种:兴丰 7 号　德美 1 号

可灌溉平地向下搭配品种:先玉 335　吉东 81　龙雨 6016　科泰 925

无灌溉平地适宜种植品种:先玉 335　吉东 81　龙雨 6016　科泰 925

无灌溉平地向上搭配品种:兴丰 7 号　德美 1 号　丰田 101　辰诺 501

无灌溉平地向下搭配品种:兴丰 978　大民 803　D399　宏硕 738

阳坡适宜种植品种:　龙雨 6016　大民 803　科泰 925　D399　宏硕 738

阳坡向上搭配品种:　兴丰 978　先玉 335　吉东 81

阳坡向下搭配品种:　兴丰 66　龙生 19　金田 1　旺禾 8　大民 309　先玉 1331

先玉 335　中地 9988　翔玉 319　杜育 311　中元 999

宏博 66　瑞普 909

阴坡适宜种植品种:　龙雨 6016　大民 803　科泰 925　D399　宏硕 738

阴坡向上搭配品种:　兴丰 978　先玉 335　吉东 81

阴坡向下搭配品种:　兴丰 66　和育 188(吉审玉)　龙生 19　金田 1　旺禾 8

大民 309　先玉 1331　先玉 335　中地 9988　翔玉 319

杜育 311　中元 999　宏博 66　瑞普 909

（24）龙胜村　前马家街（≥10 ℃活动积温 3024.2 ℃·日）

可灌溉平地适宜种植品种:丰田 101　辰诺 501

可灌溉平地向上搭配品种:兴丰 7 号　德美 1 号

可灌溉平地向下搭配品种:先玉 335　吉东 81　龙雨 6016　科泰 925

无灌溉平地适宜种植品种:德美 1 号　辰诺 501

无灌溉平地向上搭配品种:兴丰 7 号　丰田 101

无灌溉平地向下搭配品种:兴丰 978　先玉 335　吉东 81　龙雨 6016　大民 803

　　　　　　　　　　　科泰 925　D399　宏硕 738

阳坡适宜种植品种:　　兴丰 978　先玉 335　吉东 81　龙雨 6016　大民 803

　　　　　　　　　　　科泰 925 D399　宏硕 738

阳坡向上搭配品种:　　德美 1 号　辰诺 501

阳坡向下搭配品种:　　龙生 19　先玉 335　中地 9988　翔玉 319　杜育 311

　　　　　　　　　　　宏博 66　瑞普 909

阴坡适宜种植品种:　　龙雨 6016　大民 803　科泰 925　D399　宏硕 738

阴坡向上搭配品种:　　兴丰 978　先玉 335　吉东 81

阴坡向下搭配品种:　　兴丰 66　龙生 19　金田 1　旺禾 8　大民 309　先玉 1331

　　　　　　　　　　　先玉 335　中地 9988　翔玉 319　杜育 311　中元 999

　　　　　　　　　　　宏博 66　瑞普 909

（25）龙胜村　贾家街（≥10 ℃活动积温 3083 ℃·日）

可灌溉平地适宜种植品种:兴丰 7 号　丰田 101

可灌溉平地向上搭配品种:郑单 958

可灌溉平地向下搭配品种:德美 1 号　辰诺 501

无灌溉平地适宜种植品种:丰田 101　辰诺 501

无灌溉平地向上搭配品种:兴丰 7 号　德美 1 号

无灌溉平地向下搭配品种:先玉 335　吉东 81　龙雨 6016　科泰 925

阳坡适宜种植品种:　　德美 1 号　辰诺 501

阳坡向上搭配品种:　　兴丰 7 号　丰田 101

阳坡向下搭配品种:　　兴丰 978　先玉 335　吉东 81　龙雨 6016　大民 803

　　　　　　　　　　　科泰 925　D399　宏硕 738

阴坡适宜种植品种:　　先玉 335　吉东 81　龙雨 6016　科泰 925

阴坡向上搭配品种:　　兴丰 7 号　德美 1 号　丰田 101　辰诺 501

阴坡向下搭配品种:　　兴丰 978　大民 803　D399　宏硕 738

（26）龙胜村　后马家街（≥10 ℃活动积温 3046.1 ℃·日）

可灌溉平地适宜种植品种:兴丰 7 号　德美 1 号

可灌溉平地向上搭配品种:郑单 958

可灌溉平地向下搭配品种:丰田 101　辰诺 501

无灌溉平地适宜种植品种:德美 1 号　辰诺 501

无灌溉平地向上搭配品种:兴丰 7 号　丰田 101

无灌溉平地向下搭配品种:先玉 335　吉东 81　龙雨 6016　科泰 925

阳坡适宜种植品种:　　先玉 335　吉东 81　龙雨 6016　科泰 925

阳坡向上搭配品种:　　德美 1 号　辰诺 501

阳坡向下搭配品种:　　兴丰 978　龙生 19　大民 803　先玉 335　D399　中地 9988

　　　　　　　　　　　翔玉 319　杜育 311　宏硕 738　宏博 66　瑞普 909

阴坡适宜种植品种:　　兴丰 978　先玉 335　吉东 81　龙雨 6016　大民 803

科泰 925　D399　宏硕 738

阴坡向上搭配品种：　　　德美 1 号　辰诺 501

阴坡向下搭配品种：　　　龙生 19　先玉 335　中地 9988　翔玉 319　杜育 311

　　　　　　　　　　　　宏博 66　瑞普 909

（27）兴胜村　沈家屯（≥10℃活动积温 2962.8℃·日）

可灌溉平地适宜种植品种：德美 1 号　辰诺 501

可灌溉平地向上搭配品种：兴丰 7 号　丰田 101

可灌溉平地向下搭配品种：兴丰 978　先玉 335　吉东 81　龙雨 6016　大民 803

　　　　　　　　　　　　科泰 925　D399　宏硕 738

无灌溉平地适宜种植品种：先玉 335　吉东 81　龙雨 6016　科泰 925

无灌溉平地向上搭配品种：德美 1 号　辰诺 501

无灌溉平地向下搭配品种：兴丰 978　龙生 19　大民 803　先玉 335　D399　中地 9988

　　　　　　　　　　　　翔玉 319　杜育 311　宏硕 738　宏博 66　瑞普 909

阳坡适宜种植品种：　　　兴丰 978　龙生 19　大民 803　先玉 335　D399　中地 9988

　　　　　　　　　　　　翔玉 319　杜育 311　宏硕 738　宏博 66　瑞普 909

阳坡向上搭配品种：　　　先玉 335　吉东 81　龙雨 6016　科泰 925

阳坡向下搭配品种：　　　兴丰 66　和育 188（吉审玉）　金田 1　旺禾 8　大民 309

　　　　　　　　　　　　先玉 1331　中元 999

阴坡适宜种植品种：　　　兴丰 978　龙生 19　大民 803　先玉 335　D399　中地 9988

　　　　　　　　　　　　翔玉 319　杜育 311　宏硕 738　宏博 66　瑞普 909

阴坡向上搭配品种：　　　先玉 335　吉东 81　龙雨 6016　科泰 925

阴坡向下搭配品种：　　　兴丰 66　兴垦 2　和育 188（吉审玉）　金田 1　旺禾 8

　　　　　　　　　　　　大民 309　先科 1　先玉 1331　中元 999

（28）兴胜村　王家屯（≥10℃活动积温 2915.3℃·日）

可灌溉平地适宜种植品种：先玉 335　吉东 81　龙雨 6016　科泰 925

可灌溉平地向上搭配品种：德美 1 号　辰诺 501

可灌溉平地向下搭配品种：兴丰 978　龙生 19　大民 803　先玉 335　D399　中地 9988

　　　　　　　　　　　　翔玉 319　杜育 311　宏硕 738　宏博 66　瑞普 909

无灌溉平地适宜种植品种：龙雨 6016　大民 803　科泰 925　D399　宏硕 738

无灌溉平地向上搭配品种：兴丰 978　先玉 335　吉东 81

无灌溉平地向下搭配品种：兴丰 66　和育 188（吉审玉）　龙生 19　金田 1　旺禾 8

　　　　　　　　　　　　大民 309　先玉 1331　先玉 335　中地 9988　翔玉 319

　　　　　　　　　　　　杜育 311　中元 999　宏博 66　瑞普 909

阳坡适宜种植品种：　　　兴丰 66　龙生 19　金田 1　旺禾 8　大民 309　先玉 1331

　　　　　　　　　　　　先玉 335　中地 9988　翔玉 319　杜育 311　中元 999

　　　　　　　　　　　　宏博 66　瑞普 909

阳坡向上搭配品种：　　　兴丰 978　先玉 335　吉东 81　龙雨 6016　大民 803

　　　　　　　　　　　　科泰 925　D399　宏硕 738

阳坡向下搭配品种：　　　兴垦 2　和育 188（吉审玉）　先科 1

阴坡适宜种植品种：	兴丰 66　和育 188（吉审玉）　龙生 19　金田 1　旺禾 8
	大民 309　先玉 1331　先玉 335　中地 9988　翔玉 319
	杜育 311　中元 999　宏博 66　瑞普 909
阴坡向上搭配品种：	兴丰 978　大民 803　D399　宏硕 738
阴坡向下搭配品种：	兴垦 2　先科 1　罕玉 3　罕玉 5　宏博 691

（29）胜泉村　姜家屯（≥10 ℃活动积温 3056.5 ℃·日）

可灌溉平地适宜种植品种：兴丰 7 号　丰田 101

可灌溉平地向上搭配品种：郑单 958

可灌溉平地向下搭配品种：德美 1 号　辰诺 501

无灌溉平地适宜种植品种：德美 1 号　辰诺 501

无灌溉平地向上搭配品种：兴丰 7 号　丰田 101

无灌溉平地向下搭配品种：先玉 335　吉东 81　龙雨 6016　科泰 925

阳坡适宜种植品种：	先玉 335　吉东 81　龙雨 6016　科泰 925
阳坡向上搭配品种：	德美 1 号　辰诺 501
阳坡向下搭配品种：	兴丰 978　龙生 19　大民 803　先玉 335　D399　中地 9988
	翔玉 319　杜育 311　宏硕 738　宏博 66　瑞普 909
阴坡适宜种植品种：	先玉 335　吉东 81　龙雨 6016　科泰 925
阴坡向上搭配品种：	德美 1 号　辰诺 501
阴坡向下搭配品种：	兴丰 978　龙生 19　大民 803　先玉 335　D399　中地 9988
	翔玉 319　杜育 311　宏硕 738　宏博 66　瑞普 909

（30）胜利村　孙家屯（≥10 ℃活动积温 3056.5 ℃·日）

可灌溉平地适宜种植品种：兴丰 7 号　丰田 101

可灌溉平地向上搭配品种：郑单 958

可灌溉平地向下搭配品种：德美 1 号　辰诺 501

无灌溉平地适宜种植品种：德美 1 号　辰诺 501

无灌溉平地向上搭配品种：兴丰 7 号　丰田 101

无灌溉平地向下搭配品种：先玉 335　吉东 81　龙雨 6016　科泰 925

阳坡适宜种植品种：	先玉 335　吉东 81　龙雨 6016　科泰 925
阳坡向上搭配品种：	德美 1 号　辰诺 501
阳坡向下搭配品种：	兴丰 978　龙生 19　大民 803　先玉 335　D399　中地 9988
	翔玉 319　杜育 311　宏硕 738　宏博 66　瑞普 909
阴坡适宜种植品种：	先玉 335　吉东 81　龙雨 6016　科泰 925
阴坡向上搭配品种：	德美 1 号　辰诺 501
阴坡向下搭配品种：	兴丰 978　龙生 19　大民 803　先玉 335　D399　中地 9988
	翔玉 319　杜育 311　宏硕 738　宏博 66　瑞普 909

（31）胜利村　徐家屯（≥10 ℃活动积温 3080 ℃·日）

可灌溉平地适宜种植品种：兴丰 7 号　丰田 101

可灌溉平地向上搭配品种：郑单 958

可灌溉平地向下搭配品种：德美 1 号　辰诺 501

无灌溉平地适宜种植品种:丰田 101　辰诺 501

无灌溉平地向上搭配品种:兴丰 7 号　德美 1 号

无灌溉平地向下搭配品种:先玉 335　吉东 81　龙雨 6016　科泰 925

阳坡适宜种植品种:　　　　先玉 335　吉东 81　龙雨 6016　科泰 925

阳坡向上搭配品种:　　　　兴丰 7 号　德美 1 号　丰田 101　辰诺 501

阳坡向下搭配品种:　　　　兴丰 978　大民 803　D399　宏硕 738

阴坡适宜种植品种:　　　　先玉 335　吉东 81　龙雨 6016　科泰 925

阴坡向上搭配品种:　　　　德美 1 号　辰诺 501

阴坡向下搭配品种:　　　　兴丰 978　龙生 19　大民 803　先玉 335　D399　中地 9988

　　　　　　　　　　　　　翔玉 319　杜育 311　宏硕 738　宏博 66　瑞普 909

（32）小泡子村　小泡子屯（≥10 ℃活动积温 3194.7 ℃·日）（新增）品种是新匹配

可灌溉平地适宜种植品种:郑单 958

可灌溉平地向上搭配品种:郑单 958

可灌溉平地向下搭配品种:郑单 958

无灌溉平地适宜种植品种:郑单 958

无灌溉平地向上搭配品种:郑单 958

无灌溉平地向下搭配品种:兴丰 7 号　丰田 101

阳坡适宜种植品种:　　　　兴丰 7 号　丰田 101

阳坡向上搭配品种:　　　　郑单 958

阳坡向下搭配品种:　　　　德美 1 号　辰诺 501

阴坡适宜种植品种:　　　　兴丰 7 号　德美 1 号

阴坡向上搭配品种:　　　　郑单 958

阴坡向下搭配品种:　　　　丰田 101　辰诺 501

（33）小泡子村　大泡子屯（≥10 ℃活动积温 2891.7 ℃·日）（新增）品种是新匹配

可灌溉平地适宜种植品种:兴丰 978　先玉 335　吉东 81　大民 803　科泰 925

　　　　　　　　　　　　　龙雨 6016　D399　宏硕 738

可灌溉平地向上搭配品种:德美 1 号　辰诺 501

可灌溉平地向下搭配品种:龙生 19　先玉 335　中地 9988　翔玉 319　杜育 311

　　　　　　　　　　　　　宏博 66　瑞普 909

无灌溉平地适宜种植品种:兴丰 978　龙生 19　大民 803　先玉 335　D399　中地 9988

　　　　　　　　　　　　　翔玉 319　杜育 311　宏硕 738　宏博 66　瑞普 909

无灌溉平地向上搭配品种:先玉 335　吉东 81　龙雨 6016　科泰 925

无灌溉平地向下搭配品种:兴丰 66　兴垦 2　和育 188(吉审玉)　金田 1　旺禾 8

　　　　　　　　　　　　　大民 309　先科 1　先玉 1331　中元 999

阳坡适宜种植品种:　　　　兴丰 66　和育 188(吉审玉)　龙生 19　金田 1　旺禾 8

　　　　　　　　　　　　　大民 309　先玉 1331　先玉 335　中地 9988　翔玉 319

　　　　　　　　　　　　　杜育 311　中元 999　宏博 66　瑞普 909

阳坡向上搭配品种:　　　　兴丰 978　大民 803　D399　宏硕 738

阳坡向下搭配品种:　　　　兴垦 2　先科 1　罕玉 3　罕玉 5　宏博 691

阴坡适宜种植品种：　　　兴丰 66　　兴垦 2　　和育 188（吉审玉）　　金田 1　　旺禾 8

　　　　　　　　　　　　大民 309　　先科 1　　先玉 1331　　中元 999

阴坡向上搭配品种：　　　兴丰 978　　龙生 19　　大民 803　　先玉 335　　D399　　中地 9988

　　　　　　　　　　　　翔玉 319　　杜育 311　　宏硕 738　　宏博 66　　瑞普 909

阴坡向下搭配品种：　　　罕玉 3　　罕玉 5　　宏博 691

7.6　宝石镇

（1）宝石村　毕家街（≥10 ℃活动积温 2736.2 ℃·日）

可灌溉平地适宜种植品种：兴丰 66　　兴垦 2　　和育 188（吉审玉）　　金田 1　　旺禾 8

　　　　　　　　　　　　大民 309　　先科 1　　先玉 1331　　中元 999

可灌溉平地向上搭配品种：兴丰 978　　龙生 19　　大民 803　　先玉 335　　D399　　中地 9988

　　　　　　　　　　　　翔玉 319　　杜育 311　　宏硕 738　　宏博 66　　瑞普 909

可灌溉平地向下搭配品种：罕玉 3　　罕玉 5　　宏博 691

无灌溉平地适宜种植品种：兴垦 2　　先科 1　　罕玉 3　　罕玉 5　　宏博 691

无灌溉平地向上搭配品种：兴丰 66　　和育 188（吉审玉）　　金田 1　　旺禾 8　　大民 309

　　　　　　　　　　　　先玉 1331　　中元 999

无灌溉平地向下搭配品种：兴丰 17　　兴丰 3　　罕玉 336　　利单 656　　丰垦 139　　C1563

　　　　　　　　　　　　吉单 27　　丰垦 009　　华北 140　　金山 22　　宏博 391

阳坡适宜种植品种：　　　罕玉 3　　罕玉 5　　宏博 691　　金山 22　　宏博 391

阳坡向上搭配品种：　　　兴垦 2　　先科 1

阳坡向下搭配品种：　　　兴丰 818　　兴丰 17　　兴丰 3　　罕玉 336　　丰垦 139　　利单 656

　　　　　　　　　　　　C1563　　吉单 27　　丰垦 009　　华北 140　　德禹 201

阴坡适宜种植品种：　　　兴丰 17　　兴丰 3　　罕玉 336　　利单 656　　丰垦 139　　C1563

　　　　　　　　　　　　吉单 27　　丰垦 009　　华北 140　　金山 22　　宏博 391

阴坡向上搭配品种：　　　兴垦 2　　先科 1　　罕玉 3　　罕玉 5　　宏博 691

阴坡向下搭配品种：　　　兴丰 818　　丰垦 139　　德禹 201

（2）宝山村　小乃林屯（≥10 ℃活动积温 2489.9 ℃·日）

可灌溉平地适宜种植品种：兴丰 68　　兴丰 58　　兴丰 818　　丰垦 139　　丰垦 219　　丰垦 008

　　　　　　　　　　　　罕玉 33　　德禹 201

可灌溉平地向上搭配品种：兴丰 17　　兴丰 3　　罕玉 336　　利单 656　　丰垦 139　　C1563

　　　　　　　　　　　　吉单 27　　丰垦 009　　华北 140　　金山 22　　宏博 391

可灌溉平地向下搭配品种：登海 19

无灌溉平地适宜种植品种：兴丰 68　　兴丰 58　　丰垦 219　　丰垦 008　　罕玉 33　　登海 19

无灌溉平地向上搭配品种：兴丰 818　　丰垦 139　　德禹 201

无灌溉平地向下搭配品种：丰垦 008　　丰垦 219　　登科 29　　禾田 1 号　　先玉 1409

阳坡适宜种植品种：　　　丰垦 008　　丰垦 219　　登科 29　　禾田 1 号　　先玉 1409

　　　　　　　　　　　　登海 19

阳坡向上搭配品种：　　　兴丰 68　　兴丰 58　　丰垦 219　　丰垦 008　　罕玉 33

阳坡向下搭配品种：　　　兴丰 1559　丰垦 165　呼单 517　隆平 702　德美亚 1 号
　　　　　　　　　　　　德美亚 2 号

阴坡适宜种植品种：　　　丰垦 008　丰垦 219　登科 29　禾田 1 号　先玉 1409

阴坡向上搭配品种：　　　兴丰 68　兴丰 58　丰垦 219　丰垦 008　罕玉 33　登海 19

阴坡向下搭配品种：　　　兴丰 1559　丰垦 165　呼单 517　隆平 702　德美亚 1 号
　　　　　　　　　　　　德美亚 2 号

（3）宝山村　李玉堂街（≥10 ℃活动积温 2736.2 ℃·日）

可灌溉平地适宜种植品种：兴丰 66　兴垦 2　和育 188（吉审玉）　金田 1　旺禾 8
　　　　　　　　　　　　大民 309　先科 1　先玉 1331　中元 999

可灌溉平地向上搭配品种：兴丰 978　龙生 19　大民 803　先玉 335　D399　中地 9988
　　　　　　　　　　　　翔玉 319　杜育 311　宏硕 738　宏博 66　瑞普 909

可灌溉平地向下搭配品种：罕玉 3　罕玉 5　宏博 691

无灌溉平地适宜种植品种：兴垦 2　先科 1　罕玉 3　罕玉 5　宏博 691

无灌溉平地向上搭配品种：兴丰 66　和育 188（吉审玉）　金田 1　旺禾 8　大民 309
　　　　　　　　　　　　先玉 1331　中元 999

无灌溉平地向下搭配品种：兴丰 17　兴丰 3　罕玉 336　利单 656　丰垦 139　C1563
　　　　　　　　　　　　吉单 27　丰垦 009　华北 140　金山 22　宏博 391

阳坡适宜种植品种：　　　罕玉 3　罕玉 5　宏博 691　金山 22　宏博 391

阳坡向上搭配品种：　　　兴垦 2　先科 1

阳坡向下搭配品种：　　　兴丰 818　兴丰 17　兴丰 3　罕玉 336　丰垦 139　利单 656
　　　　　　　　　　　　C1563　吉单 27　丰垦 009　华北 140　德禹 201

阴坡适宜种植品种：　　　兴丰 17　兴丰 3　罕玉 336　利单 656　丰垦 139　C1563
　　　　　　　　　　　　吉单 27　丰垦 009　华北 140　金山 22　宏博 391

阴坡向上搭配品种：　　　兴垦 2　先科 1　罕玉 3　罕玉 5　宏博 691

阴坡向下搭配品种：　　　兴丰 818　丰垦 139　德禹 201

（4）宝山村　佟家街（≥10 ℃活动积温 2680.8 ℃·日）

可灌溉平地适宜种植品种：兴垦 2　和育 188（吉审玉）　先科 1　罕玉 3　罕玉 5
　　　　　　　　　　　　宏博 691

可灌溉平地向上搭配品种：兴丰 66　龙生 19　金田 1　旺禾 8　大民 309　先玉 1331
　　　　　　　　　　　　先玉 335　中地 9988　翔玉 319　杜育 311　中元 999
　　　　　　　　　　　　宏博 66　瑞普 909

可灌溉平地向下搭配品种：金山 22　宏博 391

无灌溉平地适宜种植品种：罕玉 3　罕玉 5　宏博 691　金山 22　宏博 391

无灌溉平地向上搭配品种：兴垦 2　和育 188（吉审玉）　先科 1

无灌溉平地向下搭配品种：兴丰 818　兴丰 17　兴丰 3　罕玉 336　丰垦 139　利单 656
　　　　　　　　　　　　C1563　吉单 27　丰垦 009　华北 140　德禹 201

阳坡适宜种植品种：　　　兴丰 17　兴丰 3　罕玉 336　利单 656　丰垦 139　C1563
　　　　　　　　　　　　吉单 27　丰垦 009　华北 140　金山 22　宏博 391

阳坡向上搭配品种：　　　罕玉 3　罕玉 5　宏博 691

阳坡向下搭配品种：　　　兴丰 68　兴丰 58　兴丰 818　丰垦 139　丰垦 219　丰垦 008
　　　　　　　　　　　　罕玉 33　德禹 201

阴坡适宜种植品种：　　　兴丰 818　兴丰 17　兴丰 3　罕玉 336　丰垦 139　利单 656
　　　　　　　　　　　　C1563　吉单 27　丰垦 009　华北 140　德禹 201

阴坡向上搭配品种：　　　罕玉 3　罕玉 5　宏博 691　金山 22　宏博 391

阴坡向下搭配品种：　　　兴丰 68　兴丰 58　丰垦 219　丰垦 008　罕玉 33

（5）宝山村　盖发屯（≥10 ℃活动积温 2605.6 ℃·日）

可灌溉平地适宜种植品种：罕玉 3　罕玉 5　宏博 691　金山 22　宏博 391

可灌溉平地向上搭配品种：兴垦 2　先科 1

可灌溉平地向下搭配品种：兴丰 818　兴丰 17　兴丰 3　罕玉 336　丰垦 139　C1563
　　　　　　　　　　　　吉单 27　利单 656　丰垦 009　华北 140　德禹 201

无灌溉平地适宜种植品种：兴丰 818　兴丰 17　兴丰 3　罕玉 336　丰垦 139　丰 C1563
　　　　　　　　　　　　吉单 27　利单 656　丰垦 009　华北 140　德禹 201

无灌溉平地向上搭配品种：罕玉 3　罕玉 5　宏博 691　金山 22　宏博 391

无灌溉平地向下搭配品种：兴丰 68　兴丰 58　丰垦 219　丰垦 008　罕玉 33

阳坡适宜种植品种：　　　兴丰 68　兴丰 58　兴丰 818　丰垦 139　丰垦 008　罕玉 33
　　　　　　　　　　　　德禹 201

阳坡向上搭配品种：　　　兴丰 17　兴丰 3　罕玉 336　利单 656　丰垦 139　C1563
　　　　　　　　　　　　吉单 27　丰垦 009　华北 140

阳坡向下搭配品种：　　　丰垦 008　丰垦 219　登科 29　禾田 1 号　先玉 1409
　　　　　　　　　　　　登海 19

阴坡适宜种植品种：　　　兴丰 68　兴丰 58　兴丰 818　丰垦 139　丰垦 219　丰垦 008
　　　　　　　　　　　　罕玉 33　德禹 201

阴坡向上搭配品种：　　　兴丰 17　兴丰 3　罕玉 336　利单 656　丰垦 139　C1563
　　　　　　　　　　　　吉单 27　丰垦 009　华北 140

阴坡向下搭配品种：　　　丰垦 008　丰垦 219　登科 29　禾田 1 号　先玉 1409
　　　　　　　　　　　　登海 19

（6）宝龙村　徐家窝铺屯（≥10 ℃活动积温 2596.5 ℃·日）

可灌溉平地适宜种植品种：兴丰 17　兴丰 3　罕玉 336　利单 656　丰垦 139　C1563
　　　　　　　　　　　　吉单 27　丰垦 009　华北 140　金山 22　宏博 391

可灌溉平地向上搭配品种：兴垦 2　先科 1　罕玉 3　罕玉 5　宏博 691

可灌溉平地向下搭配品种：兴丰 818　丰垦 139　德禹 201

无灌溉平地适宜种植品种：兴丰 818　兴丰 17　兴丰 3　罕玉 336　丰垦 139　C1563
　　　　　　　　　　　　吉单 27　利单 656　丰垦 009　华北 140　德禹 201

无灌溉平地向上搭配品种：罕玉 3　罕玉 5　宏博 691　金山 22　宏博 391

无灌溉平地向下搭配品种：兴丰 68　兴丰 58　丰垦 219　丰垦 008　罕玉 33

阳坡适宜种植品种：　　　兴丰 68　兴丰 58　兴丰 818　丰垦 139　丰垦 219　丰垦 008
　　　　　　　　　　　　罕玉 33　德禹 201

阳坡向上搭配品种：　　　兴丰 17　兴丰 3　罕玉 336　利单 656　丰垦 139　C1563

吉单 27　　丰垦 009　　华北 140

阳坡向下搭配品种：　　丰垦 008　　丰垦 219　　登科 29　　禾田 1 号　　先玉 1409

登海 19

阴坡适宜种植品种：　　兴丰 68　　兴丰 58　　丰垦 219　　丰垦 008　　罕玉 33　　登海 19

阴坡向上搭配品种：　　兴丰 818　　兴丰 17　　兴丰 3　　罕玉 336　　丰垦 139　　C1563

吉单 27　　利单 656　　丰垦 009　　华北 140　　德禹 201

阴坡向下搭配品种：　　丰垦 008　　丰垦 219　　登科 29　　禾田 1 号　　先玉 1409

（7）宝龙村　借地沟（≥10℃活动积温 2508.2℃·日）

可灌溉平地适宜种植品种：兴丰 818　　兴丰 17　　兴丰 3　　罕玉 336　　丰垦 139　　C1563

吉单 27　　利单 656　　丰垦 009　　华北 140　　德禹 201

可灌溉平地向上搭配品种：金山 22　　宏博 391

可灌溉平地向下搭配品种：兴丰 68　　兴丰 58　　丰垦 219　　丰垦 008　　罕玉 33　　登海 19

无灌溉平地适宜种植品种：兴丰 68　　兴丰 58　　丰垦 219　　丰垦 008　　罕玉 33　　登海 19

无灌溉平地向上搭配品种：兴丰 818　　兴丰 17　　兴丰 3　　罕玉 336　　丰垦 139　　C1563

吉单 27　　利单 656　　丰垦 009　　华北 140　　德禹 201

无灌溉平地向下搭配品种：丰垦 008　　丰垦 219　　登科 29　　禾田 1 号　　先玉 1409

阳坡适宜种植品种：　　丰垦 008　　丰垦 219　　登科 29　　禾田 1 号　　先玉 1409

登海 19

阳坡向上搭配品种：　　兴丰 68　　兴丰 58　　丰垦 219　　丰垦 008　　罕玉 33

阳坡向下搭配品种：　　兴丰 1559　　丰垦 165　　呼单 517　　隆平 702　　德美亚 1 号

德美亚 2 号

阴坡适宜种植品种：　　丰垦 008　　丰垦 219　　登科 29　　禾田 1 号　　先玉 1409

登海 19

阴坡向上搭配品种：　　兴丰 68　　兴丰 58　　丰垦 219　　丰垦 008　　罕玉 33

阴坡向下搭配品种：　　兴丰 1559　　丰垦 165　　呼单 517　　隆平 702　　德美亚 1 号

德美亚 2 号

（8）宝龙村　岳家街（≥10℃活动积温 2518.2℃·日）

可灌溉平地适宜种植品种：兴丰 818　　兴丰 17　　兴丰 3　　罕玉 336　　丰垦 139　　C1563

吉单 27　　利单 656　　丰垦 009　　华北 140　　德禹 201

可灌溉平地向上搭配品种：金山 22　　宏博 391

可灌溉平地向下搭配品种：兴丰 68　　兴丰 58　　丰垦 219　　丰垦 008　　罕玉 33　　登海 19

无灌溉平地适宜种植品种：兴丰 68　　兴丰 58　　兴丰 818　　丰垦 139　　丰垦 219　　丰垦 008

罕玉 33　　德禹 201

无灌溉平地向上搭配品种：兴丰 17　　兴丰 3　　罕玉 336　　利单 656　　丰垦 139　　C1563

吉单 27　　丰垦 009　　华北 140

无灌溉平地向下搭配品种：丰垦 008　　丰垦 219　　登科 29　　禾田 1 号　　先玉 1409

登海 19

阳坡适宜种植品种：　　丰垦 008　　丰垦 219　　登科 29　　禾田 1 号　　先玉 1409

登海 19

阳坡向上搭配品种：　兴丰 68　兴丰 58　兴丰 818　丰垦 139　丰垦 219

阳坡向下搭配品种：　丰垦 008　罕玉 33　德禹 201

阴坡适宜种植品种：　丰垦 008　丰垦 219　登科 29　禾田 1 号　先玉 1409
　登海 19

阴坡向上搭配品种：　兴丰 68　兴丰 58　丰垦 219　丰垦 008　罕玉 33

阴坡向下搭配品种：　兴丰 1559　丰垦 165　呼单 517　隆平 702　德美亚 1 号
　德美亚 2 号

（9）宝兴村　北岗子屯（≥10 ℃活动积温 2473.9 ℃·日）

可灌溉平地适宜种植品种：兴丰 68　兴丰 58　兴丰 818　丰垦 139　丰垦 219　丰垦 008
　罕玉 33　德禹 201

可灌溉平地向上搭配品种：兴丰 17　兴丰 3　罕玉 336　C1563　吉单 27　丰垦 139
　利单 656　丰垦 009　华北 140

可灌溉平地向下搭配品种：丰垦 008　丰垦 219　登科 29　禾田 1 号　先玉 1409
　登海 19

无灌溉平地适宜种植品种：兴丰 68　兴丰 58　丰垦 219　丰垦 008　罕玉 33　登海 19

无灌溉平地向上搭配品种：兴丰 818　丰垦 139　德禹 201

无灌溉平地向下搭配品种：丰垦 008　丰垦 219　登科 29　禾田 1 号　先玉 1409

阳坡适宜种植品种：　丰垦 008　丰垦 219　登科 29　禾田 1 号　先玉 1409

阳坡向上搭配品种：　兴丰 68　兴丰 58　丰垦 219　丰垦 008　罕玉 33　登海 19

阳坡向下搭配品种：　兴丰 1559　丰垦 165　呼单 517　隆平 702　德美亚 1 号
　德美亚 2 号

阴坡适宜种植品种：　丰垦 008　丰垦 219　登科 29　禾田 1 号　先玉 1409

阴坡向上搭配品种：　登海 19

阴坡向下搭配品种：　兴丰 1559　丰垦 165　呼单 517　隆平 702　德美亚 1 号
　德美亚 2 号

（10）宝兴村　大官沟（≥10 ℃活动积温 2308.6 ℃·日）

可灌溉平地适宜种植品种：丰垦 008　丰垦 219　登科 29　禾田 1 号　先玉 1409

可灌溉平地向上搭配品种：登海 19

可灌溉平地向下搭配品种：兴丰 1559　丰垦 165　呼单 517　隆平 702　德美亚 1 号
　德美亚 2 号

无灌溉平地适宜种植品种：兴丰 1559　丰垦 165　呼单 517　隆平 702　德美亚 1 号
　德美亚 2 号

无灌溉平地向上搭配品种：丰垦 008　丰垦 219　登科 29　禾田 1 号　先玉 1409

无灌溉平地向下搭配品种：兴丰 9　金垦 10 号

阳坡适宜种植品种：　兴丰 9　金垦 10 号

阳坡向上搭配品种：　兴丰 1559　丰垦 165　呼单 517　隆平 702　德美亚 1 号
　德美亚 2 号

阳坡向下搭配品种：　兴单 3 号

阴坡适宜种植品种：　兴丰 9　金垦 10 号

阴坡向上搭配品种：　　　兴丰1559　丰垦165　呼单517　隆平702　德美亚1号
　　　　　　　　　　　德美亚2号

阴坡向下搭配品种：　　　兴单3号

（11）宝兴村　北张家街（≥10℃活动积温2396.6℃·日）

可灌溉平地适宜种植品种：丰垦008　丰垦219　登科29　禾田1号　先玉1409
　　　　　　　　　　　登海19

可灌溉平地向上搭配品种：兴丰68　兴丰58　兴丰818　丰垦139　丰垦219

可灌溉平地向下搭配品种：丰垦008　罕玉33　德禹201

无灌溉平地适宜种植品种：丰垦008　丰垦219　登科29　禾田1号　先玉1409

无灌溉平地向上搭配品种：兴丰68　兴丰58　丰垦219　丰垦008　罕玉33　登海19

无灌溉平地向下搭配品种：兴丰1559　丰垦165　呼单517　隆平702　德美亚1号
　　　　　　　　　　　德美亚2号

阳坡适宜种植品种：　　　兴丰1559　丰垦165　呼单517　隆平702　德美亚1号
　　　　　　　　　　　德美亚2号

阳坡向上搭配品种：　　　丰垦008　丰垦219　登科29　禾田1号　先玉1409

阳坡向下搭配品种：　　　兴丰9　金垦10号

阴坡适宜种植品种：　　　兴丰1559　丰垦165　呼单517　隆平702　德美亚1号
　　　　　　　　　　　德美亚2号

阴坡向上搭配品种：　　　丰垦008　丰垦219　登科29　禾田1号　先玉1409

阴坡向下搭配品种：　　　兴丰9　金垦10号

（12）宝兴村　高家街（≥10℃活动积温2396.6℃·日）

可灌溉平地适宜种植品种：丰垦008　丰垦219　登科29　禾田1号　先玉1409
　　　　　　　　　　　登海19

可灌溉平地向上搭配品种：兴丰68　兴丰58　兴丰818　丰垦139　丰垦219

可灌溉平地向下搭配品种：丰垦008　罕玉33　德禹201

无灌溉平地适宜种植品种：丰垦008　丰垦219　登科29　禾田1号　先玉1409

无灌溉平地向上搭配品种：兴丰68　兴丰58　丰垦219　丰垦008　罕玉33　登海19

无灌溉平地向下搭配品种：兴丰1559　丰垦165　呼单517　隆平702　德美亚1号
　　　　　　　　　　　德美亚2号

阳坡适宜种植品种：　　　兴丰1559　丰垦165　呼单517　隆平702　德美亚1号
　　　　　　　　　　　德美亚2号

阳坡向上搭配品种：　　　丰垦008　丰垦219　登科29　禾田1号　先玉1409

阳坡向下搭配品种：　　　兴丰9　金垦10号

阴坡适宜种植品种：　　　兴丰1559　丰垦165　呼单517　隆平702　德美亚1号
　　　　　　　　　　　德美亚2号

阴坡向上搭配品种：　　　丰垦008　丰垦219登科29　禾田1号　先玉1409

阴坡向下搭配品种：　　　兴丰9　金垦10号

（13）宝兴村　吴家街（≥10℃活动积温2543℃·日）

可灌溉平地适宜种植品种：兴丰818　兴丰17　兴丰3　罕玉336　丰垦139　C1563

吉单 27 利单 656 丰垦 009 华北 140 德禹 201

可灌溉平地向上搭配品种:罕玉 3 罕玉 5 宏博 691 金山 22 宏博 391

可灌溉平地向下搭配品种:兴丰 68 兴丰 58 丰垦 219 丰垦 008 罕玉 33

无灌溉平地适宜种植品种:兴丰 68 兴丰 58 兴丰 818 丰垦 139 丰垦 219 丰垦 008

罕玉 33 德禹 201

无灌溉平地向上搭配品种:兴丰 17 兴丰 3 罕玉 336 利单 656 丰垦 139 C1563

吉单 27 丰垦 009 华北 140 金山 22 宏博 391

无灌溉平地向下搭配品种:登海 19

阳坡适宜种植品种: 兴丰 68 兴丰 58 丰垦 219 丰垦 008 罕玉 33 登海 19

阳坡向上搭配品种: 兴丰 818 丰垦 139 德禹 201

阳坡向下搭配品种: 丰垦 008 丰垦 219 登科 29 禾田 1 号 先玉 1409

阴坡适宜种植品种: 丰垦 008 丰垦 219 登科 29 禾田 1 号 先玉 1409

登海 19

阴坡向上搭配品种: 兴丰 68 兴丰 58 兴丰 818 丰垦 139 丰垦 219

阴坡向下搭配品种: 丰垦 008 罕玉 33 德禹 201

（14）查干楚鲁村 查干楚鲁屯（≥10 ℃ 活动积温 2287.3 ℃·日）

可灌溉平地适宜种植品种:兴丰 1559 丰垦 165 呼单 517 隆平 702 德美亚 1 号

德美亚 2 号

可灌溉平地向上搭配品种:丰垦 008 丰垦 219 登科 29 禾田 1 号

可灌溉平地向下搭配品种:先玉 1409 登海 19

无灌溉平地适宜种植品种:呼单 517 隆平 702 德美亚 1 号 德美亚 2 号

无灌溉平地向上搭配品种:兴丰 1559 丰垦 165

无灌溉平地向下搭配品种:兴丰 9 金垦 10 号

阳坡适宜种植品种: 兴丰 9 金垦 10 号

阳坡向上搭配品种: 兴丰 1559 丰垦 165 呼单 517 隆平 702 德美亚 1 号

德美亚 2 号

阳坡向下搭配品种: 兴单 3 号

阴坡适宜种植品种: 兴丰 9 金垦 10 号

阴坡向上搭配品种: 兴丰 1559 丰垦 165 呼单 517 隆平 702 德美亚 1 号

德美亚 2 号

阴坡向下搭配品种: 兴单 3 号

（15）宝胜村 宝胜屯（≥10 ℃ 活动积温 2773.9 ℃·日）

可灌溉平地适宜种植品种:兴丰 66 和育 188（吉审玉）   龙生 19 金田 1 旺禾 8

大民 309 先玉 1331 先玉 335 中地 9988 翔玉 319

杜育 311 中元 999 宏博 66 瑞普 909

可灌溉平地向上搭配品种:兴丰 978 大民 803 D399 宏硕 738

可灌溉平地向下搭配品种:兴垦 2 先科 1 罕玉 3 罕玉 5 宏博 691

无灌溉平地适宜种植品种:兴丰 66 兴垦 2 和育 188（吉审玉） 金田 1 旺禾 8

大民 309 先科 1 先玉 1331 中元 999

无灌溉平地向上搭配品种：龙生 19　先玉 335　中地 9988　翔玉 319　杜育 311
宏博 66　瑞普 909

无灌溉平地向下搭配品种：罕玉 3　罕玉 5　宏博 691　金山 22　宏博 391

阳坡适宜种植品种：　　　罕玉 3　罕玉 5　宏博 691　金山 22　宏博 391

阳坡向上搭配品种：　　　兴丰 66　兴垦 2　和育 188（吉审玉）　金田 1　旺禾 8
大民 309　先科 1　先玉 1331　中元 999

阳坡向下搭配品种：　　　兴丰 17　兴丰 3　罕玉 336　C1563　吉单 27　丰垦 139
利单 656　丰垦 009　华北 140

阴坡适宜种植品种：　　　罕玉 3　罕玉 5　宏博 691　金山 22　宏博 391

阴坡向上搭配品种：　　　兴垦 2　和育 188（吉审玉）　先科 1

阴坡向下搭配品种：　　　兴丰 818　兴丰 17　兴丰 3　罕玉 336　丰垦 139　C1563
吉单 27　利单 656　丰垦 009　华北 140　德禹 201

（16）宝胜村　黄玉玺屯（≥10 ℃活动积温 2518.8 ℃·日）

可灌溉平地适宜种植品种：兴丰 818　兴丰 17　兴丰 3　罕玉 336　丰垦 139　C1563
吉单 27　利单 656　丰垦 009　华北 140　德禹 201

可灌溉平地向上搭配品种：金山 22　宏博 391

可灌溉平地向下搭配品种：兴丰 68　兴丰 58　丰垦 219　丰垦 008　罕玉 33　登海 19

无灌溉平地适宜种植品种：兴丰 68　兴丰 58　兴丰 818　丰垦 139　丰垦 219　丰垦 008
罕玉 33　德禹 201

无灌溉平地向上搭配品种：兴丰 17　兴丰 3　罕玉 336　利单 656　丰垦 139　C1563
吉单 27　丰垦 009　华北 140

无灌溉平地向下搭配品种：丰垦 008　丰垦 219　登科 29　禾田 1 号　先玉 1409
登海 19

阳坡适宜种植品种：　　　丰垦 008　丰垦 219　登科 29　禾田 1 号　先玉 1409
登海 19

阳坡向上搭配品种：　　　兴丰 68　兴丰 58　兴丰 818　丰垦 139　丰垦 219

阳坡向下搭配品种：　　　丰垦 008　罕玉 33　德禹 201

阴坡适宜种植品种：　　　丰垦 008　丰垦 219　登科 29　禾田 1 号　先玉 1409
登海 19

阴坡向上搭配品种：　　　兴丰 68　兴丰 58　丰垦 219　丰垦 008　罕玉 33

阴坡向下搭配品种：　　　兴丰 1559　丰垦 165　呼单 517　隆平 702　德美亚 1 号
德美亚 2 号

（17）宝城村　双城屯（≥10 ℃活动积温 2706.3 ℃·日）

可灌溉平地适宜种植品种：兴丰 66　兴垦 2　和育 188（吉审玉）　金田 1　旺禾 8
大民 309　先科 1　先玉 1331　中元 999

可灌溉平地向上搭配品种：龙生 19　先玉 335　中地 9988　翔玉 319　杜育 311
宏博 66　瑞普 909

可灌溉平地向下搭配品种：罕玉 3　罕玉 5　宏博 691　金山 22　宏博 391

无灌溉平地适宜种植品种：罕玉 3　罕玉 5　宏博 691　金山 22　宏博 391

无灌溉平地向上搭配品种：兴丰 66　兴垦 2　和育 188（吉审玉）　金田 1　旺禾 8

　　　　　　　　　　　　　大民 309　先科 1　先玉 1331　中元 999

无灌溉平地向下搭配品种：兴丰 17　兴丰 3　罕玉 336　C1563　吉单 27　丰垦 139

　　　　　　　　　　　　　利单 656　丰垦 009　华北 140

阳坡适宜种植品种：　　　兴丰 17　兴丰 3　罕玉 336　　C1563　吉单 27　丰垦 139

　　　　　　　　　　　　利单 656　丰垦 009　华北 140　金山 22　宏博 391

阳坡向上搭配品种：　　　罕玉 3　罕玉 5　宏博 691

阳坡向下搭配品种：　　　兴丰 68　兴丰 58　兴丰 818　丰垦 139　丰垦 008　罕玉 33

　　　　　　　　　　　　德禹 201

阴坡适宜种植品种：　　　兴丰 17　兴丰 3　罕玉 336　C1563　吉单 27　丰垦 139

　　　　　　　　　　　　利单 656　丰垦 009　华北 140　金山 22　宏博 391

阴坡向上搭配品种：　　　罕玉 3　罕玉 5　宏博 691

阴坡向下搭配品种：　　　兴丰 68　兴丰 58　兴丰 818　丰垦 139　丰垦 219　丰垦 008

　　　　　　　　　　　　罕玉 33　德禹 201

（18）宝城村　蒙古屯（≥10 ℃ 活动积温 2666.5 ℃·日）

可灌溉平地适宜种植品种：兴垦 2　先科 1　罕玉 3　罕玉 5　宏博 691

可灌溉平地向上搭配品种：兴丰 66　和育 188（吉审玉）　金田 1　旺禾 8　大民 309

　　　　　　　　　　　　　先玉 1331　中元 999

可灌溉平地向下搭配品种：兴丰 17　兴丰 3　罕玉 336　C1563　吉单 27　丰垦 139

　　　　　　　　　　　　　利单 656　丰垦 009　华北 140　金山 22　宏博 391

无灌溉平地适宜种植品种：罕玉 3　罕玉 5　宏博 691　金山 22　宏博 391

无灌溉平地向上搭配品种：兴垦 2　先科 1

无灌溉平地向下搭配品种：兴丰 818　兴丰 17　兴丰 3　罕玉 336　丰垦 139　C1563

　　　　　　　　　　　　　吉单 27　利单 656　丰垦 009　华北 140　德禹 201

阳坡适宜种植品种：　　　兴丰 818　兴丰 17　兴丰 3　罕玉 336　丰垦 139　C1563

　　　　　　　　　　　　吉单 27　利单 656　丰垦 009　华北 140　德禹 201

阳坡向上搭配品种：　　　罕玉 3　罕玉 5　宏博 691　金山 22　宏博 391

阳坡向下搭配品种：　　　兴丰 68　兴丰 58　丰垦 219　丰垦 008　罕玉 33

阴坡适宜种植品种：　　　兴丰 818　兴丰 17　兴丰 3　罕玉 336　丰垦 139　C1563

　　　　　　　　　　　　吉单 27　利单 656　丰垦 009　华北 140　德禹 201

阴坡向上搭配品种：　　　金山 22　宏博 391

阴坡向下搭配品种：　　　兴丰 68　兴丰 58　丰垦 219　丰垦 008　罕玉 33　登海 19

（19）宝城村　马家街（≥10 ℃ 活动积温 2802.5 ℃·日）

可灌溉平地适宜种植品种：兴丰 978　龙生 19　大民 803　先玉 335　D399　中地 9988

　　　　　　　　　　　　　翔玉 319　杜育 311　宏硕 738　宏博 66　瑞普 909

可灌溉平地向上搭配品种：先玉 335　吉东 81　龙雨 6016　科泰 925

可灌溉平地向下搭配品种：兴丰 66　兴垦 2　和育 188（吉审玉）　金田 1　旺禾 8

　　　　　　　　　　　　　大民 309　先科 1　先玉 1331　中元 999

无灌溉平地适宜种植品种：兴丰 66　兴垦 2　和育 188（吉审玉）　金田 1　旺禾 8

大民 309　先科 1　先玉 1331　中元 999

无灌溉平地向上搭配品种:兴丰 978　龙生 19　大民 803　先玉 335　D399　中地 9988
翔玉 319　杜育 311　宏硕 738　宏博 66　瑞普 909

无灌溉平地向下搭配品种:罕玉 3　罕玉 5　宏博 691

阳坡适宜种植品种:　　　兴垦 2　先科 1　罕玉 3　罕玉 5　宏博 691

阳坡向上搭配品种:　　　兴丰 66　和育 188(吉审玉)　金田 1　旺禾 8　大民 309
先玉 1331　中元 999

阳坡向下搭配品种:　　　兴丰 17　兴丰 3　罕玉 336　C1563　吉单 27　丰垦 139
利单 656　丰垦 009　华北 140　金山 22　宏博 391

阴坡适宜种植品种:　　　兴垦 2　先科 1　罕玉 3　罕玉 5　宏博 691

阴坡向上搭配品种:　　　兴丰 66　和育 188(吉审玉)　金田 1　旺禾 8　大民 309
先玉 1331　中元 999

阴坡向下搭配品种:　　　兴丰 17　兴丰 3　罕玉 336　C1563　吉单 27　丰垦 139
利单 656　丰垦 009　华北 140　金山 22　宏博 391

（20）宝田村　拉拉街（≥10℃活动积温 2570.9℃·日）

可灌溉平地适宜种植品种:兴丰 17　兴丰 3　罕玉 336　C1563　吉单 27　丰垦 139
利单 656　丰垦 009　华北 140　金山 22　宏博 391

可灌溉平地向上搭配品种:罕玉 3　罕玉 5　宏博 691

可灌溉平地向下搭配品种:兴丰 68　兴丰 58　兴丰 818　丰垦 139　丰垦 219　丰垦 008
罕玉 33　德禹 201

无灌溉平地适宜种植品种:兴丰 818　兴丰 17　兴丰 3　罕玉 336　利单 656　丰垦 139
C1563　吉单 27　丰垦 009　华北 140　德禹 201

无灌溉平地向上搭配品种:金山 22　宏博 391

无灌溉平地向下搭配品种:兴丰 68　兴丰 58　丰垦 219　丰垦 008　罕玉 33　登海 19

阳坡适宜种植品种:　　　兴丰 68　兴丰 58　丰垦 219　丰垦 008　罕玉 33　登海 19

阳坡向上搭配品种:　　　兴丰 818　兴丰 17　兴丰 3　罕玉 336　利单 656　丰垦 139
C1563　吉单 27　丰垦 009　华北 140　德禹 201

阳坡向下搭配品种:　　　丰垦 008　丰垦 219　登科 29　禾田 1 号　先玉 1409

阴坡适宜种植品种:　　　兴丰 68　兴丰 58　丰垦 219　丰垦 008　罕玉 33　登海 19

阴坡向上搭配品种:　　　兴丰 818　丰垦 139　德禹 201

阴坡向下搭配品种:　　　丰垦 008　丰垦 219　登科 29　禾田 1 号　先玉 1409

（21）宝田村　刘家街（≥10℃活动积温 2534.7℃·日）

可灌溉平地适宜种植品种:兴丰 818　兴丰 17　兴丰 3　罕玉 336　利单 656　丰垦 139
C1563　吉单 27　丰垦 009　华北 140　德禹 201

可灌溉平地向上搭配品种:罕玉 3　罕玉 5　宏博 691　金山 22　宏博 391

可灌溉平地向下搭配品种:兴丰 68　兴丰 58　丰垦 219　丰垦 008　罕玉 33

无灌溉平地适宜种植品种:兴丰 68　兴丰 58　兴丰 818　丰垦 139　丰垦 219　丰垦 008
罕玉 33　德禹 201

无灌溉平地向上搭配品种:兴丰 17　兴丰 3　罕玉 336　C1563　吉单 27　丰垦 139

利单 656　丰垦 009　华北 140

无灌溉平地向下搭配品种：丰垦 008　丰垦 219　登科 29　禾田 1 号　先玉 1409
　　　　　　　　　　　　　登海 19

阳坡适宜种植品种：　　　兴丰 68　兴丰 58　丰垦 219　丰垦 008　罕玉 33　登海 19

阳坡向上搭配品种：　　　兴丰 818　丰垦 139　德禹 201

阳坡向下搭配品种：　　　丰垦 008　丰垦 219　登科 29　禾田 1 号　先玉 1409

阴坡适宜种植品种：　　　丰垦 008　丰垦 219　登科 29　禾田 1 号　先玉 1409
　　　　　　　　　　　　　登海 19

阴坡向上搭配品种：　　　兴丰 68　兴丰 58　兴丰 818　丰垦 139　丰垦 219

阴坡向下搭配品种：　　　丰垦 008　罕玉 33　德禹 201

（22）宝林村　大乃林屯（≥10 ℃活动积温 2290.5 ℃·日）

可灌溉平地适宜种植品种：兴丰 1559　丰垦 165　呼单 517　隆平 702　德美亚 1 号
　　　　　　　　　　　　　德美亚 2 号

可灌溉平地向上搭配品种：丰垦 008　丰垦 219　登科 29　禾田 1 号

可灌溉平地向下搭配品种：先玉 1409　登海 19

无灌溉平地适宜种植品种：兴丰 1559　丰垦 165　呼单 517　隆平 702　德美亚 1 号
　　　　　　　　　　　　　德美亚 2 号

无灌溉平地向上搭配品种：丰垦 008　丰垦 219　登科 29　禾田 1 号　先玉 1409

无灌溉平地向下搭配品种：兴丰 9　金垦 10 号

阳坡适宜种植品种：　　　兴丰 9　金垦 10 号

阳坡向上搭配品种：　　　兴丰 1559　丰垦 165　呼单 517　隆平 702　德美亚 1 号
　　　　　　　　　　　　　德美亚 2 号

阳坡向下搭配品种：　　　兴单 3 号

阴坡适宜种植品种：　　　兴丰 9　金垦 10 号

阴坡向上搭配品种：　　　兴丰 1559　丰垦 165　呼单 517　隆平 702　德美亚 1 号
　　　　　　　　　　　　　德美亚 2 号

阴坡向下搭配品种：　　　兴单 3 号

（23）宝林村　夏林窖（≥10 ℃活动积温 2240.8 ℃·日）

可灌溉平地适宜种植品种：兴丰 1559　丰垦 165　呼单 517　隆平 702　德美亚 1 号
　　　　　　　　　　　　　德美亚 2 号

可灌溉平地向上搭配品种：丰垦 008　丰垦 219　登科 29　禾田 1 号　先玉 1409

可灌溉平地向下搭配品种：兴丰 9　金垦 10 号

无灌溉平地适宜种植品种：兴丰 9　金垦 10 号

无灌溉平地向上搭配品种：兴丰 1559　丰垦 165　呼单 517　隆平 702

无灌溉平地向下搭配品种：德美亚 1 号　德美亚 2 号

阳坡适宜种植品种：　　　金垦 10 号

阳坡向上搭配品种：　　　兴丰 9

阳坡向下搭配品种：　　　兴单 3 号

阴坡适宜种植品种：　　　兴单 3 号

阴坡向上搭配品种：　　兴丰9　金垦10号

阴坡向下搭配品种：　　罕玉303

（24）宝林村　大砾沟（≥10℃活动积温2187.2℃·日）

可灌溉平地适宜种植品种:兴丰9　金垦10号

可灌溉平地向上搭配品种:兴丰1559　丰垦165　呼单517　隆平702

可灌溉平地向下搭配品种:德美亚1号　德美亚2号

无灌溉平地适宜种植品种:金垦10号

无灌溉平地向上搭配品种:兴丰9

无灌溉平地向下搭配品种:兴单3号

阳坡适宜种植品种：　　兴单3号

阳坡向上搭配品种：　　兴丰9　金垦10号

阳坡向下搭配品种：　　罕玉303

阴坡适宜种植品种：　　兴单3号

阴坡向上搭配品种：　　兴丰9　金垦10号

阴坡向下搭配品种：　　罕玉303

（25）宝林村　段家街（≥10℃活动积温2482.9℃·日）

可灌溉平地适宜种植品种:兴丰68　兴丰58　兴丰818　丰垦139　丰垦219　丰垦008
　　　　　　　　　　　　罕玉33　德禹201

可灌溉平地向上搭配品种:兴丰17　兴丰3　罕玉336　C1563　吉单27　丰垦139
　　　　　　　　　　　　利单656　丰垦009　华北140　金山22　宏博391

可灌溉平地向下搭配品种:登海19

无灌溉平地适宜种植品种:兴丰68　兴丰58　丰垦219　丰垦008　罕玉33　登海19

无灌溉平地向上搭配品种:兴丰818　丰垦139　德禹201

无灌溉平地向下搭配品种:丰垦008　丰垦219　登科29　禾田1号　先玉1409

阳坡适宜种植品种：　　丰垦008　丰垦219　登科29　禾田1号　先玉1409
　　　　　　　　　　　登海19

阳坡向上搭配品种：　　兴丰68　兴丰58　丰垦219　丰垦008　罕玉33

阳坡向下搭配品种：　　兴丰1559　丰垦165　呼单517　隆平702　德美亚1号
　　　　　　　　　　　德美亚2号

阴坡适宜种植品种：　　丰垦008　丰垦219　登科29　禾田1号　先玉1409

阴坡向上搭配品种：　　兴丰68　兴丰58　丰垦219　丰垦008　罕玉33　登海19

阴坡向下搭配品种：　　兴丰1559　丰垦165　呼单517　隆平702　德美亚1号
　　　　　　　　　　　德美亚2号

（26）宝合村　杨家街（≥10℃活动积温2273.8℃·日）

可灌溉平地适宜种植品种:兴丰1559　丰垦165　呼单517　隆平702　德美亚1号
　　　　　　　　　　　　德美亚2号

可灌溉平地向上搭配品种:丰垦008　丰垦219　登科29　禾田1号　先玉1409

可灌溉平地向下搭配品种:兴丰9　金垦10号

无灌溉平地适宜种植品种:呼单517　隆平702　德美亚1号　德美亚2号

无灌溉平地向上搭配品种:兴丰 1559　丰垦 165

无灌溉平地向下搭配品种:兴丰 9　金垦 10 号

阳坡适宜种植品种:　　　兴丰 9　金垦 10 号

阳坡向上搭配品种:　　　兴丰 1559　丰垦 165　呼单 517　隆平 702　德美亚 1 号

　　　　　　　　　　　德美亚 2 号

阳坡向下搭配品种:　　　兴单 3 号

阴坡适宜种植品种:　　　金垦 10 号

阴坡向上搭配品种:　　　兴丰 9

阴坡向下搭配品种:　　　兴单 3 号

（27）宝合村　下窝铺（≥10 ℃活动积温 2273.8 ℃·日）

可灌溉平地适宜种植品种:兴丰 1559　丰垦 165　呼单 517　隆平 702　德美亚 1 号

　　　　　　　　　　　德美亚 2 号

可灌溉平地向上搭配品种:丰垦 008　丰垦 219　登科 29　禾田 1 号　先玉 1409

可灌溉平地向下搭配品种:兴丰 9　金垦 10 号

无灌溉平地适宜种植品种:呼单 517　隆平 702　德美亚 1 号　德美亚 2 号

无灌溉平地向上搭配品种:兴丰 1559　丰垦 165

无灌溉平地向下搭配品种:兴丰 9　金垦 10 号

阳坡适宜种植品种:　　　兴丰 9　金垦 10 号

阳坡向上搭配品种:　　　兴丰 1559　丰垦 165　呼单 517　隆平 702　德美亚 1 号

　　　　　　　　　　　德美亚 2 号

阳坡向下搭配品种:　　　兴单 3 号

阴坡适宜种植品种:　　　金垦 10 号

阴坡向上搭配品种:　　　兴丰 9

阴坡向下搭配品种:　　　兴单 3 号

（28）宝合村　张家街（≥10 ℃活动积温 2109.7 ℃·日）

可灌溉平地适宜种植品种:金垦 10 号

可灌溉平地向上搭配品种:兴丰 9

可灌溉平地向下搭配品种:罕玉 303　兴单 3 号

无灌溉平地适宜种植品种:兴单 3 号

无灌溉平地向上搭配品种:兴丰 9　金垦 10 号

无灌溉平地向下搭配品种:罕玉 303

阳坡适宜种植品种:　　　罕玉 303

阳坡向上搭配品种:　　　兴单 3 号

阳坡向下搭配品种:　　　罕玉 303

阴坡适宜种植品种:　　　罕玉 303

阴坡向上搭配品种:　　　兴单 3 号

阴坡向下搭配品种:　　　罕玉 303

（29）宝乐村　藏镇街（≥10 ℃活动积温 2630.9 ℃·日）

可灌溉平地适宜种植品种:罕玉 3　罕玉 5　宏博 691　金山 22　宏博 391

可灌溉平地向上搭配品种：兴丰 66　兴垦 2　和育 188（吉审玉）　金田 1　旺禾 8
　　　　　　　　　　　　大民 309　先科 1　先玉 1331　中元 999
可灌溉平地向下搭配品种：兴丰 17　兴丰 3　罕玉 336　C1563　吉单 27　丰垦 139
　　　　　　　　　　　　利单 656　丰垦 009　华北 140
无灌溉平地适宜种植品种：兴丰 17　兴丰 3　罕玉 336　C1563　吉单 27　丰垦 139
　　　　　　　　　　　　利单 656　丰垦 009　华北 140　金山 22　宏博 391
无灌溉平地向上搭配品种：罕玉 3　罕玉 5　宏博 691
无灌溉平地向下搭配品种：兴丰 68　兴丰 58　兴丰 818　丰垦 139　丰垦 219　丰垦 008
　　　　　　　　　　　　罕玉 33　德禹 201
阳坡适宜种植品种：　　　兴丰 818　兴丰 17　兴丰 3　罕玉 336　丰垦 139　利单 656
　　　　　　　　　　　　C1563　吉单 27　丰垦 009　华北 140　德禹 201
阳坡向上搭配品种：　　　金山 22　宏博 391
阳坡向下搭配品种：　　　兴丰 68　兴丰 58　丰垦 219　丰垦 008　罕玉 33　登海 19
阴坡适宜种植品种：　　　兴丰 68　兴丰 58　兴丰 818　丰垦 139　丰垦 219　丰垦 008
　　　　　　　　　　　　罕玉 33　德禹 201
阴坡向上搭配品种：　　　兴丰 17　兴丰 3　罕玉 336　C1563　吉单 27　丰垦 139
　　　　　　　　　　　　利单 656　丰垦 009　华北 140　金山 22　宏博 391
阴坡向下搭配品种：　　　登海 19

（30）宝乐村　牛家屯（≥10 ℃活动积温 2736.8 ℃·日）
可灌溉平地适宜种植品种：兴丰 66　兴垦 2　和育 188（吉审玉）　金田 1　旺禾 8
　　　　　　　　　　　　大民 309　先科 1　先玉 1331　中元 999
可灌溉平地向上搭配品种：兴丰 978　龙生 19　大民 803　先玉 335　D399　中地 9988
　　　　　　　　　　　　翔玉 319　杜育 311　宏硕 738　宏博 66　瑞普 909
可灌溉平地向下搭配品种：罕玉 3　罕玉 5　宏博 691
无灌溉平地适宜种植品种：兴垦 2　先科 1　罕玉 3　罕玉 5　宏博 691
无灌溉平地向上搭配品种：兴丰 66　和育 188（吉审玉）　金田 1　旺禾 8　大民 309
　　　　　　　　　　　　先玉 1331　中元 999
无灌溉平地向下搭配品种：兴丰 17　兴丰 3　罕玉 336　C1563　吉单 27　丰垦 139
　　　　　　　　　　　　利单 656　丰垦 009　华北 140　金山 22　宏博 391
阳坡适宜种植品种：　　　罕玉 3　罕玉 5　宏博 691　金山 22　宏博 391
阳坡向上搭配品种：　　　兴垦 2　先科 1
阳坡向下搭配品种：　　　兴丰 818　兴丰 17　兴丰 3　罕玉 336　利单 656　丰垦 139
　　　　　　　　　　　　C1563　吉单 27　丰垦 009　华北 140　德禹 201
阴坡适宜种植品种：　　　兴丰 17　兴丰 3　罕玉 336　C1563　吉单 27　丰垦 139
　　　　　　　　　　　　利单 656　丰垦 009　华北 140　金山 22　宏博 391
阴坡向上搭配品种：　　　兴垦 2　先科 1　罕玉 3　罕玉 5　宏博 691
阴坡向下搭配品种：　　　兴丰 818　丰垦 139　德禹 201

（31）宝乐村　吴先阁屯（≥10 ℃活动积温 2521.6 ℃·日）
可灌溉平地适宜种植品种：兴丰 818　兴丰 17　兴丰 3　罕玉 336　利单 656　丰垦 139

　　　　　　　　　　　　C1563　吉单 27　丰垦 009　华北 140　德禹 201

可灌溉平地向上搭配品种:金山 22　宏博 391

可灌溉平地向下搭配品种:兴丰 68　兴丰 58　丰垦 219　丰垦 008　罕玉 33　登海 19

无灌溉平地适宜种植品种:兴丰 68　兴丰 58　兴丰 818　丰垦 139　丰垦 219　丰垦 008
　　　　　　　　　　　　罕玉 33　德禹 201

无灌溉平地向上搭配品种:兴丰 17　兴丰 3　罕玉 336　C1563　吉单 27　丰垦 139
　　　　　　　　　　　　利单 656　丰垦 009　华北 140

无灌溉平地向下搭配品种:丰垦 008　丰垦 219　登科 29　禾田 1 号　先玉 1409
　　　　　　　　　　　　登海 19

阳坡适宜种植品种：　　丰垦 008　丰垦 219　登科 29　禾田 1 号

阳坡向上搭配品种：　　兴丰 68　兴丰 58　兴丰 818　丰垦 139　丰垦 219　丰垦 008
　　　　　　　　　　　　罕玉 33　德禹 201

阳坡向下搭配品种：　　先玉 1409　登海 19

阴坡适宜种植品种：　　丰垦 008　丰垦 219　登科 29　禾田 1 号　先玉 1409
　　　　　　　　　　　　登海 19

阴坡向上搭配品种：　　兴丰 68　兴丰 58　丰垦 219　丰垦 008　罕玉 33

阴坡向下搭配品种：　　兴丰 1559　丰垦 165　呼单 517　隆平 702　德美亚 1 号
　　　　　　　　　　　　德美亚 2 号

（32）宝范村　于家街（≥10 ℃活动积温 2670.5 ℃·日）

可灌溉平地适宜种植品种:兴垦 2　先科 1　罕玉 3　罕玉 5　宏博 691

可灌溉平地向上搭配品种:兴丰 66　和育 188（吉审玉）　金田 1　旺禾 8　大民 309
　　　　　　　　　　　　先玉 1331　中元 999

可灌溉平地向下搭配品种:兴丰 17　兴丰 3　罕玉 336　C1563　吉单 27　丰垦 139
　　　　　　　　　　　　利单 656　丰垦 009　华北 140　金山 22　宏博 391

无灌溉平地适宜种植品种:罕玉 3　罕玉 5　宏博 691　金山 22　宏博 391

无灌溉平地向上搭配品种:兴垦 2　和育 188（吉审玉）　先科 1

无灌溉平地向下搭配品种:兴丰 818　兴丰 17　兴丰 3　罕玉 336　利单 656　丰垦 139
　　　　　　　　　　　　C1563　吉单 27　丰垦 009　华北 140　德禹 201

阳坡适宜种植品种：　　兴丰 818　兴丰 17　兴丰 3　罕玉 336　利单 656　丰垦 139
　　　　　　　　　　　　C1563　吉单 27　丰垦 009　华北 140　德禹 201

阳坡向上搭配品种：　　罕玉 3　罕玉 5　宏博 691　金山 22　宏博 391

阳坡向下搭配品种：　　兴丰 68　兴丰 58　丰垦 219　丰垦 008　罕玉 33

阴坡适宜种植品种：　　兴丰 818　兴丰 17　兴丰 3 罕玉 336　利单 656　丰垦 139
　　　　　　　　　　　　C1563　吉单 27　丰垦 009　华北 140　德禹 201

阴坡向上搭配品种：　　金山 22　宏博 391

阴坡向下搭配品种：　　兴丰 68　兴丰 58　丰垦 219　丰垦 008　罕玉 33　登海 19

（33）宝范村　周家炉（≥10 ℃活动积温 2670.5 ℃·日）

可灌溉平地适宜种植品种:兴垦 2　先科 1　罕玉 3　罕玉 5　宏博 691

可灌溉平地向上搭配品种:兴丰 66　和育 188（吉审玉）　金田 1　旺禾 8　大民 309

先玉 1331　中元 999

可灌溉平地向下搭配品种：兴丰 17　兴丰 3　罕玉 336 C1563　吉单 27　丰垦 139
利单 656　丰垦 009　华北 140　金山 22　宏博 391

无灌溉平地适宜种植品种：罕玉 3　罕玉 5　宏博 691　金山 22　宏博 391

无灌溉平地向上搭配品种：兴垦 2　和育 188（吉审玉）　先科 1

无灌溉平地向下搭配品种：兴丰 818　兴丰 17　兴丰 3　罕玉 336　利单 656　丰垦 139
C1563　吉单 27　丰垦 009　华北 140　德禹 201

阳坡适宜种植品种：　　兴丰 818　兴丰 17　兴丰 3　罕玉 336　利单 656　丰垦 139
C1563　吉单 27　丰垦 009　华北 140　德禹 201

阳坡向上搭配品种：　　罕玉 3　罕玉 5　宏博 691　金山 22　宏博 391

阳坡向下搭配品种：　　兴丰 68　兴丰 58　丰垦 219　丰垦 008　罕玉 33

阴坡适宜种植品种：　　兴丰 818　兴丰 17　兴丰 3 罕玉 336　利单 656　丰垦 139
C1563　吉单 27　丰垦 009　华北 140　德禹 201

阴坡向上搭配品种：　　金山 22　宏博 391

阴坡向下搭配品种：　　兴丰 68　兴丰 58　丰垦 219　丰垦 008　罕玉 33　登海 19

（34）宝范村　小蛤蟆甲屯（≥10 ℃活动积温 2541.1 ℃·日）

可灌溉平地适宜种植品种：兴丰 818　兴丰 17　兴丰 3 罕玉 336　利单 656　丰垦 139
C1563　吉单 27　丰垦 009　华北 140　德禹 201

可灌溉平地向上搭配品种：罕玉 3　罕玉 5　宏博 691　金山 22　宏博 391

可灌溉平地向下搭配品种：兴丰 68　兴丰 58　丰垦 219　丰垦 008　罕玉 33

无灌溉平地适宜种植品种：兴丰 68　兴丰 58　兴丰 818　丰垦 139　丰垦 219　丰垦 008
罕玉 33　德禹 201

无灌溉平地向上搭配品种：兴丰 17　兴丰 3　罕玉 336　C1563　吉单 27　丰垦 139
利单 656　丰垦 009　华北 140　金山 22　宏博 391

无灌溉平地向下搭配品种：登海 19

阳坡适宜种植品种：　　兴丰 68　兴丰 58　丰垦 219　丰垦 008　罕玉 33　登海 19

阳坡向上搭配品种：　　兴丰 818　丰垦 139　德禹 201

阳坡向下搭配品种：　　丰垦 008　丰垦 219　登科 29　禾田 1 号　先玉 1409

阴坡适宜种植品种：　　丰垦 008　丰垦 219　登科 29　禾田 1 号

阴坡向上搭配品种：　　兴丰 68　兴丰 58　兴丰 818　丰垦 139　丰垦 219　丰垦 008
罕玉 33　德禹 201

阴坡向下搭配品种：　　先玉 1409　登海 19

（35）东沟村　缸窑东沟（≥10 ℃活动积温 2642.2 ℃·日）

可灌溉平地适宜种植品种：罕玉 3　罕玉 5　宏博 691　金山 22　宏博 391

可灌溉平地向上搭配品种：兴丰 66　兴垦 2　和育 188（吉审玉）　金田 1　旺禾 8
大民 309　先科 1　先玉 1331　中元 999

可灌溉平地向下搭配品种：兴丰 17　兴丰 3　罕玉 336　C1563　吉单 27　丰垦 139
利单 656　丰垦 009　华北 140

无灌溉平地适宜种植品种：兴丰 17　兴丰 3　罕玉 336　C1563　吉单 27　丰垦 139

利单 656　丰垦 009　华北 140　金山 22　宏博 391

无灌溉平地向上搭配品种:兴垦 2　先科 1　罕玉 3　罕玉 5　宏博 691

无灌溉平地向下搭配品种:兴丰 818　丰垦 139　德禹 201

阳坡适宜种植品种:　　兴丰 818　兴丰 17　兴丰 3　罕玉 336　利单 656　丰垦 139

C1563　吉单 27　丰垦 009　华北 140　德禹 201

阳坡向上搭配品种:　　金山 22　宏博 391

阳坡向下搭配品种:　　兴丰 68　兴丰 58　丰垦 219　丰垦 008　罕玉 33　登海 19

阴坡适宜种植品种:　　兴丰 68　兴丰 58　兴丰 818　丰垦 139　丰垦 219　丰垦 008

罕玉 33　德禹 201

阴坡向上搭配品种:　　兴丰 17　兴丰 3　罕玉 336　C1563　吉单 27　丰垦 139

利单 656　丰垦 009　华北 140　金山 22　宏博 391

阴坡向下搭配品种:　　登海 19

（36）宝丰村　庄家街（≥10 ℃活动积温 2447.3 ℃·日）

可灌溉平地适宜种植品种:兴丰 68　兴丰 58　丰垦 219　丰垦 008　罕玉 33　登海 19

可灌溉平地向上搭配品种:兴丰 818　兴丰 17　兴丰 3　罕玉 336　利单 656　丰垦 139

C1563　吉单 27　丰垦 009　华北 140　德禹 201

可灌溉平地向下搭配品种:丰垦 008　丰垦 219　登科 29　禾田 1 号　先玉 1409

无灌溉平地适宜种植品种:丰垦 008　丰垦 219　登科 29　禾田 1 号　先玉 1409

登海 19

无灌溉平地向上搭配品种:兴丰 68　兴丰 58　兴丰 818　丰垦 139　丰垦 219

无灌溉平地向下搭配品种:丰垦 008　罕玉 33　德禹 201

阳坡适宜种植品种:　　丰垦 008　丰垦 219　登科 29　禾田 1 号　先玉 1409

阳坡向上搭配品种:　　登海 19

阳坡向下搭配品种:　　兴丰 1559　丰垦 165　呼单 517　隆平 702　德美亚 1 号

德美亚 2 号

阴坡适宜种植品种:　　兴丰 1559　丰垦 165　呼单 517　隆平 702

阴坡向上搭配品种:　　丰垦 008　丰垦 219　登科 29　禾田 1 号　先玉 1409

登海 19

阴坡向下搭配品种:　　德美亚 1 号　德美亚 2 号

（37）宝丰村　王家街（≥10 ℃活动积温 2417.5 ℃·日）

可灌溉平地适宜种植品种:兴丰 68　兴丰 58　丰垦 219　丰垦 008　罕玉 33　登海 19

可灌溉平地向上搭配品种:兴丰 818　丰垦 139　德禹 201

可灌溉平地向下搭配品种:丰垦 008　丰垦 219　登科 29　禾田 1 号　先玉 1409

无灌溉平地适宜种植品种:丰垦 008　丰垦 219　登科 29　禾田 1 号　先玉 1409

登海 19

无灌溉平地向上搭配品种:兴丰 68　兴丰 58　丰垦 219　丰垦 008　罕玉 33

无灌溉平地向下搭配品种:兴丰 1559　丰垦 165　呼单 517　隆平 702 德美亚 1 号

德美亚 2 号

阳坡适宜种植品种:　　兴丰 1559　丰垦 165　呼单 517　隆平 702

阳坡向上搭配品种：　　　丰垦008　丰垦219　登科29　禾田1号　先玉1409
　　　　　　　　　　　　登海19

阳坡向下搭配品种：　　　德美亚1号　德美亚2号

阴坡适宜种植品种：　　　兴丰1559　丰垦165　呼单517　隆平702　德美亚1号
　　　　　　　　　　　　德美亚2号

阴坡向上搭配品种：　　　丰垦008　丰垦219　登科29　禾田1号　先玉1409

阴坡向下搭配品种：　　　兴丰9　金垦10号

（38）宝丰村　新立屯（≥10℃活动积温2397.7℃·日）

可灌溉平地适宜种植品种：丰垦008　丰垦219　登科29　禾田1号　先玉1409
　　　　　　　　　　　　登海19

可灌溉平地向上搭配品种：兴丰68　兴丰58　兴丰818　丰垦139　丰垦219

可灌溉平地向下搭配品种：丰垦008　罕玉33　德禹201

无灌溉平地适宜种植品种：丰垦008　丰垦219　登科29　禾田1号　先玉1409

无灌溉平地向上搭配品种：兴丰68　兴丰58　丰垦219　丰垦008　罕玉33　登海19

无灌溉平地向下搭配品种：兴丰1559　丰垦165　呼单517　隆平702　德美亚1号
　　　　　　　　　　　　德美亚2号

阳坡适宜种植品种：　　　兴丰1559　丰垦165　呼单517　隆平702　德美亚1号
　　　　　　　　　　　　德美亚2号

阳坡向上搭配品种：　　　丰垦008　丰垦219　登科29　禾田1号　先玉1409

阳坡向下搭配品种：　　　兴丰9　金垦10号

阴坡适宜种植品种：　　　兴丰1559　丰垦165　呼单517　隆平702　德美亚1号
　　　　　　　　　　　　德美亚2号

阴坡向上搭配品种：　　　丰垦008　丰垦219　登科29　禾田1号　先玉1409

阴坡向下搭配品种：　　　兴丰9　金垦10号

（39）宝利村　王珍屯（≥10℃活动积温2652.5℃·日）

可灌溉平地适宜种植品种：兴垦2　先科1　罕玉3　罕玉5　宏博691

可灌溉平地向上搭配品种：兴丰66　和育188（吉审玉）　金田1　旺禾8　大民309
　　　　　　　　　　　　先玉1331　中元999

可灌溉平地向下搭配品种：兴丰17　兴丰3　罕玉336　C1563　吉单27　丰垦139
　　　　　　　　　　　　利单656　丰垦009　华北140　金山22　宏博391

无灌溉平地适宜种植品种：兴丰17　兴丰3　罕玉336　C1563　吉单27　丰垦139
　　　　　　　　　　　　利单656　丰垦009　华北140　金山22　宏博391

无灌溉平地向上搭配品种：兴垦2　先科1　罕玉3　罕玉5　宏博691

无灌溉平地向下搭配品种：兴丰818　丰垦139　德禹201

阳坡适宜种植品种：　　　兴丰818　兴丰17　兴丰3　罕玉336　利单656　丰垦139
　　　　　　　　　　　　C1563　吉单27　丰垦009　华北140　德禹201

阳坡向上搭配品种：　　　金山22　宏博391

阳坡向下搭配品种：　　　兴丰68　兴丰58　丰垦219　丰垦008　罕玉33　登海19

阴坡适宜种植品种：　　　兴丰818　兴丰17　兴丰3　罕玉336　利单656　丰垦139

C1563　吉单 27　丰垦 009　华北 140　德禹 201

阴坡向上搭配品种：　　金山 22　宏博 391

阴坡向下搭配品种：　　兴丰 68　兴丰 58　丰垦 219　丰垦 008　罕玉 33　登海 19

（40）宝利村　步家街（≥10 ℃活动积温 2652.5 ℃·日）

可灌溉平地适宜种植品种：兴垦 2　先科 1　罕玉 3　罕玉 5　宏博 691

可灌溉平地向上搭配品种：兴丰 66　和育 188（吉审玉）　金田 1　旺禾 8　大民 309

先玉 1331　中元 999

可灌溉平地向下搭配品种：兴丰 17　兴丰 3　罕玉 336　C1563　吉单 27　丰垦 139

利单 656　丰垦 009　华北 140　金山 22　宏博 391

无灌溉平地适宜种植品种：兴丰 17　兴丰 3　罕玉 336　C1563　吉单 27　丰垦 139

利单 656　丰垦 009　华北 140　金山 22　宏博 391

无灌溉平地向上搭配品种：兴垦 2　先科 1　罕玉 3　罕玉 5　宏博 691

无灌溉平地向下搭配品种：兴丰 818　丰垦 139　德禹 201

阳坡适宜种植品种：　　兴丰 818　兴丰 17　兴丰 3　罕玉 336　利单 656　丰垦 139

C1563　吉单 27　丰垦 009　华北 140　德禹 201

阳坡向上搭配品种：　　金山 22　宏博 391

阳坡向下搭配品种：　　兴丰 68　兴丰 58　丰垦 219　丰垦 008　罕玉 33　登海 19

阴坡适宜种植品种：　　兴丰 818　兴丰 17　兴丰 3　罕玉 336　利单 656　丰垦 139

C1563　吉单 27　丰垦 009　华北 140　德禹 201

阴坡向上搭配品种：　　金山 22　宏博 391

阴坡向下搭配品种：　　兴丰 68　兴丰 58　丰垦 219　丰垦 008　罕玉 33　登海 19

（41）宝利村　边壕东屯（≥10 ℃活动积温 2536.8 ℃·日）

可灌溉平地适宜种植品种：兴丰 818　兴丰 17　兴丰 3　罕玉 336　利单 656　丰垦 139

C1563　吉单 27　丰垦 009　华北 140　德禹 201

可灌溉平地向上搭配品种：罕玉 3　罕玉 5　宏博 691　金山 22　宏博 391

可灌溉平地向下搭配品种：兴丰 68　兴丰 58　丰垦 219　丰垦 008　罕玉 33

无灌溉平地适宜种植品种：兴丰 68　兴丰 58　兴丰 818　丰垦 139　丰垦 219　丰垦 008

罕玉 33　德禹 201

无灌溉平地向上搭配品种：兴丰 17　兴丰 3　罕玉 336　C1563　吉单 27　丰垦 139

利单 656　丰垦 009　华北 140

无灌溉平地向下搭配品种：丰垦 008　丰垦 219　登科 29　禾田 1 号　先玉 1409

登海 19

阳坡适宜种植品种：　　兴丰 68　兴丰 58　丰垦 219　丰垦 008　罕玉 33　登海 19

阳坡向上搭配品种：　　兴丰 818　丰垦 139　德禹 201

阳坡向下搭配品种：　　丰垦 008　丰垦 219　登科 29　禾田 1 号　先玉 1409

阴坡适宜种植品种：　　丰垦 008　丰垦 219　登科 29　禾田 1 号　先玉 1409

登海 19

阴坡向上搭配品种：　　兴丰 68　兴丰 58　兴丰 818　丰垦 139　丰垦 219

阴坡向下搭配品种：　　丰垦 008　罕玉 33　德禹 201

（42）宝山村　徐家街（≥10 ℃活动积温 2610.8 ℃·日）

可灌溉平地适宜种植品种:罕玉 3　罕玉 5　宏博 691　金山 22　宏博 391

可灌溉平地向上搭配品种:兴垦 2　和育 188（吉审玉）　先科 1

可灌溉平地向下搭配品种:兴丰 818　兴丰 17　兴丰 3　罕玉 336　利单 656　丰垦 139
　　　　　　　　　　　　C1563　吉单 27　丰垦 009　华北 140　德禹 201

无灌溉平地适宜种植品种:兴丰 17　兴丰 3　罕玉 336　C1563　吉单 27　丰垦 139
　　　　　　　　　　　　利单 656　丰垦 009　华北 140　金山 22　宏博 391

无灌溉平地向上搭配品种:罕玉 3　罕玉 5　宏博 691

无灌溉平地向下搭配品种:兴丰 68　兴丰 58　兴丰 818　丰垦 139　丰垦 219　丰垦 008
　　　　　　　　　　　　罕玉 33　德禹 201

阳坡适宜种植品种：　　　兴丰 68　兴丰 58　兴丰 818　丰垦 139　丰垦 219　丰垦 008
　　　　　　　　　　　　罕玉 33　德禹 201

阳坡向上搭配品种：　　　兴丰 17　兴丰 3　罕玉 336　C1563　吉单 27　丰垦 139
　　　　　　　　　　　　利单 656　丰垦 009　华北 140　金山 22　宏博 391

阳坡向下搭配品种：　　　登海 19

阴坡适宜种植品种：　　　兴丰 68　兴丰 58　兴丰 818　丰垦 139　丰垦 219　丰垦 008
　　　　　　　　　　　　罕玉 33　德禹 201

阴坡向上搭配品种：　　　兴丰 17　兴丰 3　罕玉 336　C1563　吉单 27　丰垦 139
　　　　　　　　　　　　利单 656　丰垦 009　华北 140

阴坡向下搭配品种：　　　丰垦 008　丰垦 219　登科 29　禾田 1 号　先玉 1409
　　　　　　　　　　　　登海 19

（43）蛤蟆甲村　界地屯（≥10 ℃活动积温 2632.8 ℃·日）

可灌溉平地适宜种植品种:罕玉 3　罕玉 5　宏博 691　金山 22　宏博 391

可灌溉平地向上搭配品种:兴丰 66　兴垦 2　和育 188（吉审玉）　金田 1　旺禾 8
　　　　　　　　　　　　大民 309　先科 1　先玉 1331　中元 999

可灌溉平地向下搭配品种:兴丰 17　兴丰 3　罕玉 336　C1563　吉单 27　丰垦 139
　　　　　　　　　　　　利单 656　丰垦 009　华北 140

无灌溉平地适宜种植品种:兴丰 17　兴丰 3　罕玉 336　C1563　吉单 27　丰垦 139
　　　　　　　　　　　　利单 656　丰垦 009　华北 140　金山 22　宏博 391

无灌溉平地向上搭配品种:罕玉 3　罕玉 5　宏博 691

无灌溉平地向下搭配品种:兴丰 68　兴丰 58　兴丰 818　丰垦 139　丰垦 219　丰垦 008
　　　　　　　　　　　　罕玉 33　德禹 201

阳坡适宜种植品种：　　　兴丰 818　兴丰 17　兴丰 3　罕玉 336　利单 656　丰垦 139
　　　　　　　　　　　　C1563　吉单 27　丰垦 009　华北 140　德禹 201

阳坡向上搭配品种：　　　金山 22　宏博 391

阳坡向下搭配品种：　　　兴丰 68　兴丰 58　丰垦 219　丰垦 008　罕玉 33　登海 19

阴坡适宜种植品种：　　　兴丰 68　兴丰 58　兴丰 818　丰垦 139　丰垦 219　丰垦 008
　　　　　　　　　　　　罕玉 33　德禹 201

阴坡向上搭配品种：　　　兴丰 17　兴丰 3　罕玉 336　C1563　吉单 27　丰垦 139

利单 656　丰垦 009　华北 140　金山 22　宏博 391

阴坡向下搭配品种：　　　登海 19

（44）蛤蟆甲村　倪家窖（≥10 ℃活动积温 2580.7 ℃·日）

可灌溉平地适宜种植品种：兴丰 17　兴丰 3　罕玉 336　C1563　吉单 27　丰垦 139
　　　　　利单 656　丰垦 009　华北 140　金山 22　宏博 391

可灌溉平地向上搭配品种：兴垦 2　先科 1　罕玉 3　罕玉 5　宏博 691

可灌溉平地向下搭配品种：兴丰 818　丰垦 139　德禹 201

无灌溉平地适宜种植品种：兴丰 818　兴丰 17　兴丰 3　罕玉 336　利单 656　丰垦 139
　　　　　C1563　吉单 27　丰垦 009　华北 140　德禹 201

无灌溉平地向上搭配品种：金山 22　宏博 391

无灌溉平地向下搭配品种：兴丰 68　兴丰 58　丰垦 219　丰垦 008　罕玉 33　登海 19

阳坡适宜种植品种：　　　兴丰 68　兴丰 58　兴丰 818　丰垦 139　丰垦 219　丰垦 008
　　　　　罕玉 33　德禹 201

阳坡向上搭配品种：　　　兴丰 17　兴丰 3　罕玉 336　C1563　吉单 27　丰垦 139
　　　　　利单 656　丰垦 009　华北 140

阳坡向下搭配品种：　　　丰垦 008　丰垦 219　登科 29　禾田 1 号　先玉 1409
　　　　　登海 19

阴坡适宜种植品种：　　　兴丰 68　兴丰 58　丰垦 219　丰垦 008　罕玉 33　登海 19

阴坡向上搭配品种：　　　兴丰 818　兴丰 17　兴丰 3　罕玉 336　利单 656　丰垦 139
　　　　　C1563　吉单 27　丰垦 009　华北 140　德禹 201

阴坡向下搭配品种：　　　丰垦 008　丰垦 219　登科 29　禾田 1 号　先玉 1409

（45）蛤蟆甲村　李家街（≥10 ℃活动积温 2484.2 ℃·日）

可灌溉平地适宜种植品种：兴丰 68　兴丰 58　兴丰 818　丰垦 139　丰垦 219　丰垦 008
　　　　　罕玉 33　德禹 201

可灌溉平地向上搭配品种：兴丰 17　兴丰 3　罕玉 336　C1563　吉单 27　丰垦 139
　　　　　利单 656　丰垦 009　华北 140　金山 22　宏博 391

可灌溉平地向下搭配品种：登海 19

无灌溉平地适宜种植品种：兴丰 68　兴丰 58　丰垦 219　丰垦 008　罕玉 33　登海 19

无灌溉平地向上搭配品种：兴丰 818　丰垦 139　德禹 201

无灌溉平地向下搭配品种：丰垦 008　丰垦 219　登科 29　禾田 1 号　先玉 1409

阳坡适宜种植品种：　　　丰垦 008　丰垦 219　登科 29　禾田 1 号　先玉 1409
　　　　　登海 19

阳坡向上搭配品种：　　　兴丰 68　兴丰 58　丰垦 219　丰垦 008　罕玉 33

阳坡向下搭配品种：　　　兴丰 1559　丰垦 165　呼单 517　隆平 702　德美亚 1 号
　　　　　德美亚 2 号

阴坡适宜种植品种：　　　丰垦 008　丰垦 219　登科 29　禾田 1 号　先玉 1409

阴坡向上搭配品种：　　　兴丰 68　兴丰 58　丰垦 219　丰垦 008　罕玉 33　登海 19

阴坡向下搭配品种：　　　兴丰 1559　丰垦 165　呼单 517　隆平 702　德美亚 1 号
　　　　　德美亚 2 号

7.7 学田乡

（1）学田村　学田地屯（≥10℃活动积温 2757.6℃·日）

可灌溉平地适宜种植品种：兴丰 66　和育 188（吉审玉）　龙生 19　金田 1　旺禾 8
大民 309　先玉 1331　先玉 335　中地 9988　翔玉 319
杜育 311　中元 999　宏博 66　瑞普 909

可灌溉平地向上搭配品种：兴丰 978　大民 803　D399　宏硕 738

可灌溉平地向下搭配品种：兴垦 2　先科 1　罕玉 3　罕玉 5　宏博 691

无灌溉平地适宜种植品种：兴垦 2　和育 188（吉审玉）　先科 1　罕玉 3　罕玉 5
宏博 691

无灌溉平地向上搭配品种：兴丰 66　龙生 19　金田 1　旺禾 8　大民 309　先玉 1331
先玉 335　中地 9988　翔玉 319　杜育 311　中元 999
宏博 66　瑞普 909

无灌溉平地向下搭配品种：金山 22　宏博 391

阳坡适宜种植品种：　　　罕玉 3　罕玉 5　宏博 691　金山 22　宏博 391

阳坡向上搭配品种：　　　兴垦 2　和育 188（吉审玉）　先科 1

阳坡向下搭配品种：　　　兴丰 818　兴丰 17　兴丰 3　罕玉 336　利单 656　丰垦 139
C1563　吉单 27　丰垦 009　华北 140　德禹 201

阴坡适宜种植品种：　　　罕玉 3　罕玉 5　宏博 691　金山 22　宏博 391

阴坡向上搭配品种：　　　兴垦 2　先科 1

阴坡向下搭配品种：　　　兴丰 818　兴丰 17　兴丰 3　罕玉 336　利单 656　丰垦 139
C1563　吉单 27　丰垦 009　华北 140　德禹 201

（2）平安村　王家街（≥10℃活动积温 2725.1℃·日）

可灌溉平地适宜种植品种：兴丰 66　兴垦 2　和育 188（吉审玉）　金田 1　旺禾 8
大民 309　先科 1　先玉 1331　中元 999

可灌溉平地向上搭配品种：龙生 19　先玉 335　中地 9988　翔玉 319　杜育 311
宏博 66　瑞普 909

可灌溉平地向下搭配品种：罕玉 3　罕玉 5　宏博 691　金山 22　宏博 391

无灌溉平地适宜种植品种：兴垦 2　先科 1　罕玉 3　罕玉 5　宏博 691

无灌溉平地向上搭配品种：兴丰 66　和育 188（吉审玉）　金田 1　旺禾 8　大民 309
先玉 1331　中元 999

无灌溉平地向下搭配品种：兴丰 17　兴丰 3　罕玉 336　C1563　吉单 27　丰垦 139
利单 656　丰垦 009　华北 140　金山 22　宏博 391

阳坡适宜种植品种：　　　兴丰 17　兴丰 3　罕玉 336　C1563　吉单 27　丰垦 139
利单 656　丰垦 009　华北 140　金山 22　宏博 391

阳坡向上搭配品种：　　　兴垦 2　先科 1　罕玉 3　罕玉 5　宏博 691

阳坡向下搭配品种：　　　兴丰 818　丰垦 139　德禹 201

阴坡适宜种植品种：　　　兴丰 17　兴丰 3　罕玉 336　C1563　吉单 27　丰垦 139

　　　　　　　　　　利单 656　丰垦 009　华北 140　金山 22　宏博 391

阴坡向上搭配品种：　　罕玉 3　罕玉 5　宏博 691

阴坡向下搭配品种：　　兴丰 68　兴丰 58　兴丰 818　丰垦 139　丰垦 219　丰垦 008

　　　　　　　　　　罕玉 33　德禹 201

（3）平安村　上西沼屯（≥10 ℃活动积温 2656.3 ℃·日）

可灌溉平地适宜种植品种：兴垦 2　先科 1　罕玉 3　罕玉 5　宏博 691

可灌溉平地向上搭配品种：兴丰 66　和育 188（吉审玉）　金田 1　旺禾 8　大民 309

　　　　　　　　　　先玉 1331　中元 999

可灌溉平地向下搭配品种：兴丰 17　兴丰 3　罕玉 336　C1563　吉单 27　丰垦 139

　　　　　　　　　　利单 656　丰垦 009　华北 140　金山 22　宏博 391

无灌溉平地适宜种植品种：兴丰 17　兴丰 3　罕玉 336　C1563　吉单 27　丰垦 139

　　　　　　　　　　利单 656　丰垦 009　华北 140　金山 22　宏博 391

无灌溉平地向上搭配品种：兴垦 2　先科 1　罕玉 3　罕玉 5　宏博 691

无灌溉平地向下搭配品种：兴丰 818　丰垦 139　德禹 201

阳坡适宜种植品种：　　兴丰 818　兴丰 17　兴丰 3　罕玉 336　利单 656　丰垦 139

　　　　　　　　　　C1563　吉单 27　丰垦 009　华北 140　德禹 201

阳坡向上搭配品种：　　金山 22　宏博 391

阳坡向下搭配品种：　　兴丰 68　兴丰 58　丰垦 219　丰垦 008　罕玉 33　登海 19

阴坡适宜种植品种：　　兴丰 818　兴丰 17　兴丰 3　罕玉 336　利单 656　丰垦 139

　　　　　　　　　　C1563　吉单 27　丰垦 009　华北 140　德禹 201

阴坡向上搭配品种：　　金山 22　宏博 391

阴坡向下搭配品种：　　兴丰 68　兴丰 58　丰垦 219　丰垦 008　罕玉 33　登海 19

（4）平安村　石家街（≥10 ℃活动积温 2725.1 ℃·日）

可灌溉平地适宜种植品种：兴丰 66　兴垦 2　和育 188（吉审玉）　金田 1　旺禾 8

　　　　　　　　　　大民 309　先科 1　先玉 1331　中元 999

可灌溉平地向上搭配品种：龙生 19　先玉 335　中地 9988　翔玉 319　杜育 311

　　　　　　　　　　宏博 66　瑞普 909

可灌溉平地向下搭配品种：罕玉 3　罕玉 5　宏博 691　金山 22　宏博 391

无灌溉平地适宜种植品种：兴垦 2　先科 1　罕玉 3　罕玉 5　宏博 691

无灌溉平地向上搭配品种：兴丰 66　和育 188（吉审玉）　金田 1　旺禾 8　大民 309

　　　　　　　　　　先玉 1331　中元 999

无灌溉平地向下搭配品种：兴丰 17　兴丰 3　罕玉 336　C1563　吉单 27　丰垦 139

　　　　　　　　　　利单 656　丰垦 009　华北 140　金山 22　宏博 391

阳坡适宜种植品种：　　兴丰 17　兴丰 3　罕玉 336　C1563　吉单 27　丰垦 139

　　　　　　　　　　利单 656　丰垦 009　华北 140　金山 22　宏博 391

阳坡向上搭配品种：　　兴垦 2　先科 1　罕玉 3　罕玉 5　宏博 691

阳坡向下搭配品种：　　兴丰 818　丰垦 139　德禹 201

阴坡适宜种植品种：　　兴丰 17　兴丰 3　罕玉 336　C1563　吉单 27　丰垦 139

　　　　　　　　　　利单 656　丰垦 009　华北 140　金山 22　宏博 391

阴坡向上搭配品种：　　罕玉 3　罕玉 5　宏博 691

阴坡向下搭配品种：　　兴丰 68　兴丰 58　兴丰 818　丰垦 139　丰垦 219　丰垦 008

罕玉 33　德禹 201

（5）平安村　赵家窑（≥10℃活动积温 2534℃·日）

可灌溉平地适宜种植品种：兴丰 818　兴丰 17　兴丰 3　罕玉 336　利单 656　丰垦 139

C1563　吉单 27　丰垦 009　华北 140　德禹 201

可灌溉平地向上搭配品种：罕玉 3　罕玉 5　宏博 691　金山 22　宏博 391

可灌溉平地向下搭配品种：兴丰 68　兴丰 58　丰垦 219　丰垦 008　罕玉 33

无灌溉平地适宜种植品种：兴丰 68　兴丰 58　兴丰 818　丰垦 139　丰垦 219　丰垦 008

罕玉 33　德禹 201

无灌溉平地向上搭配品种：兴丰 17　兴丰 3　罕玉 336　C1563　吉单 27　丰垦 139

利单 656　丰垦 009　华北 140

无灌溉平地向下搭配品种：丰垦 008　丰垦 219　登科 29　禾田 1 号　先玉 1409

登海 19

阳坡适宜种植品种：　　兴丰 68　兴丰 58　丰垦 219　丰垦 008　罕玉 33　登海 19

阳坡向上搭配品种：　　兴丰 818　丰垦 139　德禹 201

阳坡向下搭配品种：　　丰垦 008　丰垦 219　登科 29　禾田 1 号　先玉 1409

阴坡适宜种植品种：　　丰垦 008　丰垦 219　登科 29　禾田 1 号

阴坡向上搭配品种：　　兴丰 68　兴丰 58　兴丰 818　丰垦 139　丰垦 219　丰垦 008

罕玉 33　德禹 201

阴坡向下搭配品种：　　先玉 1409　登海 19

（6）西沟村　西沟屯（≥10℃活动积温 2581.1℃·日）

可灌溉平地适宜种植品种：兴丰 17　兴丰 3　罕玉 336　C1563　吉单 27　丰垦 139

利单 656　丰垦 009　华北 140　金山 22　宏博 391

可灌溉平地向上搭配品种：兴垦 2　先科 1　罕玉 3　罕玉 5　宏博 691

可灌溉平地向下搭配品种：兴丰 818　丰垦 139　德禹 201

无灌溉平地适宜种植品种：兴丰 818　兴丰 17　兴丰 3　罕玉 336　利单 656　丰垦 139

C1563　吉单 27　丰垦 009　华北 140　德禹 201

无灌溉平地向上搭配品种：金山 22　宏博 391

无灌溉平地向下搭配品种：兴丰 68　兴丰 58　丰垦 219　丰垦 008　罕玉 33　登海 19

阳坡适宜种植品种：　　兴丰 68　兴丰 58　兴丰 818　丰垦 139　丰垦 219　丰垦 008

罕玉 33　德禹 201

阳坡向上搭配品种：　　兴丰 17　兴丰 3　罕玉 336　C1563　吉单 27　丰垦 139

利单 656　丰垦 009　华北 140

阳坡向下搭配品种：　　丰垦 008　丰垦 219　登科 29　禾田 1 号　先玉 1409

登海 19

阴坡适宜种植品种：　　兴丰 68　兴丰 58　丰垦 219　丰垦 008　罕玉 33　登海 19

阴坡向上搭配品种：　　兴丰 818　兴丰 17　兴丰 3　罕玉 336　利单 656　丰垦 139

C1563　吉单 27　丰垦 009　华北 140　德禹 201

阴坡向下搭配品种：　　　丰垦 008　丰垦 219　登科 29　禾田 1 号　先玉 1409

（7）西沟村　包三屯（≥10 ℃活动积温 2529.1 ℃·日）

可灌溉平地适宜种植品种：兴丰 818　兴丰 17　兴丰 3　罕玉 336　利单 656　丰垦 139
C1563　吉单 27　丰垦 009　华北 140　德禹 201

可灌溉平地向上搭配品种：金山 22　宏博 391

可灌溉平地向下搭配品种：兴丰 68　兴丰 58　丰垦 219　丰垦 008　罕玉 33　登海 19

无灌溉平地适宜种植品种：兴丰 68　兴丰 58　兴丰 818　丰垦 139　丰垦 219　丰垦 008
罕玉 33　德禹 201

无灌溉平地向上搭配品种：兴丰 17　兴丰 3　罕玉 336　C1563　吉单 27　丰垦 139
利单 656　丰垦 009　华北 140

无灌溉平地向下搭配品种：丰垦 008　丰垦 219　登科 29　禾田 1 号　先玉 1409
登海 19

阳坡适宜种植品种：　　　丰垦 008　丰垦 219　登科 29　禾田 1 号

阳坡向上搭配品种：　　　兴丰 68　兴丰 58　兴丰 818　丰垦 139　丰垦 219　丰垦 008
罕玉 33　德禹 201

阳坡向下搭配品种：　　　先玉 1409　登海 19

阴坡适宜种植品种：　　　丰垦 008　丰垦 219　登科 29　禾田 1 号　先玉 1409
登海 19

阴坡向上搭配品种：　　　兴丰 68　兴丰 58　丰垦 219　丰垦 008　罕玉 33

阴坡向下搭配品种：　　　兴丰 1559　丰垦 165　呼单 517　隆平 702　德美亚 1 号
德美亚 2 号

（8）胜利村　马家街（≥10 ℃活动积温 2671.5 ℃·日）

可灌溉平地适宜种植品种：兴垦 2　先科 1　罕玉 3　罕玉 5　宏博 691

可灌溉平地向上搭配品种：兴丰 66　和育 188（吉审玉）　金田 1　旺禾 8　大民 309
先玉 1331　中元 999

可灌溉平地向下搭配品种：兴丰 17　兴丰 3　罕玉 336　C1563　吉单 27　丰垦 139
利单 656　丰垦 009　华北 140　金山 22　宏博 391

无灌溉平地适宜种植品种：罕玉 3　罕玉 5　宏博 691　金山 22　宏博 391

无灌溉平地向上搭配品种：兴垦 2　和育 188（吉审玉）　先科 1

无灌溉平地向下搭配品种：兴丰 818　兴丰 17　兴丰 3　罕玉 336　利单 656　丰垦 139
C1563　吉单 27　丰垦 009　华北 140　德禹 201

阳坡适宜种植品种：　　　兴丰 818　兴丰 17　兴丰 3　罕玉 336　利单 656　丰垦 139
C1563　吉单 27　丰垦 009　华北 140　德禹 201

阳坡向上搭配品种：　　　罕玉 3　罕玉 5　宏博 691　金山 22　宏博 391

阳坡向下搭配品种：　　　兴丰 68　兴丰 58　丰垦 219　丰垦 008　罕玉 33

阴坡适宜种植品种：　　　兴丰 818　兴丰 17　兴丰 3　罕玉 336　丰垦 139　利单 656
C1563　吉单 27　丰垦 009　华北 140　德禹 201

阴坡向上搭配品种：　　　金山 22　宏博 391

阴坡向下搭配品种：　　　兴丰 68　兴丰 58　丰垦 219　丰垦 008　罕玉 33　登海 19

（9）胜利村　后双河屯（≥10℃活动积温 2469.1℃·日）

可灌溉平地适宜种植品种：兴丰 68　兴丰 58　兴丰 818　丰垦 139　丰垦 219　丰垦 008
　　　　罕玉 33　德禹 201

可灌溉平地向上搭配品种：兴丰 17　兴丰 3　罕玉 336　C1563　吉单 27　丰垦 139
　　　　利单 656　丰垦 009　华北 140

可灌溉平地向下搭配品种：丰垦 008　丰垦 219　登科 29　禾田 1 号　先玉 1409
　　　　登海 19

无灌溉平地适宜种植品种：兴丰 68　兴丰 58　丰垦 219　丰垦 008　罕玉 33　登海 19

无灌溉平地向上搭配品种：兴丰 818　丰垦 139　德禹 201

无灌溉平地向下搭配品种：丰垦 008　丰垦 219　登科 29　禾田 1 号　先玉 1409

阳坡适宜种植品种：　　丰垦 008　丰垦 219　登科 29　禾田 1 号　先玉 1409

阳坡向上搭配品种：　　兴丰 68　兴丰 58　丰垦 219　丰垦 008　罕玉 33　登海 19

阳坡向下搭配品种：　　兴丰 1559　丰垦 165　呼单 517　隆平 702　德美亚 1 号
　　　　德美亚 2 号

阴坡适宜种植品种：　　丰垦 008　丰垦 219　登科 29　禾田 1 号　先玉 1409

阴坡向上搭配品种：　　登海 19

阴坡向下搭配品种：　　兴丰 1559　丰垦 165　呼单 517　隆平 702　德美亚 1 号
　　　　德美亚 2 号

（10）胜利村　前双河屯（≥10℃活动积温 2387.5℃·日）

可灌溉平地适宜种植品种：丰垦 008　丰垦 219　登科 29　禾田 1 号

可灌溉平地向上搭配品种：兴丰 68　兴丰 58　兴丰 818　丰垦 139　丰垦 219　丰垦 008
　　　　罕玉 33　德禹 201

可灌溉平地向下搭配品种：先玉 1409　登海 19

无灌溉平地适宜种植品种：丰垦 008　丰垦 219　登科 29　禾田 1 号　先玉 1409

无灌溉平地向上搭配品种：登海 19

无灌溉平地向下搭配品种：兴丰 1559　丰垦 165　呼单 517　隆平 702　德美亚 1 号
　　　　德美亚 2 号

阳坡适宜种植品种：　　兴丰 1559　丰垦 165　呼单 517　隆平 702　德美亚 1 号
　　　　德美亚 2 号

阳坡向上搭配品种：　　丰垦 008　丰垦 219　登科 29　禾田 1 号　先玉 1409

阳坡向下搭配品种：　　兴丰 9　金垦 10 号

阴坡适宜种植品种：　　兴丰 1559　丰垦 165　呼单 517　隆平 702　德美亚 1 号
　　　　德美亚 2 号

阴坡向上搭配品种：　　丰垦 008　丰垦 219　登科 29　禾田 1 号　先玉 1409

阴坡向下搭配品种：　　兴丰 9　金垦 10 号

（11）胜利村　沈家街（≥10℃活动积温 2657.2℃·日）

可灌溉平地适宜种植品种：金垦 2　先科 1　罕玉 3　罕玉 5　宏博 691

可灌溉平地向上搭配品种：兴丰 66　和育 188（吉审玉）　金田 1　旺禾 8　大民 309
　　　　先玉 1331　中元 999

可灌溉平地向下搭配品种:兴丰 17   兴丰 3   罕玉 336   C1563   吉单 27   丰垦 139
利单 656   丰垦 009   华北 140   金山 22   宏博 391
无灌溉平地适宜种植品种:兴丰 17   兴丰 3   罕玉 336   C1563   吉单 27   丰垦 139
利单 656   丰垦 009   华北 140   金山 22   宏博 391
无灌溉平地向上搭配品种:兴垦 2   先科 1   罕玉 3   罕玉 5   宏博 691
无灌溉平地向下搭配品种:兴丰 818   丰垦 139   德禹 201
阳坡适宜种植品种: 兴丰 818   兴丰 17   兴丰 3   罕玉 336   利单 656   丰垦 139
C1563   吉单 27   丰垦 009   华北 140   德禹 201
阳坡向上搭配品种: 金山 22   宏博 391
阳坡向下搭配品种: 兴丰 68   兴丰 58   丰垦 219   丰垦 008   罕玉 33   登海 19
阴坡适宜种植品种: 兴丰 818   兴丰 17   兴丰 3   罕玉 336   利单 656   丰垦 139
C1563   吉单 27   丰垦 009   华北 140   德禹 201
阴坡向上搭配品种: 金山 22   宏博 391
阴坡向下搭配品种: 兴丰 68   兴丰 58   丰垦 219   丰垦 008   罕玉 33   登海 19

（12）胜利村　腰街（≥10 ℃活动积温 2671.5 ℃·日）
可灌溉平地适宜种植品种:兴垦 2   先科 1   罕玉 3   罕玉 5   宏博 691
可灌溉平地向上搭配品种:兴丰 66   和育 188(吉审玉)   金田 1   旺禾 8   大民 309
先玉 1331   中元 999
可灌溉平地向下搭配品种:兴丰 17   兴丰 3   罕玉 336   C1563   吉单 27   丰垦 139
利单 656   丰垦 009   华北 140   金山 22   宏博 391
无灌溉平地适宜种植品种:罕玉 3   罕玉 5   宏博 691   金山 22   宏博 391
无灌溉平地向上搭配品种:兴垦 2   和育 188(吉审玉)   先科 1
无灌溉平地向下搭配品种:兴丰 818   兴丰 17   兴丰 3   罕玉 336   利单 656   丰垦 139
C1563   吉单 27   丰垦 009   华北 140   德禹 201
阳坡适宜种植品种: 兴丰 818   兴丰 17   兴丰 3   罕玉 336   利单 656   丰垦 139
C1563   吉单 27   丰垦 009   华北 140   德禹 201
阳坡向上搭配品种: 罕玉 3   罕玉 5   宏博 691   金山 22   宏博 391
阳坡向下搭配品种: 兴丰 68   兴丰 58   丰垦 219   丰垦 008   罕玉 33
阴坡适宜种植品种: 兴丰 818   兴丰 17   兴丰 3   罕玉 336   利单 656   丰垦 139
C1563   吉单 27   丰垦 009   华北 140   德禹 201
阴坡向上搭配品种: 金山 22   宏博 391
阴坡向下搭配品种: 兴丰 68   兴丰 58   丰垦 219   丰垦 008   罕玉 33   登海 19

（13）永平村　李家街（≥10 ℃活动积温 2610.6 ℃·日）
可灌溉平地适宜种植品种:罕玉 3   罕玉 5   宏博 691   金山 22   宏博 391
可灌溉平地向上搭配品种:兴垦 2   和育 188(吉审玉)   先科 1
可灌溉平地向下搭配品种:兴丰 818   兴丰 17   兴丰 3   罕玉 336   利单 656   丰垦 139
C1563   吉单 27   丰垦 009   华北 140   德禹 201
无灌溉平地适宜种植品种:兴丰 17   兴丰 3   罕玉 336   丰垦 139   C1563   吉单 27
利单 656   丰垦 009   华北 140   金山 22   宏博 391

无灌溉平地向上搭配品种:罕玉 3　罕玉 5　宏博 691

无灌溉平地向下搭配品种:兴丰 68　兴丰 58　兴丰 818　丰垦 139　丰垦 219　丰垦 008
罕玉 33　德禹 201

阳坡适宜种植品种:　　　兴丰 68　兴丰 58　兴丰 818　丰垦 139　丰垦 219　丰垦 008
罕玉 33　德禹 201

阳坡向上搭配品种:　　　兴丰 17　兴丰 3　罕玉 336　C1563　吉单 27　丰垦 139
利单 656　丰垦 009　华北 140　金山 22　宏博 391

阳坡向下搭配品种:　　　登海 19

阴坡适宜种植品种:　　　兴丰 68　兴丰 58　兴丰 818　丰垦 139　丰垦 219　丰垦 008
罕玉 33　德禹 201

阴坡向上搭配品种:　　　兴丰 17　兴丰 3　罕玉 336　C1563　吉单 27　丰垦 139
利单 656　丰垦 009　华北 140

阴坡向下搭配品种:　　　丰垦 008　丰垦 219　登科 29　禾田 1 号　先玉 1409
登海 19

（14）永平村　后周家街（≥10 ℃活动积温 2608.5 ℃·日）
可灌溉平地适宜种植品种:罕玉 3　罕玉 5　宏博 691　金山 22　宏博 391

可灌溉平地向上搭配品种:兴垦 2　先科 1

可灌溉平地向下搭配品种:兴丰 818　兴丰 17　兴丰 3　罕玉 336　利单 656　丰垦 139
C1563　吉单 27　丰垦 009　华北 140　德禹 201

无灌溉平地适宜种植品种:兴丰 818　兴丰 17　兴丰 3　罕玉 336　利单 656　丰垦 139
C1563　吉单 27　丰垦 009　华北 140　德禹 201

无灌溉平地向上搭配品种:罕玉 3　罕玉 5　宏博 691　金山 22　宏博 391

无灌溉平地向下搭配品种:兴丰 68　兴丰 58　丰垦 219　丰垦 008　罕玉 33

阳坡适宜种植品种:　　　兴丰 68　兴丰 58　兴丰 818　丰垦 139　丰垦 219　丰垦 008
罕玉 33　德禹 201

阳坡向上搭配品种:　　　兴丰 17　兴丰 3　罕玉 336　C1563　吉单 27　丰垦 139
利单 656　丰垦 009　华北 140

阳坡向下搭配品种:　　　丰垦 008　丰垦 219　登科 29　禾田 1 号　先玉 1409
登海 19

阴坡适宜种植品种:　　　兴丰 68　兴丰 58　兴丰 818　丰垦 139　丰垦 219　丰垦 008
罕玉 33　德禹 201

阴坡向上搭配品种:　　　兴丰 17　兴丰 3　罕玉 336　C1563　吉单 27　丰垦 139
利单 656　丰垦 009　华北 140

阴坡向下搭配品种:　　　丰垦 008　丰垦 219　登科 29　禾田 1 号　先玉 1409
登海 19

（15）永平村　前周家街（≥10 ℃活动积温 2608.5 ℃·日）
可灌溉平地适宜种植品种:罕玉 3　罕玉 5　宏博 691　金山 22　宏博 391

可灌溉平地向上搭配品种:兴垦 2　先科 1

可灌溉平地向下搭配品种:兴丰 818　兴丰 17　兴丰 3　罕玉 336　利单 656　丰垦 139

C1563　吉单 27　丰垦 009　华北 140　德禹 201

无灌溉平地适宜种植品种：兴丰 818　兴丰 17　兴丰 3　罕玉 336　利单 656　丰垦 139

C1563　吉单 27　丰垦 009　华北 140　德禹 201

无灌溉平地向上搭配品种：罕玉 3　罕玉 5　宏博 691　金山 22　宏博 391

无灌溉平地向下搭配品种：兴丰 68　兴丰 58　丰垦 219　丰垦 008　罕玉 33

阳坡适宜种植品种：　　兴丰 68　兴丰 58　兴丰 818　丰垦 139　丰垦 219　丰垦 008

罕玉 33　德禹 201

阳坡向上搭配品种：　　兴丰 17　兴丰 3　罕玉 336　C1563　吉单 27　丰垦 139

利单 656　丰垦 009　华北 140

阳坡向下搭配品种：　　丰垦 008　丰垦 219　登科 29　禾田 1 号　先玉 1409

登海 19

阴坡适宜种植品种：　　兴丰 68　兴丰 58　兴丰 818　丰垦 139　丰垦 219　丰垦 008

罕玉 33　德禹 201

阴坡向上搭配品种：　　兴丰 17　兴丰 3　罕玉 336　C1563　吉单 27　丰垦 139

利单 656　丰垦 009　华北 140

阴坡向下搭配品种：　　丰垦 008　丰垦 219　登科 29　禾田 1 号　先玉 1409

登海 19

（16）解放村　艾家屯（≥10 ℃活动积温 2731.4 ℃·日）

可灌溉平地适宜种植品种：兴丰 66　兴垦 2　和育 188（吉审玉）　金田 1　旺禾 8

大民 309　先科 1　先玉 1331　中元 999

可灌溉平地向上搭配品种：兴丰 978　龙生 19　大民 803　先玉 335　D399　中地 9988

翔玉 319　杜育 311　宏硕 738　宏博 66　瑞普 909

可灌溉平地向下搭配品种：罕玉 3　罕玉 5　宏博 691

无灌溉平地适宜种植品种：兴垦 2　先科 1　罕玉 3　罕玉 5　宏博 691

无灌溉平地向上搭配品种：兴丰 66　和育 188（吉审玉）　金田 1　旺禾 8　大民 309

先玉 1331　中元 999

无灌溉平地向下搭配品种：兴丰 17　兴丰 3　罕玉 336　C1563　吉单 27　丰垦 139

利单 656　丰垦 009　华北 140　金山 22　宏博 391

阳坡适宜种植品种：　　罕玉 3　罕玉 5　宏博 691　金山 22　宏博 391

阳坡向上搭配品种：　　兴垦 2　先科 1

阳坡向下搭配品种：　　兴丰 818　兴丰 17　兴丰 3　罕玉 336　利单 656　丰垦 139

C1563　吉单 27　丰垦 009　华北 140　德禹 201

阴坡适宜种植品种：　　兴丰 17　兴丰 3　罕玉 336　C1563　吉单 27　丰垦 139

利单 656　丰垦 009　华北 140　金山 22　宏博 391

阴坡向上搭配品种：　　兴垦 2　先科 1　罕玉 3　罕玉 5　宏博 691

阴坡向下搭配品种：　　兴丰 818　丰垦 139　德禹 201

（17）解放村　刘家屯（≥10 ℃活动积温 2641.9 ℃·日）

可灌溉平地适宜种植品种：罕玉 3　罕玉 5　宏博 691　金山 22　宏博 391

可灌溉平地向上搭配品种：兴丰 66　兴垦 2　和育 188（吉审玉）　金田 1　旺禾 8

　　　　　　　　　　　　　大民 309　　先科 1　　先玉 1331　　中元 999

可灌溉平地向下搭配品种：兴丰 17　　兴丰 3　　罕玉 336　　C1563　　吉单 27　　丰垦 139
　　　　　　　　　　　　　利单 656　　丰垦 009　　华北 140

无灌溉平地适宜种植品种：兴丰 17　　兴丰 3　　罕玉 336　　C1563　　吉单 27　　丰垦 139
　　　　　　　　　　　　　利单 656　　丰垦 009　　华北 140　　金山 22　　宏博 391

无灌溉平地向上搭配品种：兴垦 2　　先科 1　　罕玉 3　　罕玉 5　　宏博 691
无灌溉平地向下搭配品种：兴丰 818　　丰垦 139　　德禹 201

阳坡适宜种植品种：　　　兴丰 818　　兴丰 17　　兴丰 3　　丰垦 139　　罕玉 336　　利单 656
　　　　　　　　　　　　　C1563　　吉单 27　　丰垦 009　　华北 140　　德禹 201

阳坡向上搭配品种：　　　金山 22　　宏博 391
阳坡向下搭配品种：　　　兴丰 68　　兴丰 58　　丰垦 219　　丰垦 008　　罕玉 33　　登海 19
阴坡适宜种植品种：　　　兴丰 68　　兴丰 58　　兴丰 818　　丰垦 139　　丰垦 219　　丰垦 008
　　　　　　　　　　　　　罕玉 33　　德禹 201

阴坡向上搭配品种：　　　兴丰 17　　兴丰 3　　罕玉 336　　C1563　　吉单 27　　丰垦 139
　　　　　　　　　　　　　利单 656　　丰垦 009　　华北 140　　金山 22　　宏博 391

阴坡向下搭配品种：　　　登海 19

（18）解放村　宝泉屯（≥10 ℃活动积温 2556 ℃·日）

可灌溉平地适宜种植品种：兴丰 17　　兴丰 3　　罕玉 336　　C1563　　吉单 27　　丰垦 139
　　　　　　　　　　　　　利单 656　　丰垦 009　　华北 140　　金山 22　　宏博 391

可灌溉平地向上搭配品种：罕玉 3　　罕玉 5　　宏博 691
可灌溉平地向下搭配品种：兴丰 68　　兴丰 58　　兴丰 818　　丰垦 139　　丰垦 219　　丰垦 008
　　　　　　　　　　　　　罕玉 33　　德禹 201

无灌溉平地适宜种植品种：兴丰 68　　兴丰 58　　兴丰 818　　丰垦 139　　丰垦 219　　丰垦 008
　　　　　　　　　　　　　罕玉 33　　德禹 201

无灌溉平地向上搭配品种：兴丰 17　　兴丰 3　　罕玉 336　　C1563　　吉单 27　　丰垦 139
　　　　　　　　　　　　　利单 656　　丰垦 009　　华北 140　　金山 22　　宏博 391

无灌溉平地向下搭配品种：登海 19
阳坡适宜种植品种：　　　兴丰 68　　兴丰 58　　丰垦 219　　丰垦 008　　罕玉 33　　登海 19
阳坡向上搭配品种：　　　兴丰 818　　丰垦 139　　德禹 201
阳坡向下搭配品种：　　　丰垦 008　　丰垦 219　　登科 29　　禾田 1 号　　先玉 1409
阴坡适宜种植品种：　　　兴丰 68　　兴丰 58　　丰垦 219　　丰垦 008　　罕玉 33　　登海 19
阴坡向上搭配品种：　　　兴丰 818　　丰垦 139　　德禹 201
阴坡向下搭配品种：　　　丰垦 008　　丰垦 219　　登科 29　　禾田 1 号　　先玉 1409

（19）解放村　水泉屯（≥10 ℃活动积温 2483.6 ℃·日）

可灌溉平地适宜种植品种：兴丰 68　　兴丰 58　　兴丰 818　　丰垦 139　　丰垦 219　　丰垦 008
　　　　　　　　　　　　　罕玉 33　　德禹 201

可灌溉平地向上搭配品种：兴丰 17　　兴丰 3　　罕玉 336　　C1563　　吉单 27　　丰垦 139
　　　　　　　　　　　　　利单 656　　丰垦 009　　华北 140　　金山 22　　宏博 391

可灌溉平地向下搭配品种：登海 19

无灌溉平地适宜种植品种:兴丰 68　兴丰 58　丰垦 219　丰垦 008　罕玉 33　登海 19

无灌溉平地向上搭配品种:兴丰 818　丰垦 139　德禹 201

无灌溉平地向下搭配品种:丰垦 008　丰垦 219　登科 29　禾田 1 号　先玉 1409

阳坡适宜种植品种:　　　丰垦 008　丰垦 219　登科 29　禾田 1 号　先玉 1409
　　　　　　　　　　　　登海 19

阳坡向上搭配品种:　　　兴丰 68　兴丰 58　丰垦 219　丰垦 008　罕玉 33

阳坡向下搭配品种:　　　兴丰 1559　丰垦 165　呼单 517　隆平 702　德美亚 1 号
　　　　　　　　　　　　德美亚 2 号

阴坡适宜种植品种:　　　丰垦 008　丰垦 219　登科 29　禾田 1 号　先玉 1409

阴坡向上搭配品种:　　　兴丰 68　兴丰 58　丰垦 219　丰垦 008　罕玉 33　登海 19

阴坡向下搭配品种:　　　兴丰 1559　丰垦 165　呼单 517　隆平 702　德美亚 1 号
　　　　　　　　　　　　德美亚 2 号

（20）利民村　陆家街（≥10 ℃活动积温 2780.5 ℃·日）

可灌溉平地适宜种植品种:兴丰 66　龙生 19　金田 1　旺禾 8　大民 309　先玉 1331
　　　　　　　　　　　　先玉 335　中地 9988　翔玉 319　杜育 311　中元 999
　　　　　　　　　　　　宏博 66　瑞普 909

可灌溉平地向上搭配品种:兴丰 978　先玉 335　吉东 81　大民 803　科泰 925
　　　　　　　　　　　　龙雨 6016　D399　宏硕 738

可灌溉平地向下搭配品种:兴垦 2　和育 188（吉审玉）　先科 1

无灌溉平地适宜种植品种:兴丰 66　兴垦 2　和育 188（吉审玉）　金田 1　旺禾 8
　　　　　　　　　　　　大民 309　先科 1　先玉 1331　中元 999

无灌溉平地向上搭配品种:龙生 19　先玉 335　中地 9988　翔玉 319　杜育 311
　　　　　　　　　　　　宏博 66　瑞普 909

无灌溉平地向下搭配品种:罕玉 3　罕玉 5　宏博 691　金山 22　宏博 391

阳坡适宜种植品种:　　　兴垦 2　先科 1　罕玉 3　罕玉 5　宏博 691

阳坡向上搭配品种:　　　兴丰 66　和育 188（吉审玉）　金田 1　旺禾 8　大民 309
　　　　　　　　　　　　先玉 1331　中元 999

阳坡向下搭配品种:　　　兴丰 17　兴丰 3　罕玉 336　C1563　吉单 27　丰垦 139
　　　　　　　　　　　　利单 656　丰垦 009　华北 140　金山 22　宏博 391

阴坡适宜种植品种:　　　罕玉 3　罕玉 5　宏博 691　金山 22　宏博 391

阴坡向上搭配品种:　　　兴丰 66　兴垦 2　和育 188（吉审玉）　金田 1　旺禾 8
　　　　　　　　　　　　大民 309　先科 1　先玉 1331　中元 999

阴坡向下搭配品种:　　　兴丰 17　兴丰 3　罕玉 336　利单 656　丰垦 139　C1563
　　　　　　　　　　　　吉单 27　丰垦 009　华北 140

（21）利民村　下马家街（≥10 ℃活动积温 2679.8 ℃·日）

可灌溉平地适宜种植品种:兴垦 2　先科 1　罕玉 3　罕玉 5　宏博 691

可灌溉平地向上搭配品种:兴丰 66　和育 188（吉审玉）　金田 1　旺禾 8　大民 309
　　　　　　　　　　　　先玉 1331　中元 999

可灌溉平地向下搭配品种:兴丰 17　兴丰 3　罕玉 336　C1563　吉单 27　丰垦 139

利单 656　丰垦 009　华北 140　金山 22　宏博 391

无灌溉平地适宜种植品种：罕玉 3　罕玉 5　宏博 691　金山 22　宏博 391

无灌溉平地向上搭配品种：兴垦 2　和育 188（吉审玉）　先科 1

无灌溉平地向下搭配品种：兴丰 818　兴丰 17　兴丰 3　罕玉 336　利单 656　丰垦 139
　　　　　　　　　　　　C1563　吉单 27　丰垦 009　华北 140　德禹 201

阳坡适宜种植品种：　　　兴丰 818　兴丰 17　兴丰 3　罕玉 336　C1563　吉单 27
　　　　　　　　　　　　丰垦 139　利单 656　丰垦 009　华北 140　德禹 201

阳坡向上搭配品种：　　　罕玉 3　罕玉 5　宏博 691　金山 22　宏博 391

阳坡向下搭配品种：　　　兴丰 68　兴丰 58　丰垦 219　丰垦 008　罕玉 33

阴坡适宜种植品种：　　　兴丰 818　兴丰 17　兴丰 3　罕玉 336　利单 656　丰垦 139
　　　　　　　　　　　　C1563　吉单 27　丰垦 009　华北 140　德禹 201

阴坡向上搭配品种：　　　金山 22　宏博 391

阴坡向下搭配品种：　　　兴丰 68　兴丰 58　丰垦 219　丰垦 008　罕玉 33　登海 19

（22）大保村　大保屯（≥10℃活动积温 2783.6℃·日）

可灌溉平地适宜种植品种：兴丰 66　龙生 19　金田 1　旺禾 8　大民 309　先玉 1331
　　　　　　　　　　　　先玉 335　中地 9988　翔玉 319　杜育 311　中元 999
　　　　　　　　　　　　宏博 66　瑞普 909

可灌溉平地向上搭配品种：兴丰 978　先玉 335　吉东 81　龙雨 6016　大民 803
　　　　　　　　　　　　科泰 925　D399　宏硕 738

可灌溉平地向下搭配品种：兴垦 2　和育 188（吉审玉）　先科 1

无灌溉平地适宜种植品种：兴丰 66　兴垦 2　和育 188（吉审玉）　金田 1　旺禾 8
　　　　　　　　　　　　大民 309　先科 1　先玉 1331　中元 999

无灌溉平地向上搭配品种：龙生 19　先玉 335　中地 9988　翔玉 319　杜育 311
　　　　　　　　　　　　宏博 66　瑞普 909

无灌溉平地向下搭配品种：罕玉 3　罕玉 5　宏博 691　金山 22　宏博 391

阳坡适宜种植品种：　　　兴垦 2　先科 1　罕玉 3　罕玉 5　宏博 691

阳坡向上搭配品种：　　　兴丰 66　和育 188（吉审玉）　金田 1　旺禾 8　大民 309
　　　　　　　　　　　　先玉 1331　中元 999

阳坡向下搭配品种：　　　兴丰 17　兴丰 3　罕玉 336　C1563　吉单 27　丰垦 139
　　　　　　　　　　　　利单 656　丰垦 009　华北 140　金山 22　宏博 391

阴坡适宜种植品种：　　　罕玉 3　罕玉 5　宏博 691　金山 22　宏博 391

阴坡向上搭配品种：　　　兴丰 66　兴垦 2　和育 188（吉审玉）　金田 1　旺禾 8
　　　　　　　　　　　　大民 309　先科 1　先玉 1331　中元 999

阴坡向下搭配品种：　　　兴丰 17　兴丰 3　罕玉 336　C1563　吉单 27　丰垦 139
　　　　　　　　　　　　利单 656　丰垦 009　华北 140

（23）大保村　金家屯（≥10℃活动积温 2785.7℃·日）

可灌溉平地适宜种植品种：兴丰 66　龙生 19　金田 1　旺禾 8　大民 309　先玉 1331
　　　　　　　　　　　　先玉 335　中地 9988　翔玉 319　杜育 311　中元 999
　　　　　　　　　　　　宏博 66　瑞普 909

可灌溉平地向上搭配品种:兴丰 978　　先玉 335　　吉东 81　　龙雨 6016　　大民 803
　　　　　　　　　　　　科泰 925　　D399　　宏硕 738

可灌溉平地向下搭配品种:兴垦 2　　和育 188(吉审玉)　　先科 1

无灌溉平地适宜种植品种:兴丰 66　　兴垦 2　　和育 188(吉审玉)　　金田 1　　旺禾 8
　　　　　　　　　　　　大民 309　　先科 1　　先玉 1331　　中元 999

无灌溉平地向上搭配品种:龙生 19　　先玉 335　　中地 9988　　翔玉 319　　杜育 311
　　　　　　　　　　　　宏博 66　　瑞普 909

无灌溉平地向下搭配品种:罕玉 3　　罕玉 5　　宏博 691　　金山 22　　宏博 391

阳坡适宜种植品种:　　　兴垦 2　　先科 1　　罕玉 3　　罕玉 5　　宏博 691

阳坡向上搭配品种:　　　兴丰 66　　和育 188(吉审玉)　　金田 1　　旺禾 8　　大民 309
　　　　　　　　　　　　先玉 1331　　中元 999

阳坡向下搭配品种:　　　兴丰 17　　兴丰 3　　罕玉 336　　C1563　　吉单 27　　丰垦 139
　　　　　　　　　　　　利单 656　　丰垦 009　　华北 140　　金山 22　　宏博 391

阴坡适宜种植品种:　　　罕玉 3　　罕玉 5　　宏博 691　　金山 22　　宏博 391

阴坡向上搭配品种:　　　兴丰 66　　兴垦 2　　和育 188(吉审玉)　　金田 1　　旺禾 8
　　　　　　　　　　　　大民 309　　先科 1　　先玉 1331　　中元 999

阴坡向下搭配品种:　　　兴丰 17　　兴丰 3　　罕玉 336　　C1563　　吉单 27　　丰垦 139
　　　　　　　　　　　　利单 656　　丰垦 009　　华北 140

（24）大保村　杨发屯（≥10 ℃活动积温 2846 ℃·日）

可灌溉平地适宜种植品种:兴丰 978　　龙生 19　　大民 803　　先玉 335　　D399　　中地 9988
　　　　　　　　　　　　翔玉 319　　杜育 311　　宏硕 738　　宏博 66　　瑞普 909

可灌溉平地向上搭配品种:先玉 335　　吉东 81　　龙雨 6016　　科泰 925

可灌溉平地向下搭配品种:兴丰 66　　和育 188(吉审玉)　　金田 1　　旺禾 8　　大民 309
　　　　　　　　　　　　先玉 1331　　中元 999

无灌溉平地适宜种植品种:兴丰 66　　龙生 19　　金田 1　　旺禾 8　　大民 309　　先玉 1331
　　　　　　　　　　　　先玉 335　　中地 9988　　翔玉 319　　杜育 311　　中元 999
　　　　　　　　　　　　宏博 66　　瑞普 909

无灌溉平地向上搭配品种:兴丰 978　　先玉 335　　吉东 81　　龙雨 6016　　大民 803
　　　　　　　　　　　　科泰 925　　D399　　宏硕 738

无灌溉平地向下搭配品种:兴垦 2　　和育 188(吉审玉)　　先科 1

阳坡适宜种植品种:　　　兴丰 66　　兴垦 2　　和育 188(吉审玉)　　金田 1　　旺禾 8
　　　　　　　　　　　　大民 309　　先科 1　　先玉 1331　　中元 999

阳坡向上搭配品种:　　　龙生 19　　先玉 335　　中地 9988　　翔玉 319　　杜育 311
　　　　　　　　　　　　宏博 66　　瑞普 909

阳坡向下搭配品种:　　　罕玉 3　　罕玉 5　　宏博 691　　金山 22　　宏博 391

阴坡适宜种植品种:　　　兴垦 2　　和育 188(吉审玉)　　先科 1　　罕玉 3　　罕玉 5
　　　　　　　　　　　　宏博 691

阴坡向上搭配品种:　　　兴丰 66　　龙生 19　　金田 1　　旺禾 8　　大民 309　　先玉 1331
　　　　　　　　　　　　先玉 335　　中地 9988　　翔玉 319　　杜育 311　　中元 999

宏博 66　　瑞普 909

阴坡向下搭配品种：　　　金山 22　　宏博 391

（25）大保村　兴安屯（≥10 ℃活动积温 2679.8 ℃·日）

可灌溉平地适宜种植品种：兴垦 2　先科 1　罕玉 3　罕玉 5　宏博 691

可灌溉平地向上搭配品种：兴丰 66　和育 188（吉审玉）　金田 1　旺禾 8　大民 309
　　　　　　　　　　　　　先玉 1331　中元 999

可灌溉平地向下搭配品种：兴丰 17　兴丰 3　罕玉 336　C1563　吉单 27　丰垦 139
　　　　　　　　　　　　　利单 656　丰垦 009　华北 140　金山 22　宏博 391

无灌溉平地适宜种植品种：罕玉 3　罕玉 5　宏博 691　金山 22　宏博 391

无灌溉平地向上搭配品种：兴垦 2　和育 188（吉审玉）　先科 1

无灌溉平地向下搭配品种：兴丰 818　兴丰 17　兴丰 3　罕玉 336　利单 656　丰垦 139
　　　　　　　　　　　　　C1563　吉单 27　丰垦 009　华北 140　德禹 201

阳坡适宜种植品种：　　　兴丰 818　兴丰 17　兴丰 3　罕玉 336　利单 656　丰垦 139
　　　　　　　　　　　　　C1563　吉单 27　丰垦 009　华北 140　德禹 201

阳坡向上搭配品种：　　　罕玉 3　罕玉 5　宏博 691　金山 22　宏博 391

阳坡向下搭配品种：　　　兴丰 68　兴丰 58　丰垦 219　丰垦 008　罕玉 33

阴坡适宜种植品种：　　　兴丰 818　兴丰 17　兴丰 3　罕玉 336　利单 656　丰垦 139
　　　　　　　　　　　　　C1563　吉单 27　丰垦 009　华北 140　德禹 201

阴坡向上搭配品种：　　　金山 22　宏博 391

阴坡向下搭配品种：　　　兴丰 68　兴丰 58　丰垦 219　丰垦 008　罕玉 33　登海 19

（26）常乐村　　八大家屯（≥10 ℃活动积温 2751.2 ℃·日）

可灌溉平地适宜种植品种：兴丰 66　和育 188（吉审玉）　龙生 19　金田 1　旺禾 8
　　　　　　　　　　　　　大民 309　先玉 1331　先玉 335　中地 9988　翔玉 319
　　　　　　　　　　　　　杜育 311　中元 999　宏博 66　瑞普 909

可灌溉平地向上搭配品种：兴丰 978　大民 803　D399　宏硕 738

可灌溉平地向下搭配品种：兴垦 2　先科 1　罕玉 3　罕玉 5　宏博 691

无灌溉平地适宜种植品种：兴垦 2　和育 188（吉审玉）　先科 1　罕玉 3　罕玉 5
　　　　　　　　　　　　　宏博 691

无灌溉平地向上搭配品种：兴丰 66　龙生 19　金田 1　旺禾 8　大民 309　先玉 1331
　　　　　　　　　　　　　先玉 335　中地 9988　翔玉 319　杜育 311　中元 999
　　　　　　　　　　　　　宏博 66　瑞普 909

无灌溉平地向下搭配品种：金山 22　宏博 391

阳坡适宜种植品种：　　　罕玉 3　罕玉 5　宏博 691　金山 22　宏博 391

阳坡向上搭配品种：　　　兴垦 2　和育 188（吉审玉）　先科 1

阳坡向下搭配品种：　　　兴丰 818　兴丰 17　兴丰 3　罕玉 336　利单 656　丰垦 139
　　　　　　　　　　　　　C1563　吉单 27　丰垦 009　华北 140　德禹 201

阴坡适宜种植品种：　　　罕玉 3　罕玉 5　宏博 691　金山 22　宏博 391

阴坡向上搭配品种：　　　兴垦 2　先科 1

阴坡向下搭配品种：　　　兴丰 818　兴丰 17　兴丰 3　罕玉 336　利单 656　丰垦 139

C1563　吉单 27　丰垦 009　华北 140　德禹 201

（27）常乐村　靠山屯（≥10 ℃活动积温 2783.8 ℃・日）

可灌溉平地适宜种植品种：兴丰 66　龙生 19　金田 1　旺禾 8　大民 309　先玉 1331
先玉 335　中地 9988　翔玉 319　杜育 311　中元 999
宏博 66　瑞普 909

可灌溉平地向上搭配品种：兴丰 978　先玉 335　吉东 81　龙雨 6016　大民 803
科泰 925　D399　宏硕 738

可灌溉平地向下搭配品种：兴垦 2　和育 188（吉审玉）　先科 1

无灌溉平地适宜种植品种：兴丰 66　兴垦 2　和育 188（吉审玉）　金田 1　旺禾 8
大民 309　先科 1　先玉 1331　中元 999

无灌溉平地向上搭配品种：龙生 19　先玉 335　中地 9988　翔玉 319　杜育 311
宏博 66　瑞普 909

无灌溉平地向下搭配品种：罕玉 3　罕玉 5　宏博 691　金山 22　宏博 391

阳坡适宜种植品种：　　兴垦 2　先科 1　罕玉 3　罕玉 5　宏博 691

阳坡向上搭配品种：　　兴丰 66　和育 188（吉审玉）　金田 1　旺禾 8　大民 309
先玉 1331　中元 999

阳坡向下搭配品种：　　兴丰 17　兴丰 3　罕玉 336　C1563　吉单 27　丰垦 139
利单 656　丰垦 009　华北 140　金山 22　宏博 391

阴坡适宜种植品种：　　罕玉 3　罕玉 5　宏博 691　金山 22　宏博 391

阴坡向上搭配品种：　　兴丰 66　兴垦 2　和育 188（吉审玉）　金田 1　旺禾 8
大民 309　先科 1　先玉 1331　中元 999

阴坡向下搭配品种：　　兴丰 17　兴丰 3　罕玉 336　C1563　吉单 27　丰垦 139
利单 656　丰垦 009　华北 140

（28）常乐村　街中屯（≥10 ℃活动积温 2783.8 ℃・日）

可灌溉平地适宜种植品种：兴丰 66　龙生 19　金田 1　旺禾 8　大民 309　先玉 1331
先玉 335　中地 9988　翔玉 319　杜育 311　中元 999
宏博 66　瑞普 909

可灌溉平地向上搭配品种：兴丰 978　先玉 335　吉东 81　龙雨 6016　大民 803
科泰 925　D399　宏硕 738

可灌溉平地向下搭配品种：兴垦 2　和育 188（吉审玉）　先科 1

无灌溉平地适宜种植品种：兴丰 66　兴垦 2　和育 188（吉审玉）　金田 1　旺禾 8
大民 309　先科 1　先玉 1331　中元 999

无灌溉平地向上搭配品种：龙生 19　先玉 335　中地 9988　翔玉 319　杜育 311
宏博 66　瑞普 909

无灌溉平地向下搭配品种：罕玉 3　罕玉 5　宏博 691　金山 22　宏博 391

阳坡适宜种植品种：　　兴垦 2　先科 1　罕玉 3　罕玉 5　宏博 691

阳坡向上搭配品种：　　兴丰 66　和育 188（吉审玉）　金田 1　旺禾 8　大民 309
先玉 1331　中元 999

阳坡向下搭配品种：　　兴丰 17　兴丰 3　罕玉 336　C1563　吉单 27　丰垦 139

	利单 656　丰垦 009　华北 140　金山 22　宏博 391
阴坡适宜种植品种:	罕玉 3　罕玉 5　宏博 691　金山 22　宏博 391
阴坡向上搭配品种:	兴丰 66　兴垦 2　和育 188（吉审玉）　金田 1　旺禾 8
	大民 309　先科 1　先玉 1331　中元 999
阴坡向下搭配品种:	兴丰 17　兴丰 3　罕玉 336　C1563　吉单 27　丰垦 139
	利单 656　丰垦 009　华北 140

（29）尖山村　戴家屯（≥10 ℃活动积温 2767.1 ℃·日）

可灌溉平地适宜种植品种:	兴丰 66　和育 188（吉审玉）　龙生 19　金田 1　旺禾 8
	大民 309　先玉 1331　先玉 335　中地 9988　翔玉 319
	杜育 311　中元 999　宏博 66　瑞普 909
可灌溉平地向上搭配品种:	兴丰 978　大民 803　D399　宏硕 738
可灌溉平地向下搭配品种:	兴垦 2　先科 1　罕玉 3　罕玉 5　宏博 691
无灌溉平地适宜种植品种:	兴丰 66　兴垦 2　和育 188（吉审玉）　金田 1　旺禾 8
	大民 309　先科 1　先玉 1331　中元 999
无灌溉平地向上搭配品种:	龙生 19　先玉 335　中地 9988　翔玉 319　杜育 311
	宏博 66　瑞普 909
无灌溉平地向下搭配品种:	罕玉 3　罕玉 5　宏博 691　金山 22　宏博 391
阳坡适宜种植品种:	罕玉 3　罕玉 5　宏博 691　金山 22　宏博 391
阳坡向上搭配品种:	兴丰 66　兴垦 2　和育 188（吉审玉）　金田 1　旺禾 8
	大民 309　先科 1　先玉 1331　中元 999
阳坡向下搭配品种:	兴丰 17　兴丰 3　罕玉 336　C1563　吉单 27　丰垦 139
	利单 656　丰垦 009　华北 140
阴坡适宜种植品种:	罕玉 3　罕玉 5　宏博 691　金山 22　宏博 391
阴坡向上搭配品种:	兴垦 2　和育 188（吉审玉）　先科 1
阴坡向下搭配品种:	兴丰 818　兴丰 17　兴丰 3　罕玉 336　利单 656　丰垦 139
	C1563　吉单 27　丰垦 009　华北 140　德禹 201

（30）尖山村　尖山屯（≥10 ℃活动积温 2678.2 ℃·日）

可灌溉平地适宜种植品种:	兴垦 2　先科 1　罕玉 3　罕玉 5　宏博 691
可灌溉平地向上搭配品种:	兴丰 66　和育 188（吉审玉）　金田 1　旺禾 8　大民 309
	先玉 1331　中元 999
可灌溉平地向下搭配品种:	兴丰 17　兴丰 3　罕玉 336　C1563　吉单 27　丰垦 139
	利单 656　丰垦 009　华北 140　金山 22　宏博 391
无灌溉平地适宜种植品种:	罕玉 3　罕玉 5　宏博 691　金山 22　宏博 391
无灌溉平地向上搭配品种:	兴垦 2　和育 188（吉审玉）　先科 1
无灌溉平地向下搭配品种:	兴丰 818　兴丰 17　兴丰 3　罕玉 336　利单 656　丰垦 139
	C1563　吉单 27　丰垦 009　华北 140　德禹 201
阳坡适宜种植品种:	兴丰 818　兴丰 17　兴丰 3　罕玉 336　利单 656　丰垦 139
	C1563　吉单 27　丰垦 009　华北 140　德禹 201
阳坡向上搭配品种:	罕玉 3　罕玉 5　宏博 691　金山 22　宏博 391

阳坡向下搭配品种：	兴丰 68　兴丰 58　丰垦 219　丰垦 008　罕玉 33
阴坡适宜种植品种：	兴丰 818　兴丰 17　兴丰 3　罕玉 336　利单 656　丰垦 139
	C1563　吉单 27　丰垦 009　华北 140　德禹 201
阴坡向上搭配品种：	金山 22　宏博 391
阴坡向下搭配品种：	兴丰 68　兴丰 58　丰垦 219　丰垦 008　罕玉 33　登海 19

（31）太平庄村　后太平屯（≥10 ℃活动积温 2765.9 ℃·日）

可灌溉平地适宜种植品种：	兴丰 66　和育 188（吉审玉）　龙生 19　金田 1　旺禾 8
	大民 309　先玉 1331　先玉 335　中地 9988　翔玉 319
	杜育 311　中元 999　宏博 66　瑞普 909
可灌溉平地向上搭配品种：	兴丰 978　大民 803　D399　宏硕 738
可灌溉平地向下搭配品种：	兴垦 2　先科 1　罕玉 3　罕玉 5　宏博 691
无灌溉平地适宜种植品种：	兴丰 66　兴垦 2　和育 188（吉审玉）　金田 1　旺禾 8
	大民 309　先科 1　先玉 1331　中元 999
无灌溉平地向上搭配品种：	龙生 19　先玉 335　中地 9988　翔玉 319　杜育 311
	宏博 66　瑞普 909
无灌溉平地向下搭配品种：	罕玉 3　罕玉 5　宏博 691　金山 22　宏博 391
阳坡适宜种植品种：	罕玉 3　罕玉 5　宏博 691　金山 22　宏博 391
阳坡向上搭配品种：	兴丰 66　兴垦 2　和育 188（吉审玉）　金田 1　旺禾 8
	大民 309　先科 1　先玉 1331　中元 999
阳坡向下搭配品种：	兴丰 17　兴丰 3　罕玉 336　C1563　吉单 27　丰垦 139
	利单 656　丰垦 009　华北 140
阴坡适宜种植品种：	罕玉 3　罕玉 5　宏博 691　金山 22　宏博 391
阴坡向上搭配品种：	兴垦 2　和育 188（吉审玉）　先科 1
阴坡向下搭配品种：	兴丰 818　兴丰 17　兴丰 3　罕玉 336　利单 656　丰垦 139
	C1563　吉单 27　丰垦 009　华北 140　德禹 201

（32）太平庄村　前太平屯（≥10 ℃活动积温 2765.9 ℃·日）

可灌溉平地适宜种植品种：	兴丰 66　和育 188（吉审玉）　龙生 19　金田 1　旺禾 8
	大民 309　先玉 1331　先玉 335　中地 9988　翔玉 319
	杜育 311　中元 999　宏博 66　瑞普 909
可灌溉平地向上搭配品种：	兴丰 978　大民 803　D399　宏硕 738
可灌溉平地向下搭配品种：	兴垦 2　先科 1　罕玉 3　罕玉 5　宏博 691
无灌溉平地适宜种植品种：	兴丰 66　兴垦 2　和育 188（吉审玉）　金田 1　旺禾 8
	大民 309　先科 1　先玉 1331　中元 999
无灌溉平地向上搭配品种：	龙生 19　先玉 335　中地 9988　翔玉 319　杜育 311
	宏博 66　瑞普 909
无灌溉平地向下搭配品种：	罕玉 3　罕玉 5　宏博 691　金山 22　宏博 391
阳坡适宜种植品种：	罕玉 3　罕玉 5　宏博 691　金山 22　宏博 391
阳坡向上搭配品种：	兴丰 66　兴垦 2　和育 188（吉审玉）　金田 1　旺禾 8
	大民 309　先科 1　先玉 1331　中元 999

阳坡向下搭配品种：	兴丰 17　兴丰 3　罕玉 336　C1563　吉单 27　丰垦 139 利单 656　丰垦 009　华北 140
阴坡适宜种植品种：	罕玉 3　罕玉 5　宏博 691　金山 22　宏博 391
阴坡向上搭配品种：	兴垦 2　和育 188（吉审玉）　先科 1
阴坡向下搭配品种：	兴丰 818　兴丰 17　兴丰 3　丰垦 139　罕玉 336　利单 656 C1563　吉单 27　丰垦 009　华北 140　德禹 201

（33）河东村　前永久屯（≥10 ℃活动积温 2880.3 ℃·日）

可灌溉平地适宜种植品种：	兴丰 978　先玉 335　吉东 81　龙雨 6016　大民 803 科泰 925　D399　宏硕 738
可灌溉平地向上搭配品种：	德美 1 号　辰诺 501
可灌溉平地向下搭配品种：	龙生 19　先玉 335　中地 9988　翔玉 319　杜育 311 宏博 66　瑞普 909
无灌溉平地适宜种植品种：	兴丰 978　龙生 19　大民 803　先玉 335　D399　中地 9988 翔玉 319　杜育 311　宏硕 738　宏博 66　瑞普 909
无灌溉平地向上搭配品种：	先玉 335　吉东 81　龙雨 6016　科泰 925
无灌溉平地向下搭配品种：	兴丰 66　兴垦 2　和育 188（吉审玉）　金田 1　旺禾 8 大民 309　先科 1　先玉 1331　中元 999
阳坡适宜种植品种：	兴丰 66　和育 188（吉审玉）　龙生 19　金田 1　旺禾 8 大民 309　先玉 1331　先玉 335　中地 9988　翔玉 319 杜育 311　中元 999　宏博 66　瑞普 909
阳坡向上搭配品种：	兴丰 978　大民 803　D399　宏硕 738
阳坡向下搭配品种：	兴垦 2　先科 1　罕玉 3　罕玉 5　宏博 691
阴坡适宜种植品种：	兴丰 66　兴垦 2　和育 188（吉审玉）　金田 1　旺禾 8 大民 309　先科 1　先玉 1331　中元 999
阴坡向上搭配品种：	兴丰 978　龙生 19　大民 803　先玉 335　D399　中地 9988 翔玉 319　杜育 311　宏硕 738　宏博 66　瑞普 909
阴坡向下搭配品种：	罕玉 3　罕玉 5　宏博 691

（34）河东村　后永久屯（≥10 ℃活动积温 2260.5 ℃·日）

可灌溉平地适宜种植品种：	兴丰 1559　丰垦 165　呼单 517　隆平 702　德美亚 1 号 德美亚 2 号
可灌溉平地向上搭配品种：	丰垦 008　丰垦 219　登科 29　禾田 1 号　先玉 1409
可灌溉平地向下搭配品种：	兴丰 9　金垦 10 号
无灌溉平地适宜种植品种：	呼单 517　隆平 702　德美亚 1 号　德美亚 2 号
无灌溉平地向上搭配品种：	兴丰 1559　丰垦 165
无灌溉平地向下搭配品种：	兴丰 9　金垦 10 号
阳坡适宜种植品种：	兴丰 9　金垦 10 号
阳坡向上搭配品种：	兴丰 1559　丰垦 165　呼单 517　隆平 702　德美亚 1 号 德美亚 2 号
阳坡向下搭配品种：	兴单 3 号

阴坡适宜种植品种：　　　　金垦 10 号

阴坡向上搭配品种：　　　　兴丰 9

阴坡向下搭配品种：　　　　兴单 3 号

（35）金星村　偏坡屯（≥10 ℃活动积温 2881.8 ℃·日）

可灌溉平地适宜种植品种：兴丰 978　先玉 335　吉东 81　龙雨 6016　大民 803
　　　　　　　　　　　　　科泰 925　D399　宏硕 738

可灌溉平地向上搭配品种：德美 1 号　辰诺 501

可灌溉平地向下搭配品种：龙生 19　先玉 335　中地 9988　翔玉 319　杜育 311
　　　　　　　　　　　　　宏博 66　瑞普 909

无灌溉平地适宜种植品种：兴丰 978　龙生 19　大民 803　先玉 335　D399　中地 9988
　　　　　　　　　　　　　翔玉 319　杜育 311　宏硕 738　宏博 66　瑞普 909

无灌溉平地向上搭配品种：先玉 335　吉东 81　龙雨 6016　科泰 925

无灌溉平地向下搭配品种：兴丰 66　兴垦 2　和育 188（吉审玉）　金田 1　旺禾 8
　　　　　　　　　　　　　大民 309　先科 1　先玉 1331　中元 999

阳坡适宜种植品种：　　　　兴丰 66　和育 188（吉审玉）　龙生 19　金田 1　旺禾 8
　　　　　　　　　　　　　大民 309　先玉 1331　先玉 335　中地 9988　翔玉 319
　　　　　　　　　　　　　杜育 311　中元 999　宏博 66　瑞普 909

阳坡向上搭配品种：　　　　兴丰 978　大民 803　D399　宏硕 738

阳坡向下搭配品种：　　　　兴垦 2　先科 1　罕玉 3　罕玉 5　宏博 691

阴坡适宜种植品种：　　　　兴丰 66　兴垦 2　和育 188（吉审玉）　金田 1　旺禾 8
　　　　　　　　　　　　　大民 309　先科 1　先玉 1331　中元 999

阴坡向上搭配品种：　　　　兴丰 978　龙生 19　大民 803　先玉 335　D399　中地 9988
　　　　　　　　　　　　　翔玉 319　杜育 311　宏硕 738　宏博 66　瑞普 909

阴坡向下搭配品种：　　　　罕玉 3　罕玉 5　宏博 691

（36）金星村　义合屯（≥10 ℃活动积温 2894.6 ℃·日）

可灌溉平地适宜种植品种：兴丰 978　先玉 335　吉东 81　龙雨 6016　大民 803
　　　　　　　　　　　　　科泰 925　D399　宏硕 738

可灌溉平地向上搭配品种：德美 1 号　辰诺 501

可灌溉平地向下搭配品种：龙生 19　先玉 335　中地 9988　翔玉 319　杜育 311
　　　　　　　　　　　　　宏博 66　瑞普 909

无灌溉平地适宜种植品种：兴丰 978　龙生 19　大民 803　先玉 335　D399　中地 9988
　　　　　　　　　　　　　翔玉 319　杜育 311　宏硕 738　宏博 66　瑞普 909

无灌溉平地向上搭配品种：先玉 335　吉东 81　龙雨 6016　科泰 925

无灌溉平地向下搭配品种：兴丰 66　和育 188（吉审玉）　金田 1　旺禾 8　大民 309
　　　　　　　　　　　　　先玉 1331　中元 999

阳坡适宜种植品种：　　　　兴丰 66　和育 188（吉审玉）　龙生 19　金田 1　旺禾 8
　　　　　　　　　　　　　大民 309　先玉 1331　先玉 335　中地 9988　翔玉 319
　　　　　　　　　　　　　杜育 311　中元 999　宏博 66　瑞普 909

阳坡向上搭配品种：　　　　兴丰 978　大民 803　D399　宏硕 738

阳坡向下搭配品种：	兴垦2　先科1　罕玉3　罕玉5　宏博691
阴坡适宜种植品种：	兴丰66　兴垦2　和育188（吉审玉）　金田1　旺禾8
	大民309　先科1　先玉1331　中元999
阴坡向上搭配品种：	兴丰978　龙生19　大民803　先玉335　D399　中地9988
	翔玉319　杜育311　宏硕738　宏博66　瑞普909
阴坡向下搭配品种：	罕玉3　罕玉5　宏博691

（37）金星村　东门外屯（≥10℃活动积温2741.2℃·日）

可灌溉平地适宜种植品种：	兴丰66　兴垦2　和育188（吉审玉）　金田1　旺禾8
	大民309　先科1　先玉1331　中元999
可灌溉平地向上搭配品种：	兴丰978　龙生19　大民803　先玉335　D399　中地9988
	翔玉319　杜育311　宏硕738　宏博66　瑞普909
可灌溉平地向下搭配品种：	罕玉3　罕玉5　宏博691
无灌溉平地适宜种植品种：	兴垦2　和育188（吉审玉）　先科1　罕玉3　罕玉5
	宏博691
无灌溉平地向上搭配品种：	兴丰66　龙生19　金田1　旺禾8　大民309　先玉1331
	先玉335　中地9988　翔玉319　杜育311　中元999
	宏博66　瑞普909
无灌溉平地向下搭配品种：	金山22　宏博391
阳坡适宜种植品种：	罕玉3　罕玉5　宏博691　金山22　宏博391
阳坡向上搭配品种：	兴垦2　和育188（吉审玉）　先科1
阳坡向下搭配品种：	兴丰818　兴丰17　兴丰3　罕玉336　利单656　丰垦139
	C1563　吉单27　丰垦009　华北140　德禹201
阴坡适宜种植品种：	兴丰17　兴丰3　罕玉336　C1563　吉单27　丰垦139
	利单656　丰垦009　华北140　金山22　宏博391
阴坡向上搭配品种：	兴垦2　先科1　罕玉3　罕玉5　宏博691
阴坡向下搭配品种：	兴丰818　丰垦139　德禹201

（38）金星村　学田后屯（≥10℃活动积温2741.2℃·日）

可灌溉平地适宜种植品种：	兴丰66　兴垦2　和育188（吉审玉）　金田1　旺禾8
	大民309　先科1　先玉1331　中元999
可灌溉平地向上搭配品种：	兴丰978　龙生19　大民803　先玉335　D399　中地9988
	翔玉319　杜育311　宏硕738　宏博66　瑞普909
可灌溉平地向下搭配品种：	罕玉3　罕玉5　宏博691
无灌溉平地适宜种植品种：	兴垦2　和育188（吉审玉）　先科1　罕玉3　罕玉5
	宏博691
无灌溉平地向上搭配品种：	兴丰66　龙生19　金田1　旺禾8　大民309　先玉1331
	先玉335　中地9988　翔玉319　杜育311　中元999
	宏博66　瑞普909
无灌溉平地向下搭配品种：	金山22　宏博391
阳坡适宜种植品种：	罕玉3　罕玉5　宏博691　金山22　宏博391

阳坡向上搭配品种：　　　兴垦 2　和育 188（吉审玉）　先科 1

阳坡向下搭配品种：　　　兴丰 818　兴丰 17　兴丰 3　罕玉 336　利单 656　丰垦 139

　　　　　　　　　　　　C1563　吉单 27　丰垦 009　华北 140　德禹 201

阴坡适宜种植品种：　　　兴丰 17　兴丰 3　罕玉 336　C1563　吉单 27　丰垦 139

　　　　　　　　　　　　利单 656　丰垦 009　华北 140　金山 22　宏博 391

阴坡向上搭配品种：　　　兴垦 2　先科 1　罕玉 3　罕玉 5　宏博 691

阴坡向下搭配品种：　　　兴丰 818　丰垦 139　德禹 201

（39）洪泉村　砖窑屯（≥10 ℃活动积温 2838.6 ℃·日）

可灌溉平地适宜种植品种：兴丰 978　龙生 19　大民 803　先玉 335　D399　中地 9988

　　　　　　　　　　　　翔玉 319　杜育 311　宏硕 738　宏博 66　瑞普 909

可灌溉平地向上搭配品种：先玉 335　吉东 81　龙雨 6016　科泰 925

可灌溉平地向下搭配品种：兴丰 66　和育 188（吉审玉）　金田 1　旺禾 8　大民 309

　　　　　　　　　　　　先玉 1331　中元 999

无灌溉平地适宜种植品种：兴丰 66　和育 188（吉审玉）　龙生 19　金田 1　旺禾 8

　　　　　　　　　　　　大民 309　先玉 1331　先玉 335　中地 9988　翔玉 319

　　　　　　　　　　　　杜育 311　中元 999　宏博 66　瑞普 909

无灌溉平地向上搭配品种：兴丰 978　大民 803　D399　宏硕 738

无灌溉平地向下搭配品种：兴垦 2　先科 1　罕玉 3　罕玉 5　宏博 691

阳坡适宜种植品种：　　　兴丰 66　兴垦 2　和育 188（吉审玉）　金田 1　旺禾 8

　　　　　　　　　　　　大民 309　先科 1　先玉 1331　中元 999

阳坡向上搭配品种：　　　龙生 19　先玉 335　中地 9988　翔玉 319　杜育 311

　　　　　　　　　　　　宏博 66　瑞普 909

阳坡向下搭配品种：　　　罕玉 3　罕玉 5　宏博 691　金山 22　宏博 391

阴坡适宜种植品种：　　　兴垦 2　和育 188（吉审玉）　先科 1　罕玉 3　罕玉 5

　　　　　　　　　　　　宏博 691

阴坡向上搭配品种：　　　兴丰 66　龙生 19　金田 1　旺禾 8　大民 309　先玉 1331

　　　　　　　　　　　　先玉 335　中地 9988　翔玉 319　杜育 311　中元 999

　　　　　　　　　　　　宏博 66　瑞普 909

阴坡向下搭配品种：　　　金山 22　宏博 391

（40）洪泉村　八虎山（≥10 ℃活动积温 2836.5 ℃·日）

可灌溉平地适宜种植品种：兴丰 978　龙生 19　大民 803　先玉 335　D399　中地 9988

　　　　　　　　　　　　翔玉 319　杜育 311　宏硕 738　宏博 66　瑞普 909

可灌溉平地向上搭配品种：先玉 335　吉东 81　龙雨 6016　科泰 925

可灌溉平地向下搭配品种：兴丰 66　和育 188（吉审玉）　金田 1　旺禾 8　大民 309

　　　　　　　　　　　　先玉 1331　中元 999

无灌溉平地适宜种植品种：兴丰 66　和育 188（吉审玉）　龙生 19　金田 1　旺禾 8

　　　　　　　　　　　　大民 309　先玉 1331　先玉 335　中地 9988　翔玉 319

　　　　　　　　　　　　杜育 311　中元 999　宏博 66　瑞普 909

无灌溉平地向上搭配品种：兴丰 978　大民 803　D399　宏硕 738

无灌溉平地向下搭配品种：兴垦 2　先科 1　罕玉 3　罕玉 5　宏博 691

阳坡适宜种植品种：　　兴丰 66　兴垦 2　和育 188（吉审玉）　金田 1　旺禾 8

　　　　　　　　　　大民 309　先科 1　先玉 1331　中元 999

阳坡向上搭配品种：　　龙生 19　先玉 335　中地 9988　翔玉 319　杜育 311

　　　　　　　　　　宏博 66　瑞普 909

阳坡向下搭配品种：　　罕玉 3　罕玉 5　宏博 691　金山 22　宏博 391

阴坡适宜种植品种：　　兴垦 2　和育 188（吉审玉）　先科 1　罕玉 3　罕玉 5

　　　　　　　　　　宏博 691

阴坡向上搭配品种：　　兴丰 66　龙生 19　金田 1　旺禾 8　大民 309　先玉 1331

　　　　　　　　　　先玉 335　中地 9988　翔玉 319　杜育 311　中元 999

　　　　　　　　　　宏博 66　瑞普 909

阴坡向下搭配品种：　　金山 22　宏博 391

（41）洪泉村　六方地（≥10 ℃活动积温 2654.7 ℃·日）

可灌溉平地适宜种植品种：兴垦 2　先科 1　罕玉 3　罕玉 5　宏博 691

可灌溉平地向上搭配品种：兴丰 66　和育 188（吉审玉）　金田 1　旺禾 8　大民 309

　　　　　　　　　　　　先玉 1331　中元 999

可灌溉平地向下搭配品种：兴丰 17　兴丰 3　罕玉 336　C1563　吉单 27　丰垦 139

　　　　　　　　　　　　利单 656　丰垦 009　华北 140　金山 22　宏博 391

无灌溉平地适宜种植品种：兴丰 17　兴丰 3　罕玉 336　丰垦 139　C1563　吉单 27

　　　　　　　　　　　　利单 656　丰垦 009　华北 140　金山 22　宏博 391

无灌溉平地向上搭配品种：兴垦 2　先科 1　罕玉 3　罕玉 5　宏博 691

无灌溉平地向下搭配品种：兴丰 818　丰垦 139　德禹 201

阳坡适宜种植品种：　　兴丰 818　兴丰 17　兴丰 3　罕玉 336　丰垦 139　利单 656

　　　　　　　　　　C1563　吉单 27　丰垦 009　华北 140　德禹 201

阳坡向上搭配品种：　　金山 22　宏博 391

阳坡向下搭配品种：　　兴丰 68　兴丰 58　丰垦 219　丰垦 008　罕玉 33　登海 19

阴坡适宜种植品种：　　兴丰 818　兴丰 17　兴丰 3　罕玉 336　利单 656　丰垦 139

　　　　　　　　　　C1563　吉单 27　丰垦 009　华北 140　德禹 201

阴坡向上搭配品种：　　金山 22　宏博 391

阴坡向下搭配品种：　　兴丰 68　兴丰 58　丰垦 219　丰垦 008　罕玉 33　登海 19

（42）三合村　中合屯（≥10 ℃活动积温 2737.8 ℃·日）

可灌溉平地适宜种植品种：兴丰 66　兴垦 2　和育 188（吉审玉）　金田 1　旺禾 8

　　　　　　　　　　　　大民 309　先科 1　先玉 1331　中元 999

可灌溉平地向上搭配品种：兴丰 978　龙生 19　大民 803　先玉 335　D399　中地 9988

　　　　　　　　　　　　翔玉 319　杜育 311　宏硕 738　宏博 66　瑞普 909

可灌溉平地向下搭配品种：罕玉 3　罕玉 5　宏博 691

无灌溉平地适宜种植品种：兴垦 2　先科 1　罕玉 3　罕玉 5　宏博 691

无灌溉平地向上搭配品种：兴丰 66　和育 188（吉审玉）　金田 1　旺禾 8　大民 309

　　　　　　　　　　　　先玉 1331　中元 999

无灌溉平地向下搭配品种：兴丰 17　兴丰 3　罕玉 336　C1563　吉单 27　丰垦 139
　　　　　　　　　　　　利单 656　丰垦 009　华北 140　金山 22　宏博 391
阳坡适宜种植品种：　　罕玉 3　罕玉 5　宏博 691　金山 22　宏博 391
阳坡向上搭配品种：　　兴垦 2　先科 1
阳坡向下搭配品种：　　兴丰 818　兴丰 17　兴丰 3　罕玉 336　利单 656　丰垦 139
　　　　　　　　　　　　C1563　吉单 27　丰垦 009　华北 140　德禹 201
阴坡适宜种植品种：　　兴丰 17　兴丰 3　罕玉 336　C1563　吉单 27　丰垦 139
　　　　　　　　　　　　利单 656　丰垦 009　华北 140　金山 22　宏博 391
阴坡向上搭配品种：　　兴垦 2　先科 1　罕玉 3　罕玉 5　宏博 691
阴坡向下搭配品种：　　兴丰 818　丰垦 139　德禹 201

（43）三合村　宝合屯（≥10 ℃活动积温 2718.6 ℃·日）
可灌溉平地适宜种植品种：兴丰 66　兴垦 2　和育 188（吉审玉）　金田 1　旺禾 8
　　　　　　　　　　　　大民 309　先科 1　先玉 1331　中元 999
可灌溉平地向上搭配品种：龙生 19　先玉 335　中地 9988　翔玉 319　杜育 311
　　　　　　　　　　　　宏博 66　瑞普 909
可灌溉平地向下搭配品种：罕玉 3　罕玉 5　宏博 691　金山 22　宏博 391
无灌溉平地适宜种植品种：兴垦 2　先科 1　罕玉 3　罕玉 5　宏博 691
无灌溉平地向上搭配品种：兴丰 66　和育 188（吉审玉）　金田 1　旺禾 8　大民 309
　　　　　　　　　　　　先玉 1331　中元 999
无灌溉平地向下搭配品种：兴丰 17　兴丰 3　罕玉 336　C1563　吉单 27　丰垦 139
　　　　　　　　　　　　利单 656　丰垦 009　华北 140　金山 22　宏博 391
阳坡适宜种植品种：　　兴丰 17　兴丰 3　罕玉 336　C1563　吉单 27　丰垦 139
　　　　　　　　　　　　利单 656　丰垦 009　华北 140　金山 22　宏博 391
阳坡向上搭配品种：　　兴垦 2　先科 1　罕玉 3　罕玉 5　宏博 691
阳坡向下搭配品种：　　兴丰 818　丰垦 139　德禹 201
阴坡适宜种植品种：　　兴丰 17　兴丰 3　罕玉 336　C1563　吉单 27　丰垦 139
　　　　　　　　　　　　利单 656　丰垦 009　华北 140　金山 22　宏博 391
阴坡向上搭配品种：　　罕玉 3　罕玉 5　宏博 691
阴坡向下搭配品种：　　兴丰 68　兴丰 58　兴丰 818　丰垦 139　丰垦 219　丰垦 008
　　　　　　　　　　　　罕玉 33　德禹 201

（44）三合村　永和屯（≥10 ℃活动积温 2864.1 ℃·日）
可灌溉平地适宜种植品种：龙雨 6016　大民 803　科泰 925　D399　宏硕 738
可灌溉平地向上搭配品种：兴丰 978　先玉 335　吉东 81
可灌溉平地向下搭配品种：兴丰 66　龙生 19　金田 1　旺禾 8　大民 309　先玉 1331
　　　　　　　　　　　　先玉 335　中地 9988　翔玉 319　杜育 311　中元 999
　　　　　　　　　　　　宏博 66　瑞普 909
无灌溉平地适宜种植品种：兴丰 978　龙生 19　大民 803　先玉 335　D399　中地 9988
　　　　　　　　　　　　翔玉 319　杜育 311　宏硕 738　宏博 66　瑞普 909
无灌溉平地向上搭配品种：先玉 335　吉东 81　龙雨 6016　科泰 925

无灌溉平地向下搭配品种：兴丰66 兴垦2 和育188（吉审玉） 金田1 旺禾8
大民309 先科1 先玉1331 中元999

阳坡适宜种植品种： 兴丰66 兴垦2 和育188（吉审玉） 金田1 旺禾8
大民309 先科1 先玉1331 中元999

阳坡向上搭配品种： 兴丰978 龙生19 大民803 先玉335 D399 中地9988
翔玉319 杜育311 宏硕738 宏博66 瑞普909

阳坡向下搭配品种： 罕玉3 罕玉5 宏博691

阴坡适宜种植品种： 兴丰66 兴垦2 和育188（吉审玉） 金田1 旺禾8
大民309 先科1 先玉1331 中元999

阴坡向上搭配品种： 龙生19 先玉335 中地9988 翔玉319 杜育311
宏博66 瑞普909

阴坡向下搭配品种： 罕玉3 罕玉5 宏博691 金山22 宏博391

7.8 九龙乡

（1）九龙村 岗岗屯（≥10℃活动积温3075.8℃·日）
可灌溉平地适宜种植品种：兴丰7号 丰田101
可灌溉平地向上搭配品种：郑单958
可灌溉平地向下搭配品种：德美1号 辰诺501
无灌溉平地适宜种植品种：丰田101 辰诺501
无灌溉平地向上搭配品种：兴丰7号 德美1号
无灌溉平地向下搭配品种：先玉335 吉东81 龙雨6016 科泰925
阳坡适宜种植品种： 先玉335 吉东81 龙雨6016 科泰925
阳坡向上搭配品种： 兴丰7号 德美1号 丰田101 辰诺501
阳坡向下搭配品种： 兴丰978 大民803 D399 宏硕738
阴坡适宜种植品种： 先玉335 吉东81 龙雨6016 科泰925
阴坡向上搭配品种： 德美1号 辰诺501
阴坡向下搭配品种： 兴丰978 龙生19 大民803 先玉335 D399 中地9988
翔玉319 杜育311 宏硕738 宏博66 瑞普909

（2）黄花村 前新立屯（≥10℃活动积温3065.5℃·日）
可灌溉平地适宜种植品种：兴丰7号 丰田101
可灌溉平地向上搭配品种：郑单958
可灌溉平地向下搭配品种：德美1号 辰诺501
无灌溉平地适宜种植品种：丰田101 辰诺501
无灌溉平地向上搭配品种：兴丰7号 德美1号
无灌溉平地向下搭配品种：先玉335 吉东81 龙雨6016 科泰925
阳坡适宜种植品种： 先玉335 吉东81 龙雨6016 科泰925
阳坡向上搭配品种： 兴丰7号 德美1号 丰田101 辰诺501
阳坡向下搭配品种： 兴丰978 大民803 D399 宏硕738

阴坡适宜种植品种：　　　　先玉 335　吉东 81　龙雨 6016　科泰 925

阴坡向上搭配品种：　　　　德美 1 号　辰诺 501

阴坡向下搭配品种：　　　　兴丰 978　龙生 19　大民 803　先玉 335　D399　中地 9988

　　　　　　　　　　　　　翔玉 319　杜育 311　宏硕 738　宏博 66　瑞普 909

（3）黄花村　后新立屯（≥10 ℃活动积温 3065.5 ℃·日）

可灌溉平地适宜种植品种：兴丰 7 号　丰田 101

可灌溉平地向上搭配品种：郑单 958

可灌溉平地向下搭配品种：德美 1 号　辰诺 501

无灌溉平地适宜种植品种：丰田 101　辰诺 501

无灌溉平地向上搭配品种：兴丰 7 号　德美 1 号

无灌溉平地向下搭配品种：先玉 335　吉东 81　龙雨 6016　科泰 925

阳坡适宜种植品种：　　　　先玉 335　吉东 81　龙雨 6016　科泰 925

阳坡向上搭配品种：　　　　兴丰 7 号　德美 1 号　丰田 101　辰诺 501

阳坡向下搭配品种：　　　　兴丰 978　大民 803　D399　宏硕 738

阴坡适宜种植品种：　　　　先玉 335　吉东 81　龙雨 6016　科泰 925

阴坡向上搭配品种：　　　　德美 1 号　辰诺 501

阴坡向下搭配品种：　　　　兴丰 978　龙生 19　大民 803　先玉 335　D399　中地 9988

　　　　　　　　　　　　　翔玉 319　杜育 311　宏硕 738　宏博 66　瑞普 909

（4）黄花村　东黄花甸子（≥10 ℃活动积温 2961.1 ℃·日）

可灌溉平地适宜种植品种：德美 1 号　辰诺 501

可灌溉平地向上搭配品种：兴丰 7 号　丰田 101

可灌溉平地向下搭配品种：兴丰 978　先玉 335　吉东 81　龙雨 6016　大民 803

　　　　　　　　　　　　　科泰 925　D399　宏硕 738

无灌溉平地适宜种植品种：先玉 335　吉东 81　龙雨 6016　科泰 925

无灌溉平地向上搭配品种：德美 1 号　辰诺 501

无灌溉平地向下搭配品种：兴丰 978　龙生 19　大民 803　先玉 335　D399　中地 9988

　　　　　　　　　　　　　翔玉 319　杜育 311　宏硕 738　宏博 66　瑞普 909

阳坡适宜种植品种：　　　　兴丰 978　龙生 19　大民 803　先玉 335　D399　中地 9988

　　　　　　　　　　　　　翔玉 319　杜育 311　宏硕 738　宏博 66　瑞普 909

阳坡向上搭配品种：　　　　先玉 335　吉东 81　龙雨 6016　科泰 925

阳坡向下搭配品种：　　　　兴丰 66　和育 188（吉审玉）　金田 1　旺禾 8　大民 309

　　　　　　　　　　　　　先玉 1331　中元 999

阴坡适宜种植品种：　　　　兴丰 978　龙生 19　大民 803　先玉 335　D399　中地 9988

　　　　　　　　　　　　　翔玉 319　杜育 311　宏硕 738　宏博 66　瑞普 909

阴坡向上搭配品种：　　　　先玉 335　吉东 81　龙雨 6016　科泰 925

阴坡向下搭配品种：　　　　兴丰 66　兴垦 2　和育 188（吉审玉）　金田 1　旺禾 8

　　　　　　　　　　　　　大民 309　先科 1　先玉 1331　中元 999

（5）黄花村　西黄花甸子（≥10 ℃活动积温 2986.7 ℃·日）

可灌溉平地适宜种植品种：德美 1 号　辰诺 501

可灌溉平地向上搭配品种：兴丰 7 号　丰田 101

可灌溉平地向下搭配品种：先玉 335　吉东 81　龙雨 6016　科泰 925

无灌溉平地适宜种植品种：先玉 335　吉东 81　龙雨 6016　科泰 925

无灌溉平地向上搭配品种：德美 1 号　辰诺 501

无灌溉平地向下搭配品种：兴丰 978　龙生 19　大民 803　先玉 335　D399　中地 9988
　　　　　　　　　　　　翔玉 319　杜育 311　宏硕 738　宏博 66　瑞普 909

阳坡适宜种植品种：　　大民 803　科泰 925　龙雨 6016　D399　宏硕 738

阳坡向上搭配品种：　　兴丰 978　先玉 335　吉东 81

阳坡向下搭配品种：　　兴丰 66　和育 188（吉审玉）　龙生 19　金田 1　旺禾 8
　　　　　　　　　　　大民 309　先玉 1331　先玉 335　中地 9988　翔玉 319
　　　　　　　　　　　杜育 311　中元 999　宏博 66　瑞普 909

阴坡适宜种植品种：　　兴丰 978　龙生 19　大民 803　先玉 335　D399　中地 9988
　　　　　　　　　　　翔玉 319　杜育 311　宏硕 738　宏博 66　瑞普 909

阴坡向上搭配品种：　　先玉 335　吉东 81　龙雨 6016　科泰 925

阴坡向下搭配品种：　　兴丰 66　和育 188（吉审玉）　金田 1　旺禾 8　大民 309
　　　　　　　　　　　先玉 1331　中元 999

（6）黄花村　东沟屯（≥10 ℃活动积温 3002.2 ℃·日）

可灌溉平地适宜种植品种：丰田 101　辰诺 501

可灌溉平地向上搭配品种：兴丰 7 号　德美 1 号

可灌溉平地向下搭配品种：先玉 335　吉东 81　龙雨 6016　科泰 925

无灌溉平地适宜种植品种：先玉 335　吉东 81　龙雨 6016　科泰 925

无灌溉平地向上搭配品种：兴丰 7 号　德美 1 号　丰田 101　辰诺 501

无灌溉平地向下搭配品种：兴丰 978　大民 803　D399　宏硕 738

阳坡适宜种植品种：　　大民 803　科泰 925　龙雨 6016　D399　宏硕 738

阳坡向上搭配品种：　　兴丰 978　先玉 335　吉东 81

阳坡向下搭配品种：　　兴丰 66　龙生 19　金田 1　旺禾 8　大民 309　先玉 1331
　　　　　　　　　　　先玉 335　中地 9988　翔玉 319　杜育 311　中元 999
　　　　　　　　　　　宏博 66　瑞普 909

阴坡适宜种植品种：　　大民 803　科泰 925　龙雨 6016　D399　宏硕 738

阴坡向上搭配品种：　　兴丰 978　先玉 335　吉东 81

阴坡向下搭配品种：　　兴丰 66　和育 188（吉审玉）　龙生 19　金田 1　旺禾 8
　　　　　　　　　　　大民 309　先玉 1331　先玉 335　中地 9988　翔玉 319
　　　　　　　　　　　杜育 311　中元 999　宏博 66　瑞普 909

（7）九福村　下九福屯（≥10 ℃活动积温 3122.4 ℃·日）

可灌溉平地适宜种植品种：郑单 958

可灌溉平地向上搭配品种：郑单 958

可灌溉平地向下搭配品种：兴丰 7 号　德美 1 号　丰田 101　辰诺 501

无灌溉平地适宜种植品种：兴丰 7 号　丰田 101

无灌溉平地向上搭配品种：郑单 958

无灌溉平地向下搭配品种:德美 1 号　辰诺 501

阳坡适宜种植品种:　　　德美 1 号　辰诺 501

阳坡向上搭配品种:　　　兴丰 7 号　丰田 101

阳坡向下搭配品种:　　　先玉 335　吉东 81　龙雨 6016　科泰 925

阴坡适宜种植品种:　　　德美 1 号　辰诺 501

阴坡向上搭配品种:　　　兴丰 7 号　丰田 101

阴坡向下搭配品种:　　　兴丰 978　先玉 335　吉东 81　大民 803　科泰 925

　　　　　　　　　　　龙雨 6016　D399　宏硕 738

（8）九福村　汉家屯（≥10 ℃活动积温 3093.2 ℃·日）

可灌溉平地适宜种植品种:兴丰 7 号　丰田 101

可灌溉平地向上搭配品种:郑单 958

可灌溉平地向下搭配品种:德美 1 号　辰诺 501

无灌溉平地适宜种植品种:兴丰 7 号　德美 1 号

无灌溉平地向上搭配品种:郑单 958

无灌溉平地向下搭配品种:丰田 101　辰诺 501

阳坡适宜种植品种:　　　德美 1 号　辰诺 501

阳坡向上搭配品种:　　　兴丰 7 号　丰田 101

阳坡向下搭配品种:　　　兴丰 978　先玉 335　吉东 81　大民 803　科泰 925

　　　　　　　　　　　龙雨 6016　D399　宏硕 738

阴坡适宜种植品种:　　　先玉 335　吉东 81　龙雨 6016　科泰 925

阴坡向上搭配品种:　　　兴丰 7 号　德美 1 号　丰田 101　辰诺 501

阴坡向下搭配品种:　　　兴丰 978　大民 803　D399　宏硕 738

（9）九福村　上九福（≥10 ℃活动积温 3128.8 ℃·日）

可灌溉平地适宜种植品种:郑单 958

可灌溉平地向上搭配品种:郑单 958

可灌溉平地向下搭配品种:兴丰 7 号　德美 1 号　丰田 101　辰诺 501

无灌溉平地适宜种植品种:兴丰 7 号　丰田 101

无灌溉平地向上搭配品种:郑单 958

无灌溉平地向下搭配品种:德美 1 号　辰诺 501

阳坡适宜种植品种:　　　德美 1 号　辰诺 501

阳坡向上搭配品种:　　　兴丰 7 号　丰田 101

阳坡向下搭配品种:　　　先玉 335　吉东 81　龙雨 6016　科泰 925

阴坡适宜种植品种:　　　德美 1 号　辰诺 501

阴坡向上搭配品种:　　　兴丰 7 号　丰田 101

阴坡向下搭配品种:　　　兴丰 978　先玉 335　吉东 81　大民 803　科泰 925

　　　　　　　　　　　龙雨 6016　D399　宏硕 738

（10）九顶村　昭阁营子（≥10 ℃活动积温 3115.4 ℃·日）

可灌溉平地适宜种植品种:郑单 958

可灌溉平地向上搭配品种:郑单 958

可灌溉平地向下搭配品种:兴丰 7 号　德美 1 号　丰田 101　辰诺 501

无灌溉平地适宜种植品种:兴丰 7 号　丰田 101

无灌溉平地向上搭配品种:郑单 958

无灌溉平地向下搭配品种:德美 1 号　辰诺 501

阳坡适宜种植品种:　　　德美 1 号　辰诺 501

阳坡向上搭配品种:　　　兴丰 7 号　丰田 101

阳坡向下搭配品种:　　　先玉 335　吉东 81　龙雨 6016　科泰 925

阴坡适宜种植品种:　　　德美 1 号　辰诺 501

阴坡向上搭配品种:　　　兴丰 7 号　丰田 101

阴坡向下搭配品种:　　　兴丰 978　先玉 335　吉东 81　大民 803　科泰 925

　　　　　　　　　　　　龙雨 6016　D399　宏硕 738

（11）新风村　梁家围子（≥10 ℃活动积温 3054.8 ℃·日）

可灌溉平地适宜种植品种:兴丰 7 号　丰田 101

可灌溉平地向上搭配品种:郑单 958

可灌溉平地向下搭配品种:德美 1 号　辰诺 501

无灌溉平地适宜种植品种:德美 1 号　辰诺 501

无灌溉平地向上搭配品种:兴丰 7 号　丰田 101

无灌溉平地向下搭配品种:先玉 335　吉东 81　龙雨 6016　科泰 925

阳坡适宜种植品种:　　　先玉 335　吉东 81　龙雨 6016　科泰 925

阳坡向上搭配品种:　　　德美 1 号　辰诺 501

阳坡向下搭配品种:　　　兴丰 978　龙生 19　大民 803　先玉 335　D399　中地 9988

　　　　　　　　　　　　翔玉 319　杜育 311　宏硕 738　宏博 66　瑞普 909

阴坡适宜种植品种:　　　先玉 335　吉东 81　龙雨 6016　科泰 925

阴坡向上搭配品种:　　　德美 1 号　辰诺 501

阴坡向下搭配品种:　　　兴丰 978　龙生 19　大民 803　先玉 335　D399　中地 9988

　　　　　　　　　　　　翔玉 319　杜育 311　宏硕 738　宏博 66　瑞普 909

（12）新风村　高家围子（≥10 ℃活动积温 3027.7 ℃·日）

可灌溉平地适宜种植品种:丰田 101　辰诺 501

可灌溉平地向上搭配品种:兴丰 7 号　德美 1 号

可灌溉平地向下搭配品种:先玉 335　吉东 81　龙雨 6016　科泰 925

无灌溉平地适宜种植品种:德美 1 号　辰诺 501

无灌溉平地向上搭配品种:兴丰 7 号　丰田 101

无灌溉平地向下搭配品种:兴丰 978　先玉 335　吉东 81　大民 803　科泰 925

　　　　　　　　　　　　龙雨 6016　D399　宏硕 738

阳坡适宜种植品种:　　　兴丰 978　先玉 335　吉东 81　大民 803　科泰 925

　　　　　　　　　　　　龙雨 6016　D399　宏硕 738

阳坡向上搭配品种:　　　德美 1 号　辰诺 501

阳坡向下搭配品种:　　　龙生 19　先玉 335　中地 9988　翔玉 319　杜育 311

　　　　　　　　　　　　宏博 66　瑞普 909

阴坡适宜种植品种：　　　大民 803　科泰 925　龙雨 6016　D399　宏硕 738

阴坡向上搭配品种：　　　兴丰 978　先玉 335　吉东 81

阴坡向下搭配品种：　　　兴丰 66　龙生 19　金田 1　旺禾 8　大民 309　先玉 1331

　　　　　　　　　　　　先玉 335　中地 9988　翔玉 319　杜育 311　中元 999

　　　　　　　　　　　　宏博 66　瑞普 909

（13）兴安堡村　兴安堡屯（≥10 ℃活动积温 2648.5 ℃·日）

可灌溉平地适宜种植品种：罕玉 3　罕玉 5　宏博 691　金山 22　宏博 391

可灌溉平地向上搭配品种：兴丰 66　兴垦 2　和育 188（吉审玉）　金田 1　旺禾 8

　　　　　　　　　　　　大民 309　先科 1　先玉 1331　中元 999

可灌溉平地向下搭配品种：兴丰 17　兴丰 3　罕玉 336　C1563　吉单 27　丰垦 139

　　　　　　　　　　　　利单 656　丰垦 009　华北 140

无灌溉平地适宜种植品种：兴丰 17　兴丰 3　罕玉 336　C1563　吉单 27　丰垦 139

　　　　　　　　　　　　利单 656　丰垦 009　华北 140　金山 22　宏博 391

无灌溉平地向上搭配品种：兴垦 2　先科 1　罕玉 3　罕玉 5　宏博 691

无灌溉平地向下搭配品种：兴丰 818　丰垦 139　德禹 201

阳坡适宜种植品种：　　　兴丰 818　兴丰 17　兴丰 3　罕玉 336　利单 656　丰垦 139

　　　　　　　　　　　　C1563　吉单 27　丰垦 009　华北 140　德禹 201

阳坡向上搭配品种：　　　金山 22　宏博 391

阳坡向下搭配品种：　　　兴丰 68　兴丰 58　丰垦 219　丰垦 008　罕玉 33　登海 19

阴坡适宜种植品种：　　　兴丰 68　兴丰 58　兴丰 818　丰垦 139　丰垦 219　丰垦 008

　　　　　　　　　　　　罕玉 33　德禹 201

阴坡向上搭配品种：　　　兴丰 17　兴丰 3　罕玉 336　C1563　吉单 27　丰垦 139

　　　　　　　　　　　　利单 656　丰垦 009　华北 140　金山 22　宏博 391

阴坡向下搭配品种：　　　登海 19

（14）长春岭村　西长春岭（≥10 ℃活动积温 3056.9 ℃·日）

可灌溉平地适宜种植品种：兴丰 7 号　丰田 101

可灌溉平地向上搭配品种：郑单 958

可灌溉平地向下搭配品种：德美 1 号　辰诺 501

无灌溉平地适宜种植品种：德美 1 号　辰诺 501

无灌溉平地向上搭配品种：兴丰 7 号　丰田 101

无灌溉平地向下搭配品种：先玉 335　吉东 81　龙雨 6016　科泰 925

阳坡适宜种植品种：　　　先玉 335　吉东 81　龙雨 6016　科泰 925

阳坡向上搭配品种：　　　德美 1 号　辰诺 501

阳坡向下搭配品种：　　　兴丰 978　龙生 19　大民 803　先玉 335　D399　中地 9988

　　　　　　　　　　　　翔玉 319　杜育 311　宏硕 738　宏博 66　瑞普 909

阴坡适宜种植品种：　　　先玉 335　吉东 81　龙雨 6016　科泰 925

阴坡向上搭配品种：　　　德美 1 号　辰诺 501

阴坡向下搭配品种：　　　兴丰 978　龙生 19　大民 803　先玉 335　D399　中地 9988

　　　　　　　　　　　　翔玉 319　杜育 311　宏硕 738　宏博 66　瑞普 909

（15）长春岭村　东长春岭（≥10℃活动积温3033.4℃·日）

可灌溉平地适宜种植品种:兴丰7号　德美1号

可灌溉平地向上搭配品种:郑单958

可灌溉平地向下搭配品种:丰田101　辰诺501

无灌溉平地适宜种植品种:德美1号　辰诺501

无灌溉平地向上搭配品种:兴丰7号　丰田101

无灌溉平地向下搭配品种:兴丰978　先玉335　吉东81　大民803　科泰925

　　　　　　　　　　　　龙雨6016　D399　宏硕738

阳坡适宜种植品种:　　　先玉335　吉东81　龙雨6016　科泰925

阳坡向上搭配品种:　　　德美1号　辰诺501

阳坡向下搭配品种:　　　兴丰978　龙生19　大民803　先玉335　D399　中地9988

　　　　　　　　　　　　翔玉319　杜育311　宏硕738　宏博66　瑞普909

阴坡适宜种植品种:　　　兴丰978　先玉335　吉东81　大民803　科泰925

　　　　　　　　　　　　龙雨6016　D399　宏硕738

阴坡向上搭配品种:　　　德美1号　辰诺501

阴坡向下搭配品种:　　　龙生19　先玉335　中地9988　翔玉319　杜育311

　　　　　　　　　　　　宏博66　瑞普909

（16）东兴村　　前十家子（≥10℃活动积温3104.2℃·日）

可灌溉平地适宜种植品种:郑单958

可灌溉平地向上搭配品种:郑单958

可灌溉平地向下搭配品种:兴丰7号　德美1号　丰田101　辰诺501

无灌溉平地适宜种植品种:兴丰7号　丰田101

无灌溉平地向上搭配品种:郑单958

无灌溉平地向下搭配品种:德美1号　辰诺501

阳坡适宜种植品种:　　　德美1号　辰诺501

阳坡向上搭配品种:　　　兴丰7号　丰田101

阳坡向下搭配品种:　　　兴丰978　先玉335　吉东81　大民803　科泰925

　　　　　　　　　　　　龙雨6016　D399　宏硕738

阴坡适宜种植品种:　　　德美1号　辰诺501

阴坡向上搭配品种:　　　兴丰7号　丰田101

阴坡向下搭配品种:　　　兴丰978　先玉335　吉东81　大民803　科泰925

　　　　　　　　　　　　龙雨6016　D399　宏硕738

（17）十家子村　　后十家子屯（≥10℃活动积温3097.7℃·日）

可灌溉平地适宜种植品种:兴丰7号　丰田101

可灌溉平地向上搭配品种:郑单958

可灌溉平地向下搭配品种:德美1号　辰诺501

无灌溉平地适宜种植品种:兴丰7号　丰田101

无灌溉平地向上搭配品种:郑单958

无灌溉平地向下搭配品种:德美1号　辰诺501

阳坡适宜种植品种：	德美 1 号	辰诺 501			
阳坡向上搭配品种：	兴丰 7 号	丰田 101			
阳坡向下搭配品种：	兴丰 978	先玉 335	吉东 81	大民 803	科泰 925
	龙雨 6016	D399	宏硕 738		
阴坡适宜种植品种：	先玉 335	吉东 81	龙雨 6016	科泰 925	
阴坡向上搭配品种：	兴丰 7 号	德美 1 号	丰田 101	辰诺 501	
阴坡向下搭配品种：	兴丰 978	大民 803	D399	宏硕 738	

（18）吴家店村　吴家店屯（≥10 ℃活动积温 3106.3 ℃·日）

可灌溉平地适宜种植品种：郑单 958

可灌溉平地向上搭配品种：郑单 958

可灌溉平地向下搭配品种：兴丰 7 号　德美 1 号　丰田 101　辰诺 501

无灌溉平地适宜种植品种：兴丰 7 号　丰田 101

无灌溉平地向上搭配品种：郑单 958

无灌溉平地向下搭配品种：德美 1 号　辰诺 501

阳坡适宜种植品种：	德美 1 号	辰诺 501			
阳坡向上搭配品种：	兴丰 7 号	丰田 101			
阳坡向下搭配品种：	兴丰 978	先玉 335	吉东 81	大民 803	科泰 925
	龙雨 6016	D399	宏硕 738		
阴坡适宜种植品种：	德美 1 号	辰诺 501			
阴坡向上搭配品种：	兴丰 7 号	丰田 101			
阴坡向下搭配品种：	兴丰 978	先玉 335	吉东 81	大民 803	科泰 925
	龙雨 6016	D399	宏硕 738		

（19）莲花村　陈邰屯（≥10 ℃活动积温 3104.2 ℃·日）

可灌溉平地适宜种植品种：郑单 958

可灌溉平地向上搭配品种：郑单 958

可灌溉平地向下搭配品种：兴丰 7 号　德美 1 号　丰田 101　辰诺 501

无灌溉平地适宜种植品种：兴丰 7 号　　丰田 101

无灌溉平地向上搭配品种：郑单 958

无灌溉平地向下搭配品种：德美 1 号　辰诺 501

阳坡适宜种植品种：	德美 1 号	辰诺 501			
阳坡向上搭配品种：	兴丰 7 号	丰田 101			
阳坡向下搭配品种：	兴丰 978	先玉 335	吉东 81	大民 803	科泰 925
	龙雨 6016	D399	宏硕 738		
阴坡适宜种植品种：	德美 1 号	辰诺 501			
阴坡向上搭配品种：	兴丰 7 号	丰田 101			
阴坡向下搭配品种：	兴丰 978	先玉 335	吉东 81	大民 803	科泰 925
	龙雨 6016	D399	宏硕 738		

（20）永丰村　周家围子（≥10 ℃活动积温 3065.5 ℃·日）

可灌溉平地适宜种植品种：兴丰 7 号　丰田 101

可灌溉平地向上搭配品种：郑单 958

可灌溉平地向下搭配品种：德美 1 号　辰诺 501

无灌溉平地适宜种植品种：德美 1 号　辰诺 501

无灌溉平地向上搭配品种：兴丰 7 号　丰田 101

无灌溉平地向下搭配品种：先玉 335　吉东 81　龙雨 6016　科泰 925

阳坡适宜种植品种：　　　先玉 335　吉东 81　龙雨 6016　科泰 925

阳坡向上搭配品种：　　　兴丰 7 号　德美 1 号　丰田 101　辰诺 501

阳坡向下搭配品种：　　　兴丰 978　大民 803　D399　宏硕 738

阴坡适宜种植品种：　　　先玉 335　吉东 81　龙雨 6016　科泰 925

阴坡向上搭配品种：　　　德美 1 号　辰诺 501

阴坡向下搭配品种：　　　兴丰 978　龙生 19　大民 803　先玉 335　D399　中地 9988

　　　　　　　　　　　　翔玉 319　杜育 311　宏硕 738　宏博 66　瑞普 909

（21）永丰村　孙家围子（≥10 ℃活动积温 2990.9 ℃·日）

可灌溉平地适宜种植品种：德美 1 号　辰诺 501

可灌溉平地向上搭配品种：兴丰 7 号　丰田 101

可灌溉平地向下搭配品种：先玉 335　吉东 81　龙雨 6016　科泰 925

无灌溉平地适宜种植品种：先玉 335　吉东 81　龙雨 6016　科泰 925

无灌溉平地向上搭配品种：兴丰 7 号　德美 1 号　丰田 101　辰诺 501

无灌溉平地向下搭配品种：兴丰 978　大民 803　D399　宏硕 738

阳坡适宜种植品种：　　　大民 803　科泰 925　龙雨 6016　D399　宏硕 738

阳坡向上搭配品种：　　　兴丰 978　先玉 335　吉东 81

阳坡向下搭配品种：　　　兴丰 66　龙生 19　金田 1　旺禾 8　大民 309　先玉 1331

　　　　　　　　　　　　先玉 335　中地 9988　翔玉 319　杜育 311　中元 999

　　　　　　　　　　　　宏博 66　瑞普 909

阴坡适宜种植品种：　　　兴丰 978　龙生 19　大民 803　先玉 335　D399　中地 9988

　　　　　　　　　　　　翔玉 319　杜育 311　宏硕 738　宏博 66　瑞普 909

阴坡向上搭配品种：　　　先玉 335　吉东 81　龙雨 6016　科泰 925

阴坡向下搭配品种：　　　兴丰 66　和育 188（吉审玉）　金田 1　旺禾 8　大民 309

　　　　　　　　　　　　先玉 1331　中元 999

7.9　太平乡

（1）曙光村　大林家屯（≥10 ℃活动积温 3059.2 ℃·日）

可灌溉平地适宜种植品种：兴丰 7 号　丰田 101

可灌溉平地向上搭配品种：郑单 958

可灌溉平地向下搭配品种：德美 1 号　辰诺 501

无灌溉平地适宜种植品种：德美 1 号　辰诺 501

无灌溉平地向上搭配品种：兴丰 7 号　丰田 101

无灌溉平地向下搭配品种：先玉 335　吉东 81　龙雨 6016　科泰 925

阳坡适宜种植品种：	先玉 335　吉东 81　龙雨 6016　科泰 925
阳坡向上搭配品种：	德美 1 号　辰诺 501
阳坡向下搭配品种：	兴丰 978　龙生 19　大民 803　先玉 335　D399　中地 9988
	翔玉 319　杜育 311　宏硕 738　宏博 66　瑞普 909
阴坡适宜种植品种：	先玉 335　吉东 81　龙雨 6016　科泰 925
阴坡向上搭配品种：	德美 1 号　辰诺 501
阴坡向下搭配品种：	兴丰 978　龙生 19　大民 803　先玉 335　D399　中地 9988
	翔玉 319　杜育 311　宏硕 738　宏博 66　瑞普 909

（2）曙光村　小孟家屯（≥10 ℃活动积温 3016 ℃·日）

可灌溉平地适宜种植品种：德美 1 号　辰诺 501
可灌溉平地向上搭配品种：兴丰 7 号　丰田 101
可灌溉平地向下搭配品种：先玉 335　吉东 81　龙雨 6016　科泰 925
无灌溉平地适宜种植品种：德美 1 号　辰诺 501
无灌溉平地向上搭配品种：兴丰 7 号　丰田 101
无灌溉平地向下搭配品种：兴丰 978　先玉 335　吉东 81　大民 803　科泰 925
　　　　　　　　　　　龙雨 6016　D399　宏硕 738

阳坡适宜种植品种：	兴丰 978　先玉 335　吉东 81　大民 803　科泰 925
	龙雨 6016　D399　宏硕 738
阳坡向上搭配品种：	德美 1 号　辰诺 501
阳坡向下搭配品种：	龙生 19　先玉 335　中地 9988　翔玉 319　杜育 311
	宏博 66　瑞普 909
阴坡适宜种植品种：	大民 803　科泰 925　龙雨 6016　D399　宏硕 738
阴坡向上搭配品种：	兴丰 978　先玉 335　吉东 81
阴坡向下搭配品种：	兴丰 66　龙生 19　金田 1　旺禾 8　大民 309　先玉 1331
	先玉 335　中地 9988　翔玉 319　杜育 311　中元 999
	宏博 66　瑞普 909

（3）新龙村　三合屯（≥10 ℃活动积温 3111.3 ℃·日）

可灌溉平地适宜种植品种：郑单 958
可灌溉平地向上搭配品种：郑单 958
可灌溉平地向下搭配品种：兴丰 7 号　德美 1 号　丰田 101　辰诺 501
无灌溉平地适宜种植品种：兴丰 7 号　丰田 101
无灌溉平地向上搭配品种：郑单 958
无灌溉平地向下搭配品种：德美 1 号　辰诺 501

阳坡适宜种植品种：	德美 1 号　辰诺 501
阳坡向上搭配品种：	兴丰 7 号　丰田 101
阳坡向下搭配品种：	先玉 335　吉东 81　龙雨 6016　科泰 925
阴坡适宜种植品种：	德美 1 号　辰诺 501
阴坡向上搭配品种：	兴丰 7 号　丰田 101
阴坡向下搭配品种：	兴丰 978　先玉 335　吉东 81　大民 803　科泰 925

龙雨 6016　D399　宏硕 738

（4）五三村　后杨树屯（≥10 ℃活动积温 3093.3 ℃·日）

可灌溉平地适宜种植品种:兴丰 7 号　丰田 101
可灌溉平地向上搭配品种:郑单 958
可灌溉平地向下搭配品种:德美 1 号　辰诺 501
无灌溉平地适宜种植品种:兴丰 7 号　丰田 101
无灌溉平地向上搭配品种:郑单 958
无灌溉平地向下搭配品种:德美 1 号　辰诺 501
阳坡适宜种植品种:　　　德美 1 号　辰诺 501
阳坡向上搭配品种:　　　兴丰 7 号　丰田 101
阳坡向下搭配品种:　　　兴丰 978　先玉 335　吉东 81　大民 803　科泰 925
　　　　　　　　　　　　龙雨 6016　D399　宏硕 738
阴坡适宜种植品种:　　　先玉 335　吉东 81　龙雨 6016　科泰 925
阴坡向上搭配品种:　　　兴丰 7 号　德美 1 号　丰田 101　辰诺 501
阴坡向下搭配品种:　　　兴丰 978　大民 803　D399　宏硕 738

（5）五三村　前杨树屯（≥10 ℃活动积温 3060.7 ℃·日）

可灌溉平地适宜种植品种:兴丰 7 号　丰田 101
可灌溉平地向上搭配品种:郑单 958
可灌溉平地向下搭配品种:德美 1 号　辰诺 501
无灌溉平地适宜种植品种:德美 1 号　辰诺 501
无灌溉平地向上搭配品种:兴丰 7 号　丰田 101
无灌溉平地向下搭配品种:先玉 335　吉东 81　龙雨 6016　科泰 925
阳坡适宜种植品种:　　　先玉 335　吉东 81　龙雨 6016　科泰 925
阳坡向上搭配品种:　　　兴丰 7 号　德美 1 号　丰田 101　辰诺 501
阳坡向下搭配品种:　　　兴丰 978　大民 803　D399　宏硕 738
阴坡适宜种植品种:　　　先玉 335　吉东 81　龙雨 6016　科泰 925
阴坡向上搭配品种:　　　德美 1 号　辰诺 501
阴坡向下搭配品种:　　　兴丰 978　龙生 19　大民 803　先玉 335　D399　中地 9988
　　　　　　　　　　　　翔玉 319　杜育 311　宏硕 738　宏博 66　瑞普 909

（6）五三村　赵家屯（≥10 ℃活动积温 3060.7 ℃·日）

可灌溉平地适宜种植品种:兴丰 7 号　丰田 101
可灌溉平地向上搭配品种:郑单 958
可灌溉平地向下搭配品种:德美 1 号　辰诺 501
无灌溉平地适宜种植品种:德美 1 号　辰诺 501
无灌溉平地向上搭配品种:兴丰 7 号　丰田 101
无灌溉平地向下搭配品种:先玉 335　吉东 81　龙雨 6016　科泰 925
阳坡适宜种植品种:　　　先玉 335　吉东 81　龙雨 6016　科泰 925
阳坡向上搭配品种:　　　兴丰 7 号　德美 1 号　丰田 101　辰诺 501
阳坡向下搭配品种:　　　兴丰 978　大民 803　D399　宏硕 738

阴坡适宜种植品种：	先玉 335	吉东 81	龙雨 6016	科泰 925
阴坡向上搭配品种：	德美 1 号	辰诺 501		
阴坡向下搭配品种：	兴丰 978	龙生 19	大民 803	先玉 335　D399　中地 9988
	翔玉 319	杜育 311	宏硕 738	宏博 66　瑞普 909

（7）五三村　井家屯（≥10 ℃活动积温 3093.3 ℃·日）

可灌溉平地适宜种植品种：兴丰 7 号　丰田 101

可灌溉平地向上搭配品种：郑单 958

可灌溉平地向下搭配品种：德美 1 号　辰诺 501

无灌溉平地适宜种植品种：兴丰 7 号　丰田 101

无灌溉平地向上搭配品种：郑单 958

无灌溉平地向下搭配品种：德美 1 号　辰诺 501

阳坡适宜种植品种：	德美 1 号	辰诺 501		
阳坡向上搭配品种：	兴丰 7 号	丰田 101		
阳坡向下搭配品种：	兴丰 978	先玉 335	吉东 81	大民 803　科泰 925
	龙雨 6016	D399	宏硕 738	
阴坡适宜种植品种：	先玉 335	吉东 81	龙雨 6016	科泰 925
阴坡向上搭配品种：	兴丰 7 号	德美 1 号	丰田 101	辰诺 501
阴坡向下搭配品种：	兴丰 978	大民 803	D399	宏硕 738

（8）马吉拉湖村　马吉拉湖屯（≥10 ℃活动积温 3225.9 ℃·日）

可灌溉平地适宜种植品种：郑单 958

可灌溉平地向上搭配品种：郑单 958

可灌溉平地向下搭配品种：郑单 958

无灌溉平地适宜种植品种：郑单 958

无灌溉平地向上搭配品种：郑单 958

无灌溉平地向下搭配品种：兴丰 7 号　丰田 101

阳坡适宜种植品种：	兴丰 7 号	丰田 101
阳坡向上搭配品种：	郑单 958	
阳坡向下搭配品种：	德美 1 号	辰诺 501
阴坡适宜种植品种：	兴丰 7 号	丰田 101
阴坡向上搭配品种：	郑单 958	
阴坡向下搭配品种：	德美 1 号	辰诺 501

（9）福兴村　姚家屯（≥10 ℃活动积温 3096.3 ℃·日）

可灌溉平地适宜种植品种：兴丰 7 号　丰田 101

可灌溉平地向上搭配品种：郑单 958

可灌溉平地向下搭配品种：德美 1 号　辰诺 501

无灌溉平地适宜种植品种：兴丰 7 号　丰田 101

无灌溉平地向上搭配品种：郑单 958

无灌溉平地向下搭配品种：德美 1 号　辰诺 501

阳坡适宜种植品种：	德美 1 号	辰诺 501

阳坡向上搭配品种：　　　兴丰 7 号　丰田 101

阳坡向下搭配品种：　　　兴丰 978　先玉 335　吉东 81　大民 803　科泰 925

　　　　　　　　　　　　龙雨 6016　D399　宏硕 738

阴坡适宜种植品种：　　　先玉 335　吉东 81　龙雨 6016　科泰 925

阴坡向上搭配品种：　　　兴丰 7 号　德美 1 号　丰田 101　辰诺 501

阴坡向下搭配品种：　　　兴丰 978　大民 803　D399　宏硕 738

（10）福兴村　　小八队（≥10℃活动积温 3190.9℃·日）

可灌溉平地适宜种植品种：郑单 958

可灌溉平地向上搭配品种：郑单 958

可灌溉平地向下搭配品种：郑单 958

无灌溉平地适宜种植品种：郑单 958

无灌溉平地向上搭配品种：郑单 958

无灌溉平地向下搭配品种：兴丰 7 号　丰田 101

阳坡适宜种植品种：　　　兴丰 7 号　丰田 101

阳坡向上搭配品种：　　　郑单 958

阳坡向下搭配品种：　　　德美 1 号　辰诺 501

阴坡适宜种植品种：　　　兴丰 7 号　丰田 101

阴坡向上搭配品种：　　　郑单 958

阴坡向下搭配品种：　　　德美 1 号　辰诺 501

（11）太本村　　太本站（≥10℃活动积温 3204.8℃·日）

可灌溉平地适宜种植品种：郑单 958

可灌溉平地向上搭配品种：郑单 958

可灌溉平地向下搭配品种：郑单 958

无灌溉平地适宜种植品种：郑单 958

无灌溉平地向上搭配品种：郑单 958

无灌溉平地向下搭配品种：兴丰 7 号　丰田 101

阳坡适宜种植品种：　　　兴丰 7 号　丰田 101

阳坡向上搭配品种：　　　郑单 958

阳坡向下搭配品种：　　　德美 1 号　辰诺 501

阴坡适宜种植品种：　　　兴丰 7 号　丰田 101

阴坡向上搭配品种：　　　郑单 958

阴坡向下搭配品种：　　　德美 1 号　辰诺 501

（12）太本村　　北牛窝铺屯（≥10℃活动积温 3250.2℃·日）

可灌溉平地适宜种植品种：郑单 958

可灌溉平地向上搭配品种：郑单 958

可灌溉平地向下搭配品种：郑单 958

无灌溉平地适宜种植品种：郑单 958

无灌溉平地向上搭配品种：郑单 958

无灌溉平地向下搭配品种：郑单 958

阳坡适宜种植品种：　　　郑单 958

阳坡向上搭配品种：　　　郑单 958

阳坡向下搭配品种：　　　兴丰 7 号　德美 1 号　丰田 101　辰诺 501

阴坡适宜种植品种：　　　郑单 958

阴坡向上搭配品种：　　　郑单 958

阴坡向下搭配品种：　　　兴丰 7 号　德美 1 号　丰田 101　辰诺 501

（13）兴隆山村　前兴隆山屯（≥10 ℃活动积温 3218.6 ℃·日）

可灌溉平地适宜种植品种：郑单 958

可灌溉平地向上搭配品种：郑单 958

可灌溉平地向下搭配品种：郑单 958

无灌溉平地适宜种植品种：郑单 958

无灌溉平地向上搭配品种：郑单 958

无灌溉平地向下搭配品种：兴丰 7 号　丰田 101

阳坡适宜种植品种：　　　兴丰 7 号　丰田 101

阳坡向上搭配品种：　　　郑单 958

阳坡向下搭配品种：　　　德美 1 号　辰诺 501

阴坡适宜种植品种：　　　兴丰 7 号　丰田 101

阴坡向上搭配品种：　　　郑单 958

阴坡向下搭配品种：　　　德美 1 号　辰诺 501

（14）兴隆山村　后兴隆山屯（≥10 ℃活动积温 3206.5 ℃·日）

可灌溉平地适宜种植品种：郑单 958

可灌溉平地向上搭配品种：郑单 958

可灌溉平地向下搭配品种：郑单 958

无灌溉平地适宜种植品种：郑单 958

无灌溉平地向上搭配品种：郑单 958

无灌溉平地向下搭配品种：兴丰 7 号　丰田 101

阳坡适宜种植品种：　　　兴丰 7 号　丰田 101

阳坡向上搭配品种：　　　郑单 958

阳坡向下搭配品种：　　　德美 1 号　辰诺 501

阴坡适宜种植品种：　　　兴丰 7 号　丰田 101

阴坡向上搭配品种：　　　郑单 958

阴坡向下搭配品种：　　　德美 1 号　辰诺 501

（15）兴隆山村　东兴隆山屯（≥10 ℃活动积温 3160.2 ℃·日）

可灌溉平地适宜种植品种：郑单 958

可灌溉平地向上搭配品种：郑单 958

可灌溉平地向下搭配品种：兴丰 7 号　丰田 101

无灌溉平地适宜种植品种：郑单 958

无灌溉平地向上搭配品种：郑单 958

无灌溉平地向下搭配品种：兴丰 7 号　德美 1 号　丰田 101　辰诺 501

阳坡适宜种植品种： 兴丰 7 号　丰田 101

阳坡向上搭配品种： 郑单 958

阳坡向下搭配品种： 德美 1 号　辰诺 501

阴坡适宜种植品种： 德美 1 号　辰诺 501

阴坡向上搭配品种： 兴丰 7 号　丰田 101

阴坡向下搭配品种： 先玉 335　吉东 81　龙雨 6016　科泰 925

（16）赛银花村　赛银花屯（≥10 ℃活动积温 3053.5 ℃·日）

可灌溉平地适宜种植品种：兴丰 7 号　丰田 101

可灌溉平地向上搭配品种：郑单 958

可灌溉平地向下搭配品种：德美 1 号　辰诺 501

无灌溉平地适宜种植品种：德美 1 号　辰诺 501

无灌溉平地向上搭配品种：兴丰 7 号　丰田 101

无灌溉平地向下搭配品种：先玉 335　吉东 81　龙雨 6016　科泰 925

阳坡适宜种植品种： 先玉 335　吉东 81　龙雨 6016　科泰 925

阳坡向上搭配品种： 德美 1 号　辰诺 501

阳坡向下搭配品种： 兴丰 978　龙生 19　大民 803　先玉 335　D399　中地 9988
翔玉 319　杜育 311　宏硕 738　宏博 66　瑞普 909

阴坡适宜种植品种： 先玉 335　吉东 81　龙雨 6016　科泰 925

阴坡向上搭配品种： 德美 1 号　辰诺 501

阴坡向下搭配品种： 兴丰 978　龙生 19　大民 803　先玉 335　D399　中地 9988
翔玉 319　杜育 311　宏硕 738　宏博 66　瑞普 909

（17）赛银花村　牛家屯（≥10 ℃活动积温 3055.6 ℃·日）

可灌溉平地适宜种植品种：兴丰 7 号　丰田 101

可灌溉平地向上搭配品种：郑单 958

可灌溉平地向下搭配品种：德美 1 号　辰诺 501

无灌溉平地适宜种植品种：德美 1 号　辰诺 501

无灌溉平地向上搭配品种：兴丰 7 号　丰田 101

无灌溉平地向下搭配品种：先玉 335　吉东 81　龙雨 6016　科泰 925

阳坡适宜种植品种： 先玉 335　吉东 81　龙雨 6016　科泰 925

阳坡向上搭配品种： 德美 1 号　辰诺 501

阳坡向下搭配品种： 兴丰 978　龙生 19　大民 803　先玉 335　D399　中地 9988
翔玉 319　杜育 311　宏硕 738　宏博 66　瑞普 909

阴坡适宜种植品种： 先玉 335　吉东 81　龙雨 6016　科泰 925

阴坡向上搭配品种： 德美 1 号　辰诺 501

阴坡向下搭配品种： 兴丰 978　龙生 19　大民 803　先玉 335　D399　中地 9988
翔玉 319　杜育 311　宏硕 738　宏博 66　瑞普 909

（18）赛银花村　黄家屯（≥10 ℃活动积温 3101.9 ℃·日）

可灌溉平地适宜种植品种：郑单 958

可灌溉平地向上搭配品种：郑单 958

可灌溉平地向下搭配品种:兴丰 7 号　德美 1 号　丰田 101　辰诺 501
无灌溉平地适宜种植品种:兴丰 7 号　丰田 101
无灌溉平地向上搭配品种:郑单 958
无灌溉平地向下搭配品种:德美 1 号　辰诺 501
阳坡适宜种植品种:　　　德美 1 号　辰诺 501
阳坡向上搭配品种:　　　兴丰 7 号　丰田 101
阳坡向下搭配品种:　　　兴丰 978　先玉 335　吉东 81　大民 803　科泰 925
　　　　　　　　　　　　龙雨 6016　D399　宏硕 738
阴坡适宜种植品种:　　　德美 1 号　辰诺 501
阴坡向上搭配品种:　　　兴丰 7 号　丰田 101
阴坡向下搭配品种:　　　兴丰 978　先玉 335　吉东 81　大民 803　科泰 925
　　　　　　　　　　　　龙雨 6016　D399　宏硕 738

（20）白庙子村　白庙子屯（≥10 ℃活动积温 3194.6 ℃·日）
可灌溉平地适宜种植品种:郑单 958
可灌溉平地向上搭配品种:郑单 958
可灌溉平地向下搭配品种:郑单 958
无灌溉平地适宜种植品种:郑单 958
无灌溉平地向上搭配品种:郑单 958
无灌溉平地向下搭配品种:兴丰 7 号　丰田 101
阳坡适宜种植品种:　　　兴丰 7 号　丰田 101
阳坡向上搭配品种:　　　郑单 958
阳坡向下搭配品种:　　　德美 1 号　辰诺 501
阴坡适宜种植品种:　　　兴丰 7 号　丰田 101
阴坡向上搭配品种:　　　郑单 958
阴坡向下搭配品种:　　　德美 1 号　辰诺 501

（21）白庙子村　新立屯（≥10 ℃活动积温 3202.5 ℃·日）
可灌溉平地适宜种植品种:郑单 958
可灌溉平地向上搭配品种:郑单 958
可灌溉平地向下搭配品种:郑单 958
无灌溉平地适宜种植品种:郑单 958
无灌溉平地向上搭配品种:郑单 958
无灌溉平地向下搭配品种:兴丰 7 号　丰田 101
阳坡适宜种植品种:　　　兴丰 7 号　丰田 101
阳坡向上搭配品种:　　　郑单 958
阳坡向下搭配品种:　　　德美 1 号　辰诺 501
阴坡适宜种植品种:　　　兴丰 7 号　丰田 101
阴坡向上搭配品种:　　　郑单 958
阴坡向下搭配品种:　　　德美 1 号　辰诺 501

（22）白庙子村　致富屯（≥10℃活动积温3216.8℃·日）

可灌溉平地适宜种植品种:郑单958

可灌溉平地向上搭配品种:郑单958

可灌溉平地向下搭配品种:郑单958

无灌溉平地适宜种植品种:郑单958

无灌溉平地向上搭配品种:郑单958

无灌溉平地向下搭配品种:兴丰7号　丰田101

阳坡适宜种植品种：　　兴丰7号　丰田101

阳坡向上搭配品种：　　郑单958

阳坡向下搭配品种：　　德美1号　辰诺501

阴坡适宜种植品种：　　兴丰7号　丰田101

阴坡向上搭配品种：　　郑单958

阴坡向下搭配品种：　　德美1号　辰诺501

（23）东升村　下甸子屯（≥10℃活动积温3170.3℃·日）

可灌溉平地适宜种植品种:郑单958

可灌溉平地向上搭配品种:郑单958

可灌溉平地向下搭配品种:兴丰7号　丰田101

无灌溉平地适宜种植品种:郑单958

无灌溉平地向上搭配品种:郑单958

无灌溉平地向下搭配品种:兴丰7号　德美1号　丰田101　辰诺501

阳坡适宜种植品种：　　兴丰7号　丰田101

阳坡向上搭配品种：　　郑单958

阳坡向下搭配品种：　　德美1号　辰诺501

阴坡适宜种植品种：　　德美1号　辰诺501

阴坡向上搭配品种：　　兴丰7号　丰田101

阴坡向下搭配品种：　　先玉335　吉东81　龙雨6016　科泰925

（24）三道沟村　刘家屯（≥10℃活动积温3063.5℃·日）

可灌溉平地适宜种植品种:兴丰7号　丰田101

可灌溉平地向上搭配品种:郑单958

可灌溉平地向下搭配品种:德美1号　辰诺501

无灌溉平地适宜种植品种:德美1号　辰诺501

无灌溉平地向上搭配品种:兴丰7号　丰田101

无灌溉平地向下搭配品种:先玉335　吉东81　龙雨6016　科泰925

阳坡适宜种植品种：　　先玉335　吉东81　龙雨6016　科泰925

阳坡向上搭配品种：　　兴丰7号　德美1号　丰田101　辰诺501

阳坡向下搭配品种：　　兴丰978　大民803　D399　宏硕738

阴坡适宜种植品种：　　先玉335　吉东81　龙雨6016　科泰925

阴坡向上搭配品种：　　德美1号　辰诺501

阴坡向下搭配品种：　　兴丰978　龙生19　大民803　先玉335　D399　中地9988

翔玉 319　杜育 311　宏硕 738　宏博 66　瑞普 909

（25）福利村　谭家窑（≥10 ℃活动积温 3033 ℃·日）

可灌溉平地适宜种植品种：兴丰 7 号　丰田 101

可灌溉平地向上搭配品种：郑单 958

可灌溉平地向下搭配品种：德美 1 号　辰诺 501

无灌溉平地适宜种植品种：德美 1 号　辰诺 501

无灌溉平地向上搭配品种：兴丰 7 号　丰田 101

无灌溉平地向下搭配品种：兴丰 978　先玉 335　吉东 81　大民 803　科泰 925

　　　　　　　　　　　　龙雨 6016　D399　宏硕 738

阳坡适宜种植品种：　　　先玉 335　吉东 81　龙雨 6016　科泰 925

阳坡向上搭配品种：　　　德美 1 号　辰诺 501

阳坡向下搭配品种：　　　兴丰 978　龙生 19　大民 803　先玉 335　D399　中地 9988

　　　　　　　　　　　　翔玉 319　杜育 311　宏硕 738　宏博 66　瑞普 909

阴坡适宜种植品种：　　　兴丰 978　先玉 335　吉东 81　大民 803　科泰 925

　　　　　　　　　　　　龙雨 6016　D399　宏硕 738

阴坡向上搭配品种：　　　德美 1 号　辰诺 501

阴坡向下搭配品种：　　　龙生 19　先玉 335　中地 9988　翔玉 319　杜育 311

　　　　　　　　　　　　宏博 66　瑞普 909

（26）前大青山村　前大青山屯（≥10 ℃活动积温 3161.1 ℃·日）

可灌溉平地适宜种植品种：郑单 958

可灌溉平地向上搭配品种：郑单 958

可灌溉平地向下搭配品种：兴丰 7 号　丰田 101

无灌溉平地适宜种植品种：郑单 958

无灌溉平地向上搭配品种：郑单 958

无灌溉平地向下搭配品种：兴丰 7 号　德美 1 号　丰田 101　辰诺 501

阳坡适宜种植品种：　　　兴丰 7 号　丰田 101

阳坡向上搭配品种：　　　郑单 958

阳坡向下搭配品种：　　　德美 1 号　辰诺 501

阴坡适宜种植品种：　　　德美 1 号　辰诺 501

阴坡向上搭配品种：　　　兴丰 7 号　丰田 101

阴坡向下搭配品种：　　　先玉 335　吉东 81　龙雨 6016　科泰 925

（27）大青山村　大青山屯（≥10 ℃活动积温 3161.1 ℃·日）

可灌溉平地适宜种植品种：郑单 958

可灌溉平地向上搭配品种：郑单 958

可灌溉平地向下搭配品种：兴丰 7 号　丰田 101

无灌溉平地适宜种植品种：郑单 958

无灌溉平地向上搭配品种：郑单 958

无灌溉平地向下搭配品种：兴丰 7 号　德美 1 号　丰田 101　辰诺 501

阳坡适宜种植品种：　　　兴丰 7 号　丰田 101

阳坡向上搭配品种：　　　郑单 958

阳坡向下搭配品种：　　　德美 1 号　辰诺 501

阴坡适宜种植品种：　　　德美 1 号　辰诺 501

阴坡向上搭配品种：　　　兴丰 7 号　丰田 101

阴坡向下搭配品种：　　　先玉 335　吉东 81　龙雨 6016　科泰 925

（28）大青山村　小北沟（≥10℃活动积温 3059.5℃·日）

可灌溉平地适宜种植品种：兴丰 7 号　丰田 101

可灌溉平地向上搭配品种：郑单 958

可灌溉平地向下搭配品种：德美 1 号　辰诺 501

无灌溉平地适宜种植品种：德美 1 号　辰诺 501

无灌溉平地向上搭配品种：兴丰 7 号　丰田 101

无灌溉平地向下搭配品种：先玉 335　吉东 81　龙雨 6016　科泰 925

阳坡适宜种植品种：　　　先玉 335　吉东 81　龙雨 6016　科泰 925

阳坡向上搭配品种：　　　德美 1 号　辰诺 501

阳坡向下搭配品种：　　　兴丰 978　龙生 19　大民 803　先玉 335　D399　中地 9988
　　　　　　　　　　　　翔玉 319　杜育 311　宏硕 738　宏博 66　瑞普 909

阴坡适宜种植品种：　　　先玉 335　吉东 81　龙雨 6016　科泰 925

阴坡向上搭配品种：　　　德美 1 号　辰诺 501

阴坡向下搭配品种：　　　兴丰 978　龙生 19　大民 803　先玉 335　D399　中地 9988
　　　　　　　　　　　　翔玉 319　杜育 311　宏硕 738　宏博 66　瑞普 909

（29）新兴村　新兴屯（≥10℃活动积温 3221℃·日）

可灌溉平地适宜种植品种：郑单 958

可灌溉平地向上搭配品种：郑单 958

可灌溉平地向下搭配品种：郑单 958

无灌溉平地适宜种植品种：郑单 958

无灌溉平地向上搭配品种：郑单 958

无灌溉平地向下搭配品种：兴丰 7 号　丰田 101

阳坡适宜种植品种：　　　兴丰 7 号　丰田 101

阳坡向上搭配品种：　　　郑单 958

阳坡向下搭配品种：　　　德美 1 号　辰诺 501

阴坡适宜种植品种：　　　兴丰 7 号　丰田 101

阴坡向上搭配品种：　　　郑单 958

阴坡向下搭配品种：　　　德美 1 号　辰诺 501

（30）晨光村　晨光屯（≥10℃活动积温 3120.4℃·日）

可灌溉平地适宜种植品种：郑单 958

可灌溉平地向上搭配品种：郑单 958

可灌溉平地向下搭配品种：兴丰 7 号　德美 1 号　丰田 101　辰诺 501

无灌溉平地适宜种植品种：兴丰 7 号　丰田 101

无灌溉平地向上搭配品种：郑单 958

无灌溉平地向下搭配品种:德美 1 号　辰诺 501

阳坡适宜种植品种:　　　德美 1 号　辰诺 501

阳坡向上搭配品种:　　　兴丰 7 号　丰田 101

阳坡向下搭配品种:　　　先玉 335　吉东 81　龙雨 6016　科泰 925

阴坡适宜种植品种:　　　德美 1 号　辰诺 501

阴坡向上搭配品种:　　　兴丰 7 号　丰田 101

阴坡向下搭配品种:　　　兴丰 978　先玉 335　吉东 81　大民 803　科泰 925

　　　　　　　　　　　龙雨 6016　D399　宏硕 738

（31）前常村　后常家屯（≥10 ℃ 活动积温 3050.1 ℃ · 日）

可灌溉平地适宜种植品种:兴丰 7 号　丰田 101

可灌溉平地向上搭配品种:郑单 958

可灌溉平地向下搭配品种:德美 1 号　辰诺 501

无灌溉平地适宜种植品种:德美 1 号　辰诺 501

无灌溉平地向上搭配品种:兴丰 7 号　丰田 101

无灌溉平地向下搭配品种:先玉 335　吉东 81　龙雨 6016　科泰 925

阳坡适宜种植品种:　　　先玉 335　吉东 81　龙雨 6016　科泰 925

阳坡向上搭配品种:　　　德美 1 号　辰诺 501

阳坡向下搭配品种:　　　兴丰 978　龙生 19　大民 803　先玉 335　D399　中地 9988

　　　　　　　　　　　翔玉 319　杜育 311　宏硕 738　宏博 66　瑞普 909

阴坡适宜种植品种:　　　先玉 335　吉东 81　龙雨 6016　科泰 925

阴坡向上搭配品种:　　　德美 1 号　辰诺 501

阴坡向下搭配品种:　　　兴丰 978　龙生 19　大民 803　先玉 335　D399　中地 9988

　　　　　　　　　　　翔玉 319　杜育 311　宏硕 738　宏博 66　瑞普 909

（32）前常村　前常家屯（≥10 ℃ 活动积温 3102.1 ℃ · 日）

可灌溉平地适宜种植品种:郑单 958

可灌溉平地向上搭配品种:郑单 958

可灌溉平地向下搭配品种:兴丰 7 号　德美 1 号　丰田 101　辰诺 501

无灌溉平地适宜种植品种:德美 1 号　辰诺 501

无灌溉平地向上搭配品种:郑单 958

无灌溉平地向下搭配品种:兴丰 7 号　丰田 101

阳坡适宜种植品种:　　　德美 1 号　辰诺 501

阳坡向上搭配品种:　　　兴丰 7 号　丰田 101

阳坡向下搭配品种:　　　兴丰 978　先玉 335　吉东 81　大民 803　科泰 925

　　　　　　　　　　　龙雨 6016　D399　宏硕 738

阴坡适宜种植品种:　　　德美 1 号　辰诺 501

阴坡向上搭配品种:　　　兴丰 7 号　丰田 101

阴坡向下搭配品种:　　　兴丰 978　先玉 335　吉东 81　大民 803　科泰 925

　　　　　　　　　　　龙雨 6016　D399　宏硕 738

（33）五星村　姜家窝铺（≥10℃活动积温 3028.5℃·日）

可灌溉平地适宜种植品种：德美 1 号　辰诺 501

可灌溉平地向上搭配品种：兴丰 7 号　　丰田 101

可灌溉平地向下搭配品种：先玉 335　吉东 81　龙雨 6016　科泰 925

无灌溉平地适宜种植品种：德美 1 号　辰诺 501

无灌溉平地向上搭配品种：兴丰 7 号　丰田 101

无灌溉平地向下搭配品种：兴丰 978　先玉 335　吉东 81　大民 803　科泰 925
　　　　　　　　　　　　　龙雨 6016　D399　宏硕 738

阳坡适宜种植品种：　　　兴丰 978　先玉 335　吉东 81　大民 803　科泰 925
　　　　　　　　　　　　　龙雨 6016　D399　宏硕 738

阳坡向上搭配品种：　　　德美 1 号　辰诺 501

阳坡向下搭配品种：　　　龙生 19　先玉 335　中地 9988　翔玉 319　杜育 311
　　　　　　　　　　　　　宏博 66　瑞普 909

阴坡适宜种植品种：　　　大民 803　科泰 925　龙雨 6016　D399　宏硕 738

阴坡向上搭配品种：　　　兴丰 978　先玉 335　吉东 81

阴坡向下搭配品种：　　　兴丰 66　龙生 19　金田 1　旺禾 8　大民 309　先玉 1331
　　　　　　　　　　　　　先玉 335　中地 9988　翔玉 319　杜育 311　中元 999
　　　　　　　　　　　　　宏博 66　瑞普 909

（34）四海村　四海屯（≥10℃活动积温 3207.4℃·日）

可灌溉平地适宜种植品种：郑单 958

可灌溉平地向上搭配品种：郑单 958

可灌溉平地向下搭配品种：郑单 958

无灌溉平地适宜种植品种：郑单 958

无灌溉平地向上搭配品种：郑单 958

无灌溉平地向下搭配品种：兴丰 7 号　丰田 101

阳坡适宜种植品种：　　　兴丰 7 号　丰田 101

阳坡向上搭配品种：　　　郑单 958

阳坡向下搭配品种：　　　德美 1 号　辰诺 501

阴坡适宜种植品种：　　　兴丰 7 号　丰田 101

阴坡向上搭配品种：　　　郑单 958

阴坡向下搭配品种：　　　德美 1 号　辰诺 501

（35）四海村　西山屯（≥10℃活动积温 3146.2℃·日）

可灌溉平地适宜种植品种：郑单 958

可灌溉平地向上搭配品种：郑单 958

可灌溉平地向下搭配品种：兴丰 7 号　丰田 101

无灌溉平地适宜种植品种：兴丰 7 号　丰田 101

无灌溉平地向上搭配品种：郑单 958

无灌溉平地向下搭配品种：德美 1 号　辰诺 501

阳坡适宜种植品种：　　　德美 1 号　辰诺 501

阳坡向上搭配品种：　　　兴丰 7 号　　丰田 101

阳坡向下搭配品种：　　　先玉 335　　吉东 81　　龙雨 6016　　科泰 925

阴坡适宜种植品种：　　　德美 1 号　　辰诺 501

阴坡向上搭配品种：　　　兴丰 7 号　　丰田 101

阴坡向下搭配品种：　　　先玉 335　　吉东 81　　龙雨 6016　　科泰 925

（36）东风村　郭家屯（≥10 ℃活动积温 3065.6 ℃·日）

可灌溉平地适宜种植品种：兴丰 7 号　　丰田 101

可灌溉平地向上搭配品种：郑单 958

可灌溉平地向下搭配品种：德美 1 号　　辰诺 501

无灌溉平地适宜种植品种：兴丰 7 号　　德美 1 号　　丰田 101　　辰诺 501

无灌溉平地向上搭配品种：兴丰 7 号　　丰田 101

无灌溉平地向下搭配品种：先玉 335　　吉东 81　　龙雨 6016　　科泰 925

阳坡适宜种植品种：　　　先玉 335　　吉东 81　　龙雨 6016　　科泰 925

阳坡向上搭配品种：　　　兴丰 7 号　　德美 1 号　　丰田 101　　辰诺 501

阳坡向下搭配品种：　　　兴丰 978　　大民 803　　D399　　宏硕 738

阴坡适宜种植品种：　　　先玉 335　　吉东 81　　龙雨 6016　　科泰 925

阴坡向上搭配品种：　　　德美 1 号　　辰诺 501

阴坡向下搭配品种：　　　兴丰 978　　龙生 19　　大民 803　　先玉 335　　D399　　中地 9988
　　　　　　　　　　　　翔玉 319　　杜育 311　　宏硕 738　　宏博 66　　瑞普 909

（37）核心村　大孟家屯（≥10 ℃活动积温 2895.8 ℃·日）

可灌溉平地适宜种植品种：兴丰 978　　先玉 335　　吉东 81　　大民 803　　科泰 925
　　　　　　　　　　　　龙雨 6016　　D399　　宏硕 738

可灌溉平地向上搭配品种：德美 1 号　　辰诺 501

可灌溉平地向下搭配品种：龙生 19　　先玉 335　　中地 9988　　翔玉 319　　杜育 311
　　　　　　　　　　　　宏博 66　　瑞普 909

无灌溉平地适宜种植品种：兴丰 978　　龙生 19　　大民 803　　先玉 335　　D399　　中地 9988
　　　　　　　　　　　　翔玉 319　　杜育 311　　宏硕 738　　宏博 66　　瑞普 909

无灌溉平地向上搭配品种：先玉 335　　吉东 81　　龙雨 6016　　科泰 925

无灌溉平地向下搭配品种：兴丰 66　　和育 188（吉审玉）　金田 1　　旺禾 8　　大民 309
　　　　　　　　　　　　先玉 1331　　中元 999

阳坡适宜种植品种：　　　兴丰 66　　和育 188（吉审玉）　龙生 19　　金田 1　　旺禾 8
　　　　　　　　　　　　大民 309　　先玉 1331　　先玉 335　　中地 9988　　翔玉 319
　　　　　　　　　　　　杜育 311　　中元 999　　宏博 66　　瑞普 909

阳坡向上搭配品种：　　　兴丰 978　　大民 803　　D399　　宏硕 738

阳坡向下搭配品种：　　　兴垦 2　　先科 1　　罕玉 3　　罕玉 5　　宏博 691

阴坡适宜种植品种：　　　兴丰 66　　兴垦 2　　和育 188（吉审玉）　金田 1　　旺禾 8
　　　　　　　　　　　　大民 309　　先科 1　　先玉 1331　　中元 999

阴坡向上搭配品种：　　　兴丰 978　　龙生 19　　大民 803　　先玉 335　　D399　　中地 9988
　　　　　　　　　　　　翔玉 319　　杜育 311　　宏硕 738　　宏博 66　　瑞普 909

阴坡向下搭配品种：　　　　罕玉 3　罕玉 5　宏博 691

（38）核心村　小林家屯（≥10 ℃活动积温 2922 ℃·日）

可灌溉平地适宜种植品种：先玉 335　吉东 81　龙雨 6016　科泰 925

可灌溉平地向上搭配品种：德美 1 号　辰诺 501

可灌溉平地向下搭配品种：兴丰 978　龙生 19　大民 803　先玉 335　D399　中地 9988

　　　　　　　　　　　　　翔玉 319　杜育 311　宏硕 738　宏博 66　瑞普 909

无灌溉平地适宜种植品种：大民 803　科泰 925　龙雨 6016　D399　宏硕 738

无灌溉平地向上搭配品种：兴丰 978　先玉 335　吉东 81

无灌溉平地向下搭配品种：兴丰 66　龙生 19　金田 1　旺禾 8　大民 309　先玉 1331

　　　　　　　　　　　　　先玉 335　中地 9988　翔玉 319　杜育 311　中元 999

　　　　　　　　　　　　　宏博 66　瑞普 909

阳坡适宜种植品种：　　　　兴丰 66　龙生 19　金田 1　旺禾 8　大民 309　先玉 1331

　　　　　　　　　　　　　先玉 335　中地 9988　翔玉 319　杜育 311　中元 999

　　　　　　　　　　　　　宏博 66　瑞普 909

阳坡向上搭配品种：　　　　兴丰 978　先玉 335　吉东 81　大民 803　科泰 925

　　　　　　　　　　　　　龙雨 6016　D399　宏硕 738

阳坡向下搭配品种：　　　　兴垦 2　和育 188（吉审玉）　先科 1

阴坡适宜种植品种：　　　　兴丰 66　和育 188（吉审玉）　龙生 19　金田 1　旺禾 8

　　　　　　　　　　　　　大民 309　先玉 1331　先玉 335　中地 9988　翔玉 319

　　　　　　　　　　　　　杜育 311　中元 999　宏博 66　瑞普 909

阴坡向上搭配品种：　　　　兴丰 978　大民 803　D399　宏硕 738

阴坡向下搭配品种：　　　　兴垦 2　先科 1　罕玉 3　罕玉 5　宏博 691

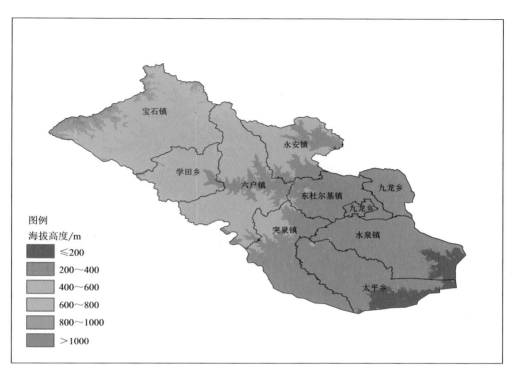

图 1　突泉县海拔高度

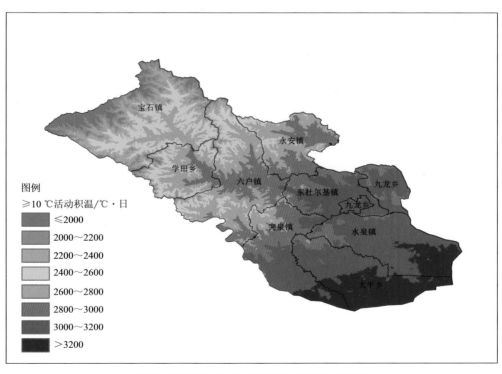

图 2　突泉县≥10 ℃活动积温空间分布特征

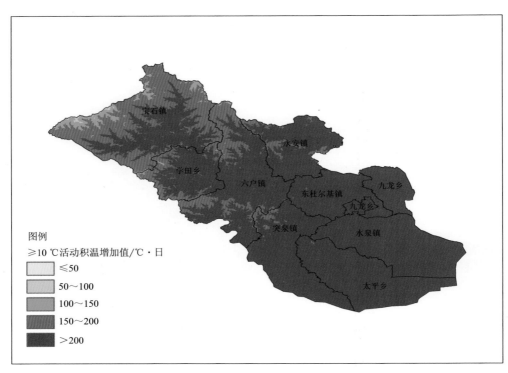

图 3　突泉县≥10 ℃活动积温增加幅度

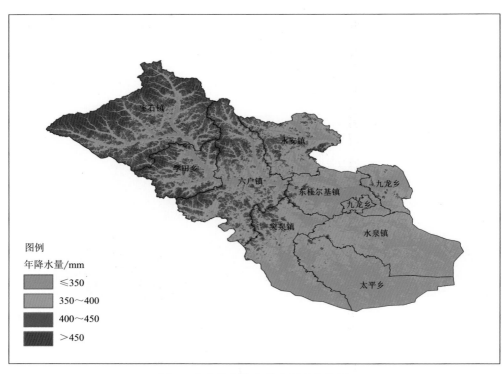

图 8　突泉县年降水量空间分布特征